ALTHÉA

KARIN HANN

ALTHÉA
OU LA COLÈRE D'UN ROI

roman

ROBERT LAFFONT

ISBN 978-2-221-11531-2

À Alexandre et Thibault

« Le roi n'éclata point ;
Les cris sont indécents
À la Majesté souveraine. »

La Fontaine,
« Le roi et le chasseur »,
Fables, XII

1.

Saint-Mandé, 17 juin 1648

Les roues du fiacre crissèrent sur les graviers lorsque le cocher tira sur les rênes. On avait dû hâter la course ; les chevaux écumaient. Leurs poitrails luisaient sous la pluie froide qui inondait Saint-Mandé, diluant le sable comme du sucre et noyant l'horizon de brume. Sur le perron du château, une servante en robe noire et tablier blanc attendait le voyageur. Le bonnet détrempé collant à son chignon, elle peinait pour se tenir debout dans le vent, scrutant la nuit en brandissant une lanterne. La portière s'ouvrit, le marchepied fut déplié. Un homme d'une quarantaine d'années, ramassé dans son costume de drap sombre, les épaules voûtées sous la tempête, s'extirpa de la voiture. Il se retourna pour saisir une sacoche de cuir puis, adressant un signe de tête à la servante qui l'éclairait, se pressa de grimper les marches, l'air grave.

— Entrez vite, docteur ! Madame est au plus mal !

— Mais que s'est-il passé ?

— Mme la comtesse s'est retirée dans sa chambre sitôt qu'on lui eut mandé cette terrible nouvelle. Elle se reposait au jardin sous la tonnelle après dîner[1] quand on lui a apporté la lettre…

---

1. Au XVIIe siècle, le dîner équivalait à notre actuel déjeuner.

— Une lettre ? Et que lui annonçait-elle ?
— La mort de M. le comte. Ces maudits bateaux...
— Merci, Amélie, retournez auprès de madame, intervint une voix.

Marie-Madeleine Fouquet, la maîtresse des lieux, longue et mince dans une robe de velours bordeaux sobrement décolletée d'une mousseline, descendait l'escalier conduisant au vestibule. Les yeux en amande, le teint frais, les cheveux châtains tressés, elle affichait une élégance toute naturelle.

— Mes hommages, madame, dit le praticien en s'inclinant.

— Bonsoir, mon ami. Suivez-moi, je vous prie, dit-elle en remontant l'escalier. Je vous ai fait appeler de toute urgence car tout nous porte à croire que la délivrance approche. Les douleurs ont commencé vers la tombée du jour, sans doute provoquées par cet immense chagrin. Notre pauvre amie a tant pleuré... Elle était en peine de son époux depuis plusieurs mois. Et quand une lettre lui parvient enfin, c'est pour lui annoncer que le comte de Braban-Valloris a péri lors d'une attaque de corsaires au large des côtes d'Espagne. C'est une véritable tragédie...

Un cri déchirant parvint de la chambre dans laquelle entrait Marie-Madeleine. Au centre de la pièce trônait un lit très haut dont les courtines tirées laissaient apparaître la parturiente crispée par la douleur. Les volets clos empêchaient de voir la pluie ruisseler sur les carreaux, mais dans les rares moments de silence, le mugissement du vent sur les ardoises du toit provoquait de sinistres craquements. De chaque côté du lit, des chandelles éclairaient les tapisseries représentant des scènes de chasse et d'amour courtois. Les flammes dansaient dans la cheminée de plain-pied où l'on avait déposé un arbre entier. Une servante épongeait le front de la comtesse d'un linge imbibé de vinaigre dégageant une odeur âcre.

— Préparez-moi des draps propres, faites bouillir de l'eau. Apportez-moi aussi une bassine et rapprochez ce guéridon.

Le médecin ouvrit sa trousse et disposa, dans un bassinet métallique, du fil et une aiguille, une paire de ciseaux et des pinces.

— Allez aux cuisines et demandez que l'on prépare de la tisane, du bouillon et un lait de poule. Rapportez-moi une cuillère pour lui administrer un peu de ce cordial, ajouta-t-il en sortant une petite fiole de sa sacoche.

Il prit la main de la jeune femme, qui ouvrit les yeux. Ses prunelles d'un vert profond brillaient de larmes. Des cernes noirs accentuaient la pâleur extrême de son teint. Elle semblait épuisée et le travail commençait à peine ! Marie-Madeleine, immobile jusque-là, s'empara du plateau que lui tendait la servante et s'approcha du lit.

— Je vais vous aider à avaler un peu de lait de poule, ma douce, cela vous redonnera des forces pour ce qui vous attend.

Elle avança doucement la cuillère près des lèvres de sa cousine.

— Essayez de faire un effort, Jeanne…

La jeune femme entrouvrit les lèvres puis se tordit dans un spasme. Le médecin rejeta les draps au pied du lit, découvrant le ventre bombé de la future mère.

— L'heure n'est plus au remontant, dit-il. L'enfant est là.

Les contractions, maintenant très rapprochées, gagnaient en intensité.

Jeanne hurlait.

Les draps propres glissés sous ses hanches étaient déjà tout rougis. Le sang coulait encore. Marie-Madeleine lui tenait la main en l'encourageant de son mieux. Soudain, Amélie s'exclama :

— On voit la tête ! Courage, madame la comtesse, ce ne sera plus bien long !

Mais Jeanne l'entendait à peine. La malheureuse, retombée sur ses oreillers après une plainte déchirante, semblait dériver, gémissant de temps en temps en saignant toujours d'abondance. Il fallut l'aide d'Amélie pour appuyer sur son ventre encore gros qui expulsa un petit paquet sanguinolent.

Le médecin fit une grimace, prit l'enfant par les pieds et le fessa.

Enfin des pleurs stridents retentirent dans la chambre ! Le bébé fut frictionné, enveloppé de linges et conduit près de la cheminée. La mère demeurait inerte, malgré les efforts du médecin pour la ranimer. Amélie s'affairait à habiller le nouveau-né. Lorsqu'elle eut fini, elle le lui présenta avec une infinie douceur.

— Madame, voici votre enfant.

La jeune femme ne bougeait plus. Le médecin, l'air navré, remonta lentement sur elle le drap.

La petite servante croisa le regard noyé de larmes de Marie-Madeleine qui murmura :

— C'est fini, Amélie… Elle nous a quittés.

Elle s'effondra sur le lit et prit sa jeune cousine dans ses bras.

— Jeanne, ma Jeannette… Jeanne…

Jeanne s'en était allée.

Elle n'eut pas le temps de savoir qu'elle venait de mettre au monde une ravissante petite fille.

L'orage éclata enfin sur Saint-Mandé, annonçant la naissance de l'unique héritière du comte de Braban-Valloris.

Marie-Madeleine, anéantie, se souvint qu'après dîner, avant de recevoir cette maudite lettre qui devait la tuer,

Jeanne s'était extasiée sur les fleurs roses, blanches et mauves qui composaient la tonnelle.

Leur beauté lui avait offert son ultime moment de bonheur.

Sa petite fille fut baptisée de leur nom.

Althéa.

2.

Le cortège funéraire s'étirait le long du bois de Vincennes, conduisant Jeanne vers sa dernière demeure. La pluie n'avait pas cessé depuis son trépas et l'accompagnait encore pour son ultime voyage. Les arbres détrempés détachaient leurs silhouettes noires sur un ciel lourd. Au loin résonnait la mélopée du glas.

Toute la noblesse de Saint-Mandé et des environs était venue rendre hommage à la défunte, suivie de quelques villageois auxquels Jeanne avait coutume de prodiguer des soins. Ils formaient ainsi deux rangs serrés derrière la voiture dont les parois de verre laissaient voir le cercueil recouvert d'un drap de velours noir brodé d'or. Sur le toit, derrière le cocher, d'immenses gerbes de fleurs retombaient en cascade sur les portières frappées aux armes des Braban-Valloris.

Le blason de la famille représentait une plume croisée d'une épée, soulignée de la devise *Studium et Victoria.* L'un des ancêtres de feu l'époux de Jeanne s'était vu anobli par Louis XI pour sa bravoure lors des combats qui avaient opposé le souverain au redoutable duc de Bourgogne. Après la défaite du Téméraire à Grandson en 1476, le roi avait su se montrer généreux avec ses plus vaillants soldats. Eudes Braban avait reçu le comté de Valloris, entouré de nombreuses terres. Une ordonnance royale spécifiait que son nom enrichi d'une particule pourrait être transmis à sa descendance. Eudes choisit lui-même sa devise et ses armoiries. *Studium* signifiant autant « étude » que « zèle », il y vit à la fois une allusion à son caractère réfléchi et un hommage à son roi. *Victoria* rappelait le souvenir de cette brillante bataille qui permit à son souverain d'occuper le duché et le comté de Bourgogne, ainsi que la Picardie et l'Artois. Ayant raccroché son épée, Eudes, qui goûtait fort la lecture et se plaisait en la compagnie de gens cultivés, se félicita de couler des jours heureux en son château, convaincu que l'étude et l'érudition représentaient une autre forme de victoire. Il étudia l'astronomie et la botanique, l'architecture et le dessin.

Deux siècles plus tard, l'époux de Jeanne devint l'unique héritier du comté. Mort pour le service du roi, le dernier comte de Braban-Valloris ne laissait pour descendance que la petite Althéa. L'enfançon, vagissant dans son berceau décoré de satin blanc en l'hôtel particulier des Fouquet, ignorait que son destin se jouait en ce jour où l'on portait en terre sa défunte mère.

— *In nomine Patri et Filii et Spiritus Sancti, amen.*

Joignant à ses paroles le signe de croix, le prêtre de Saint-Mandé bénit le cercueil que l'on descendait le long des cordes. Silhouette hiératique dans sa robe de deuil, Marie-Madeleine Fouquet fixait la tombe qui emprisonnerait sa jeune cousine. Sous son voile de dentelle noire, elle paraissait si pâle que son mari, craignant qu'elle ne défaillît, la soutenait du bras.

Nicolas Fouquet était âgé de trente-trois ans. Les cheveux châtains aux épaules, le regard vif et perçant, il offrait une tournure agréable qui plaisait aux dames. Issu d'une lignée de parlementaires fortunés et entreprenants dont la royauté s'attachait les indispensables services – son père était l'homme de confiance de Richelieu pour les affaires maritimes et commerciales –, Nicolas, entré dans la magistrature en 1635 en qualité de maître des requêtes, avait été nommé au Parlement, pour siéger, à l'époque, au-dessus des conseillers. En 1636, il partit pour Grenoble comme intendant de justice. La difficulté de sa mission était extrême. Une révolte gronda bientôt sous les cieux dauphinois et Nicolas fut rappelé à Paris. Richelieu excusa son manque de fermeté dû, sans doute, à sa trop grande jeunesse, mais il cessa d'utiliser ses services.

L'avènement de Mazarin, deux ans plus tard, se révéla une aubaine pour le jeune homme. Son intelligence aiguë et son sens de la politique l'amenèrent à œuvrer dans les hautes sphères du pouvoir. Travailleur infatigable, jamais pris au dépourvu, il secondait aujourd'hui le cardinal Mazarin dans sa lourde tâche, veillant, dans l'ombre, à ce que la régence d'Anne d'Autriche se déroulât au mieux.

Fouquet avait grandi dans une famille nombreuse de cinq frères et six sœurs qui illuminèrent son enfance. Or, s'il entretenait d'étroites relations avec ses frères nommés, eux aussi, à des postes importants, il n'avait que peu de contacts avec ses sœurs, lesquelles étaient toutes entrées en religion. L'arrivée de Marie, fille de son premier mariage, le combla d'aise, car il désirait une descendance nombreuse et se félicitait d'une nouvelle présence féminine en sa demeure.

Le bonheur fut de courte durée.

Il perdit sa première femme. Fou de douleur, Nicolas se crut inconsolable jusqu'au jour où son regard croisa les yeux de velours de Marie-Madeleine de Castille-Villemareuil, fille unique de François de Castille, président d'une des chambres au Parlement de Paris. Il l'épousa aussitôt. Les parents dotèrent richement leur fille, laquelle désirait ardemment ce mariage.

L'avenir s'annonçait prometteur, comme le suggérait

la devise de Fouquet : *Quo non ascendet*[1] ? La jeune épousée regardait travailler son mari avec sérénité, attendant le jour où un enfant bénirait cette union. Mais ceci tardait à venir et, en contemplant la tombe béante de cette pauvre Jeanne, elle songeait à Althéa, se demandant si la Providence ne lui envoyait pas ce nouveau-né...

Nicolas interrompit sa rêverie en l'invitant à regagner leur hôtel particulier.

Marie-Madeleine monta directement à la chambre du bébé. Repue, ses petits poings dépassant d'un nuage de dentelle, Althéa sommeillait. La jeune femme posa ses gants, ôta son chapeau et la prit dans ses bras. Elle s'assit dans un fauteuil près de la fenêtre et regarda longuement cette toute petite fille endormie.

Alors, seulement, elle s'autorisa à pleurer.

1. La devise de Fouquet était effectivement « quo non ascendet ? », « jusqu'où ne montera-t-il pas ? »

3.

Saint-Mandé, 1657

Le temps s'était radouci en ces derniers jours d'automne. Une fillette courait en souriant. Elle se dirigeait vers deux hommes qui devisaient dans l'allée du jardin et, un instant plus tard, se jetait dans leurs bras en plaquant des baisers sur leurs joues.

— N'est-ce pas ma petite princesse que voilà !

— Grondez-la plutôt de courir de la sorte ! Est-ce que ce sont des manières ! Mlle Althéa n'en fait qu'à sa tête ! grogna Amélie qui arrivait, essoufflée.

— Cette enfant est d'une santé florissante et possède un vaillant caractère ! Je vous rappelle, Amélie, que c'est vous qui avez supplié mon épouse pour en obtenir la garde, lorsqu'elle était petite !

— Certes, monsieur, mais j'ignorais qu'il me faudrait lui courir après toute la sainte journée !

— Je ne fais rien de mal, Mélie ! Je suis juste venue embrasser mon parrain ! s'exclama-t-elle en tirant sur les dentelles des manches de Nicolas Fouquet qui la couvrait de baisers.

— N'est-ce pas qu'elle est belle ? Tenez, Blaise, vous

qui nous parlez de la grâce dans vos *Provinciales*[1], vous l'avez sous les yeux !

— J'ai bien peur que ce ne soit la même, mon cher Nicolas, rétorqua le philosophe amusé. Dans toutes mes lettres, il s'agit de Grâce... divine !

— Mais celle-là l'est aussi ! Je vous l'affirme : cette enfant est un don de Dieu.

Althéa rosissait sous les compliments en se blottissant dans les bras de son cher parrain qui avait pour elle toutes les faiblesses. Il desserra son étreinte non sans l'avoir embrassée une nouvelle fois. La fillette jeta un regard de biais vers sa gouvernante et fit mine de défroisser les plis de sa robe de dentelle, avant de s'élancer en direction des bassins.

— Mademoiselle, vous allez vous mouiller et gâter votre robe ! Revenez ici immédiatement ! fulmina Amélie en lui courant après, déclenchant l'hilarité de Fouquet.

— Elle n'a que neuf ans, mais quel tempérament ! Les enfants grandissent décidément bien vite. Althéa fut certes trop remuante pour lui demander de poser, mais si elle avait eu la patience d'y souscrire, je l'eusse fait croquer par Le Sueur pour garder d'elle un portrait. Malheureusement, il est trop tard aujourd'hui...

— Hélas !... Deux ans déjà qu'il nous a quittés... Quelle perte ! Il avait fait miracle à l'hôtel Lambert. J'ai fort goûté ses *Muses*.

— Sa disparition est d'autant plus regrettable que nous avons perdu un artiste de talent. J'aurais volontiers fait appel à lui. J'ai justement besoin d'un peintre et d'un architecte.

— Vous êtes surintendant des Finances depuis seulement quatre ans, et vous songez déjà à agrandir votre hôtel ?

---

1. Pascal publia *Les Provinciales* du 23 janvier 1656 au 24 mars 1657.

— Non point. Je poursuis l'idée de m'établir ailleurs.

— Diantre ! La charge est lucrative ! Ainsi donc les rumeurs qui font de vous un homme extrêmement riche sont fondées ! Le cachottier que vous êtes ne m'en dira-t-il pas davantage ?

— Si fait. Ce n'est un secret pour personne. J'ai fait l'acquisition, voici maintenant une quinzaine d'années, d'une seigneurie, sans aucune prétention d'ailleurs : la seigneurie de Vaux, au sud de notre capitale. Je compte en faire mon domaine et m'y installer avec ma famille.

— Fort bien ! Très intéressant... Le pouvoir prend du recul et l'éminence grise du Premier ministre s'éloigne du tumulte de la Cour... Je gage que le chantier est déjà bien avancé... Il est vrai que vous n'êtes jamais en peine de trouver les fonds nécessaires à toutes sortes de réalisations ! Depuis que vous êtes surintendant des Finances, Mazarin n'a jamais eu à se plaindre de vos services...

— Il est toujours agréable de l'entendre, mais cela est ma foi la vérité. Je crois avoir rétabli la confiance. L'épargne est le plus sûr moyen d'alimenter le Trésor royal. Vous n'imaginez pas les dépenses auxquelles nous devons faire face. La Cour coûte presque encore plus cher que la guerre, et je ne parle pas de notre administration !

— Mon cher ami, je prendrais le temps de vous plaindre si je n'étais certain de l'ampleur de vos bénéfices ! N'êtes-vous pas le premier spéculateur du royaume ?

— Pour la grandeur du roi, mon ami, pour la grandeur du roi ! rétorqua Fouquet avec un sourire de connivence.

Pascal éclata de rire, et les deux hommes poursuivirent leur promenade sous les frondaisons.

4.

Palais du Louvre, 1657

Une demi-heure déjà que Jean-Baptiste Colbert attendait dans l'antichambre du roi. Vêtu modestement d'un habit de drap sombre, le nez busqué, l'œil vif, les lèvres minces, il offrait la silhouette d'un oiseau de proie. Arpentant le salon tendu de brocart grenat, il jetait de temps à autre un regard courroucé par la fenêtre s'ouvrant sur les jardins où le jeune souverain, assis sur un banc, chuchotait à l'oreille d'une demoiselle. Toute la Cour bruissait de cette liaison. Nul n'ignorait la bonne fortune de Marie Mancini. Il suffisait d'observer attentivement les tourtereaux pour savoir que la chose était entendue. La jeune fille se permettait des privautés qui témoignaient de la faveur royale.

Depuis le mois de décembre 1656, il fallait compter avec cette donne nouvelle. Lorsque la sœur de Marie avait succombé aux avances du jeune roi, Colbert ne s'en était guère soucié. Olympe était certes délicieuse, mais d'un tempérament affecté. À dire vrai, elle passait même pour sotte. Son amant se lassa vite. Dès l'année suivante, Louis XIV se débarrassait habilement de cette encombrante maîtresse en la mariant au comte de Soissons, de la Maison de Savoie.

Les nièces du cardinal semblaient décidément vouées à la couche royale, ce dont l'intendant de la fortune personnelle de Mazarin ne s'inquiétait pas outre mesure. Pourtant, un étrange sentiment l'envahissait à présent tellement Louis écoutait Marie avec attention, alors qu'elle lui faisait lecture…

La jeune fille n'était dotée ni de la grâce ni de la beauté de sa sœur. Son teint olivâtre lui valait de nombreux quolibets, son décolleté n'attirait aucun regard et son manque de maintien laissait supposer qu'elle était contrefaite. Ce n'était assurément pas ses appas qui lui valaient la place de favorite. Intelligente et ambitieuse, elle était parvenue à ses fins par son seul esprit, sachant toujours divertir le roi. Colbert se remémorait cette matinée ensoleillée où, au cours de l'une de ses rares promenades, il avait surpris Marie assise auprès d'une fontaine, lisant *L'Astrée*[1] au souverain visiblement conquis. L'ascendant de la jeune fille sur son amant devenait flagrant ; il convenait de surveiller cette liaison afin d'empêcher que les Mancini ne succédassent à Mazarin dont les jours étaient désormais comptés. Tant que ce dernier gouvernerait, son intendant ne risquait rien. Mais pour combien de temps ? Il fallait songer à l'avenir, ne plus dépendre du seul cardinal.

Tel un serpent, dont il avait fait son emblème, Colbert attendait le moment propice. Que de patience lui fallait-il avec Louis, quatorzième du nom ! À peine sorti de l'adolescence, le jeune homme affichait déjà un tempérament indépendant, capricieux jusqu'au despotisme. D'une intelligence très vive, il possédait l'étoffe d'un grand monarque et piaffait d'impatience sous la tutelle de son parrain.

1. Roman pastoral d'Honoré d'Urfé publié en cinq parties à partir de 1607. Cette œuvre prolixe, qui peint en un style simple toutes les manifestations de l'amour, connut un succès considérable et assura le goût de la préciosité au XVIIe siècle pour l'analyse des sentiments.

Qu'arrivera-t-il lorsque le cardinal viendra à disparaître ? Colbert s'interrogeait en faisant les cent pas.

Son regard se porta à nouveau sur les jardins.

Le banc était vide.

Il sursauta lorsqu'une voix annonça d'un ton solennel :

— Le roi !

Aussitôt, l'intendant se retourna et se courba en une profonde révérence.

— Belle journée de printemps, monsieur Colbert, lança Louis XIV en ôtant son chapeau qu'il jeta négligemment sur un fauteuil.

— Magnifique en effet, Majesté.

— Quelles nouvelles m'apportez-vous ?

— Des nouvelles de la plus haute importance, Majesté.

— Qu'est-ce à dire ?

— Son Éminence le cardinal m'envoie annoncer à Votre Majesté que Son Altesse impériale l'empereur Ferdinand III est mort à Vienne voici deux jours. Un chevaucheur nous a porté la nouvelle ce matin.

— Qu'en pense le cardinal ?

— Son Éminence souhaite consolider la paix de Westphalie. Peut-être enverra-t-il sous peu le maréchal de Gramont en Allemagne…

— Dites au cardinal que je souhaite le voir sans attendre. Nous prendrons les décisions qu'il convient. Merci, monsieur Colbert. Vous pouvez disposer. Ne vous éloignez pas trop cependant. Je puis avoir besoin de vous tantôt…

— Je suis au service de Votre Majesté, répondit Colbert en s'inclinant une nouvelle fois.

À reculons, il gagna la porte et se retira. Dans le cabinet adjacent, Fouquet arrivait comme chaque jour pour être reçu en audience privée. Leurs regards se croisèrent, et l'étincelle rieuse que le surintendant des Finances avait toujours au fond des yeux irrita Colbert. Les deux hommes se saluèrent, Fouquet avec désinvolture, Colbert avec froideur.

Il haïssait ce parvenu et son outrecuidance, notant avec amertume que Fouquet, lui, n'attendait jamais le roi.

5.

Vaux-le-Vicomte, 1658

Marie-Madeleine Fouquet rayonnait de joie. Son époux lui faisait ce jour les honneurs de leur nouveau domaine. Le landau tiré par quatre chevaux roulait dans une allée majestueuse, bordée de grands arbres. Vaux était maintenant presque achevé. Nicolas se réjouissait de faire à sa femme ce cadeau de relevailles. Elle venait en effet de lui donner quelques semaines plus tôt, juste après Noël, un autre fils, Charles-Armand, confié aux bons soins de sa nourrice pour la circonstance. L'enfant arrivait comme la construction du château s'achevait. Tout le monde y voyait un bon présage. En regardant son épouse dont les traits étaient encore un peu tirés, Nicolas savourait ce bonheur familial. Ses yeux se posèrent sur Althéa. La petite fille ne perdait rien du paysage qui défilait par la portière.

Souvent, Nicolas se reprochait d'aimer cette enfant plus que ses propres filles. Il est vrai que Marie, née d'un premier mariage, avait épousé l'année précédente le fils aîné du marquis de Charost, gouverneur de Calais et capitaine des gardes du roi, et qu'il ne la voyait pour ainsi dire jamais. Madeleine, seule fille qu'il avait eue avec sa seconde femme, se révélait quant à elle timide, presque farouche. Son père ne savait jamais comment la prendre. Althéa préférait d'ailleurs jouer avec Louis-Nicolas, de six ans son cadet, qu'elle appelait tendrement « Louni ». Le petit garçon devenait facétieux, volontiers rieur et surtout très câlin. Althéa jugeait qu'elle seule devait s'occuper de celui qu'elle considérait comme son petit frère.

Aujourd'hui encore, tandis qu'il dormait, bercé par le rythme du galop des chevaux, Louis-Nicolas serrait la main de sa sœur adoptive. Nicolas ne put réprimer un sourire. Assise à côté de lui face à sa mère, Madeleine se tenait droite, luttant contre les soubresauts de la voiture. Quel contraste avec Althéa qui riait chaque fois que sa tête heurtait la portière !

L'attelage franchissait le passage qui enjambait les douves. Un instant plus tard, les enfants bondissaient hors de la voiture.

— Père ! Père, venez voir ! criait Louis-Nicolas. Il y a de très gros poissons !

— Ce sont des carpes, mon fils, répondit Nicolas, amusé. Je les ai fait mettre pour vous.

— Venez, venez, par ici, Louni ! hurlait Althéa qui avait déjà gravi les vingt et une marches conduisant à la porte du hall d'entrée.

Marie-Madeleine, encore lasse, montait lentement, soutenue par sa fille. Nicolas les rejoignit en tenant son fils par la main. Ensemble, ils franchirent la porte qui les séparait du vestibule menant au grand salon. Althéa fit résonner sa voix sous l'immense voûte d'environ neuf toises[1]. Nicolas, ravi, s'improvisait leur guide :

— Voyez, ma douce, disait-il en serrant le bras de son épouse, cette pièce est placée sous le signe du soleil. Je

1. Une toise équivaut à 1,9490363 mètre. La voûte fait donc dix-huit mètres de haut.

compte faire exécuter par Le Brun un plafond à fresque que nous appellerons « Le palais du soleil[1] » !

— Père, que veulent dire ces signes par terre ? s'enquit Althéa.

— Ce sont les repères marquant l'emplacement d'un cadran solaire. C'est une grande horloge qui permet de lire l'heure avec les rayons du soleil. Mais gagnons d'abord l'étage, madame, proposa-t-il en se tournant vers Marie-Madeleine, afin que vous y puissiez admirer vos appartements.

En effet, un instant plus tard, la jeune femme découvrait son cabinet particulier dont les murs s'ornaient d'une myriade de petits miroirs maintenus dans des châssis en métal poli.

— Je me suis permis de faire accrocher au-dessus de votre cheminée le portrait qu'a fait Le Brun de votre serviteur, ma douce, afin qu'il vous rappelle chaque jour combien vous m'êtes chère.

Marie-Madeleine s'approcha de Nicolas et lui prit la main qu'elle serra contre elle.

— Il vous faudra poser à votre tour, madame, car j'attends moi aussi votre portrait. Louis-Nicolas, je vous prie, cessez de faire claquer les tiroirs de ce cabinet de laque, ceci n'est pas un jeu, gronda-t-il en fronçant les sourcils. Puis, se radoucissant, il se tourna de nouveau vers sa femme :

— Vous pourrez y mettre, madame, les bijoux que vous possédez, auxquels s'ajouteront ceux que je vous offrirai. Tous les meubles ne sont, certes, pas encore en place, mais cela ne devrait plus tarder. Alors, cela vous plaît-il ?

— Tout est si magnifique ! Je sens que je vais vraiment aimer Vaux. Nous y serons très heureux !

---

1. Le Brun devait réaliser ces fresques en 1661. Le projet, resté célèbre, fut gravé par Audran, bien qu'il n'ait jamais été réalisé et soit resté à l'état de dessin conservé au musée du Louvre.

6.

Vaux-le-Vicomte, juin 1660

Althéa s'accoutuma très vite à sa nouvelle vie, n'ayant jamais aimé l'hôtel particulier des Fouquet à Saint-Mandé, théâtre de la tragique disparition de sa mère. Ce fut donc avec joie qu'elle jeta ses effets dans la malle du déménagement.

Elle adopta le domaine de Vaux avec passion et, très vite, celui-ci n'eut plus de secret pour elle.

Les domestiques la connaissaient tous, jusqu'aux écuries où elle aidait parfois les palefreniers. Elle regagnait alors ses appartements en fin de journée, crottée comme la dernière des souillons.

Vaux constituait un espace de liberté magnifique, dans lequel la jeune fille qu'elle était devenue s'était épanouie. Elle gagnait en grâce et en beauté mais acquérait aussi une tournure d'esprit étonnante, profitant de l'entourage de Mlle de Scudéry, de Mme de Sévigné, de La Fontaine, de Molière, de Saint-Évremond ou de Perrault, qui fréquentaient assidûment le salon Fouquet. Le surintendant, esthète éclairé, amoureux des belles-lettres et de l'art, découvrait des talents, les encourageait, leur fournissait du travail et les pensionnait. Le Nôtre, Poussin, Puget, Le Brun ou La Quintinie, tous avaient exercé leur génie à

Vaux. L'inspiration des uns nourrissait celle des autres. Ainsi Le Brun s'étant surpassé dans le cabinet des jeux en peignant au plafond *Le Sommeil* eut le bonheur de voir La Fontaine s'extasier devant la finesse du trait et prendre sa plume pour lui rendre ainsi hommage :

> « *Par de calmes vapeurs mollement soutenue*
> *La tête sur son bras, et son bras sur la nue*
> *Laisse tomber des fleurs et ne les répand pas*
> *Fleurs que seuls les zéphyrs font voler sur leur pas*
> *Qu'elle est belle à mes yeux cette Nuit endormie*[1]. »

Fouquet débloquait des crédits presque illimités pour favoriser cette émulation intellectuelle et artistique, ce qui ne manquait pas de faire jaser. La réussite engendre toujours envieux et jaloux, et celle de Fouquet était ostentatoire. Les langues allaient bon train. Où trouvait-il les fonds pour bâtir ce domaine ? Comment avait-il pu financer cet immense chantier qui avait vu jaillir de terre un édifice inspiré de l'architecture italienne et de somptueux jardins à la française ? Était-il magicien… ou malhonnête ?

Fouquet passait outre ces allégations. Ardent et loyal défenseur du roi et du cardinal, il n'avait cessé de mettre son crédit personnel au service de l'État. La Couronne profitait largement de son savoir-faire. Mais chaque emprunt négocié sur le marché des capitaux pour le compte du roi était garanti sur sa fortune propre, ce qui lui permettait de réaliser d'importants bénéfices. L'enrichissement de ceux qui servaient le roi dans les hautes sphères de l'État étant chose courante, le surintendant traitait les mauvaises langues par le mépris. Il était celui qui avait su rétablir la confiance pour faire naître l'épargne et financer ainsi l'administration, les guerres et les fêtes de la

1. *Le Songe de Vaux.*

Cour. Il avait su alimenter le Trésor royal... et la bourse de Mazarin[1]. Cette contribution décisive au redressement financier du royaume le plaçait comme le digne successeur du cardinal, dont la santé déclinait. Audacieux, intelligent, généreux mais aussi calculateur et avisé, aimant le luxe, la beauté, la volupté, Fouquet jouissait pleinement de cette vie facile, élégante et raffinée, et en faisait largement profiter son entourage.

Althéa aimait également son parrain pour cela.

Venant s'enquérir de lui en cette belle après-midi de juin qui jetait sur le canal des reflets mordorés, elle tentait de remettre de l'apprêt dans ses atours lorsqu'elle croisa Marie-Madeleine dans le corridor menant à l'antichambre de Nicolas.

— Althéa ! Mais que faites-vous encore ici ? Ne devriez-vous pas être à l'étude avec vos frères et sœurs ?

— Oui, madame, je m'y rends céans, mais je voulais voir père, auparavant.

— Et d'où venez-vous dans cet état où je vous vois ?

— De la sommellerie, madame. J'ai aidé Julien à dresser les fruits.

— Combien de fois devrai-je vous répéter que vous n'avez rien à faire dans les communs ? Votre place n'est pas avec les domestiques ! Regardez dans quel état sont vos vêtements !

— Je vous en demande bien pardon, madame. Je tâcherai d'y veiller une prochaine fois.

— Maintenant, veuillez vous rendre sans tarder dans la bibliothèque où vous attend votre précepteur depuis un moment déjà.

— Oh, madame, ne puis-je passer embrasser mon parrain, juste un court instant ?

---

1. Ceci à un point tel que ce qui deviendra plus tard la Caisse d'épargne gardera l'emblème de Fouquet, c'est-à-dire l'écureuil !

— Si fait, mais hâtez-vous !

— Merci, madame ! J'y cours.

La jeune fille s'envola dans l'escalier et Marie-Madeleine la regarda s'éloigner, songeuse. Elle faisait preuve de trop d'indulgence à l'égard de sa filleule. Il allait falloir y mettre bon ordre.

Althéa frappa trois petits coups sur la porte lambrissée de l'antichambre et fut invitée à entrer dans la pièce qui commandait le cabinet et la chambre du surintendant. Comme chaque fois qu'elle pénétrait dans cette pièce, elle fut envahie d'une émotion particulière.

Les appartements privés du surintendant revêtaient pour elle un caractère sacré. On entrait dans le sanctuaire du pouvoir. Dans les tiroirs en marqueterie étaient enfermés, elle le savait, des documents secrets traitant des affaires de l'État. Elle aimait à contempler l'immense tableau de Véronèse surplombant la cheminée représentant Persée et Andromède. Cet homme volant dans les airs l'amusait, au contraire de *L'Ambassade de Venise en Turquie* qui jouxtait la porte, et dont le personnage drapé de rouge était terrifiant. Tout ici respirait la réussite et l'opulence. La cheminée de marbre sombre rompait la symétrie des soubassements à caissons dorés soutenant des tentures d'un vert profond, les tabourets carrés en tapisserie réservés aux invités du maître des lieux s'alignaient face à son imposant bureau en ébène noirci à filets de cuivre, soulignant ainsi que l'on tenait audience chez un grand du royaume. Pour Althéa, cette pièce gardait tout son mystère. Elle y rencontrait des gens très élégants qui chuchotaient ou se taisaient à son arrivée et tous manifestaient un profond respect à Fouquet. Elle connaissait certains d'entre eux depuis plusieurs années et éprouvait un vif plaisir lorsqu'on l'invitait à demeurer. Aussi se réjouit-elle en apercevant La Fontaine dans l'encadrement de la fenêtre.

— Jean ! s'écria-t-elle en se précipitant vers lui.

— Je crois, mon cher, que nous devrons un instant interrompre cet entretien ! remarqua Fouquet à l'adresse de son hôte.

— Et je m'en réjouis ! Comment allez-vous, princesse ?

Althéa embrassa La Fontaine qui la serrait dans ses bras.

— Me raconterez-vous encore une fable d'Ésope[1] après souper ?

— C'est promis, ma beauté. Mais seulement ce soir !

— À ce sujet, Althéa, ne devriez-vous pas être en train d'étudier ? interrogea le surintendant.

— C'est vrai, père, et j'y cours vite, mais avant je voulais vous rappeler une chose…

— Et quoi donc, jeune fille ?

— Eh bien, nous sommes au mois de juin, et…

— Et ?

— C'est mon anniversaire bientôt ! lâcha-t-elle dans un souffle.

— Craignez-vous que je puisse omettre l'événement ?

— Non, père, certes non. Mais je me demandais si vous aviez déjà arrêté de m'offrir un présent particulier, et…

— Et je gage que vous avez fait ce détour pour vous enquérir de la chose, et le cas échéant, me faire part de vos désirs ?

— Voilà qui me semble à la fois hardi et prudent, sourit La Fontaine. Althéa, vous avez bien raison de prendre les devants.

— C'est que… je pensais que peut-être vous n'auriez pas songé à m'offrir… un cheval, expliqua-t-elle.

— Un cheval ! siffla Fouquet. Rien que cela ? Eh bien, mademoiselle, vous ne manquez pas d'audace ! Et qu'est-

1. La Fontaine écrivit ses fameuses fables d'après celles d'Ésope, un fabuliste grec probablement du VIe siècle.

ce qui peut vous donner à penser que je vous ferais un cadeau d'une telle importance ?

— Mon précepteur pourra vous confirmer que je suis très appliquée à l'étude ! plaida-t-elle. Ce serait tellement merveilleux !

— Mais n'êtes-vous pas déjà une cavalière émérite ? Vous ne manquez pas de montures dans nos écuries, ce me semble ?

— Je monte déjà, bien sûr, mais Julien affirme que pour travailler le saut, nos chevaux sont trop hauts ou trop fougueux pour moi et qu'il ne saurait me le permettre. Alors je continue à les monter à la longe et, pour l'obstacle, je m'entraîne sur des poneys, ce qui est bien ennuyeux... Mais si vous m'offrez un cheval à ma taille ayant bon caractère, Julien ne pourra s'opposer à ce que je le monte, même à l'obstacle. Il sera contraint de me rendre les rênes et je pourrai enfin monter seule !

— Et que ferez-vous sur votre cheval, une fois seule, jeune demoiselle ?

— Je parcourrai le domaine, père, je serai libre de me promener où bon me semblera !

Fouquet éclata de rire.

— Je souscris à vos arguments, Julien m'a fait part de vos talents d'écuyère, et je pense qu'en effet, cela vous aidera à progresser encore... J'y réfléchirai, jeune fille. Et maintenant laissez-nous à nos affaires, et retournez à vos leçons.

Althéa bondit de joie, serra ses deux bras autour du cou de Nicolas.

— Mille mercis, père ! cria-t-elle en s'enfuyant.

Les deux amis l'entendirent dégringoler l'escalier pour regagner la salle d'étude. Nicolas, ému de ces débordements, murmurait :

— Althéa est décidément une personne bien singulière...

— Qui sait compter et dévore les ouvrages de votre bibliothèque, j'ai pu le constater lors de notre dernière conversation ! renchérit La Fontaine.

— C'est vrai. Elle est aussi très instruite, et je m'en flatte, Notre ami Nicéron l'a interrogée sur la mathématique ce tantôt et s'en est ouvert à moi, tellement il fut stupéfait de sa vivacité d'esprit. Elle s'intéresse même à l'astronomie ! Il est vrai que, peut-être à tort, j'encourage son penchant pour l'étude...

— Je ne saurais vous en blâmer puisqu'à son âge, elle apprécie déjà mon *Adonis*[1] ! Croirez-vous qu'elle m'a demandé de lui lire *Le Songe de Vaux*? C'est étonnant, en vérité ! Une tête aussi bien faite que bien pleine. Les femmes cultivées sont décidément à la mode. Heureusement, toutes ne sont pas ridicules ! Je viens d'assister à la première représentation des *Précieuses* de Molière. C'est une pièce que j'ai fort goûtée, qui nous met cependant en garde contre les dangers d'une trop grande érudition chez le beau sexe...

— Je n'ai aucune crainte en ce qui concerne Althéa. Une de ses plus grandes qualités est sans conteste l'authenticité. Savez-vous qu'il m'arrive parfois de la regarder vivre et grandir et de me dire qu'un jour, il me faudra l'établir, qu'elle quittera Vaux pour se marier, et qu'alors je ne la verrai plus...

— Mon cher, évitez de songer à ce qui assombrit votre esprit. Chassez de vos pensées ces funestes desseins et goûtez plutôt le bonheur de la voir s'épanouir !

— Ah... Vous êtes décidément un sage, mon cher Jean. Racine me le disait encore hier soir au souper !

1. Ce poème ne sera publié qu'en 1669.

7.

Vaux-le-Vicomte, 17 juin 1660

Althéa ne tenait plus en place. En cette belle matinée où l'on devinait déjà l'été, elle fêtait ses douze ans et brûlait d'impatience de découvrir tous ses cadeaux. Debout devant son grand miroir ovale, elle s'amusait à prendre des poses, attirant une fois de plus les remontrances d'Amélie qui l'aidait à s'apprêter.

— Par Dieu, mademoiselle, cessez donc de gesticuler de la sorte, comment voulez-vous que j'attache tous ces boutons !

— Je cherche l'attitude qui me sied le mieux.

— Voyez-vous ça ! L'attitude qui vous sied le mieux, demoiselle, c'est celle de la jeune fille sage !

— Comment trouves-tu ma robe, Amélie ?

— Elle est superbe, et je dis que vous avez bien de la chance d'avoir un parrain si généreux. Ce joli bleu met en valeur votre teint et vos yeux, et pour peu que vous sachiez vous tenir un peu tranquille, vous feriez une jeune fille délicieuse.

Althéa sourit à la vieille servante à travers le miroir. Elle avait beau la réprimander, cette dernière adorait son « trésor ». Althéa le savait et en abusait parfois. Pourtant, certaines choses allaient changer, et Amélie ne pourrait rien pour elle. La déclaration du surintendant, la veille, inquiétait Althéa qui se remémorait cet épisode, tandis qu'Amélie lissait sa chevelure.

Il était un peu plus de cinq heures lorsque Nicolas l'avait fait appeler dans son antichambre. La solennité du ton, qui la surprit d'abord, la glaça ensuite :

— Althéa, je vous ai fait mander pour vous tenir informée de choses vous concernant. Vous avez douze ans demain, et nous avons arrêté, Mme Fouquet et moi-même, qu'il serait temps de vous attribuer une gouvernante chargée de votre éducation. Vous ne tarderez pas à faire votre entrée dans le monde et à vous y marier et devez y être préparée.

— Mais père..., balbutia-t-elle, j'étudie chaque jour, et Amélie s'occupe très bien de moi !

— Il ne s'agit pas de cela. Il s'agit de vous inculquer les bonnes manières et de faire de vous une jeune fille accomplie qui pourra prétendre trouver époux dans les plus hauts lignages et y tenir sa place.

— Mais je ne veux pas me marier ! protesta-t-elle. Jamais je ne vous quitterai, jamais je ne partirai de Vaux !

— Althéa, je vous en prie, ne faites pas l'enfant, vous n'en êtes plus une ! Vous êtes une Braban-Valloris et cela implique des devoirs. Nous devrons un jour vous établir et choisir un parti digne de votre rang. Il ne saurait être question pour vous de continuer à battre la campagne avec pour toute surveillance un palefrenier et une servante ! expliqua Marie-Madeleine Fouquet.

— Julien est mon ami et Mélie est bien plus qu'une servante !

— Althéa, je vous somme de bien vouloir changer de ton. Je ne souhaite en aucun cas vous faire de peine, et vous continuerez à voir Amélie et Julien aussi souvent que vous le souhaiterez, intervint Nicolas. Considérez que nous agissons dans votre intérêt, notre seul souci étant de vous donner une éducation digne de votre naissance, comme l'auraient fait vos propres parents si Dieu leur avait prêté vie. J'ajouterai que nous avons porté notre choix sur une personne qui, j'en suis sûr, vous plaira beaucoup. Vous allez rencontrer Mlle Vespucci. Je lui ai demandé d'être présente à la fête que nous donnerons en l'honneur de votre anniversaire.

Sentant qu'elle ne gagnerait pas la partie, Althéa se retira sans ajouter un mot.

Elle se remémorait cette conversation tandis qu'Amélie finissait de la coiffer. Comment était-elle ? À quoi pouvait bien ressembler Lucia Vespucci qui allait régenter les prochaines années de sa vie ? Althéa parviendrait-elle à s'en faire une amie ? Allait-elle être sévère et rigide comme le sont la plupart des gouvernantes ? La fillette retournait ces questions depuis la veille et son impatience la rendait nerveuse. Mme Fouquet, entrant dans sa chambre avec un large sourire, la fit sursauter.

— Vous êtes magnifique, Althéa, et ce bleu soutenu vous va à ravir, constata-t-elle.

— Merci, madame. Cette robe est très belle et je vous sais gré de me l'avoir choisie.

— Je savais qu'elle vous plairait. Cependant, il y manque un léger détail…

— Quoi donc ? demanda Althéa en interrogeant son miroir.

— Ceci, ma chérie, répondit Marie-Madeleine en lui tendant un petit écrin.

Althéa le saisit d'une main tremblante et ne put retenir un cri en l'ouvrant.

— Mais c'est splendide ! C'est le plus beau cadeau que j'aie jamais reçu ! dit-elle en serrant les mains de Mme Fouquet.

— Jusqu'alors peut-être, ma chérie, car vous n'avez pas tout vu ! Voulez-vous que je vous aide à les placer ?

Joignant le geste à la parole, Marie-Madeleine s'empara des deux ravissantes boucles d'oreilles en girandole de saphirs assorties à la toilette d'Althéa qui recevait là ses premiers bijoux.

Amélie tendit le miroir à la jeune fille qui se regarda avec ravissement.

— Avec des parures comme celles-là, il faudra arrêter de courir et apprendre à se tenir comme une dame, remarqua Amélie.

— Précisément, intervint Mme Fouquet. Althéa quitte l'enfance. Apprendre à bien se tenir est chose importante, et sa gouvernante sera là pour l'y aider.

Althéa ne sut que répondre et bredouilla encore quelques mots de remerciement. Marie-Madeleine sourit :

— Maintenant que vous êtes tout à fait prête, hâtez-vous de nous rejoindre au salon d'Hercule. Tout le monde vous y attend.

Lorsque Althéa gagna le salon, sa surprise fut à son comble. Toute la famille était réunie autour de deux très grandes tables ovales en marbre noir et rouge sur des pieds en bois sculptés, garnies de desserts, de sorbets[1] et de confiseries. L'assistance applaudit à son entrée, et la jeune fille en rosit de plaisir. Nicolas vint à sa rencontre :

— Althéa, ma chérie, je vous souhaite un très bel anniversaire. Vos frères et sœurs se joignent à moi pour vous dire combien nous sommes heureux de toutes ces années que vous passez au sein de notre famille. Mais avant que la fête ne commence, je vous prie de bien vouloir saluer votre nouvelle gouvernante, Mlle Vespucci, qui, comme je vous l'ai dit, veillera désormais sur vous et sur votre bonne éducation.

Lucia Vespucci s'avança. Une trentaine d'années, d'allure jeune encore. Ses cheveux, d'un beau brun-roux, retenus

1. Les sorbets étaient, au XVIIe siècle, des boissons fraîches et sucrées.

en chignon s'harmonisaient avec une longue robe feuille morte dont le corsage s'ornait d'un jabot de dentelle fine qu'Althéa jugea ravissant. Le visage de Lucia traduisait fermeté et douceur, et s'orna d'un large sourire comme elle avançait. La pupille salua sa gouvernante gentiment.

— Madame, je suis ravie de vous rencontrer.

— Je me réjouis de même, Althéa. J'ai hâte que nous apprenions à nous connaître. J'espère que nous nous plairons en compagnie l'une de l'autre.

Elle semblait réellement sincère et la jeune fille, qui la dévisageait, sentit tout son corps se détendre. Elle se contenta de sourire et ce fut son petit frère qui rompit le silence.

Louis-Nicolas s'avançait en effet en tendant presque timidement un paquet à sa « sœur » chérie qui l'embrassa aussitôt.

— Louni, comme c'est gentil ! Mais qu'est-ce que c'est ?

Elle défit le papier de soie et sortit une petite reproduction du château, peinte à l'huile sur une plaquette de bois.

— Pour que vous n'oubliiez jamais Vaux et que vous m'aimiez toujours, dit l'enfant.

— Je te le promets, répondit-elle, émue. Merci. Je ne m'en séparerai jamais !

Madeleine s'avança à son tour et offrit à Althéa un chapeau avec un grand ruban.

— Pardonnez-moi, Althéa, je n'ai pas eu le temps de l'envelopper. Joyeux anniversaire.

Les deux sœurs s'embrassèrent.

— Maintenant, approchez-vous de la fenêtre pour découvrir votre autre cadeau, suggéra le surintendant.

Althéa s'avança et écarquilla les yeux devant un superbe alezan que Julien tenait par la bride sur la pelouse bordant la terrasse.

— Oh, père, murmura-t-elle, il est magnifique…

— N'est-ce pas qu'il est beau ? Je suis ravi qu'il vous plaise.

— Puis-je descendre le voir de plus près ?

— Bien sûr, ma chérie.

— Un instant, jeune fille !

Althéa se retourna et aperçut La Fontaine qui s'avançait, tenant un gros paquet.

— Jean, je ne vous avais pas vu !

— Voici mon cadeau que vous devez ouvrir avant que de descendre voir votre cheval.

Althéa s'empara du paquet d'un air étonné et ravi. Elle déposa la longue boîte par terre et souleva le couvercle. Une exclamation jaillit de l'assistance lorsqu'elle déplia une robe d'amazone bleu nuit.

— J'ai pensé que vous étiez encore trop jeune pour porter du noir, mais je crois que vous aurez fière allure en montant ainsi vêtue.

— Oh, Jean ! cria-t-elle, en l'embrassant de nouveau. Mais comment saviez-vous…

— Vous oubliez, demoiselle, que j'ai assisté à la conversation que vous avez eue avec votre parrain au sujet de votre cadeau d'anniversaire ! Il me fut dès lors aisé de trouver quoi vous offrir par la suite ! Maintenant allez vite voir votre monture. Au fait, quel nom allez-vous lui donner ?

— Quel nom ? Mais… Comme il est très beau, et que c'est vous qui m'offrez de quoi le monter, je l'appellerai… Adonis !

8.

Vaux-le-Vicomte, juillet 1661

La propriété des Fouquet à Vaux atteignait six mille hectares dont soixante-dix aménagés en de délicieux jardins imaginés par un artiste et ami du surintendant, un certain Le Nôtre qui acquit, à la suite de son travail, une grande notoriété. Le château dominait l'ensemble de cet espace agencé en une remarquable perspective. Au fond, des fontaines s'écoulant dans des bassins, que l'on appelait les « grottes », s'étiraient harmonieusement derrière un grand canal transversal terminé par un bassin rond, *la Poële.* Le Grand Miroir d'eau, plus en avant, calculé par Le Nôtre pour refléter à la fois les grottes et le château, selon la perspective, permettait à Althéa de s'y reposer au retour de ses promenades et à Adonis de se désaltérer. Elle ramenait ensuite à pied son cheval aux écuries, situées près des communs, dans un corps de bâtiments abritant attelages et sellerie, ainsi que les logements des domestiques. On ne lui permettait pas de chevaucher aux abords du château car, depuis les terrasses, s'étendaient des promenoirs embellis d'une multitude de fleurs et *les tapis de turquerie,* parterres de buis découpés en arabesques à l'imitation des motifs des tapis d'Orient. Grâce au génie de Le Nôtre, la nature était transfigurée, les jardins devenaient sculptures, architecture, œuvres d'art. Il émanait de ces lieux de verdure une exquise sérénité.

Althéa galopait dans le grand bois qui jouxtait le jardin délimité par des charmilles, derrière le verger. Respirant l'air chaud de juillet à pleins poumons, elle savourait le sentiment de liberté qui la gagnait chaque fois qu'elle partait se promener sur le domaine. Disposant d'une demi-heure environ avant qu'on ne l'envoyât chercher, elle ralentit l'allure en tirant doucement sur les rênes. Adonis tenta de reprendre le mors, mais Althéa garda la main.

Elle choisit d'aller s'asseoir auprès de la statue d'Hercule qui terminait la perspective surplombant tous les bassins d'où elle embrasserait l'ensemble du jardin. Attrapant la traîne de sa robe d'amazone, elle descendit de sa monture, fouilla dans sa sacoche et tendit un morceau de pain dur à Adonis.

Des voix lui parvinrent alors en contrebas. Instinctivement, la jeune fille reprit la bride de son cheval et l'entraîna dans le petit bois. S'il lui restait quelques instants de liberté, elle ne souhaitait pas devoir les partager avec des inconnus en s'obligeant à des mondanités. Adonis broutait de nouveau.

Les voix se rapprochaient. Elle put bientôt distinguer deux hommes et crut reconnaître l'un d'entre eux. Ils firent halte à sa hauteur, lui permettant de percevoir distinctement leurs propos :

— Finalement, cette promenade forcée s'avère plus que délicieuse.

— Cela est ma foi vrai. Que ce cher surintendant ait été retenu nous aura permis de découvrir son domaine avant tout le monde.

— Avant tout le monde ?

— Vous n'ignorez pas qu'il souhaite convier bientôt Sa Majesté à une somptueuse fête donnée en son honneur ?

— Et qu'il financera sans aucun doute sur les deniers de l'État ! Depuis la mort de Mazarin le mois dernier, Fouquet s'est encore rapproché du roi. On se demande jusqu'où ira sa faveur ! Certains disent qu'il est habile homme et qu'il parvient à redresser les Finances publiques. Mais les moyens d'y parvenir semblent pour le moins douteux… Et, surtout, il est tout de même indéniable que sa fortune ne cesse de croître ! Savez-vous qu'il se murmure que le bougre aurait constitué une force militaire derrière ses fortifications de Belle-Isle ? En voilà un qui a bien choisi sa devise…

— Ne vous méprenez pas sur l'attitude de Sa Majesté. Louis XIV, pour être jeune, n'en est pas moins clairvoyant…

— Et s'il était aveugle, l'intendant des Finances que vous êtes depuis peu se chargerait peut-être de le dessiller ?

— Peste ! Qu'insinuez-vous donc là ?

— Mais je n'insinue rien, mon cher Colbert, j'observe, c'est tout. Ne me dites pas que la faveur dont jouit Fouquet vous agrée ! Vous œuvrez dans l'ombre à sa chute, ne le niez point !

— Je travaille sans relâche pour le bien de la France, et l'intérêt du royaume. Il est parfois nécessaire d'éclairer le roi, lequel est en droit de connaître les agissements de ses ministres.

— Cela va sans dire. Personne ne songerait à vous contredire. Et chacun, dans l'entourage du roi, prétend curieusement faire de même. Voici plus d'un mois que la Cour demeure à Fontainebleau…

— Depuis le 20 avril[1].

---

1. La Cour avait en effet gagné Fontainebleau à cette date, et c'est depuis Fontainebleau qu'elle alla à Vaux pour la fête.

— Le temps de l'installation... Nous devrions donc dans les jours prochains être en mesure de mieux appréhender les intentions de Sa Majesté. Depuis que le roi nous a annoncé qu'il souhaitait gouverner en personne, tout le monde s'attend à de profonds changements. À ce propos, on dit aussi que son regard se porte sur une jeune beauté...

— Françoise-Louise de La Baume Le Blanc. Je pense comme vous que Fontainebleau sera le théâtre de bien des événements... Mais pour l'heure, retournons auprès de ce cher Fouquet qui doit en avoir terminé à présent.

Les deux hommes s'éloignèrent de la cachette d'Althéa. Elle se releva et ôta les brins d'herbe accrochés à sa robe.

Un sentiment étrange l'envahit.

Pour la première fois de son existence, la jeune fille découvrait la noirceur du monde. Elle n'aurait su dire pourquoi elle détestait si violemment celui qui avait les lèvres fines, qu'elle n'avait jamais vu autrement que vêtu de noir lorsqu'il venait s'entretenir avec son parrain au château. Elle se souvenait effectivement d'avoir été priée parfois de saluer ce M. Colbert au détour d'une allée, alors qu'elle se promenait avec sa gouvernante. Il ne lui avait jamais plu. Son sourire manquait de sincérité ; elle n'aimait pas son regard froid.

Attrapant la bride d'Adonis, Althéa décida d'écourter sa promenade et regagna les écuries, pensive, en mâchonnant un brin d'herbe. L'habitude voulait qu'elle se rendît directement aux cuisines après sa promenade, car l'exercice et le grand air lui ouvraient l'appétit. Elle n'en fit rien cette fois, n'ayant aucune envie d'avaler quoi que ce fût. Cette conversation l'inquiétait. En d'autres circonstances, elle eût directement emprunté le large escalier conduisant au bureau du surintendant pour lui faire part de son aventure. Mais elle savait combien cette fête lui tenait à cœur, et comme il travaillait activement à son bon déroulement. Il semblait impensable, en de pareils moments, de le déranger pour des futilités. Elle rejoignit donc à la hâte ses appartements pour y quérir sa gouvernante qu'elle trouva assise près de la fenêtre, occupée à des travaux d'aiguille.

— Déjà de retour ? La promenade ne fut donc pas agréable ? s'étonna Lucia. Mais quelle mine grave ! Est-ce qu'Adonis vous aurait donné du souci ?

— Non, il est toujours aussi doux et obéissant.

— N'êtes-vous pas allée vous restaurer avant de monter vous changer ? Amélie m'a informée que Rose avait préparé de la crème fouettée à votre intention, il y a une heure...

— Je n'ai pas faim.

— Que se passe-t-il, Althéa ? Vous semblez contrariée. Quelqu'un vous aurait fait de la peine ? Est-ce encore Madeleine qui vous a cherché querelle ?

— Non point. D'ailleurs, je ne l'ai pas vue de la journée. Non, c'est plutôt...

— C'est plutôt ? Tenez, venez vous asseoir près de moi sur ce coussin, et racontez-moi ce qui vous chagrine. Je peux tout entendre, vous le savez bien.

Comme une enfant perdue, Althéa vint se blottir aux pieds de sa gouvernante et posa la tête sur ses genoux. Lucia lui passa la main dans les cheveux.

— Je vous écoute. Que se passe-t-il ?

— J'ai surpris une conversation entre deux hommes qui se promenaient sur le domaine en attendant d'être reçus par mon parrain.

— Surpris ou... écouté ?

Althéa baissa les yeux.

— Les deux. Quand j'ai entendu qu'ils parlaient de mon parrain... j'ai écouté, confessa-t-elle, hésitante.

— Je ne vous félicite pas, mais puisque le mal est fait... Alors, est-ce cela qui vous bouleverse ?

— Ils ont dit des choses méchantes. Sur nous, sur notre fête, sur le roi.

— Sur le roi ?

Lucia semblait épouvantée.

— Vous aurez mal compris, ma fille.

— Non. Ils disaient que mon parrain payait notre belle fête avec l'argent du roi, mais que le roi allait ouvrir les yeux.

— Êtes-vous sûre d'avoir bien compris, Althéa ?

— Oui. Enfin, presque tout. Mais de cela, je suis certaine. Et puis, surtout, celui qui a cet air mauvais, ce M. Colbert... il n'aime pas du tout mon parrain. Il fait semblant.

Lucia Vespucci sourit et caressa la joue de sa pupille.

— Mon Dieu, ma douce... Mais vous pleurez ! Ne vous mettez pas dans un pareil état pour des propos dont vous n'avez peut-être pas entendu le sens. Vous voilà vous mêlant de politique, à présent !

— Mais, Lucia, ce Colbert essaie de nous nuire ! Cela, je l'ai parfaitement entendu et compris ! Quand l'autre homme le lui a dit, il n'a pas cherché à nier et...

— Et vous avez une imagination débordante ! Le surintendant a l'oreille du roi, il jouit d'une faveur sans égale, et cela suscite bien des jalousies. Mais il ne risque rien, croyez-moi... Vous devriez vous sortir toutes ces idées extravagantes de l'esprit et vous réjouir de ce que vous allez assister à une fête somptueuse ! Croyez-vous que Sa Majesté se déplacerait avec toute la Cour si elle n'appréciait pas M. Fouquet ? Allons, ma chérie, balivernes que tout cela ! Vous allez vivre un moment d'exception qui sera votre première apparition officielle dans le monde ! Ne songez qu'à cela.

Elle tendit son mouchoir à la jeune fille.

— Tenez, n'y pensez plus, et montrez-moi plutôt la dentelle que vous avez choisie pour le bas de votre robe…

Althéa sourit et sécha ses larmes. Lucia se révélait une gouvernante admirable en qui elle avait toute confiance. D'un bond, elle se leva pour sortir du tiroir de sa commode un rouleau de dentelle fine qu'elle déplia sous les exclamations élogieuses de Lucia. Ces beaux préparatifs chassèrent ses idées noires.

L'été s'annonçait magnifique.

Depuis l'arrivée des beaux jours, les enfants avaient obtenu la permission de nager dans les bassins. Le lieu de baignade qu'ils affectionnaient tout particulièrement était *la Poële.* L'extrémité du canal alimenté par l'Anqueuil se développait en un grand miroir d'eau d'où l'on ne pouvait apercevoir le château. Madeleine, bien que timide, osait descendre doucement, se mouillant jusqu'à la taille. Louis-Nicolas et Althéa sautaient dans l'eau en poussant des cris de joie. Charles-Armand, qui fêtait son quatrième printemps, ne se baignait qu'en présence de sa servante, laquelle venait parfois, accompagnée de la nourrice du dernier-né des Fouquet, Louis, un nourrisson docile qui s'endormait à l'ombre après avoir tété.

La vie s'écoulait, monotone et joyeuse, même si les enfants trouvaient le temps long. On ne parlait plus que de la fête, et l'impatience gagnait tout le monde.

9.

Fontainebleau, juillet 1661

Louis XIV, furieux, s'était dressé d'un bond et arpentait nerveusement le magnifique tapis disposé devant son grand bureau. Tassé dans son fauteuil, Colbert suivait les allées et venues du monarque d'un air faussement embarrassé.

— Par Dieu, que me chantez-vous là, monsieur Colbert ?

— Rien qui, ce me semble, serait de nature à courroucer Votre Majesté...

— Vous m'apprenez que Fouquet a fait porter un bouquet de roses à Louise de La Baume Le Blanc, et je devrais ne pas en être courroucé ?

— Votre Majesté ne devrait voir en ce geste que l'attention que porte le sieur Fouquet à tout ce qui agrée Votre Majesté. Chacun sait combien le surintendant est dévoué au royaume et à Votre Majesté...

— Un dévouement qui va jusqu'à courtiser la favorite ! Apprenez, monsieur Colbert, que l'on ne chasse pas sur les terres du roi !

— Mlle de La Vallière ne détournerait pas les yeux de son souverain, Majesté. On ne saurait lutter avec Votre Grandeur...

Colbert marqua un temps, puis reprit à voix basse :

— À moins que, bien sûr…

Louis XIV s'arrêta net. Son visage s'empourpra. Il releva impérieusement la tête et planta son regard dans celui de son intendant :

— À moins ?

— Non, rien, rien, je pensais tout haut, Majesté…

— À moins, ai-je dit ? Monsieur Colbert, je vous somme de poursuivre votre propos !

— À moins que Mlle de La Vallière ne soit une personne intéressée… On dit le sieur Fouquet immensément riche. La fête qui se prépare en l'honneur de Votre Majesté sera, si l'on en croit la rumeur, des plus fastueuses…

— Insinuez-vous que Fouquet s'estimerait au-dessus de nous ?

— Non point ! Il essaie sans doute de donner une fête qui soit digne de la magnificence de Votre Majesté afin de lui rendre hommage. Bien sûr, cela peut induire une certaine confusion parmi les gens du peuple… Des esprits faibles peuvent penser que le pouvoir est, sinon officiellement réparti, du moins officieusement partagé. Mais à la Cour, chacun sait bien que Votre Majesté pourrait, si elle le désirait, se débarrasser à tout moment de son surintendant. Ce qui est bien la preuve que c'est elle qui gouverne, même si les finances de Votre Majesté sont certes de moindre importance que celles du sieur Fouquet…

Le jeune monarque semblait s'être soudainement calmé. Les mains croisées derrière le dos, il dévisagea Colbert avec bienveillance.

— Merci de ce brillant exposé, monsieur Colbert. Vous pouvez disposer. Nous nous reverrons demain.

— Les désirs de Votre Majesté sont des ordres. Qu'elle me permette de lui souhaiter un excellent souper.

Lorsque Colbert se releva de sa révérence, il vit le roi debout devant l'immense fenêtre.

Son air décidé le frappa.

10.

Vaux-le-Vicomte, 12 juillet 1661

Althéa chevauchait depuis presque une heure. Adonis écumait, semblant prendre plaisir à cette course effrénée sur les terres qui bordaient l'Anqueuil. Comme à l'accoutumée, la cavalière fit une halte au bord de la rivière et descendit de sa monture pour goûter le moment privilégié de la lecture en plein air des ouvrages choisis dans la bibliothèque du surintendant. Elle s'étira, puis ramassa quelques galets avant de s'avancer sur des rochers qui affleuraient. D'un geste habile, la jeune fille jeta ses pierres qui ricochèrent plusieurs fois à la surface de l'eau.

Soudain, un souffle chaud caressa sa joue. À peine eut-elle le temps de pousser un cri en sentant la lourde tête d'Adonis peser sur son épaule qu'elle bascula dans l'eau. Coulant à pic tout d'abord, elle revint peu à peu de sa surprise et tenta de nager, mais en vain. Sa longue traîne d'amazone lui nouait les jambes et les dentelles de ses jupons, dont les poches étaient remplies de pierres, l'entraînaient vers le fond. Elle comprit qu'il lui serait impossible de regagner la rive malgré tous ses efforts et hurla de panique.

Elle avala encore de l'eau et se débattit plusieurs minutes.

Ses forces l'abandonnaient lorsque deux bras vigoureux l'arrachèrent à la noyade pour la hisser dans l'herbe.

Elle venait de perdre connaissance.

Quand la naufragée rouvrit les yeux, ce fut sans reconnaître l'homme qui se penchait sur elle. Le visage hâlé encadré par des cheveux blond cendré s'illuminait de deux yeux verts anxieux.

— Alors, jeune fille, vous revenez à vous ? Êtes-vous en mesure de parler ?

— Ou… oui…

Elle toussa en recrachant de l'eau. Le jeune homme l'aida à se redresser puis lui tapota le dos :

— Vous m'avez fait une sacrée peur ! Un instant de plus et je vous trouvais noyée. Êtes-vous la demoiselle du château ?

— Oui… Le château…, balbutia Althéa en toussant de plus belle.

— Permettez-moi de vous y reconduire, car je ne crois pas que vous soyez en état de reprendre votre monture. Et enfilez d'abord cette veste, vous grelottez.

Il lui tendit son vêtement qu'elle passa autour de ses épaules, puis attacha les rênes d'Adonis à l'étrier de son propre cheval avant de prendre la jeune fille dans ses bras. D'un geste vif, il la hissa sur sa monture, sauta en selle, et tira sur la bride pour faire demi-tour vers les communs.

Althéa ressentait maintenant une immense fatigue. Bercée par le balancement régulier du cheval qui marchait au pas, elle se blottit contre la poitrine de son sauveur et ne bougea plus, savourant cette odeur de cuir mêlée aux effluves d'une senteur poivrée. Sa mésaventure n'était déjà plus qu'un mauvais souvenir, et la promenade se terminait, au fond, de bien agréable façon.

Une petite demi-heure plus tard, les cris d'Amélie se précipitant sur la terrasse la sortirent de sa torpeur.

— Doux Jésus, mon trésor ! Que lui est-il arrivé ? demanda-t-elle d'un air soupçonneux au jeune homme.

— Elle a fait une chute dans la rivière, je n'ai eu que le temps de l'en tirer avant qu'elle ne se noie, mais tout va bien à présent, répondit-il en descendant Althéa de son cheval. Puis, la soutenant par le bras, il demanda gentiment :

— Pouvez-vous marcher ?

Louis-Nicolas, qui arrivait en courant, prit la main d'Althéa et, la tenant fermement, grogna :

— Bien sûr qu'elle peut marcher. Je m'en occupe ! Vous n'avez plus à vous en faire !

Le jeune homme sourit et, se penchant fort courtoisement, salua sa protégée :

— En ce cas, permettez-moi, mademoiselle, de me retirer, maintenant que je vous sais entre de bonnes mains. Je pense qu'il m'est impossible d'assister à la fête que donne le surintendant dans cette tenue. Aussi dois-je me changer. Prenez soin de vous, et veillez à ne plus vous approcher si près de l'eau lorsque vous êtes ainsi vêtue.

Il s'inclina de nouveau d'un air amusé, avant de tourner les talons.

Althéa en resta bouche bée. Louis-Nicolas le regarda s'éloigner d'un air mécontent :

— Pour qui se prend-il, celui-là !

— Remerciez-le plutôt d'avoir sauvé votre sœur, jeune sot ! rugit Amélie. Et vous, mademoiselle la sirène, veuillez tout de suite regagner votre chambre, que je vous frictionne, avant que vous n'avaliez un bol de lait chaud sucré au miel ! Je savais bien que ces escapades finiraient mal, grommela-t-elle. N'a-t-on pas idée, aussi, d'offrir un cheval à une demoiselle !...

— Amélie, dit doucement Althéa, je n'ai fait aucune chute de cheval. Je me suis seulement avancée trop près de l'eau et Adonis, qui recherchait sûrement une carotte dans ma poche, m'a poussée sans s'en rendre compte…

— Qu'importe, mon trésor ! Nous avons failli vous perdre, et moi, c'est tout ce que je vois ! répondit Amélie d'un air buté. Allez, maintenant, suivez-moi, que je vous ôte ces vêtements trempés !

En fin d'après-midi, et malgré les soins prodigués par Amélie, Althéa fut prise d'un accès de fièvre et fut contrainte de s'aliter. Sa gouvernante resta à son chevet et lui fit la lecture. La jeune fille se lamentait de ne pouvoir assister à la représentation de *L'École des maris,* spectacle interprété dans le salon des Muses devant Henriette de France, alors reine d'Angleterre, et sa fille, la duchesse d'Orléans, toutes deux invitées à Vaux pour la circonstance. Certes, ce n'était pas la grande fête tant attendue qui aurait lieu le mois suivant en l'honneur de Sa Majesté, mais tout de même ! La soirée serait certainement des plus réussies, et la malade se désolait en songeant à tout ce qu'elle allait manquer.

Lorsque sa gouvernante déposa un baiser sur son front brûlant avant de sortir de sa chambre, elle ferma les yeux un moment et se remémora les événements de l'après-midi. L'idée qu'elle n'avait même pas remercié son sauveur la taraudait. La jeune fille savait que seuls quelques privilégiés, arrivés la veille de Fontainebleau, logeaient dans les dépendances du château. Le reste des invités n'arriverait à Vaux qu'en début de soirée. La présence du jeune homme au domaine juste après le dîner témoignait donc de son rang élevé à la Cour, mais aussi de son amitié avec Fouquet.

Qui pouvait-il être ? Il s'était montré si aimable ! Pourrait-elle le remercier un jour ?

Lasse de s'interroger en vain, Althéa passa la main sous son matelas et en extirpa un exemplaire de *Tristan et Iseult* qu'elle était parvenue à « emprunter » dans la bibliothèque du surintendant. Ouvrant le livre à la page marquée de son signet, elle entreprit la lecture du récit des aventures du roi Marc et de son épouse.

Pourtant, au travers des lignes qui dansaient devant ses yeux, un visage s'imposait à elle. Curieusement, Tristan avait de beaux cheveux blond cendré et de magnifiques yeux verts. Elle soupira, les tempes lui battaient, la tête lui semblait lourde. Épuisée de tant d'émotions, elle souffla sa chandelle et, fermant les yeux, emporta dans son sommeil l'image de son beau chevalier…

Le soleil était déjà haut lorsque Althéa s'éveilla.

Elle étira ses membres engourdis puis sauta de son lit pour ouvrir ses volets et humer l'air frais. Elle allait enfin pouvoir remercier son sauveur de vive voix, maintenant qu'elle était sur pied.

— Mais qu'est-ce que j'aperçois? Doux Jésus, mais vous êtes folle ! Pieds nus, devant la fenêtre ouverte, et en chemise encore, alors que n'importe qui pourrait vous voir !

Althéa n'avait pas entendu entrer Amélie qui la tirait d'un bras vigoureux vers son lit.

— Mais, Mélie, je suis guérie et je n'ai pas froid !

— Guérie ? Pas froid ? Ça, c'est à voir ! Juste ciel ! Attendez donc que le docteur vous ait revue. Hier soir vous étiez tremblante de fièvre, il voulait vous poser des ventouses !

— Mais je me sens tout à fait bien, à présent. Et la politesse veut que j'aille remercier le monsieur qui m'a sauvée de la noyade, il faut que tu m'aides à m'habiller promptement, Mélie !

— Remercier le monsieur? La voilà qui délire ! Mais, mon petit chat, tout le monde est parti à cette heure-ci ! Les midi sont sonnés ! On vous a laissée dormir, à cause de votre accident d'hier, mais il n'y a plus personne au château ! Même monsieur et madame sont sortis ! Et moi, j'ai ordre de vous faire garder la chambre jusqu'à l'arrivée du docteur. Alors, au lit, que je vous monte votre tasse de lait !

La déception fut immense. Non seulement elle ne verrait personne, mais en plus il lui fallait rester enfermée ! Elle s'ennuya et bouda jusqu'au soir, où l'homme de science confirma sa guérison, lui ordonnant toutefois de prendre encore un peu de repos et quelques bouillons. Énervée de n'être pas sortie, elle tarda à trouver le sommeil, malgré les lectures de Lucia.

Les semaines suivantes s'écoulèrent avec une infinie lenteur. Seules ses promenades avec sa gouvernante, ses heures d'étude et quelques parties de jeu avec Louni l'aidaient à tuer le temps.

Althéa biffait son almanach avant de s'endormir, chaque trait de plume la rapprochant du grand jour.

Un matin, le soleil entra dans sa chambre, annonçant enfin la radieuse journée du 17 août…

11.

Vaux-le-Vicomte, 17 août 1661

L'effervescence au domaine devenait insupportable. Tout le monde s'affairait à finir les préparatifs de la fête donnée en l'honneur du roi. Toute la Cour se déplacerait avec le monarque.

Molière avait préparé une comédie spécialement pour la circonstance. Il avait choisi de ne rien révéler à Nicolas, sinon le titre de la pièce : *Les Fâcheux*. La troupe de comédiens répétait sans relâche depuis plusieurs semaines sous la direction exigeante de l'auteur. Il s'agissait de séduire le roi de France en personne, et rien ne devait être laissé au hasard. Le maître jouait sa carrière et sa réputation. On avait décidé que la représentation aurait lieu devant *la Grille d'eau*, ainsi appelée car les gerbes s'élançaient de trois jardins superposés. Nés des sources captées dans un grand réservoir souterrain, les jeux d'eau, qui jaillissaient par simple gravité, constituaient à eux seuls un spectacle. Les bassins, alimentés par l'Anqueuil et le Tibre, se répa tissaient en un grand arpent d'eau dominant le grand canal transversal dans lequel se jetaient les petites cascades. Tout avait été mis en œuvre pour que l'impression fût grandiose. On avait même détourné une rivière…

Les jardiniers avaient eux aussi rivalisé d'ingéniosité.

Tous les tons se côtoyaient dans les massifs, et les compositions florales ornant les terrasses associaient la suavité des parfums à la délicatesse des coloris. Afin que nul n'oublie la nuit les splendeurs du jour, plus de trois mille chandelles seraient, le soir venu, disposées en bordure des massifs, le long des motifs des tapis de turquerie, redessinant la symétrie des allées et l'architecture des bassins de mille feux reflétés à l'infini dans les miroirs d'eau.

Les palefreniers avaient nettoyé la sellerie, briqué les harnais, astiqué les étriers, apprêtant les écuries où seraient rangés les attelages. Nicolas avait supervisé toutes les opérations, donnant son avis sur chaque chose, discutant avec tous les corps de métiers, n'hésitant pas à exiger que l'on recommençât.

Les jardins frôlant la perfection, ses efforts s'étaient concentrés sur les cuisines où l'on avait essayé tous les plats. François Vatel, le maître d'hôtel, s'était surpassé. Althéa et Louis-Nicolas en avaient fait leurs délices. Rosalie, qui ne savait rien refuser à ses deux gourmands, leur permit de goûter les choux à la crème et les pâtés d'anguille, les terrines de lièvre et les sorbets. Les cuisines, dont les cuivres étincelaient aux murs en reflétant les flammes des fourneaux, sentaient le caramel et le poulet rôti, le pain chaud, les confitures et la frangipane[1] dont on parfumait les limonades. Vatel accommodait des sauces, surveillait la cuisson, chemisait des moules, goûtait les plats, donnait ses ordres. Il était partout à la fois, cherchant à faire de son mieux, parfois jusqu'à l'obsession. Son métier était un art, et il le vivait avec la même fièvre qu'un acteur se produisant devant le roi. Il comptait sur

1. En 1646 apparut la frangipane, du nom de l'inventeur du parfum Frangipani. On l'utilisait pour parfumer les peaux (gants, etc.) et les limonades. Il faudra attendre 1740 pour que la frangipane devienne ce que nous en connaissons aujourd'hui : une crème pâtissière à base de poudre d'amandes.

sa fameuse crème[1] dont il remplissait de délicats petits choux, recette qu'il avait élaborée avec un soin jaloux, pour flatter le palais des convives en fin de repas.

Vaux n'était plus qu'une ruche bourdonnante où chacun vaquait fébrilement à son travail.

En cet après-dîner, dans les appartements du château, l'excitation atteignait son comble. Dans les salons où l'on dressait les buffets de l'ambigu[2], tout n'était que bruit et agitation. Depuis le cabinet des jeux paré de motifs floraux, d'amours et d'écureuils peints avec la délicatesse d'une miniature, Nicolas donnait ses dernières instructions. Il pouvait apercevoir la magnifique enfilade des sept salons d'apparat tous richement décorés de fleurs qui embaumaient. De grandes nappes de dentelle brodées recouvraient les tables de la salle à manger dont le centre des neuf caissons du plafond ravissait par *La Paix ramenant l'Abondance*, tableau encadré des quatre éléments et des quatre saisons ravivé grâce aux boiseries présentant un décor d'arabesques, de rinceaux et de grotesques inspirés des loges de Raphaël au Vatican.

S'il avait tenu à goûter chaque plat, à vérifier chaque corbeille de fleurs, à choisir toutes les musiques que jouerait l'orchestre, le surintendant souhaitait naturellement aussi vérifier lui-même l'apprêt des appartements du roi, dans lesquels Sa Majesté se retirerait pour terminer la nuit.

Nicolas s'efforçait de garder son calme et sa maîtrise. Mais en regardant le plafond de la chambre du roi, bordé de couples d'écureuils en stucs dorés, son emblème, et

1. La fameuse crème Chantilly, élaborée à Vaux, mais qui portera le nom du château de son dernier bienfaiteur, Louis II de Bourbon, prince de Condé.

2. Le terme désignait un buffet sur lequel étaient présentés simultanément tous les plats, salés ou sucrés.

les médaillons de chaque angle ornés de *F* entrelacés, un immense sentiment de fierté gonflait son cœur.

Quelle belle réussite que la sienne, et comme il avait fallu travailler pour y parvenir ! Que restait-il du jeune maître des requêtes au Parlement de Paris qui avait jadis acheté ce domaine, constitué de quelques terres entourant un petit château fortifié ?

Que de temps, d'argent, de labeur, de relations, d'artistes, de génies même, pour faire de Vaux-le-Vicomte ce bijou dont le luxe et le raffinement demeuraient inégalés dans le royaume de France !

Les vingt années qui venaient de s'écouler avaient permis à Fouquet d'atteindre les sommets, d'obtenir gloire et richesse, influence et notoriété. Il songeait à ses enfants, qui pouvaient s'enorgueillir de porter le nom de leur père. Un père aimé, craint et respecté dans tout le royaume. Nicolas avait souhaité que ses deux filles fussent ravissantes pour la circonstance, puisqu'il allait les présenter au roi.

Il était convenu qu'Althéa resterait au souper mais non au bal, où elle n'avait pas encore sa place. Les enfants pourraient assister à la représentation théâtrale mais devraient se retirer ensuite pour regagner leurs appartements. La petite Madeleine avait eu un pincement au cœur en songeant qu'Althéa assisterait au somptueux repas où elle pourrait tout à loisir détailler les toilettes et écouter les conversations. Elle avait bien essayé de convaincre son père de l'y laisser paraître, mais le surintendant s'était montré inflexible. Il ne s'agissait pas de compromettre la réputation de sa fille, bien trop jeune encore, en transgressant les règles de l'étiquette. Sa filleule, quant à elle, devrait faire montre d'une éducation irréprochable témoignant de sa haute naissance. Certains regards se tournaient déjà vers sa jolie personne. Elle représentait un excellent parti. En elle se côtoyaient titre, fortune et, parce qu'elle était aussi un peu l'enfant de Nicolas, influence auprès du roi. En considérant le fait que la jeune fille annonçait déjà une tournure délicieuse et promettait d'être charmante, on comprenait la prudence du surintendant !

Fouquet attendait beaucoup de cette fête qui devait marquer l'apogée de sa puissance et révéler à la Cour l'exquise finesse de ses goûts. C'était aussi, pour lui, un moyen de témoigner respect et allégeance à son souverain en lui offrant un divertissement digne de sa grandeur.

Le jour déclinait lorsqu'il termina enfin sa tournée d'inspection générale, ayant tout vérifié dans les moindres détails, jusqu'au bouquet de fleurs de lys disposé dans la chambre royale. Il regagna ses appartements afin de s'apprêter, en s'essuyant le front de son carré de dentelle fine. Les invités ne devraient plus tarder.

C'était le plus grand soir de sa vie.

Une fête inoubliable.

*
* *

On avait prié Althéa de se reposer quelques heures afin de paraître à son avantage en fin de journée, mais elle n'était pas parvenue à trouver le sommeil. Vêtue de son corset lacé sur sa chemise, ses jupons de dentelle posés sur son vertugadin[1], elle dansait d'un pied sur l'autre en attendant qu'Amélie vînt l'aider. Pour ses débuts dans le monde, la jeune fille estimait ne pas avoir droit à l'erreur. Des heures entières, elle avait réfléchi à sa tenue. Les couleurs foncées lui étant interdites compte tenu de son jeune âge, elle avait finalement opté, sur les conseils de

1. Cercle de baleines ou bourrelet que les femmes attachaient sur leurs hanches pour donner de l'ampleur à leur jupe.

Mme Fouquet, pour un jaune rayonnant et fleuri. Au dernier moment, on avait, à sa demande, liséré en bleu marine autour du décolleté et dans le bas des volants, pour rappeler les saphirs de ses pendentifs.

Amélie entra enfin, déposa la toilette sur le lit et sourit :

— Je vois que vous ne tenez plus en place, mon trésor ! Soyez patiente ! Après vous me direz que la soirée est passée trop vite !

— C'est que je meurs d'envie de voir le roi, et toutes ces belles dames ! On raconte que Sa Majesté a une favorite !

Amélie fronça les sourcils :

— Et qui vous a raconté pareille chose, je vous prie ?

— Je l'ai entendu dire par des gens qui venaient visiter mon parrain.

— Eh bien, jeune demoiselle, intervint Lucia qui entrait, apprenez qu'il est malséant d'écouter les conversations qui ne vous sont pas destinées, et de surcroît celles des grandes personnes. Maintenant, tâchez d'oublier ce que vous avez entendu, et n'allez pas vous aviser de répéter pareils propos lors du souper de ce soir !

— Ne soyez pas inquiète, je saurai être irréprochable. Et puis, j'ai l'intention d'écouter plus que de parler.

— Ce serait bien la première fois ! remarqua Amélie, sarcastique. Approchez-vous, et levez les bras.

Lucia aida la servante à faire glisser la toilette le long du corps de la jeune fille. Amélie s'affaira pour l'ajuster et la mettre en place, puis serra le bustier par un fastidieux laçage. Elle prit un peu de recul pour vérifier le tombé des plis et sembla satisfaite.

— À présent, veuillez vous asseoir devant votre miroir, que je vous coiffe.

Une heure plus tard, sa longue chevelure savamment tressée lui descendait presque dans le creux des reins. Amélie y avait piqué une multitude de petites roses jaunes parfumées, qui s'harmonisaient avec les coloris de sa toilette. Avec une gravité solennelle, Althéa accrocha les pendentifs à ses oreilles, puis déposa sur ses poignets et dans son cou quelques gouttes d'essence de jasmin. Elle se leva enfin. Lucia et Amélie la regardaient avec admiration.

— Vous êtes tout simplement exquise, Althéa, soyez-en sûre, sourit Lucia.

— Ça, il faut dire que l'ensemble vous va bien, reconnut Amélie.

La jeune fille leur sourit et jeta un coup d'œil à la pendule.

— Pas encore, intervint Amélie qui comprit le pourquoi de ce regard.

— Je vais voir où en sont les choses. Attendez-moi et ne quittez pas vos appartements sans mon autorisation. Je viendrai vous chercher dès que votre parrain m'en aura donné l'ordre, dit Lucia en gagnant la porte.

Amélie la suivit et Althéa demeura seule. Elle se regarda un long moment dans son miroir, puis tira légèrement sur son décolleté qu'elle jugeait un peu sobre.

— Non mais voyez-vous ça ! tonna Amélie qui entrait de nouveau. Pour sa première soirée dans le monde, mademoiselle veut jouer les élégantes ! Veuillez, je vous prie, réajuster votre toilette comme je l'avais fait moi-même ou je préviens votre gouvernante ! Ne savez-vous pas, jeune sotte, que le monde est déjà bien assez dangereux pour une jeune fille qui sait se tenir ! Que je ne vous reprenne pas à essayer de compromettre votre réputation en affichant un décolleté scandaleux pour votre âge !

— Mais, Mélie…

— Il n'y a pas de « mais », faites ce que je vous dis !

— C'est le moment, Althéa, vous devez rejoindre votre famille, intervint Lucia sur le pas de la porte.

La jeune fille sortit en jetant un regard furieux à la servante qui la regarda passer, croisant les bras d'un air satisfait.

12.

— Madame, on annonce l'arrivée imminente de Sa Majesté.

Marie-Madeleine remercia le valet et prit le bras de Nicolas. Ensemble, ils sortirent sur le perron du château qui dominait la cour d'honneur et aperçurent l'interminable file de carrosses engagés dans la somptueuse allée bordée de grands arbres menant au domaine. Plus de six cents personnes étaient attendues ce soir. Nicolas détailla rapidement son épouse. Sa récente maternité n'affectait pas sa ligne. Elle était ravissante dans une robe damassée rose orangé largement décolletée et reprise à la taille par une ceinture du même tissu rebrodé sur l'envers. Sa coiffure se rehaussait de roses fraîches assorties à sa toilette qu'on avait piquées dans un chignon en laissant échapper quelques boucles. À son cou scintillait une parure de diamants rappelée par des pendentifs et un bracelet à son poignet droit. Son visage reflétait le bonheur teinté d'une légère appréhension qui la rendait charmante. Son mari lui sourit :

— Tout se déroulera à merveille, ma mie, soyez-en assurée. Sa Majesté ne pourra que se réjouir de la soirée que nous lui offrons.

— Je vous crois, Nicolas, et je suis certaine que tout ira pour le mieux...

Elle n'eut pas le temps d'achever. Les enfants accouraient sur le perron, escortés de Lucia Vespucci. Althéa marchait derrière le petit groupe remuant, consciente du rôle que son parrain lui demandait de tenir pour la première fois auprès de lui.

Louis-Nicolas, réplique enfantine de son papa, arborait fièrement un costume sombre dont la culotte aux genoux, du même drap qu'un manteau à pans ouvert sur un petit jabot de dentelle éclatante de blancheur, laissait apercevoir ses jolis bas écrus et ses souliers vernis. Il était naturellement excité à la perspective d'une si belle fête, et se montrait vraiment remuant. Sa sœur Madeleine tentait de le calmer, craignant qu'il ne chiffonnât sa toilette en dentelle blanche serrée par un petit ruban rose à la taille, qui lui donnait une allure printanière. À leurs côtés, Althéa, éblouissante, semblait concentrée et tendue. Elle sentait son cœur battre dans sa poitrine à l'idée d'être présentée au roi de France en personne. On le disait très impressionnant, et d'une prestance remarquable malgré son jeune âge.

Il était presque dix-huit heures. Les carrosses faisaient leur entrée en opérant un cercle pour s'arrêter devant le perron. On reconnaissait aisément celui du souverain, tiré par huit chevaux empanachés de plumes d'autruche dont les portières s'ornaient du lys de France. Dès que le cocher eut arrêté la voiture, deux laquais en livrée se précipitèrent pour ouvrir la porte et descendre le marchepied. Quelle ne fut pas la surprise de Fouquet lorsqu'il vit tout d'abord une petite cheville fine enveloppée dans un délicat bas de soie. L'aimable figure de Louise de La Vallière apparut. Ils échangèrent un sourire puis la jeune femme descendit péniblement, gênée par sa luxueuse toilette. L'événement était d'importance. Que le roi eût une maîtresse affichée défiait l'Église, mais qu'il eût l'impudence de lui octroyer à ses côtés la place de la reine après seulement une année de mariage, voilà qui bouleversait le protocole et relevait de la provocation.

Certes, Fouquet n'était pas sans savoir que Marie-Thérèse de France n'assisterait pas à la soirée, car elle était grosse. La naissance de monseigneur le dauphin – personne n'osait imaginer qu'il pût s'agir d'une princesse ! – était prévue pour le début du mois de novembre. Il n'était donc pas envisageable que la future parturiente se risquât sur les routes cahoteuses par cette chaleur. Mais il n'y avait pas que cela. On chuchotait déjà que la reine, demeurée à Fontainebleau avec ses dames d'honneur et sa dame d'atour qui ne la quittaient pas, soupçonnait son infortune conjugale. Aurait-elle pu imaginer combien cette trahison était ostentatoire ? Le surintendant songea au chagrin de sa souveraine, enceinte de son premier enfant, si elle apprenait l'affront que lui infligeait son époux : faire monter la favorite à ses côtés dans le carrosse royal, devant toute la Cour...

En hôte prévenant, Nicolas fit cependant son devoir et baisa la main de Louise en la complimentant sur sa beauté. Tous les regards se tournaient maintenant vers la porte ouverte du carrosse capitonné de velours grenat.

Louis XIV allait apparaître, honorant Vaux de sa royale présence.

On vit tout d'abord une canne au pommeau d'or qu'un laquais s'empressa de saisir. Enfin le monarque sortit, magnifiquement vêtu de bas crème et culotte pourpre assortis aux plumes d'autruche du panache de son chapeau, d'un long manteau cintré en soie dorée doublé de blanc dont le plastron était entièrement rebrodé de fils d'or sur un jabot de dentelle. L'air hautain sous une longue perruque brune et bouclée, il marqua un temps en toisant l'assistance.

— Bel endroit, en vérité, lâcha-t-il avec désinvolture en tournant la tête vers les jardins.

— Je souhaite la bienvenue à Votre Majesté. C'est un très grand honneur que de recevoir le roi. Qu'il me soit permis de lui présenter ma famille, répondit Fouquet en se tournant vers Marie-Madeleine et les enfants qui l'avaient rejoint en bas des marches. Voici mon épouse...

Marie-Madeleine s'avança et s'abîma dans une parfaite révérence.

— Nous sommes heureux de faire votre connaissance, madame, dit le roi simplement.

— ... Et mes enfants : Madeleine, et Louis-Nicolas, mon premier fils, poursuivit Fouquet.

Les enfants s'inclinèrent à leur tour. Seule Althéa ne bougea pas, n'ayant pas encore été nommée.

Le souverain s'en étonna.

— Cette jeune personne n'est donc pas votre fille ? s'enquit-il.

— Elle est notre filleule et nous l'élevons comme notre enfant, puisqu'elle est orpheline. Elle est la fille légitime de feu le comte de Braban-Valloris, mon cousin, qui périt au service du roi, durant l'attaque d'un galion au large de l'Espagne, Majesté, répondit Marie-Madeleine.

— Un héros, en somme, constata distraitement Louis XIV. Et comment vous appelez-vous, mon enfant ?

— Althéa, Majesté.

— Elle est ravissante, s'exclama Louise de La Vallière. Savez-vous, mon enfant que vous ressemblez ainsi vêtue à un petit soleil !

— Je crois, madame, qu'il n'y a qu'un soleil, et c'est le roi, dit doucement Althéa en baissant les yeux.

— C'est ma foi vrai qu'elle est charmante ! sourit le monarque. Peut-être vous verrai-je un jour à la Cour, jeune demoiselle. Maintenant, mon cher Fouquet, faites-moi donc les honneurs de ce domaine dont on fait si grand cas.

Ensemble, les deux hommes gagnèrent le grand salon

d'apparat, suivis de Louise qui s'entretenait avec ses dames. Althéa les regardait s'éloigner, les jambes tremblantes. Sa gouvernante lui prit le bras et l'entraîna après leur hôte illustre. En bas des marches, Marie-Madeleine continuait à recevoir les nombreux invités.

Une voiture succédait à l'autre, et dès que les occupants d'un carrosse étaient descendus, on partait ranger l'attelage vers les écuries, pendant qu'une autre voiture s'arrêtait à son tour exactement devant le perron où un épais tapis grenat gravissait tous les degrés. C'était un défilé ininterrompu de satin, de taffetas, de soie multicolores. Les dames rivalisaient d'élégance et de luxe.

Enfin le carrosse de la reine mère fit son entrée, et Marie-Madeleine, qui recevait ses invités avec une grâce exquise, accueillit Anne d'Autriche avec tous les honneurs dus à son rang.

La beauté crépusculaire de l'épouse de Louis XIII jetait ses derniers rayons sur une Cour dont elle avait jadis été le joyau. On lisait sur son visage les tourments des passions vécues et des larmes versées, la longue vie d'une femme exilée loin de son Espagne natale auprès d'un époux qui ne l'aimait guère, terrorisée par un Richelieu qui voulait sa perte. Son illustre amant disparu – tout le monde savait combien elle avait aimé le cardinal Mazarin –, Anne d'Autriche demeurait seule, grave, et cependant comme apaisée. Elle n'avait plus officiellement à la Cour qu'un rôle d'apparat, mais nul n'ignorait que le roi prenait encore son avis pour le gouvernement des affaires de l'État. D'un abord assez distant, elle sourit pourtant en relevant Marie-Madeleine de sa révérence. Chacun savait qu'elle avait beaucoup d'estime et d'amitié pour le surintendant. Elle se dirigea vers les salons en gravissant lentement les marches du perron, suivie de l'épouse du capitaine de sa garde personnelle.

Des rafraîchissements furent servis aux convives ravis

de se désaltérer après le voyage. Les vins les plus fins côtoyaient des jus de fruits variés et des carafes de limonade pour les dames. Fouquet ne perdait pas son invité de vue, prêt à satisfaire ses moindres caprices. Ce dernier émit d'ailleurs le souhait de visiter les appartements privés du château et le maître des lieux s'exécuta avec grâce. Seules quelques dames privilégiées accompagnèrent le roi, tandis que les invités continuaient d'affluer dans les salons du rez-de-chaussée. La visite dura presque une heure. Par les fenêtres ouvertes, on entendait un joyeux tumulte venant des jardins. Louis XIV parut satisfait et, de retour auprès des buffets, complimenta Marie-Madeleine qui venait juste d'accueillir les derniers arrivants. Puis un laquais se posta devant Fouquet :

— Monseigneur, on m'envoie vous prévenir que la représentation théâtrale peut commencer lorsque bon vous semblera.

Le roi, qui grignotait déjà un petit pâté en croûte servi avec les boissons, parut surpris par cette appellation de « monseigneur », mais ne fit aucun commentaire ; il se contenta d'un signe de la main, indiquant à son hôte qu'il donnait son accord. Toute la Cour se précipita d'un même élan vers la terrasse de la façade sud qui conduisait au jardin. En un éclair, le salon se vida et Althéa, qui se tenait timidement en retrait vers la fenêtre, put voir toutes les robes aux couleurs chatoyantes se disperser dans les parterres comme autant de fleurs ou de papillons. Tout le monde courait en direction de *la Grille d'eau.*

Avant de gagner le théâtre, le roi souhaita visiter les jardins. Fouquet fit avancer, à l'intention de Leurs Majestés – le roi et sa mère –, de petites calèches à deux roues assez étroites, qui leur permirent de passer aisément dans les allées et de parcourir une partie du domaine sans fatigue. Louise de La Vallière s'extasia devant les gerbes d'eau de plus de trente-cinq pieds de hauteur qui formaient de véritables murs entre lesquels on pouvait déambuler. Au fond, plus de mille jets chutaient encore dans les bassins et les coquilles en un bruit rafraîchissant de cascade.

Dressée sur la pointe des pieds, Althéa couvrait ses yeux de sa main pour distinguer, depuis la terrasse, les petits landaus des souverains redescendant du promontoire de l'Hercule vers *la Poële.*

— Allons, hâtez-vous ! lança Lucia Vespucci à l'intention de Louis-Nicolas figé dans la contemplation des belles toilettes qui s'envolaient dans les jardins. Nous allons manquer le début de la représentation ! Pressons ! Vous aussi, Althéa ! insista-t-elle.

Le silence était presque retombé sur les salons. On n'entendait plus que le personnel qui s'affairait en chuchotant dans de légers bruits de vaisselle. Les deux enfants rejoignirent alors leur sœur, mécontente d'avoir été obligée de les attendre, et le petit groupe s'élança dans l'allée centrale. Althéa se retourna tout en marchant pour contempler ce domaine qu'elle chérissait tant. Par-delà les toits d'ardoise du château, le ciel plombé irisé de mauve et de bleu marine, qu'elle avait déjà admiré tant de fois, allumait ses premières étoiles. Rêve et réalité se confondraient tout à l'heure, magie de la nuit et illusion du théâtre, et la jeune fille sentait son cœur s'emplir d'émotion et de fierté à l'idée que l'on devait toute cette féerie à son cher parrain.

Lorsque les enfants atteignirent *la Grille d'eau,* toujours escortés de leur gouvernante, les convives avaient déjà trouvé leurs places. Au premier rang, le souverain, encadré par la reine mère et la favorite, puis Monsieur, frère du roi, et son épouse, le prince de Condé, le duc d'Enghien, les ducs de Beaufort et de Guise et les époux Fouquet. Venaient ensuite Le Tellier, alors secrétaire d'État, Henri du Plessis-Guénégaud, appartenant à la deuxième charge de la maison du roi, Alexandre de Sève, qui siégeait au Conseil, entouré d'Henri de La Tour d'Auvergne, vicomte de Turenne, et de Philippe de Montaut-Bénac, duc de Navailles, ouvrant la longue liste des maréchaux de France, tous accompagnés de leurs épouses. L'abbé Le Camus et François Annat, alors confesseur de Sa Majesté, fermaient le rang. Althéa nota avec satisfaction que l'homme en noir qui ressemblait à un vautour ne figurait pas parmi les invités et poussa un soupir de soulagement.

Les enfants prirent place sur de petits tabourets disposés à leur effet. Une foule considérable se tenait encore debout derrière les rangées de fauteuils occupés par les personnalités les plus titrées et les courtisans les plus en vue.

Des coups de bâton martelèrent le plancher de bois dressé pour la circonstance. Il était grand temps, car le roi donnait déjà quelques signes d'impatience. Enfin, l'assistance se tut. L'énorme rideau de velours grenat se leva sur le décor naturel des jets d'eau éclairés de centaines de chandelles. Althéa retint son souffle.

Molière, qu'elle connaissait bien pour l'avoir maintes fois rencontré en ces lieux, s'avança sur le devant de la scène, priant Sa Majesté de bien vouloir ordonner que le spectacle puisse commencer.

Le roi consentit d'un signe de tête.

Un énorme coquillage glissa sur des rails depuis le fond de la scène, et s'entrouvrit. Une femme en sortit, et chacun reconnut la Béjart, qui récita le prologue écrit par Pellisson. Plusieurs dryades, entourées de faunes et de satyres, descendirent des arbres et dansèrent le premier ballet, puis le silence se fit brutalement et un homme apparut, écrasé de son lourd costume chargé de rubans. Il avait l'air courroucé et, levant un poing vengeur vers le ciel, déclama :

« Sous quel astre, bon Dieu ! faut-il que je sois né,
Pour être de fâcheux toujours assassiné !
Il semble que partout le sort me les adresse
Et j'en vois chaque jour quelque nouvelle espèce... »

Le souverain parut vivement intéressé. Althéa guettait ses moindres réactions, dans l'espoir de deviner ses pensées. Assise de biais, elle pouvait tout à loisir le détailler, ce dont elle ne se privait pas. Le profil du roi révélait le fameux nez bourbon, et la lèvre inférieure un peu pendante des Habsbourg pouvait lui donner l'air dédaigneux. Le front haut et intelligent, le regard perçant, l'homme inspirait déjà la crainte qui pouvait se muer en terreur tant il savait parfois être glacé. De temps à autre, il se penchait vers la favorite, qu'Althéa trouvait jolie et très aimable. Des yeux bleus assez clairs, des cheveux d'une blondeur de miel et un air réservé renforçaient l'impression de douceur naturelle qui émanait de la jeune femme.

Les yeux d'Althéa glissèrent sur la reine mère. Impassible au côté de son fils, Anne d'Autriche semblait s'abîmer dans la contemplation du jeu des acteurs qui se donnaient la réplique avec beaucoup de vivacité. On était convenu, au dernier moment, de modifier légèrement le programme et d'intercaler quelques intermèdes musicaux entre les actes durant lesquels des elfes sortaient de derrière les ifs et servaient gâteries et diamants aux dames. Puis les ballets reprenaient.

La mélodie qui se jouait entraîna la jeune fille dans sa rêverie. Comme elle aurait voulu être plus âgée pour assister au bal qui suivrait le souper ! Quelle joie ce devait être de se sentir emportée dans les bras d'un cavalier au son de l'orchestre, avec tous les plus beaux couples de la Cour... Elle sortit de ses songes lorsqu'elle vit s'avancer Éraste lançant, presque à l'attention du souverain, d'une voix tonitruante :

> *« Quoi, toujours des fâcheux ! Holà ! Suisses, ici !*
> *Qu'on me fasse sortir ces gredins que voici. »*

avant de se courber en une profonde révérence.

Des suisses avec des hallebardes entrèrent alors sur scène et chassèrent tous les masques fâcheux. Ils se retirèrent ensuite pour laisser danser quatre bergers et une bergère qui clôturaient le divertissement. Beauchamp, auteur des ballets, surveillait attentivement les déplacements de ses danseurs. Lully dirigeait l'orchestre situé sur la gauche. Lorsque la dernière note retentit, la troupe salua d'un même mouvement, alors que le rideau tombait.

La Cour se figea, attendant la réaction du roi.

Celui-ci joignit lentement les mains, puis applaudit, bientôt rejoint par tout son entourage qui osait enfin crier des bravos. Les acteurs apparurent au-devant de la scène, encadrant Molière et Lully qui se tenaient par le bras. Louis XIV leur adressa un petit signe de félicitations. Fouquet était aux anges, serrant le bras de son épouse qui goûtait fort, elle aussi, ce premier succès de la soirée. Althéa applaudissait à tout rompre, ce qui lui valut un rappel aux règles de bienséance de sa gouvernante.

Toute l'assemblée fut alors priée de regagner le château pour se rendre au souper. Des laquais arrivaient déjà en tenant des torches afin d'escorter les dames, suprême raffinement du surintendant, car s'il faisait maintenant nuit noire, les chandelles éclairaient largement les allées des jardins.

De retour dans les salons, on prit place autour des tables dans un grand vacarme de chaises et de rires. Les lueurs tamisées des chandeliers de cristal adoucissaient les teintes des tapisseries et satinaient le décolleté des femmes. Leurs peaux veloutées par les flammes dorées frémissaient sous des bijoux dont les gemmes scintillaient.

Chaque buffet s'ornait d'un bouquet odorant assorti à la nappe brodée au point de Venise. Les dames agitaient leurs éventails, car la chaleur de la nuit pénétrait dans les salons, renforcée par les nombreuses flammes des candélabres. Le brouhaha des conversations se mêlait aux bruits des couverts qui heurtaient déjà les plats, dominant un quartette de violons qui jouait une musique de Lully dans l'angle de la pièce. La vaisselle brillante constituait autant de miroirs dans lesquels se reflétait la lumière.

Les parfums des femmes, eau de giroflée, de rose ou de lavande, rivalisaient avec ceux des fleurs, eux-mêmes parfois mêlés aux odeurs de cire chaude et de cuisine qui montaient vers les lambris en fumets appétissants tandis que commençait le service.

Les délicieux petits pâtés en croûte remportèrent un vif succès, tandis que s'avançait une terrine de poisson que Fouquet faisait spécialement préparer à Belle-Isle. On servit ensuite une bisque d'ortolans dans de grandes assiettes de vermeil et de petits perdreaux farcis dont chacun se délecta.

Althéa apercevait les souverains dans le salon suivant, ce qui lui permettait de constater que le roi faisait bonne chère. Elle admirait la grâce avec laquelle sa belle dame usait de son éventail pour se rafraîchir, lorsque son regard glissa sur la table voisine où un jeune homme mangeait, lui aussi, d'un solide appétit. Un élégant costume de velours blanc rebrodé de fils d'or soulignait son teint hâlé. Il avait fière allure, et la jeune fille frissonna lorsqu'elle le vit déposer un délicat baiser sur l'épaule dénudée de sa voisine qui le gratifia d'un sourire de coquette.

En une seconde, elle reconnut celui qui l'avait sauvée de la noyade et son cœur manqua un battement. Leurs voisins de table semblaient ignorer leur attitude qui jetait

Althéa dans un trouble profond. Il lui paraissait tout à fait déplacé et extravagant que l'on pût se conduire ainsi devant le monde et, qui plus est, presque sous le nez du roi de France !

Sa contrariété atteignit son comble lorsqu'elle fut obligée d'admettre que l'insolente était délicieuse avec ses longues boucles brunes et lustrées, ses grands yeux noisette et son sourire coquin. Elle plaisait assurément au jeune homme qui n'avait d'attentions que pour elle. En saisissant une carafe de cristal posée devant lui, il aperçut Althéa qui le fixait. Reconnaissant sa jeune naufragée, il lui adressa un petit signe de tête qui la fit se détourner précipitamment.

Durant le reste du repas, elle n'osa plus regarder dans sa direction. La suite du souper lui parut interminable, tant il lui fallut déployer d'efforts pour se concentrer sur la conversation de sa tablée. La marquise de Gramont, une femme grasse et imposante assise à sa droite, dévorait son canard rôti à pleines dents tandis qu'à sa gauche, le marquis de La Ferté-Imbault, maréchal de France, un homme de plus de soixante-dix ans, complètement sourd, roulait des boulettes de mie de pain qu'il alignait le long de son assiette. Seul le jeune couple siégeant en son vis-à-vis donna des distractions à Althéa. Blonde, fragile et évanescente, la fille du duc de Villeroy, nouvellement mariée, et déjà à n'en point douter très malheureuse en ménage, grignotait du bout des lèvres son vol-au-vent truffé et chipotait dans sa matelote d'anguilles. Les deux autres couples, sans âge, assommaient la jeune fille de leur insipide conversation à laquelle participait Charles de Saint-Évremond, jeune homme falot et sans attrait. À la table d'à côté, la marquise de Sévigné, dans une superbe toilette d'un beau vert moiré, parlait tout bas avec Françoise veuve Scarron. Le conteur Charles Perrault et La Fontaine, qui souriait parfois à sa jeune amie, devisaient sur l'art d'écrire. Mais la jeune fille aurait encore préféré partager cette conversation, elle qui rêvait qu'on lui narrât par le menu les potins de la Cour et se désespérait de n'être entourée que de gens ennuyeux.

L'idée lui vint que le choix des convives soupant autour d'elle ne relevait sans doute pas du hasard. Son cher parrain avait dû s'entretenir avec Lucia sur le sujet, afin que ses jeunes oreilles ne pussent recueillir que d'anodins propos, car curieusement les tables voisines ne présentaient guère plus d'intérêt. Althéa reconnut les sculpteurs Anguier et Girardon, l'agronome Jean de La Quintinie, Sébastien Bourdon qui avait fait son portrait l'année passée et Nicéron, un mathématicien farfelu avec lequel Fouquet adorait deviser. Elle côtoyait fréquemment tous ces gens qui pouvaient s'enorgueillir d'être les amis intimes du surintendant. Que de fois ne les avait-elle vus se perdre en d'interminables conversations ! Althéa les appréciait car tous lui témoignaient de charmantes attentions, mais pour un soir comme celui-ci, elle eût cent fois préféré des têtes nouvelles et la grisante sensation de découvrir le monde ! Des gens fascinants, qu'elle ne reverrait sans doute pas avant longtemps…

Elle jeta un rapide coup d'œil à la pendule de bronze trônant sur la cheminée. Deux heures et demie déjà qu'une partie de la Cour soupait à table tandis que l'autre – les courtisans de moindre rang – se restaurait debout devant les buffets, et l'on commençait à peine à servir les gâteaux et les confitures, les pâtes de fruits et les desserts glacés !

Une demi-heure plus tard, enfin, le roi se leva et quitta le salon au bras d'Anne d'Autriche à qui il proposa de faire quelques pas dans les jardins en attendant le feu d'artifice que l'on venait d'annoncer. Ce fut le signal que toute la Cour attendait pour disposer.

Les tables se vidèrent, chacun se dirigeant vers les

terrasses pour goûter l'air tiède de cette belle nuit d'été. Pensive, Althéa demeurait assise sur sa chaise.

— Vous semblez tout à fait rétablie, j'en suis très heureux.

Elle sursauta.

Le jeune homme marchait en direction de la porte au bras de sa belle et avait fait un détour pour venir la saluer.

— Le lendemain de votre accident, j'ai demandé de vos nouvelles avant mon départ, poursuivit-il, et l'on m'a informé que vous dormiez toujours. Je vois que le repos vous aura été bénéfique.

— Je vais tout à fait bien, à présent, répondit-elle avec un sourire émerveillé. Et je suis vraiment heureuse de pouvoir vous remercier. Je vous dois la vie !

— La vie ? Rien que ça ! Quel sens du tragique ! railla la jeune femme brune, en posant son bras sur celui du jeune homme. Marquis, je savais que vous aimiez les fleurs, j'ignorais que vous vous intéressiez aussi aux bourgeons !

Althéa, humiliée et meurtrie, sentit la colère l'envahir soudain.

— Les bourgeons deviennent à leur tour des fleurs lorsque celles-ci se fanent, madame, rétorqua-t-elle.

— Touchée, chère Marianne ! s'amusa le marquis. De plus, cette jeune personne dit vrai : je l'ai sauvée d'une noyade certaine. Vous semblez en effet parfaitement remise, dit-il, le sourcil levé, à l'intention d'Althéa. Il me serait délicieux de voir ainsi deux femmes se battre pour moi, mais je crois qu'il nous faut gagner les terrasses pour rejoindre Sa Majesté, si nous ne voulons pas manquer le début du feu d'artifice ! Au plaisir, donc, de vous revoir, mademoiselle… mademoiselle comment, au fait ?

— Althéa. Althéa de Braban-Valloris.

— C'est en effet le nom de très jolies fleurs, dit-il avec un beau sourire, en s'inclinant.

Le marquis s'éloigna, tenant sa compagne par le bras, laquelle agitait nerveusement son éventail. La jeune fille ne se sentait guère à l'aise, tremblant de tous ses membres. Heureusement que Lucia n'avait pas assisté à la scène ! Quelles remontrances aurait-elle subies pour avoir osé répondre ainsi à une dame de la Cour !

— Diantre, quelle repartie !

Althéa se retourna vivement et fut soulagée de voir qu'il ne s'agissait que de La Fontaine, sortant de table lui aussi pour retrouver les convives sur la terrasse.

— Beau sens du verbe ! Allons, je vois que mes leçons ont porté...

— Je n'allais pas laisser cette méchante femme...

— Oh ! Oh ! Que voilà du courroux pour une remarque qui n'est pas même une offense, car enfin, pour délicieux qu'il soit, il est vrai que vous n'êtes encore qu'un bourgeon ; un adorable bourgeon duquel naîtra une magnifique fleur au parfum certainement très enivrant...

— Ce n'est pas l'avis du marquis, protesta Althéa. Vous l'avez entendu comme moi dire : « Il me serait délicieux de voir deux femmes se battre pour moi »...

— Sans doute, sans doute..., reprit La Fontaine, amusé. Dites-moi, jeune fille, quand avez-vous eu l'occasion de rencontrer le marquis de Mergenteuil avant ce soir ?

— J'ai fait une chute dans le canal, et c'est lui qui m'a sauvée de la noyade, le jour où nous avons reçu à Vaux la reine d'Angleterre.

— Adonis vous aurait-il fait débotter ?

— Non, il m'a poussée dans l'eau pour prendre une friandise cachée dans ma poche. Sans le marquis... de Mergenteuil, je n'aurais jamais réussi à regagner la rive. La robe d'amazone que vous m'avez offerte est très belle, Jean, mais elle n'est guère appropriée à la nage !

— Et voilà comment le marquis de Mergenteuil est

devenu votre chevalier ! reprit vivement le poète en observant sa jeune amie.

Althéa se troubla cette fois tout de bon. Comment La Fontaine savait-il qu'elle le nommait ainsi dans ses pensées secrètes ?

Elle aspira profondément et demanda tout bas :

— Vous n'en parlerez pas à mon parrain ni à ma gouvernante, n'est-ce pas, Jean ? Ils seraient tous deux fort courroucés s'ils savaient que j'ai répondu ainsi à une dame de la Cour…

— Ce sera notre secret, Althéa, je vous le promets. Maintenant accompagnez-moi, nous allons manquer le feu d'artifice !

Elle lui sourit et enfouit son bras sous le sien. Ensemble, ils se dirigèrent vers les portes-fenêtres de la façade sud. Toute la Cour s'affairait autour du souverain, certains terminant leurs sorbets, d'autres un digestif. Les femmes, elles aussi, se régalaient de petites liqueurs sucrées que les laquais tenaient à disposition sur des plateaux d'argent.

Une première fusée griffa le ciel, puis éclata au-dessus du grand canal, libérant une pluie de lumière qui incendia les grottes de Vaux, ruissela sur les jets d'eau et vint mourir sur la statue d'Hercule. Des feux de Bengale embrasèrent alors pendant plusieurs minutes la colline de Maincy, tandis que de lumineux soleils tournoyaient en dessinant les lignes de fuite des jardins. Des détonations retentissaient de tous côtés, prolongées par les échos, arrachant des cris aux dames, alors que le ciel devenait un volcan, comme si les dieux jaloux, de leurs éclairs puissants, châtiaient tous les mortels pour tant de vanité. Le château s'allumait dans toute son élégance, éclairé sur ses toits d'une pluie d'étoiles filantes. Et l'embrasement des cieux atteignit la féerie lorsque l'on vit au loin, reflété par les eaux, le ciel de Vaux frappé du lys de France, symbole incandescent de la puissance du roi. Fouquet savoura le tonnerre d'applaudissements qui saluait cette apothéose.

Althéa se faufila pour le rejoindre et glissa sa main dans la sienne, en le regardant avec tendresse.

— Alors, princesse, est-ce que cette fête vous plaît ?

— C'est merveilleux. Tout est si beau !

Fouquet caressa les cheveux de sa filleule puis s'abandonna dans la contemplation du spectacle. Cette soirée aurait dû le satisfaire pleinement puisque le roi semblait l'apprécier. Pourtant son front plissé traduisait quelque inquiétude, et sa femme s'en aperçut soudain :

— Vous paraissez soucieux, mon ami. Qu'avez-vous donc à l'esprit qui vous préoccupe de la sorte ? Tout est parfait !

— C'est vrai, ma mie... Peut-être un peu trop, ajouta-t-il comme pour lui-même en jetant un regard de biais vers le roi.

— Trop ? Qu'est-ce à dire ?

— Lors du souper, tandis qu'un valet lui présentait un sucrier en or, Sa Majesté l'a pris pour du vermeil...

— Soit, et puis ?

— Comme le valet l'instruisait sur le fait qu'il s'agissait bien d'or et non de vermeil, le roi a constaté qu'il n'y en avait pas de semblable au Louvre[1]...

Marie-Madeleine se tut et dévisagea son mari pour tenter de comprendre les idées qui se précipitaient sous ce grand front intelligent. Elle demeura un instant interdite, puis sourit :

— Regardez le roi. N'a-t-il pas l'air d'être le souverain le plus heureux du monde ?

— Certes, certes, cependant on vient de m'informer que Sa Majesté regagnait Fontainebleau cette nuit et ne demeurait pas, comme nous en étions convenus...

1. Voir annexe en fin d'ouvrage.

Marie-Madeleine, stupéfaite, se tourna dans la direction du roi. Des rires fusaient autour de la favorite qui s'amusait elle aussi de bon cœur sous les yeux éperdus d'amour de son amant à qui l'on venait d'apporter une composition de glaces, de fruits et de sucreries. Tout semblait paisible…

— Le roi ne paraît guère courroucé…

Fouquet soupira :

— Vous avez sans doute raison une fois encore, ma douce… J'ai pu me méprendre… Allons donner le coup d'envoi de la loterie, si Sa Majesté y consent…

Quelques instants plus tard, toute la Cour se rassemblait autour de son souverain pour recevoir bijoux, chevaux, carrosses et toilettes. Chacun criait, se bousculait en brandissant son papier imprimé du numéro gagnant. Sous les applaudissements des courtisans, le roi gagna un collier de perles fines qu'il attacha amoureusement autour du cou de Louise de La Vallière. Ce geste fit froncer les sourcils à Anne d'Autriche, qui, fidèle à l'étiquette, semblait trouver que le roi affichait trop ostensiblement sa liaison à un moment où toute son attention eût dû être tournée vers l'imminente naissance de l'héritier de France.

Le protocole reprit pourtant ses droits lorsque le roi choisit de faire monter sa mère en son carrosse pour repartir à Fontainebleau, laissant à Louise le soin de s'installer dans le suivant. Mais la satisfaction de la reine mère fut de courte durée, car sitôt la voiture engagée dans l'allée, elle entendit son fils lui murmurer d'un ton courroucé :

— Ah ! Madame ! Est-ce que nous ne ferons pas rendre gorge à tous ces gens-là[1] !…

Interdite, elle scruta le regard du monarque, tentant de déchiffrer ses sombres desseins. Son expression glacée la saisit d'effroi. Elle s'abstint de relever cette saillie.

1. Voir annexe en fin d'ouvrage.

Anne d'Autriche voyait chaque jour son influence s'amenuiser devant l'orgueil, l'ambition et la soif de pouvoir de son fils.

Mais n'en était-elle pas responsable ?

Ivre de joie d'avoir enfin donné un dauphin à la France, elle avait élevé cet enfant issu de deux dynasties prestigieuses, les Habsbourg et les Bourbons, dans l'idée de sa grandeur et de sa supériorité. En lui se côtoyaient à présent la morgue de la Maison d'Autriche et la hauteur de la Maison de France...

Tandis qu'elle jetait un dernier regard sur Vaux éclairé de mille feux, la reine se remémorait ce jour du 7 septembre 1645 où, devant le Parlement, son petit garçon avait solennellement déclaré : « Messieurs, je suis ici pour vous parler de mes affaires, mon chancelier vous dira ma volonté » d'une voix assurée de toute la prestance de ses sept ans. Comme elle avait été fière de lui !

Par la suite, les décisions furent prises « au nom du roi » sans que bien sûr jamais l'enfant ne fût consulté. Rien que de très normal, jusqu'à sa majorité où Louis pensait être investi de ses pouvoirs de monarque.

Las ! C'était compter sans l'autorité naturelle de son parrain le cardinal qui gouvernait d'une poigne de fer, le roi n'étant qu'une incarnation de la pérennité de la monarchie.

Arrivé d'Italie presque sans le sou, Giulio Mazarini avait fait fortune grâce à son influence politique. Richissime propriétaire de palais et de collections d'œuvres d'art, il osait mesurer l'argent dont le roi pouvait disposer ! Lui seul était le maître.

Sans doute Anne avait-elle été coupable... Elle connaissait cette intolérable situation, mais elle n'était jamais intervenue, soutenant inconditionnellement Mazarin.

Giulio... Tellement charmant et si cher à son cœur... Jamais elle n'aurait pu consentir à lui déplaire !

Il l'avait aidée, guidée, secondée lorsqu'elle était régente... Comment aurait-elle trouvé la force d'accomplir cette tâche immense sans ses conseils et sa tendresse...

Ce démon de Richelieu, d'une redoutable perspicacité, ne s'y était pas trompé lorsqu'il lui avait présenté Mazarin : « Il devrait vous plaire, il ressemble à Buckingham ! »

Buckingham... Lui aussi, elle l'avait aimé...

Ces temps lointains s'étaient enfuis, et tout changeait à la Cour...

Mais la nostalgie qu'éprouvait Anne en cet instant se teintait de regrets. Sans doute aurait-elle dû mieux défendre les intérêts de Louis, car elle comprenait qu'une jalousie féroce lui avait rongé le cœur durant toutes ces années. Mazarin hier, Fouquet aujourd'hui... l'histoire se répétait.

La vieille reine leva les yeux sur le visage fermé de son fils et tressaillit. La mâchoire contractée, le regard perdu sur la splendeur de Vaux qui s'éloignait dans la nuit, Louis XIV lui parut soudain dangereusement calme.

L'enfant blessé n'existait plus.

Il était trop tard.

Personne n'arrêterait ce Soleil qui montait à son zénith.

13.

Vaux-le-Vicomte, 22 août 1661

Lancés à très vive allure, les chevaux, stimulés par les cris du cocher et les claquements de son fouet sur leurs croupes fumantes, soulevaient un nuage de poussière qui formait un halo autour de la voiture. L'été était caniculaire ; des jours et des jours qu'il n'avait pas plu. Les chemins creusés par la sécheresse devenaient poudreux. Même l'Anqueuil, la rivière irriguant les propriétés du surintendant, accusait une baisse sensible du niveau de ses eaux. Dans la voiture, cahoté en tous sens, le sieur de Gourville ne desserrait pas les dents. Le front barré d'une ride que creusait encore l'inquiétude, il paraissait incommodé par cette insupportable chaleur, se penchant sans cesse par la portière pour respirer un peu et pour apercevoir la majestueuse allée de platanes qui annoncerait enfin l'entrée du domaine de Vaux.

Gourville était l'ami de Fouquet depuis de nombreuses années et l'information qu'il détenait était suffisamment grave pour qu'elle justifiât cette hâte[1]. Il arrivait ventre à terre de Fontainebleau où toute la Cour était repartie à la suite de son souverain, après la fameuse fête donnée par

1. Voir annexe en fin d'ouvrage.

Nicolas. Or il se murmurait dans les corridors du château que la disgrâce du surintendant était imminente : on en verrait très vite l'éclatante démonstration. Certains allaient même jusqu'à affirmer que Fouquet serait arrêté, dans les jours prochains, sur ordre du roi.

À peine eut-il gravi les degrés menant au vestibule que Gourville se précipita dans l'antichambre du surintendant, sous l'œil médusé du valet de pied qui tendit en vain la main pour se saisir de ses effets. Dépité, le domestique lui emboîta le pas et vit la porte de l'antichambre se refermer avant d'avoir pu rattraper Gourville. L'entretien entre le surintendant et son ami dura deux bonnes heures durant lesquelles le personnel n'osa pas les déranger. Althéa elle-même fut retenue par sa gouvernante lorsqu'elle émit le souhait d'aller visiter son parrain au retour de sa promenade.

En fin d'après-midi, la porte s'ouvrit enfin et Nicolas raccompagna son compagnon jusqu'à sa voiture. Les chevaux avaient été dételés, bouchonnés, nourris et réattelés. Au moment où Gourville s'apprêtait à repartir, une jeune servante lui tendit gracieusement un panier rempli de délicieux pâtés de grive, d'une miche de pain encore chaude, d'une tourte au brochet, de beignets et d'une tarte au sucre, arrosés d'un petit vin clairet en bouteille. Gourville remercia, salua une dernière fois son ami avant de s'engouffrer dans la voiture. Le cocher ferma la porte et sauta sur son siège. Les chevaux partirent au pas d'abord puis d'un bon trot. Fouquet les regarda disparaître et regagna, songeur, ses appartements.

La chaleur du jour chargeait l'air, le ciel virait au mauve. Les toits d'ardoise du château brillaient d'une lumière métallique sous les derniers rayons du soleil déclinant. Un orage de chaleur se préparait. La tension dans l'air était palpable, les moucherons voletaient très bas, et déjà le tonnerre grondait. Pensif, Nicolas leva les yeux vers le ciel, souhaitant que cet orage ne présageât en rien de ses destinées…

*
* *

Fontainebleau, 24 août 1661

— Faites annoncer le surintendant.

Fouquet gravissait l'escalier du fer à cheval. Après sa discussion avec Gourville, il n'avait pas hésité longtemps et, dès le surlendemain, faisait atteler pour obtenir une audience auprès du roi. Il entra dans le petit salon, annoncé à haute et intelligible voix par le laquais, et s'inclina devant Louis XIV, lequel tourna à peine le regard d'une fenêtre qui semblait capter toute son attention.

— Mes respects, Votre Majesté…

— Que me vaut ce déplacement depuis votre beau domaine ? Auriez-vous quelques soucis avec les affaires de l'État dont vous souhaiteriez m'entretenir céans ?

— Non point, non point, Sire. Je suis venu pour vous parler… de moi.

— De vous ?

Louis XIV parut stupéfait.

— Si fait, sire. Il m'est revenu que Votre Majesté estimait peut-être que les comptes de l'État présentaient certaines… opacités, et peut-être y aurait-il quelques points sur lesquels Sa Majesté désirerait être éclairée. Je confesse d'emblée à mon roi qu'il m'est arrivé, pour le satisfaire, d'obéir un peu trop aveuglément à feu le cardinal, mais Votre Majesté…

— Le cardinal ? Que vient faire Mazarin quand il s'agit de vous ?

— La politique administrative et financière du cardinal

n'était peut-être pas en tous points… régulière, et je m'accuse auprès de Votre Majesté aujourd'hui d'avoir peut-être, parfois, détourné la loi pour y trouver quelques avantages… Mais je n'ai toujours eu à l'esprit que ma loyauté envers le roi et la famille royale. Et c'est avec bonheur et respect aujourd'hui que j'offre à mon roi la seigneurie de Vaux qui semble lui avoir tant plu…

— Ne prenez pas cette peine, mon cher. Ma confiance vous est tout acquise et je ne doute pas que vous ayez toujours voulu servir l'État. Vous recevrez comme convenu le collier de l'ordre du Saint-Esprit, en remerciement de votre charge de procureur général[1] dont vous vous êtes défait. Dans quelques jours, nous partirons à Nantes pour aller présider en personne les états de Bretagne. Vous serez des nôtres, bien entendu. N'écoutez point la rumeur, elle est mauvaise conseillère, et la Cour bruisse souvent de nouvelles infondées. Il est en revanche une chose dont je souhaitais vous entretenir…

Lorsqu'il sortit du cabinet particulier du roi, Fouquet ne put réprimer un sourire de satisfaction. Il jouissait de l'entière confiance de son souverain et, s'il avait offert son domaine au roi, ce dernier l'avait refusé : il était donc toujours le seigneur de Vaux. En revanche, les jours de son pire ennemi, Colbert, paraissaient comptés. Louis XIV le lui avait assuré. Oui, décidément, cette année 1661 voyait sa consécration.

La tête lui tournait.

Il dut s'asseoir dans l'antichambre.

1. Voir annexe en fin d'ouvrage.

14.

Vaux-le-Vicomte, 28 août 1661

Quelques jours plus tard, Nicolas fut contraint de s'aliter. La fièvre des marais l'avait repris, le médecin prescrivit du quinquina[1] et opéra une saignée sur le malade déjà très faible. Althéa lui bassinait les tempes d'un linge frais et citronné en lui parlant doucement. Le surintendant paraissait sommeiller.

Soudain, il ouvrit les yeux et fixa douloureusement sa filleule.

— Althéa, promettez-moi de toujours faire en tout point ce que vous dictera Mme Fouquet…

La jeune fille s'alarma.

— Pourquoi me dites-vous cela, père ?

— Pour rien, pour rien… Mais s'il arrivait d'aventure que le sort me soit contraire, et que je ne puisse plus vous protéger comme je l'ai toujours fait, je veux être assuré que vous ne commettrez pas quelques folies. Je sais votre nature emportée… Et si je n'étais plus là…

— Mais vous n'allez pas mourir !

Fouquet murmura le mot « mourir » plusieurs fois

1. Le quinquina se répandit dès 1640 en Occident pour soigner les fièvres, notamment celles dues au paludisme.

comme pour lui-même, et Althéa lui humecta les lèvres pour le rafraîchir. Au même moment, Marie-Madeleine entrait dans la pièce.

— Comment est-il ?

— Il ne cesse de trembler et je crois qu'il délire : il parle de mourir !

L'épouse de Fouquet distingua nettement, malgré l'obscurité, le visage angoissé d'Althéa.

— Rassurez-vous, ma douce. Il ne mourra pas. Il a déjà eu cette sorte de fièvre, et votre parrain est très fort. Il en viendra à bout, vous verrez…

Althéa se leva, déposa un baiser sur le front brûlant de Nicolas et quitta la pièce. La femme de chambre entrouvrit la porte et annonça M. de Brienne. Mme Fouquet répondit que son époux ne recevrait personne, lorsqu'elle entendit la voix du surintendant :

— Faites-le entrer, Noémie, mais auparavant, aidez-moi, je vous prie, à me redresser sur mes oreillers.

Comprenant que toute protestation serait vaine, Mme Fouquet serra la main de son époux qu'elle tenait dans la sienne :

— Je vous laisse, mon ami, mais ne vous fatiguez pas davantage…

Brienne entra, salua Marie-Madeleine qui se retirait et vint s'asseoir au chevet de Fouquet.

— Comment vous sentez-vous ?

— Affaibli… Mais ce n'est pas cette satanée fièvre qui m'inquiète le plus ! Je dois, comme vous le savez, accompagner le roi à Nantes, car il souhaite présider en personne les états de Bretagne… Que signifie ce déplacement ? Que raconte-t-on, Brienne, le savez-vous ?

— Ce que je sais, c'est que vous ne devriez pas vous agiter ainsi…

— Écoutez, ne me parlez pas de me ménager lorsque je sais ma situation en péril… Certes, le roi m'a tenu des propos très rassurants lors de notre entrevue, mais avez-vous vu ce qui s'est passé, il y a deux jours, au dernier Conseil ? Il a aboli mes ordonnances ! Autant dire qu'il m'a coupé les deux bras. Que suis-je aujourd'hui, si je ne puis régler les dépenses secrètes de l'État ? J'ai bien vu aussi la froideur de la reine mère, qui me témoignait jusque-là de l'estime. Elle a évité ostensiblement de venir s'entretenir avec moi lorsque nous l'avons croisée avec ses dames dans la galerie, et puis il m'est revenu tout ce que la duchesse de Chevreuse, son amie, fait courir sur mon compte !

— Vous connaissez la Chevrette ! Elle ne vit que pour l'intrigue et ne se complaît que dans le dénigrement..., fit négligemment Brienne en haussant les épaules.

— Plus rien aujourd'hui ne me protège de la fureur du roi : je ne suis plus procureur général, et je ne serai plus longtemps surintendant des Finances, croyez-le. On me leurre d'un collier de l'ordre que l'on ne me donnera jamais, et me voilà perdu et sans ressources... Mais pourquoi donc le roi va-t-il en Bretagne, et précisément à Nantes ?...

— Je l'ignore. Peut-être pour faire ce qu'il a annoncé : présider en effet les états de Bretagne !

Fouquet n'écoutait plus son ami. Il se parlait à lui-même.

— M'enfuirai-je ? C'est ce qu'on serait peut-être bien aise que je fasse... Belle-Isle... Non, ce n'est pas la solution... Me cacherai-je ? Mais en ce cas... où[1] ?

— Calmez-vous, mon ami, de grâce, calmez-vous ! Envisagez-vous sérieusement de faire le voyage dans votre état ?

— Il le faut, Brienne, il le faut ! Je ne puis me dérober : j'aurais l'air coupable...

— En ce cas, je passe vous chercher demain. Tâchez

1. Voir annexe en fin d'ouvrage.

de vous reposer d'ici là... Nous cheminerons ensemble. Il doit être assez agréable de descendre la Loire en cette saison... Dites-vous aussi que les intentions du roi ne sont peut-être pas si funestes !

— Que le ciel vous entende, mon ami, que le ciel vous entende..., soupira Fouquet en refermant les yeux.

*
* *

Le crépuscule descendait sur Vaux.

Une légère brise s'était levée, chassant les nuages, et la nuit s'annonçait magnifique. La lune incandescente se découpait avec précision sur le ciel d'une netteté irréelle, auréolant le parc d'une étrange clarté. Le calme et la paix régnaient dans la vaste demeure. On entendait par intermittence le hululement d'une chouette, parfois suivi du couinement d'un mulot sacrifié.

Demeurée seule, dans la pénombre, Althéa, oppressée, ne parvenait pas à trouver le sommeil.

Que se passait-il ?

Fouquet était-il en danger ?

N'y tenant plus, la jeune fille écarta les courtines et se glissa dans la ruelle, hors de son lit. Pieds nus, elle sortit de sa chambre et entreprit de descendre l'escalier qui menait aux appartements du surintendant. Une faible lueur éclairait son cabinet dont la porte était légèrement entrouverte. Sans bruit, elle jeta un œil à l'intérieur et vit Fouquet accroupi, en sueur, devant un immense feu de cheminée, qui consumait un à un tous ses papiers. Une couverture sur le dos, s'essuyant le front de son mouchoir de dentelle, il regardait brûler les documents et fondre les cachets de cire, le regard fiévreux.

Tout à coup, elle le vit ouvrir un porte-documents de cuir rouge frappé des lys de France, se saisir de quelques feuilles, les relire, tendre la main vers le feu, puis se raviser. Soigneusement, il replia les papiers pour les remettre dans leur étui. À la grande surprise d'Althéa, il souleva ensuite le tapis, fit sauter deux lattes du parquet, y dissimula le porte-documents, et remit tout en place avec application.

La jeune fille ne savait que penser.

Elle demeura un long moment immobile dans la pénombre. Enfin, voyant que le feu se mourait et que Fouquet ne brûlait plus rien, elle recula sans bruit et regagna promptement ses appartements pour se glisser dans son lit. Recroquevillée sous ses draps, elle ne parvenait pas à se réchauffer, se sentant glacée jusqu'à l'âme.

Tout ceci avait-il un sens ?

L'aube dardait ses premiers rayons lorsqu'elle sombra enfin dans le sommeil…

Un bourdonnement de voix, de sabots piétinant les pavés, d'allées et venues dans les escaliers la tira de son sommeil. Elle enfila à la hâte une tenue décente et bondit hors de sa chambre pour assister au départ imminent du surintendant, de son épouse et de son escorte. On arrimait les malles et les palefreniers finissaient d'atteler, vérifiant le harnachement et le ferrage des chevaux. Althéa se tenait en haut des degrés lorsqu'elle vit apparaître Fouquet, les traits tirés, soutenu par son épouse. Sa fièvre ne l'avait pas quitté. Son regard s'éclaira pourtant en la voyant qui s'avançait vers lui. Sans protocole ni cérémonie, elle se jeta dans ses bras et le serra à l'étouffer.

— Allons, allons, là… là…, disait Fouquet sans pourtant la repousser.

— Serez-vous absents longtemps ?

— En principe quelques jours, mon petit…

Althéa le dévisagea épouvantée. « Mon petit », il avait dit « mon petit » ! Jamais il ne l'appelait ainsi ! La situation était grave pour qu'il utilisât ainsi des mots qui ne lui étaient pas familiers... Elle scruta le visage de son parrain, il la regardait avec une infinie tendresse.

— Faites attention à vous, jeune fille, et ne jouez pas les intrépides, surtout à cheval !

Le ton se voulait enjoué, mais l'on y percevait une fêlure. Il se tourna vers ses autres enfants qu'il baisa tendrement sur le front.

— Dieu vous garde tous. Je vous confie Vaux !

Il parcourut l'assistance d'un regard circulaire et monta péniblement dans la berline. Brienne tendit la main à Mme Fouquet et l'aida galamment à monter en voiture, puis grimpa à sa suite et s'assit en face d'elle. On replia le marchepied et la porte fut fermée. Le surintendant se pencha à la fenêtre.

— Allez ! ordonna-t-il au cocher.

Celui-ci claqua de la langue en stimulant ses chevaux d'un petit coup de rênes sur la croupe et la berline s'ébranla. Serrant dans la sienne la petite main potelée de Louis-Nicolas, Althéa suivit longtemps des yeux la voiture qui emportait ses parents adoptifs loin d'elle. Son cœur se serra. Elle vit Nicolas considérer une dernière fois son domaine et son regard l'accompagna jusqu'à ce que la voiture ne fût plus qu'un minuscule point noir à l'horizon.

15.

Nantes, 2 septembre 1661

Après avoir descendu la Loire et débarqué enfin, Fouquet fut si faible qu'il dut s'aliter. Le roi s'enquit de sa santé régulièrement en l'hôtel de Rougé où le surintendant s'était rendu avec son épouse, ce qui rassura le malade. Brienne pourtant continuait de le mettre en garde :

— On dit que vous allez bientôt être arrêté.

— Non, très cher, j'ai de bonnes raisons de penser que ce sera Colbert.

— Colbert ?

— Si fait. Le roi m'a mandé afin que je prépare son arrestation et j'ai moi-même donné les ordres pour qu'on le conduise au château d'Angers.

— Parfait… En ce cas, reposez-vous et je reviens vous chercher demain très tôt.

— Merci, mon ami, à demain… Soyez gentil de sonner un laquais, j'aimerais boire…

*
* *

Nantes, place de la Cathédrale, 5 septembre 1661

Fouquet marchait d'un bon pas. Certes, il demeurait fatigué, mais la fièvre était miraculeusement tombée dans la nuit, lui permettant de venir s'entretenir très tôt avec le roi. Ayant du retard dans tous ses dossiers, et souhaitant rencontrer Sa Majesté au plus vite, Fouquet avait préféré ne pas attendre Brienne. L'entretien s'était merveilleusement bien passé et le surintendant savourait sa convalescence en même temps que sa faveur, humant l'air du matin avec délice, lorsqu'il entendit des pas se hâter derrière lui. Il se retourna, et se trouva nez à nez avec d'Artagnan, le lieutenant de la première compagnie des mousquetaires du roi. Ce dernier avait la mâchoire serrée, le visage tendu.

— Belle journée, n'est-ce pas, lieutenant ?

— Non, monsieur. Aujourd'hui est pour moi un bien funeste jour. Je suis tenu de faire mon devoir, et croyez bien qu'il m'en coûte… Par ordre du roi, je vais vous demander de me suivre, monsieur…

— Mais qu'est-ce que…, balbutia Fouquet.

— Vous êtes en état d'arrestation, le coupa d'Artagnan. Ne m'obligez pas à employer la force, cela me serait vraiment très pénible…

Nicolas devint blême et le dévisagea un instant avec effroi. Puis il se ressaisit pour répondre d'une voix qui se voulait assurée :

— Il n'en sera nullement question, mon ami, n'ayez crainte, je vous suis. Faites votre devoir. Puis, en regardant l'illustre mousquetaire droit dans les yeux, il ajouta : Le roi est bien le maître, mais j'aurais souhaité pour sa gloire qu'il eût agi plus ouvertement avec moi[1]…

1. Voir annexe en fin d'ouvrage.

jouant avec Louni, et en avait gardé le secret, devinant qu'il lui serait formellement interdit d'y monter...

La jeune fille ouvrit la porte débouchant sur la terrasse qui dominait tout le domaine. Son regard s'envola sur la perspective de l'Hercule. Vaux s'étalait à ses pieds, en majesté. Elle tenta d'inscrire chaque bassin, chaque massif, chaque ornement, chaque statue dans sa mémoire et ferma un instant les yeux pour capturer cette harmonie. Elle se remémora Molière répétant sans relâche avec sa troupe auprès de *la Grille d'eau*, entendit le parc bruissant des rires et des conversations, revit les magnifiques toilettes des dames ondulant dans les jardins, ses promenades à cheval lorsqu'elle s'élançait sans retenue dans la campagne environnante puis remontait l'allée centrale au petit trot. Elle perçut les cris de Louis-Nicolas apprenant à nager dans l'Anqueuil et se souvint du goût des prunes gorgées de sucre qu'ils chapardaient dans les vergers, retrouvant le souvenir de ses rêveries lorsque, épuisés après leurs jeux, ils s'allongeaient tous deux dans l'herbe et regardaient le ciel, cherchant à donner un sens aux nuages...

Elle partait.

On l'arrachait de Vaux, mais son cœur resterait là, à jamais enfoui en ces lieux qui l'habiteraient jusqu'à son dernier souffle.

Les yeux brouillés de larmes, elle redescendit l'escalier, pour monter dans la berline. En entendant le hennissement d'Adonis dans sa stalle, elle serra sur son cœur la miniature du château que lui avait offerte Louis-Nicolas pour son anniversaire et pencha la tête par la fenêtre, comme l'avait fait le surintendant, pour regarder fuir les paysages de son enfance.

Une enfance qui, elle aussi, s'était perdue.

16.

Paris, février 1662

L'instruction du procès de Nicolas Fouquet allait s'ouvrir. Dans l'effervescence générale, on supputait, affirmait, racontait, supposait, déduisait ou colportait toutes sortes d'informations contradictoires. Les gens bien en Cour tremblaient à l'idée de voir leur nom éclaboussé. Chacun craignait d'être entraîné par cette chute spectaculaire du ministre le plus important de l'État.

Pour la famille Fouquet, le cauchemar ne faisait que commencer. Alors que les enfants croyaient pouvoir revenir à Saint-Mandé y retrouver leur mère rentrée de Nantes, les scellés avaient été apposés, à Paris, à Vaux, à Fontainebleau et dans les cabinets de la surintendance. Mais le pire était encore à venir. Mme Fouquet avait été expédiée à Limoges, par ordre du roi, et les enfants, abandonnés, n'avaient pu être rendus à leur grand-mère que sur l'intervention d'Anne d'Autriche qui considérait que son fils faisait preuve d'une incroyable cruauté.

Althéa se trouvait dans une situation difficile.

L'aïeule Fouquet, qui n'avait jamais vraiment considéré qu'elle appartenait à la famille, n'entendait pas la garder sous son toit. De plus Lucia, ne pouvant demeurer à son service, cherchait un autre emploi. Un soir, elle annonça à la jeune fille qu'elle quittait la maison pour être gouvernante à Rueil, dans une maison de haute noblesse, branche cousine du cardinal de Richelieu. Althéa en fut très affligée.

— Lucia, mais que vais-je devenir sans vous? se lamentait-elle.

— Il faut être forte, Althéa, et vous l'êtes, je le sais...

— Lucia, non... Pas vous à présent!

— Ma chérie..., murmurait Lucia en la serrant contre elle et en baisant ses cheveux. Ma douce... Il le faut. Courage.

Lucia Vespucci embrassa une dernière fois sa pupille, puis se détacha d'elle presque brutalement et sortit en hâte. La porte se referma sur tout un monde qui disparaissait avec son départ. Althéa se retourna pour voir sur elle un regard sévère et lourd de reproches devant cet étalage inconvenant de sentiments. La jeune fille passa, digne, devant Mme Fouquet mère qui la toisait d'un air glacé. Sans un mot, elle regagna sa chambre.

Chaque jour qui passait l'accablait davantage. Désormais, elle n'avait plus que Louis-Nicolas au monde.

Elle s'allongea sur son lit, sans même se dévêtir, et ferma les yeux, écoutant tomber la pluie, qui semblait ne jamais vouloir cesser. Le sommeil la cueillit sur ces sombres pensées, tant il vrai qu'il peut être parfois un refuge.

Althéa, à sa toilette, entendit un fiacre s'arrêter dans la rue. Elle regarda par la fenêtre et retint un cri en voyant descendre de voiture Jean de La Fontaine. Elle se précipita dans le vestibule, dégringola l'escalier, et l'écrivain eut tout juste le temps d'ouvrir les bras pour l'y recevoir. Elle le serra à l'étouffer.

— Jean! souffla-t-elle. Jean, comme vous m'avez manqué! Quelle joie de vous revoir! Si vous saviez...

— Là... là, ma belle. Pensiez-vous que je vous avais

oubliée ? Faites-vous si peu cas de l'attachement que j'ai pour vous ?

— Non, non... bien sûr... Mais il s'est passé tant de choses horribles, Jean, si vous saviez...

— Je sais tout cela, ma chérie. Et je suis venu pour vous apporter ceci, dit-il en lui tendant des feuillets serrés avec un ruban rouge.

Althéa s'en saisit et regarda La Fontaine d'un air interrogateur.

— Lisez, lisez, jeune fille.

Althéa défit le ruban et lut tout haut : *Élégie aux nymphes de Vaux*. Elle marqua un temps, scruta l'écrivain et commença :

« Remplissez l'air de cris en vos grottes profondes,
Pleurez, nymphes de Vaux, faites croître vos ondes ;
Et que l'Anqueuil enflé ravage les trésors
Dont les regards de Flore ont embelli ses bords.
On ne blâmera point vos larmes innocentes,
Vous pourrez donner cours à vos douleurs pressantes ;
Chacun attend de vous ce devoir généreux :
Les destins sont contents, Oronte est malheureux... »

La gorge d'Althéa se serra à l'évocation de cet Oronte-Fouquet si malheureux. Elle reprit :

« Vous l'avez vu naguère au bord de vos fontaines,
Qui sans craindre du sort les faveurs incertaines,
Plein d'éclat, plein de gloire, adoré des mortels,
Recevait des honneurs qu'on ne doit qu'aux autels.
Hélas ! Qu'il est déchu de ce bonheur suprême !... »

Des larmes coulaient maintenant lentement sur ses joues tandis qu'elle poursuivait :

« Que vous le trouveriez différent de lui-même
Pour lui les plus beaux jours sont de secondes nuits,
Les soucis dévorants, les regrets, les ennuis,
Hôtes infortunés de sa triste demeure,
En des gouffres de maux le plongent à toute heure.
Voilà le précipice où l'ont enfin jeté
Les attraits enchanteurs de la prospérité !... »

Cette fois Althéa ne put achever. Elle se précipita sur le reposoir de velours qui lui faisait face, lâcha les feuillets qui s'éparpillèrent et, serrant un coussin contre elle, pleura à gros sanglots.

La Fontaine demeura un instant immobile, désemparé devant tant de chagrin, tant d'angoisses et de tourments portés par de si jeunes épaules. Puis, doucement, il s'assit à côté d'elle, la prit dans ses bras et la serra contre lui. Il attendit qu'elle se calmât avant de lui murmurer :

— J'ai écrit cela pour fléchir le roi et aider mon ami. Tout Paris pourra lire ces feuilles dans quelques jours. Le titre de l'édition originale était *Élégie*, et puis je l'ai modifié en pensant à vous. Vous êtes la petite nymphe de Vaux, Althéa. Nicolas aimait vous voir y galoper sur Adonis, vous y épanouir. Enfant, vous inspectiez le domaine avec le plus grand sérieux !... Et j'ai pensé que vous seriez heureuse d'être la première à lire ces lignes. Il faut qu'il sache que ses amis se battent pour lui, chacun avec ses armes. Les miennes sont une plume et de l'encre... Rien n'est encore joué, il nous faut croire en notre étoile. Mme de Sévigné m'assiste dans mon combat... Vous souvenez-vous quand vous étiez petite ? Je vous ai appris les constellations depuis la terrasse, dans le ciel de Vaux...

— Je me souviens parfaitement...

— Vous me disiez que de là-haut, vos vrais parents sans doute veillaient sur vous, chacun caché dans une étoile...

— J'étais une enfant..., dit-elle tristement.

— Cet enfant demeure en chacun de nous. Il faut garder ses rêves et s'y accrocher, de toutes ses forces, Althéa !

— J'ai parfois du mal à me dire que tout ce bonheur pourrait être vrai à nouveau…

— Peut-être pas celui-là, mais un autre… Vous avez encore beaucoup de bonheur à vivre, j'en suis certain. Et pour commencer, je vous annonce que Marie-Madeleine est de retour. Elle arrive demain par la diligence du soir.

— C'est vrai ? Elle a le droit de revenir ? Oh, Jean !…

Althéa le serra de nouveau contre elle.

— C'est merveilleux. Elle revient ! Père va être tellement heureux de la voir et de la savoir enfin auprès de nous… Cela me redonne courage !

— Vous voyez bien qu'il ne faut jamais désespérer !… lui sourit La Fontaine. L'avenir n'est peut-être pas si sombre !…

Althéa, réconfortée, toute à la joie de cette formidable nouvelle, ne décela pas la fêlure dans la voix de l'écrivain. Il se voulait rassurant mais, au fond de lui, il craignait que, dans cette bataille tronquée et inégale, son bel ami ne se perdît à jamais.

17.

Paris, 14 novembre 1664

Trois mornes années s'écoulèrent où Marie-Madeleine déposa des requêtes sans jamais être entendue. Le roi avait ordonné l'année de l'arrestation du surintendant de commencer des embellissements dans un ancien pavillon de chasse ayant appartenu à son père, situé sur une petite commune marécageuse appelée Versailles. Marie-Madeleine savait que le souverain convoitait certaines pièces uniques de marqueterie, de marbrerie, certaines toiles aussi sur lesquelles il s'était extasié lors de sa visite. Alors l'épouse de Nicolas s'érigea en gardienne du temple, veillant farouchement aux biens meubles de son époux, et rien ne fut enlevé à Vaux qui attendait d'être rendu à son propriétaire ou pillé par la Couronne.

Pour la première fois aujourd'hui, Nicolas Fouquet comparaissait devant la chambre séant à l'Arsenal. Transie de froid sous une pluie fine qui ne s'arrêtait pas, Althéa marchait, fendant la foule sans voir personne. Depuis le matin, elle guettait la voiture grillagée qui amènerait le prisonnier de la Bastille, espérant l'apercevoir ne fût-ce qu'un instant.

Ses souvenirs la hantaient.

Une éternité la séparait de sa lumineuse enfance. Trois

années que les scellés posés à Vaux empêchaient tout retour de la famille au domaine. Pâle, les traits tirés par l'insomnie et le chagrin, Althéa ne pouvait se retenir de trembler. Un espoir fou s'était allumé ces derniers jours dans le cœur de la jeune fille qui écoutait les rumeurs de la ville : Nicolas pourrait être de retour.

Banni, certes, mais vivant.

Il retrouverait les siens, et partirait hors des frontières du royaume…

Tout à coup, le martèlement du galop des chevaux sur les pavés domina le tumulte de la rue. Althéa se retourna. On criait : « Place, place, laissez passer, dégagez ! », mais l'encombrement était tel que la voiture entourée de mousquetaires dut ralentir soudain pour avancer presque au pas. Elle se précipita à la portière.

Alors elle put le voir.

Fouquet, vieilli, les cheveux blanchis, paraissait calme et confiant. Elle murmura « père ! », et crut deviner qu'il répondit « courage… ».

La voiture s'éloignait déjà.

Transportée de joie, Althéa vit son visage s'encadrer dans la petite fenêtre de l'arrière de la berline. Elle lui envoya un baiser et tenta de courir pour le rattraper mais dut renoncer car les archers de la prévôté encadraient de nouveau la voiture maintenant que la voie était dégagée. Confiante et comme mue d'une énergie nouvelle, elle se dirigea prestement vers l'Arsenal. Entrée dans la salle noire de monde, elle parvint à se faufiler pour rejoindre Marie-Madeleine et sa belle-mère assises dans les premiers rangs.

Il régnait dans la salle une atmosphère houleuse.

Colbert avait été contraint de ramener Fouquet pour l'écrouer à la Bastille. Le ministre avait en premier lieu ordonné que le prisonnier fût transféré au donjon de Moret, près de Fontainebleau, dans le but de l'empêcher de voir ses deux avocats. Ces derniers, âgés, ne se laissèrent pas intimider et déployèrent une énergie louable pour leurs soixante-dix printemps. On les voyait courir les routes, car ils n'avaient la permission de s'entretenir avec leur client que deux fois la semaine. Et chaque fois qu'ils se présentaient au donjon, on leur faisait valoir que ce n'était pas le bon jour.

Personne ne céda.

Après trois ans et trois mois d'emprisonnement, le sieur Fouquet avait été embastillé, sous la garde de D'Artagnan qui, craignant une évasion, occupait tout un quartier avec ses mousquetaires, disposant même des sentinelles dans les fossés.

L'ancien surintendant des Finances comparaîtrait enfin devant ses juges, malgré les monstrueux abus de l'instruction dont Fouquet lui-même, averti par ses avocats, s'était plaint au roi. Sa Majesté étant dans les Flandres, Colbert avait fait saisir ses protestations. Nicolas, qui ne désarmait pas, avait alors rédigé un mémoire justificatif, nouvel appel à la justice du roi contre un procès couru d'avance. Colbert, furieux, comprenant que les choses commençaient de tourner à son désavantage, accusa la cour d'être inefficace et remplaça Lamoignon par Séguier.

C'est dans cette ambiance délétère que s'ouvrit le procès à proprement parler. Le prestige du roi s'en trouvait émoussé et la réputation de Colbert à jamais entachée.

Dans le brouhaha général, une voix résonna pour annoncer :

— La cour !

Le silence tomba.

Chacun retenait son souffle. Dans leurs superbes manteaux d'hermine, sous leurs hautes perruques bouclées, les juges firent leur entrée. Suivirent les magistrats, Denis

Talon, le procureur général, et Séguier, chancelier de France qui présidait la cour. Le Cormier de Saint-Hélène, le rapporteur, fixa la salle d'un air mauvais. Comme Olivier Lefèvre d'Ormesson [1], il avait été récusé par Mme Fouquet. Le roi avait fait répondre que le fait que l'épouse Fouquet craignît pour l'intégrité de ces magistrats suffisait à les faire nommer. Louis de Pontchartrain, Raffélis de Roquesante, Besnard de Rézé saluèrent d'un léger signe de tête le surintendant. Cuissotte-Guisancourt et Pierre Poncet s'installèrent sans même lever les yeux.

L'accusé entra.

Vêtu de drap sombre, comme un simple marchand, Nicolas, fatigué et amaigri, se tenait pourtant bien droit et gardait l'œil vif. Il refusa de s'asseoir et de prêter serment, sa défense consistant à récuser la juridiction proposée. Debout devant la sellette, il marquait ainsi le fait qu'il ne reconnaissait pas au tribunal les pouvoirs qui lui étaient conférés.

Marie-Madeleine serra la main d'Althéa, en signe de soutien, tandis qu'on énonçait les quatre chefs d'accusation finalement retenus : les pensions qu'il avait prélevées sur les fermiers des impôts, les fermes qu'il s'était fait adjuger sous des noms supposés, les avances qu'il avait faites au Trésor, le crime de haute trahison projeté et non exécuté. Fouquet se défendit admirablement bien, réfutant chaque accusation tout en avouant certaines irrégularités, évoquant si besoin était les pratiques douteuses de feu le cardinal. Le peuple de Paris l'acclamait et applaudissait chacune de ses interventions. Marie-Madeleine et Althéa l'encourageaient en leurs cœurs.

Les jours suivants se déroulèrent dans la même ambiance, et sa famille reprenait espoir. Certaines dames s'étaient masquées pour l'apercevoir dans une maison

1. Voir annexe en fin d'ouvrage.

qui jouxtait l'Arsenal, les juges eux-mêmes finirent par reconnaître qu'il était admirable. Au fur et à mesure que le temps passait, la crédibilité de l'accusation s'amenuisait.

Le procès était rude.

Le président des enquêtes, messire Hierosme Le Féron, seigneur d'Orville et de Louvre en Parisis, conseiller du roi en ses Conseils d'État et privé et en la cour du Parlement, était aussi le prévôt des marchands de la Ville de Paris. On lui attribuait donc les fuites permettant de supposer que le bannissement l'emporterait probablement sur la mort. Nicolas avait des ennemis, et Pierre Séguier, chancelier de France et président de la cour, n'avait pas manqué de clamer haut et fort qu'avec de si grands crimes, il lui faudrait mourir pour que justice fût faite.

Mais l'ex-surintendant comptait des partisans chaque jour plus nombreux. Nul n'ignorait que la chambre de justice avait été composée avec le plus possible d'ennemis. Fouquet avait assuré intelligemment sa défense, dénonçant les irrégularités de la procédure. Et si Colbert s'était tout d'abord employé à travailler l'opinion et à indisposer le Parlement à son endroit, en trois années de luttes et de coups bas, il était parvenu à se rendre odieux et le peuple l'accusait maintenant de vouloir s'emparer des Finances du royaume et de l'esprit du roi.

Beaucoup de gens savaient que ces idées de haute trahison n'étaient qu'allégations sans fondement et que ce qui était vrai quant à l'argent relevait des pratiques politiques courantes pour renflouer le Trésor. Il se murmurait que le souverain avait pour son pavillon de chasse des projets pharaoniques et dispendieux, et que, pour trouver les financements, il allait bien falloir que Colbert utilisât précisément les méthodes reprochées à Fouquet.

La rumeur courait, dans Paris, que le surintendant

allait tout bonnement être acquitté. Mais c'était méconnaître le principal chef d'accusation.

Celui que personne n'avait cité.

En réalité, Fouquet n'était pas poursuivi pour malversations ou intentions criminelles envers la France ou la Couronne. L'idée qu'il eût pu dresser une armée en sa forteresse de Belle-Isle relevait de la farce, et personne ne l'ignorait. Son seul vrai crime avait été d'être plus brillant, plus rayonnant que celui qui exigerait bientôt d'être appelé « Roi-Soleil ».

Nicolas était victime de la vindicte d'un souverain revendiquant son trône et d'un ministre ambitieux qui, à l'instar de son emblème, la couleuvre, rampait devant ce monarque despote.

L'extraordinaire liberté de caractère de Fouquet, son goût pour les arts, sa faconde d'homme d'État qui savait toujours emporter l'adhésion, son charisme et son charme enfin avaient fait naître à son insu une jalousie chez ces deux hommes, bientôt muée en haine.

Pour toutes ces raisons, cette parodie de procès le jugeait aujourd'hui moins pour haute trahison envers l'État que pour lèse-majesté…

L'erreur fatale de cet esthète, de ce poète, de cet épicurien était de n'en avoir rien deviné, trop occupé à jouir des bonheurs que lui offrait la vie.

*
* *

Paris, 18 décembre 1664

À la ville comme à la Cour, le sujet de conversation était le même. Aujourd'hui, la chambre de justice réunie pour juger Nicolas Fouquet allait rendre son verdict. Les discussions allaient bon train. L'affaire occupait tous les esprits et son dénouement passionnait les foules.

Le froid avait durci le sol et la Seine, aux reflets de menthe glacée, charriait dans sa houle des branches cassées par le gel. Le ciel cotonneux annonçait une prochaine averse de neige, même si le soleil, çà et là, dardait Paris de ses rayons. L'hiver ne commençait que dans trois jours, mais une bise glaciale balayait déjà les rues. Les arbres entièrement dépouillés se détachaient sur le gris des nuages, et Notre-Dame, rebrodée de givre, projetait son ombre sur le parvis où le vent dispersait les dernières feuilles. Il y avait affluence dans les rues adjacentes à la cathédrale où se tenait le marché de Noël. Les volailles caquetaient dans leurs paniers, des gamins couraient après des chiens, les commerçants criaient pour appeler le chaland, les poissardes invectivaient les gosses qui chapardaient à l'étalage. Une odeur de marrons grillés et de pain chaud flottait dans l'air, tandis que l'on se pressait autour des jongleurs dont l'un tenait en laisse un ours dressé, pour la plus grande joie des enfants. Il fallait se réchauffer. Les badauds soufflaient dans leurs mains, martelaient les pavés, buvaient du vin cuit aux épices, en évoquant le grand sujet du jour.

Soudain, un adolescent crasseux déboucha d'une rue en hurlant :

— Il est sauvé ! Il est sauvé ! Ils l'ont banni, mais il est sauvé !

Une clameur monta du marché, des applaudissements et des rires saluèrent la libération prochaine de Nicolas. Les hommes trinquèrent à la santé du surintendant déchu, certaines femmes y allèrent de leur larme. Paris fêtait un combat devenu le sien, celui de la justice contre le pouvoir en place, un combat qui cristallisait la haine que le peuple avait maintenant de ce gouvernement.

Nicolas était donc banni à perpétuité, ses biens confisqués, avec une amende de cent mille livres, dont une moitié devrait être versée au Trésor et l'autre employée aux œuvres pies.

Althéa, venue prier à Notre-Dame, sentit son cœur exploser dans sa poitrine. Elle allait revoir son père adoptif, le serrer dans ses bras. Le bonheur à Vaux s'était enfui, mais leur famille allait de nouveau être réunie, et cela seul comptait. La liesse du peuple de Paris était la sienne, elle se sentait animée d'une joie indicible et accepta même un verre de vin à la cannelle que lui tendit un jeune homme, pensant à Amélie et à sa chère Lucia qui s'évanouiraient de voir une Braban-Valloris trinquer avec la populace. Qu'importe, ce jour était radieux, il convenait de le fêter dignement.

La jeune fille se hâta de regagner l'hôtel Fouquet, pour ne pas s'attirer les foudres de son hôtesse. Amélie, affectée à la surveillance des plus petits, ne décolérait pas de voir son « trésor » pousser comme une herbe folle, mais n'avait bien sûr pas voix au chapitre. Le train de maison était réduit de beaucoup et plus des deux tiers du personnel avait été remercié. Les servantes étaient devenues femmes de chambre et les femmes de chambre avaient été promues gouvernantes. On n'avait gardé qu'un cocher et le garçon d'écurie.

L'âme aventurière et vagabonde d'Althéa s'accommodait fort bien de cette exquise liberté. Rentrée la première en l'hôtel Fouquet, c'est elle qui eut l'immense bonheur d'annoncer à Madeleine, Louis-Nicolas, Charles-Armand et Louis que leur père serait bientôt de retour.

L'espoir revenait.

*
* *

— Pour vous dire que vous rayonnez ? Allons, vous êtes une créature du Seigneur, ma chère, c'est Lui qui vous a faite telle que vous êtes ! Ce n'est pas L'offenser que de saluer Son chef-d'œuvre en Sa propre demeure.

Althéa ne sut d'abord que répondre, puis retrouva ses esprits :

— J'imagine que vous ne m'avez pas suivie jusqu'ici pour admirer en moi la créature du Seigneur ?

— Suivie ? Quand vous ai-je dit cela ?

La jeune fille, gênée, baissa les yeux.

— Vous êtes charmante lorsque vous êtes embarrassée. Écoutez, je vais cesser de vous taquiner. Si je vous ai suivie, en effet, c'est pour vous entretenir de faits extrêmement graves.

— Vous m'effrayez ! Que se passe-t-il ?

— Ne vous retournez pas, chuchota-t-il d'un ton sec. Faites semblant de prier et écoutez-moi. Vous devez me faire confiance, Althéa. Nicolas ne sera pas libéré.

Son visage devint douloureux.

— Je sais tout cela, souffla-t-elle. Pourquoi me le dire encore...

— Parce que je suis un ami de Nicolas et que de très gros intérêts sont en jeu. À l'heure où je vous parle, l'hôtel de Saint-Mandé a déjà été vidé, les murs sondés, les tentures arrachées, les parquets déposés. La police secrète du roi recherche des documents de la plus haute importance. Et si la police les recherche, c'est qu'à l'évidence elle ne les a pas encore trouvés.

— Soit, je vous entends, mais en quoi suis-je concernée par les recherches de la police secrète du roi ?

— Althéa, tout me porte à croire que si la police ne les a pas trouvés à Saint-Mandé, c'est que ces documents sont à Vaux.

Althéa sursauta. Que Vaux puisse être le théâtre de ce sinistre ballet l'affligeait.

— Et alors ?

— Et alors personne mieux que vous ne connaît chaque recoin de ce domaine, ai-je tort ?

— Non, non, bien sûr, mais...

— Donc, s'il vous revient un endroit où Nicolas aurait pu dissimuler quelque chose, il faut me le dire. Il faut que j'aille plus vite que la police. Les biens du surintendant sont confisqués, ce qui veut dire que dans quelques semaines, Vaux sera un vaisseau fantôme.

Le regard d'Althéa se brouilla de larmes.

— Je hais cet homme, ce Colbert avec son nez crochu ! Je hais ce roi, qu'ils soient maudits tous les deux !

— Calmez-vous. Pas d'emportements. Je les hais autant que vous, mais vous pourriez bien aller tenir compagnie à votre parrain si ces propos tombaient dans d'autres oreilles que les miennes... Soyez plus prudente à l'avenir et gardez vos sentiments pour vous, vous n'êtes plus une enfant !

Elle tourna son visage vers lui.

— Qu'attendez-vous de moi ?

— Regardez droit devant vous ! Et priez ! Si vous vous souvenez de quelque chose, reprit-il tout bas, si vous connaissez un endroit secret du parc ou du château, si un détail vous revient, faites-moi signe immédiatement. Nous ne devons rien négliger qui puisse servir de monnaie d'échange pour aider Nicolas...

— Et comment vous trouverai-je ? chuchota-t-elle.

— C'est moi qui vous trouverai. Vous venez bien chaque jour prier en cette cathédrale, n'est-ce pas ?

— Comment le savez-vous ?

Ce fut au tour de Mathieu de se troubler.

— Disons que... Nicolas étant un ami, je veille de loin sur sa famille... Alors à bientôt, et souvenez-vous : chaque détail compte. Et ne parlez à personne de notre conversation, pas même à Mme Fouquet, entendez-vous ?

La jeune fille acquiesça. Mathieu la dévisagea. La souffrance qu'il lisait dans son regard en même temps que cette confiance heureuse qu'elle lui témoignait l'émurent profondément. Il eut envie de la prendre dans ses bras, ce dont il s'abstint en reculant d'un pas.

— Prenez soin de vous, Althéa, lâcha-t-il dans un souffle.

Il se leva, fit une génuflexion en direction de l'autel et tourna les talons. Elle le regarda s'éloigner, songeuse, entre les chaises de l'église. Comme chaque fois qu'elle était en sa présence, quelque chose s'allumait au fond d'elle. Malgré les heures dramatiques qu'elle traversait, alors que tout espoir de revoir Fouquet sous son toit s'était enfui, la vie de nouveau circulait en elle.

Elle sortit sur le parvis, tendit son visage au soleil et sentit qu'elle avait faim.

*

* *

Paris, 29 décembre 1664

Paris s'était figé dans du coton. Les toits disparaissaient sous une épaisse couche de neige, tandis que dans les rues des congères gênaient la circulation. On avait déblayé tant bien que mal le pas des maisons et les devantures des échoppes, certains marchands installaient des paillis[1] dans leur boutique, jetant à la fourche des ballots que l'on épandait pour s'empêcher de glisser. On sablait les rues pour les rendre praticables, mais les températures

1. Couche de paille destinée à préserver de l'humidité du sol, ou à protéger certains fruits du contact de la terre (comme les fraises, par exemple) ; par extension, paille que l'on répandait pour « réchauffer » une maison.

toujours plus basses anéantissaient la nuit les efforts du jour. Quelques toits avaient cédé sous le poids de la neige, privant les occupants des maisons de tout refuge, accentuant encore la misère. Des mendiants mouraient de froid sur le parvis des églises et l'Hôtel-Dieu ne désemplissait pas. Seuls les gamins profitaient des joies de l'hiver en patinant sur la Seine gelée.

Althéa n'était pas sortie depuis plusieurs jours. Jusqu'alors, elle se rendait seule à Notre-Dame, ou bien marchait avec Marie-Madeleine aux Tuileries, bavardant parfois avec Le Nôtre à qui le roi avait confié d'en redessiner les jardins. Cette courte halte auprès du génie qui avait façonné et dompté la nature de Vaux redonnait vie aux deux femmes. Il leur semblait qu'à travers lui, un peu du passé lumineux ressuscitait. Mais le froid et les préparatifs de Noël avaient coupé court à ces promenades, et si Marie-Madeleine s'était employée à faire une jolie fête, le cœur vraiment n'y était pas.

Les enfants avaient tellement espéré pouvoir serrer leur père dans leurs bras que ni les cadeaux ni les petits pains d'épices accrochés devant la cheminée n'étaient parvenus à leur redonner le sourire. Louis, le cadet, qui fêterait ses quatre ans dans l'année nouvelle, pleurait souvent, entrant dans des colères injustifiées, jetant ses jouets. Sa grande sœur passait du temps avec lui, mais rien ne semblait devoir l'apaiser.

Louis-Nicolas, à qui la vie avait tout offert et tout repris, devenait un petit garçon grave, qui portait son chagrin bravement, sans en faire état. Il tentait courageusement de donner le change, mais Althéa l'entendait pleurer doucement, le soir, dans son lit. Elle s'endormait alors la rage au cœur d'être impuissante à le consoler, maudissant Colbert, et maudissant son roi.

Elle vivait en cette fin d'année comme on traverse un songe, ne réussissant jamais à se concentrer complètement sur son ouvrage, remettant toujours au lendemain ce qui pouvait être exécuté le jour même.

Paressant sous son édredon, les courtines tirées, bien au chaud dans des draps que l'on avait pris soin de bassiner, elle réfléchissait à la conversation qu'elle avait eue à la hâte avec Mathieu à Notre-Dame. Elle s'était enrhumée dans les jours qui avaient suivi, et Marie-Madeleine, voyant que le froid devenait toujours plus vif, lui avait conseillé de garder la chambre. Elle avait alors imaginé Mathieu revenant à la cathédrale et ne la voyant pas... Qu'avait-il pu penser ? Qu'elle ne souhaitait pas le revoir ? Mais qu'aurait-elle bien pu lui dire... Bien sûr elle connaissait les moindres recoins de Vaux, mais à quoi cela pourrait-il servir ? Si son parrain avait caché quelque chose sur le domaine, autant chercher une aiguille dans une botte de foin...

Tout à coup elle fit un bond qui la tira presque hors du lit.

Caché !

Comment avait-elle pu oublier cela ?

Presque quatre ans déjà... Elle l'avait vu brûler quantité de papiers, mais il s'était ravisé quant à un porte-documents de cuir rouge qu'il avait finalement dissimulé sous le parquet, et sur le dessus était gravé un lys doré...

Le lys de France !

Aujourd'hui, elle comprenait enfin le sens de tout cela !

Ces papiers concernaient la Couronne et devaient revêtir la plus haute importance pour que le surintendant, se sachant menacé, ait choisi de les conserver !

Elle s'habilla à la hâte, se coiffa tant bien que mal, ouvrit précipitamment sa porte, puis se ravisa. Si elle devait rencontrer Mathieu, autant être à son avantage. Elle prit donc le temps de lisser ses boucles, se pinça les joues pour leur donner de la couleur, déposa au creux de ses poignets et dans son cou un peu de parfum, jeta un dernier coup d'œil à son miroir et sortit. Elle se rendit à Notre-Dame, espérant y trouver le marquis. Mais ce dernier ne vint pas. Althéa persévéra le lendemain et le jour d'après. Prenant garde de ne pas rendre cet engouement pour la religion suspect aux yeux de Mme Fouquet, elle espaça ses visites. Le découragement commençait à la gagner lorsque le jeune homme l'aborda enfin.

— Vous ! Cela fait plusieurs jours que je souhaite vous parler !

— Je le sais, on m'en a averti, mais je n'étais pas à Paris. Mais vous-même avez cessé de venir juste après Noël…

— Je suis tombée malade…

— J'ignorais, pardonnez-moi. Vous sentez-vous mieux à présent ?

— Oui, oui… Je vous remercie. Je voulais vous voir parce qu'il faut que vous m'emmeniez à Vaux.

Mathieu se figea, stupéfait.

— Vous emmener à Vaux, rien que ça ! Auriez-vous perdu la raison ?

— Non ! Je sais où sont les documents que vous cherchez, mais il faut que je vous accompagne, martela-t-elle.

Les flocons recommençaient à tomber.

Il se racla la gorge.

— Dites-moi où ils se trouvent et je…

— Non. Emmenez-moi à Vaux.

Mathieu évalua la situation en plissant les yeux. L'air buté de la jeune fille commençait à l'inquiéter. Il choisit de ne pas la brusquer.

— Mais enfin, Althéa, ne faites pas l'enfant. Comment voulez-vous que je vous emmène à Vaux ?

Le silence d'Althéa lui redonna l'espoir de la raisonner. Il poussa plus avant l'avantage.

— Je vais me présenter à l'hôtel Fouquet en disant que je vous emmène à Vaux-le-Vicomte pour une petite promenade de campagne et que nous serons de retour dans quelques jours ?

— Ne vous adressez pas à moi comme si j'étais stupide. J'y ai pensé, figurez-vous. Vous êtes un homme d'honneur et un ami de mon parrain, certainement l'un des plus fidèles. Vous êtes un gentilhomme et ma marraine a en vous une confiance absolue. Elle s'apprête à partir pour Pignerol, y suivre son époux que l'on va transférer là-bas. Elle part avec sa belle-mère, ce qui me laisse une liberté absolue. Prenez soin de lui dire que vous viendrez me chercher pour m'emmener goûter aux Tuileries afin de me changer les idées, et que vous me ramènerez en fin d'après-midi. Faites-le une fois ou deux, pour la mettre en confiance, et quand elles seront parties, il n'y aura plus qu'Amélie. Et j'en fais mon affaire. Avec des chevaux que nous changerons aux relais, nous pourrons être là-bas en quatre heures…

Mathieu vacilla.

— Magnifique !… siffla-t-il. Je vois que vous avez vraiment tout prévu ! Vu ainsi, cela paraît presque amusant ! ironisa-t-il. Et votre réputation, y avez-vous songé ? Car enfin je gage que l'on ne pourra pas regagner Paris avant la nuit, et la bienséance…

— Ma réputation sera intacte, car personne ne saura que je vous accompagnais. Vous me prêterez des vêtements d'homme…

— Mais de mieux en mieux ! persifla-t-il. Dois-je aussi vous apprendre à manier l'épée ? Vous n'êtes pas sérieuse, jeune fille ! Souffrez que je vous explique…

— Cessez de m'appeler « jeune fille » comme si j'étais encore une enfant !

— Vous n'êtes plus une enfant, justement, Althéa, vous êtes précisément une jeune fille, fragile, innocente, que je ne veux ni compromettre ni mettre en danger ! rugit-il.

Althéa s'arrêta soudain et se planta devant lui, en posant sa main sur son bras. Elle avait les larmes aux yeux et parlait d'une voix altérée :

— Mathieu, je veux aller à Vaux, dussé-je mourir pour cela ! Vous ne m'empêcherez pas d'y aller, m'entendez-vous ? Si vous ne m'y emmenez pas, je ne vous dirai rien de ce que je sais ! Et j'irai toute seule, j'en fais le serment !

Il la prit par les épaules et lui releva le menton. Dieu qu'elle était jolie avec ses grands yeux brouillés de larmes, son bout de nez rougi par le froid et cet air perdu qui donnait envie de la protéger.

— Regardez-moi…

Elle leva les yeux, et ce qu'il y vit le terrorisa. Il comprit qu'il ne lutterait pas contre une détermination aussi farouche. Ce besoin de retour venait de bien trop loin. Il datait de plusieurs années, de ce jour de 1661 où une petite fille avait été arrachée trop brutalement à son enfance, déracinée de son domaine enchanté. Vaux était ce qui la faisait vivre et tenir, et elle en avait été privée bien trop longtemps. Elle appartenait à cette terre qu'il lui fallait retrouver. Elle y puisait sa force, et Dieu sait s'il lui en fallait ! Elle irait avec ou sans lui, il en était certain. Tout cela se lisait dans ces prunelles magnifiques dont il ne parvenait à se détourner.

— Soit, lâcha-t-il enfin. Je vous emmènerai là-bas, Althéa. Bon sang, c'est une folie !…

— Merci, Mathieu, merci !

Elle lui sauta au cou et l'embrassa dans un élan spontané.

— Alors je me sauve, parce que cela fait déjà bien longtemps que nous parlons et l'on va s'inquiéter ! Venez exprimer votre requête un de ces jours, que nous allions goûter ! À bientôt, Mathieu, et merci ! Merci !

Elle s'enfuit en courant, aérienne, portée par ce rêve

insensé qui la faisait revivre. Mathieu, songeur, la regarda s'éloigner en se caressant machinalement la joue sur laquelle Althéa venait de poser ses lèvres.

Ce projet était fou. Mais il avait dit oui.

Et, curieusement, il en était très heureux.

19.

Paris, 27 décembre 1664

Les jours passaient.

Althéa n'avait aucune nouvelle de Mathieu et, chose plus accablante encore, on avait refusé à Fouquet la permission de revoir ses enfants avant son départ pour Pignerol. Marie-Madeleine, exemplaire dans son dévouement à son époux, partait avec lui vers cette prison austère du Piémont. Par mesure de sécurité, le plus grand secret entourait ce départ, et l'épouse de l'ex-surintendant s'était vue contrainte de quitter sa demeure et d'habiter un temps avec lui à la Bastille afin que rien ne pût filtrer. La neige qui continuait à tomber feutrait les bruits, tamisant la chambre d'une lumière douce, et la jeune fille, les yeux dans le vague, relisait la même page pour la troisième fois. Un martèlement sourd la tira de sa torpeur : un visiteur s'annonçait. Elle tendit l'oreille. Depuis le corridor, la voix d'Amélie lui parvint :

— Quel plaisir de vous voir, monsieur de Mergenteuil ! Mademoiselle en sera contente. Je vais la prévenir.

Althéa sauta de son lit et Amélie la trouva devant sa coiffeuse, occupée à lisser sa longue chevelure.

— Le marquis de Mergenteuil vient vous chercher

pour vous emmener manger des pâtisseries. Cela vous fera le plus grand bien de prendre un peu l'air.

Althéa ne voulut pas montrer les transports de joie que lui inspirait cette nouvelle et, pensant à la suite de son plan pour aller à Vaux, choisit d'endormir complètement la méfiance d'Amélie. Elle prit une mine boudeuse :

— C'est très aimable de sa part, mais dites au marquis que je n'ai pas faim et, surtout, pas le cœur à sortir me promener...

— Tatatata, il n'en est pas question, mon agneau ! Les beaux jours vont revenir et vous n'allez pas rester enfermée le reste de votre vie. Cela n'aidera personne de vous voir perdre ainsi la santé. Levez-vous que j'ajuste votre robe, et faites-moi le plaisir de sourire. Le marquis est un ami de votre famille, il a toujours été bon pour nous. Vous le désobligeriez en gardant votre chambre alors qu'il vient vous chercher !

Althéa brûlait d'impatience de descendre, mais n'en laissa rien deviner. Amélie était d'un naturel soupçonneux, il valait mieux être prudente. Elle afficha une moue résignée et se leva en soupirant :

— Soit, lâcha-t-elle. Je ferai ce que vous demandez. Annoncez au marquis que je descends dans quelques instants.

Un moment plus tard, Mathieu la vit paraître en haut des marches, plus belle que jamais. Sa joie contenue donnait à ses yeux un éclat particulier et Mathieu se félicita de cette connivence nouvelle. Lui seul devinait combien elle pouvait être heureuse en cet instant.

— Je suis, mademoiselle, très heureux de vous revoir, et j'espère ne pas être importun. Je vous sais dans l'affliction, vous et toute votre famille, et je me disais que peut-être une petite promenade, malgré le froid, vous agréerait...

— C'est gentil à vous, monsieur. Je sors très peu, il est

vrai. Dans les circonstances que vous connaissez, seule la prière m'est un réconfort, alors mes pas ne me conduisent qu'à Notre-Dame...

— Et vous avez grandement raison. Nos rendez-vous avec Dieu prennent parfois un tour inattendu. Il est des bonheurs que seule la prière nous fait connaître...

Althéa foudroya Mathieu et jeta un regard de biais sur Amélie.

— Cela est fort bien dit, en vérité. Mais pour aujourd'hui, on me mande que vous souhaitez m'emmener goûter, ce me semble ?

— Si cela vous convient, j'en serais en effet très honoré.

La jeune fille se retourna vers Amélie, qui l'enveloppa dans sa cape et lui tendit son mantelet de fourrure.

— Allez, mon trésor, et profitez de votre après-midi.

— Au revoir, Mélie. Allons, monsieur, je vous suis, ajouta-t-elle d'un ton neutre à l'adresse de Mathieu.

Ce dernier lui tendit gentiment la main pour l'aider à monter en voiture, grimpa derrière elle et ferma la porte. Le cocher fit démarrer l'attelage de deux superbes alezans qu'Althéa n'avait pu s'empêcher d'admirer au passage. Assis l'un en face de l'autre, tous deux seuls dans la voiture, ils se dévisagèrent un instant. Puis la jeune fille brisa le silence :

— Où allons-nous déguster ces pâtisseries ?

— Nulle part. Je ne vous emmène pas goûter. Althéa, écoutez-moi. Mes informateurs m'ont dit que le convoi qui emmenait votre parrain à Pignerol quittait la Bastille cet après-midi à quatre heures. Ils sont attendus par le nouveau commandant de la forteresse, Bénigne de Saint-Mars, aux alentours du 16 janvier. C'est un long voyage. J'ai pensé que vous aimeriez le revoir avant qu'il ne parte...

Althéa avait pâli sous le coup de l'émotion. Ainsi Fouquet allait partir, et des centaines de kilomètres le sépareraient d'elle désormais. Elle parvint à articuler :

— Le revoir ? Mon Dieu... Merci Mathieu, je n'oublierai jamais ce que vous faites pour moi.

Ils demeurèrent silencieux jusqu'à ce que la voiture s'arrêtât enfin. Althéa passa la tête par la portière et comprit qu'ils se trouvaient devant l'entrée principale de la forteresse. La Bastille, imposante et noire, dressait ses tours monumentales, symbole haï de la monarchie absolue. Ils attendirent une vingtaine de minutes qui leur parurent une éternité. Soudain, la lourde herse s'ébranla et se souleva lentement dans un crissement sinistre. Althéa retint son souffle. Quelques instants plus tard, un escadron de mousquetaires sortit en rang, encadrant une voiture grillagée qui roulait au pas. Ce fut le signal. Mathieu ouvrit la portière, aida Althéa à descendre, et tous deux se dirigèrent vers le convoi. D'Artagnan, que la jeune fille reconnut aussitôt, s'avança, magnifique sur un grand cheval noir dont la crinière dansait au vent. Il mit pied à terre et s'inclina devant elle :

— Mes hommages, mademoiselle. Je vous demanderai d'être très brève, je prends de très gros risques, mais le sieur Fouquet était de mes amis avant que les choses ne revêtent cette tournure, et je n'ai pas voulu lui refuser ce bonheur de vous revoir avant son départ. Cependant, je ne puis désobéir à mon roi.

— Je vous comprends très bien, monsieur d'Artagnan, et j'aurai à cœur de ne pas vous mettre dans l'embarras. Le ciel vous bénisse, monsieur, pour ce que vous faites aujourd'hui...

— Merci, mademoiselle, mais je vous en prie, ne perdons pas de temps.

Il lui désigna le marchepied de la voiture grillagée et, d'un signe de tête, ordonna que l'on ouvrît la porte. Althéa grimpa prestement et sa gorge se noua devant le triste spectacle qui s'offrit à elle. Aux côtés de Marie-Madeleine immobile comme une statue se tenait l'ex-surintendant des Finances.

Amaigri, les yeux rougis, les cheveux blanchis, enchaîné aux mains et aux pieds, Fouquet n'était plus que l'ombre de sa splendeur passée. Elle l'entoura de ses deux bras et enfouit son visage dans son cou. Que de fois l'avait-elle câliné de la sorte, ravie de se sentir aimée et protégée par un être si bienveillant. Tout lui revenait, leurs discussions, leur connivence, leurs fous rires et les lectures au coin du feu…

Qu'avait-on fait de lui ?

— Soyez forte, ma chérie, pensez à tout ce que j'ai voulu vous apprendre et, surtout, ne cherchez jamais à me venger, entendez-vous, Althéa ? Je connais votre fougue et je redoute les actes inconsidérés. Vous êtes une Braban-Valloris, un jour vous tiendrez votre rang à la Cour. Ne compromettez pas tout cela par quelque folie !

— Peu me chaut un rang à la Cour d'un roi qui traite ses sujets de la sorte ! s'emporta-t-elle.

— Althéa, je vous en prie, vous êtes jeune encore… Il est important dans la vie d'une femme d'occuper une charge qui confère toutes sortes de privilèges. Votre famille…

Mais déjà d'Artagnan ouvrait la portière de la voiture pour en faire descendre Althéa.

— Mademoiselle, il est temps de partir. La route sera très longue.

— Je vous en prie, une minute encore !

— Je ne le puis, je vous en conjure, ne rendez pas les choses plus difficiles…

Marie-Madeleine intervint :

— Althéa, soyez raisonnable, quelques instants de plus n'y changeront rien. Dieu nous tient en Sa sainte garde et vous aidera à surmonter cette terrible épreuve…

— Prenez soin de vous, ma tante, et prenez soin de lui !

Elle embrassa Mme Fouquet et serra une nouvelle fois son père adoptif dans ses bras. Lui-même ne pouvait, hélas, pas refermer ses bras sur elle, et elle vit une larme glisser sur sa joue. D'Artagnan la prit doucement par les épaules pour la contraindre à redescendre. Il ferma la porte et sauta en selle. Althéa s'accrocha à la portière et hurla :

— Je vous aime, père ! N'oubliez jamais combien je vous aime !

La voiture tournait maintenant l'angle de la rue. Mathieu s'approcha d'elle et l'entendit murmurer une dernière fois dans un sanglot comme pour elle-même :

— Je vous aime… Mon Dieu, ayez pitié !

Elle tomba à genoux dans la neige et le jeune homme se précipita, comprenant qu'elle avait perdu connaissance.

*

* *

Althéa ouvrit les yeux dans un endroit inconnu. La pièce était propre, bien balayée, les meubles cirés. Il y régnait une odeur de romarin, de thym et de lavande. La jeune fille reposait sur un lit très simple, appuyée sur des oreillers d'une blancheur éclatante. Une cruche et un gobelet en étain étaient disposés sur la table de nuit à côté d'un petit bouquet de fleurs. Elle n'eut pas le temps de poursuivre son inspection, car la porte s'ouvrit doucement :

— Ah, voilà que vous nous revenez, petite !

Une servante replète à la figure joviale la regardait avec bonhomie.

— Où… où suis-je ? bredouilla Althéa.

— Ne vous inquiétez pas, ma belle ! On va venir vous voir.

Et, en effet, Mathieu entra dans la pièce suivi d'un homme à la stature impressionnante, vêtu de noir. Il avait de très beaux cheveux d'un blanc neigeux comme sa barbe, de grands yeux bleus intelligents et un air bienveillant qui plut tout de suite à la jeune fille.

— Vous voilà remise de vos émotions, mademoiselle. Le marquis va pouvoir vous reconduire. On doit être en peine de vous...

— Chez moi, maintenant... Il n'y a plus guère de monde..., articula-t-elle, l'air lugubre.

— Je sais tout cela. Mais vous êtes jeune, et votre vie est devant vous. Vous vivez une très rude épreuve, c'est certain. Mais le temps vous aidera à la surmonter...

— Jamais ! Jamais je n'oublierai ce que le roi et ce... Colbert ont fait de notre vie à tous. Dieu les punira !... D'ailleurs, le roi vient déjà de perdre sa fille[1]. Qu'il souffre ! À moi, il m'a enlevé un père !

Les deux hommes échangèrent un rapide coup d'œil.

— Écoutez, nous reparlerons de tout cela. Je vous promets de vous aider. Mais d'ici là, promettez-moi à votre tour de ne rien faire. Nous vous ferons signe, quand le moment sera venu.

— Quand le moment sera... Mais qui êtes-vous, au fait ?

— Je m'appelle Arthorius. Je suis médecin, herboriste, chimiste et astronome... J'étais un ami de votre parrain.

Mathieu s'avança :

— Vous sentez-vous mieux, Althéa ? Vous êtes demeurée inconsciente un long moment. Trop d'émotion, sans doute... Rassurez-moi, êtes-vous sûre que vous vous sentez tout à fait remise à présent ?

---

1. Marie-Anne de France, fille de Louis XIV et de Marie-Thérèse, dite « la petite Madame », mourut le 26 décembre 1664.

Le marquis s'était assis sur le lit et tenait la main de la jeune fille. Celle-ci ne la retirait pas et portait sur lui un regard très tendre.

— Oui, tout va bien, ne vous inquiétez pas… Pouvez-vous me reconduire chez moi ?

— Mais bien sûr. Je descends pour faire avancer la voiture.

Arthorius avait suivi cette scène avec attention. Amusé, son regard allait de l'un à l'autre, et rien ne lui échappait des émotions contenues de ces jeunes gens. L'idée lui vint qu'il avait peut-être saisi avant eux le secret de leurs cœurs.

20.

Paris, janvier 1665

Janvier se terminait lorsqu'elle reçut une lettre de Mathieu. Elle la lut à Amélie : une lointaine cousine l'invitait par son intermédiaire à venir séjourner une semaine sur ses terres, à quelques lieues de Paris, et demandait au marquis de bien vouloir lui servir d'escorte. La lettre habilement tournée sur papier à en-tête, aux armes du marquisat de Mergenteuil, fit grande impression sur la servante, qui ne savait pas lire mais qui écouta Althéa d'un air inspiré pour déclarer ensuite qu'on ne pouvait refuser une visite à une parente. Elle pria donc la jeune fille de faire tenir un billet dès tantôt en l'hôtel de Mergenteuil indiquant au marquis qu'elle accédait à sa requête. Althéa prit l'air résigné et s'exécuta. Amélie précisa qu'elle serait bientôt en âge de convoler et qu'avoir parents et relations dans le monde lui serait indispensable pour trouver un époux digne de son rang. Devant la mine perplexe d'Althéa, elle souligna :

— Dame, vous êtes comtesse !

La jeune fille sursauta.

— Que dis-tu, Mélie ?

— Je dis que vous êtes comtesse, puisque vous êtes la fille unique de feu M. le comte de Braban-Valloris !

— Mais tu as raison... Je n'y avais jamais songé !

La servante fit demi-tour en haussant les épaules et quitta la pièce en maugréant des paroles inaudibles dans lesquelles Althéa entendit « jeunesse » et « bagage », ce qui lui permit de comprendre qu'elle pestait contre tant d'inconséquence, mais qu'elle allait tout de même préparer les malles du voyage.

Le jour tant attendu arrivait : elle allait enfin retourner au domaine. Son cœur se gonflait de joie. Elle avait envie de danser mais se retint car tant d'exubérance paraîtrait forcément suspecte. Elle se contenta donc de préparer sagement ses effets personnels. Quand elle avait du mal à s'endormir, elle écoutait sonner les heures qui la séparaient du grand jour puis allait dès matines se recueillir à Notre-Dame, espérant vainement y trouver Mathieu.

Rien n'apaisait son impatience.

Lorsqu'elle put s'asseoir enfin sur la banquette, face au marquis, elle avait encore peine à y croire. La voiture s'ébranla et Althéa fit un dernier petit signe à Amélie qui agitait son mouchoir. Puis elle regarda Mathieu. Elle aurait voulu lui exprimer sa reconnaissance. Grâce à lui, elle retournait à Vaux-le-Vicomte ! Il l'observait, pensif, puis rompit le silence pour annoncer :

— Nous partons demain matin, à l'aube.

— En voiture ou à cheval ?

— En voiture pour une bonne partie du trajet. Nous passerons la journée dans les environs en prenant soin de ne pas attirer l'attention. Vous avez bien sûr beaucoup grandi et changé, mais l'on pourrait tout de même vous reconnaître, d'autant que vous avez des yeux qui... des yeux que...

— Oui ?

— Vous avez une couleur d'yeux assez singulière qui ne s'oublie pas, pesta Mathieu qui s'en voulait de bégayer comme un jouvenceau. Et vous pourriez très bien de ce fait être identifiée par l'une des nombreuses personnes des villages alentour qui venaient travailler ou livrer des marchandises du temps de Nicolas.

— Oui, bien sûr, vous avez raison, c'est plus sage, en effet, dit-elle doucement.

Il s'en voulut d'avoir eu ce ton rude. Elle n'était encore certainement pas consciente de son incroyable beauté et, surtout, elle ne pouvait mesurer son impact sur la gent masculine.

— Nous effectuerons les dernières lieues à la tombée de la nuit, et vous serez habillée en homme. Nous pénétrerons dans le château lorsqu'il fera noir. Mais je dois vous prévenir, Althéa, il ne s'agit pas d'une promenade d'agrément. Nous allons prendre de gros risques pour retrouver des papiers très importants. Le domaine est surveillé par des hommes de la police secrète de Colbert, et je gage qu'ils attendent précisément que nous les menions à ces documents. Il vous faudra être très rapide, et quitter Vaux au plus vite, même si vous mourez d'envie d'y rester. Il en va de votre vie, de la mienne et de celle de votre parrain. Ai-je été assez clair ?

— Parfaitement, oui. Ne vous en faites pas, j'ai pu voir les méthodes de Colbert, je sais très bien de quoi il est capable. Je ne lui donnerai pas cette joie de posséder enfin les documents qui lui font défaut. Et si ces papiers l'empêchent de dormir la nuit, c'est parfait ! dit-elle d'un air dur.

Mathieu leva un sourcil.

Sentiment étrange…

Bouleversé, le jeune marquis découvrait qu'aucune femme avant elle n'avait su éveiller cet intérêt en lui.

Elle n'était pas que belle. Elle était… vivante.

Elle lui parlait, mais il n'écoutait plus. Il respirait son parfum, regardait danser la cascade de ses boucles de miel, admirait la finesse de ses mains, désirait cette bouche

Fuyez ! Fuyez ce triste sort ! Quittez ce royaume et partez aussi loin que faire se peut. Vous connaissez la hauteur des sentiments qui m'animent et ce lien qui m'attache à vous pour toujours. Si vous m'avez aimée, ne serait-ce qu'un instant, obéissez. Ne plus vous voir me sera cruel, mais vous perdre à jamais me serait une douleur intolérable…

Adieu, mon tendre ami. Le souvenir radieux des heures que nous avons goûtées m'aidera à vivre. Je demeure à jamais votre dévouée,

Marie. »

Ainsi, on avait tenté de le sauver !

En vain.

Althéa demeura interdite. Marie de Rabutin-Chantal et Nicolas Fouquet auraient-ils été amants ? La jeune fille n'eut pas le temps d'y réfléchir car quelqu'un montait les escaliers.

La porte s'ouvrit.

Un homme entra dans la pièce et fit quelques pas, puis, avisant la fenêtre ouverte et l'odeur de fumée de la bougie, ne mit que peu de temps à découvrir l'intruse cachée derrière les rideaux et fondit sur elle en un éclair. Elle étouffa un cri lorsqu'il la saisit, se débattit de toutes ses forces, le mordant au bras et le gratifiant de coups de pied. Surpris par tant de résistance, il fut un instant désappointé, ce qu'Althéa mit à profit pour lui échapper, en tentant de s'enfuir par la fenêtre avec le grappin. Hélas, son agresseur fut plus prompt qu'elle et l'attrapa de nouveau, enserrant son cou de ses mains.

Althéa étouffait, les tempes lui battaient, un voile noir descendait devant ses yeux. Lorsqu'elle comprit qu'il cherchait à la basculer dans le vide, elle eut un sursaut d'énergie et lui écrasa violemment le pied du talon de sa chaussure. L'homme ployait sur elle de tout son poids, resserrant encore son étreinte, et la jeune femme s'arc-

boutait dangereusement sur le rebord de la fenêtre. Privée d'air, elle sentait ses forces l'abandonner lorsque l'homme passa par-dessus elle, mû par une force inconnue, pour aller s'écraser quelques mètres plus bas, sur la terrasse.

Mathieu enjamba prestement la fenêtre et prit Althéa dans ses bras.

— Althéa, ma chérie... J'ai eu si peur ! Tout va bien ?

Peinant à retrouver ses esprits, elle fit un effort surhumain pour ouvrir les yeux et se redresser.

— Oui... Il faut... récupérer les documents. Je crois me souvenir... Ils sont là, fit-elle en désignant le centre de la pièce.

Mathieu bondit, souleva le tapis, chercha du plat de la main une latte disjointe, la souleva et en sortit le fameux porte-documents rouge du surintendant.

— Maintenant, filons !

Ils redescendirent rapidement en se laissant glisser sur la corde, et le marquis se débarrassa du corps de leur agresseur dans l'eau noire des douves. Ils longèrent ensuite la façade en restant soigneusement dans l'ombre, jusqu'à leurs montures. Mathieu aida Althéa à se hisser en selle pour quitter les lieux au pas d'abord, puis au petit trot à travers bois, non sans avoir regardé ensemble une dernière fois le domaine qui brillait sous la lune.

L'émotion étreignit Althéa qui ferma les yeux pour contenir ses larmes au moment du départ.

Mais son chagrin trop longtemps enfoui explosa silencieusement dans la clarté bleue de la nuit, tandis qu'elle chevauchait auprès de l'homme qui venait de lui sauver la vie pour la seconde fois.

21.

Arrivés à l'auberge, Mathieu loua une habitation pendant qu'Althéa s'occupait des chevaux. Elle traversa ensuite la salle à grandes enjambées pour gagner l'escalier qui conduisait à l'étage et retrouva Mathieu dans la chambre dont ils prirent soin de refermer la porte à double tour. Althéa ôta enfin son chapeau et Mathieu comprit qu'elle avait pleuré. En silence, il l'attira vers lui. Elle posa son visage dans le creux de son cou et demeura blottie, immobile, quelques instants. Puis elle se recula pour le dévisager, alors il essuya sa joue doucement.

— Je suis désolé…

— Ne le soyez pas. Vous venez de me faire un magnifique cadeau en me permettant de retourner là-bas. D'un seul coup, la distance s'est abolie, j'ai oublié toutes ces années de douleur, j'ai retrouvé les odeurs, les sons qui ont bercé mon enfance… Souvent je me relevais à la nuit tombée pour regarder les étoiles et les jardins qui brillaient sous la lune, j'ai retrouvé tout cela… Grâce à vous !

— Certes, mais cette tristesse…

— J'enrage parce que Mme de Sévigné a essayé de le prévenir, de le mettre en garde ; elle lui a conseillé de fuir. Elle savait qu'il courait un grand danger et le lui avait écrit. J'ai retrouvé sa lettre. Mais il a continué de croire en l'honnêteté d'un roi hypocrite qui l'assurait de

sa confiance. Mon chagrin est encore plus grand quand je pense qu'aujourd'hui nous pourrions être tous réunis, loin de ce maudit royaume !

— Et que deviendrais-je si vous étiez partie ?

Elle leva sur lui ses beaux yeux mordorés et n'eut pas le temps de lui répondre. Il l'attira contre lui et prit sa bouche avec fougue. La jeune femme ne se défendit pas et s'abandonna dans ses bras, répondant à son baiser. Sentant alors le désir monter en lui, il se détacha d'elle doucement et caressa ses cheveux. Ils restèrent un moment enlacés, silencieux. Enfin il s'écarta, comprenant que les choses pourraient prendre un tour plus périlleux.

— Jetons tout de même un œil sur ces précieux documents, si vous le voulez bien. Il nous faudra être très prudents pour regagner Paris demain, l'alerte aura sûrement été donnée. Le carreau que vous avez cassé pour pénétrer dans le bureau va mettre les hommes de Colbert sur la piste du vol… Nous reprendrons nos vêtements, ce sera plus facile pour passer inaperçus. Je le regrette, car je dois vous dire que les vêtements d'homme vous vont à ravir !

Elle lui offrit un magnifique sourire qui le combla.

Ils s'assirent côte à côte sur le lit et défirent les liens qui fermaient le porte-documents. Althéa lut tout haut les deux billets qui y étaient enfermés.

« Comme la vie est cruelle, et comme il m'aura fallu souffrir pour être reine en ce royaume. Abîmée dans la prière pendant tant d'années pour que Dieu m'accorde enfin la grâce de me donner un fils, il me faut aujourd'hui endurer mille morts et renoncer à mon enfant. Je n'implore pas le roi, ni l'époux, mais le père. Maintenant que la France est pourvue d'un héritier légitime, qu'il me soit accordé de veiller sur son frère !

Je n'ignore pas la raison d'État, mais j'en appelle à votre

mansuétude, et pour lui et pour moi. Cet enfant porte le sang de France et je suis sa mère. Ayez pitié de nous.

Que Dieu nous garde en sa sainte miséricorde.

Anne. »

Derrière ce feuillet, Mathieu et Althéa découvrirent une lettre de cachet et poursuivirent leur lecture :

« *Moi, Louis Dieudonné, roi de France,*

Ordonne que le prisonnier au secret dont vous avez la garde soit désormais masqué. Que personne ne soit à même de connaître ou reconnaître son identité, mais qu'il continue à jouir des égards et prérogatives dus à un grand de ce royaume et que l'on respecte en tous points ses volontés, dès lors que lesdites volontés ne contreviennent aux ordres édictés ci-avant.

Par la volonté de Dieu et la mienne,

Louis. »

Les deux jeunes gens se dévisagèrent d'un air interrogateur.

— Mais qu'est-ce que tout cela signifie ? demanda Althéa.

— La première lettre est, je pense, un billet d'Anne d'Autriche à Louis XIII, son époux. Demain, nous irons chez Arthorius. Il saura nous éclairer, j'en suis certain. Quant à la seconde, qui porte le sceau royal, je ne sais absolument pas de quoi il retourne. Mais il y a dans les prisons du roi quelqu'un de suffisamment gênant pour qu'on cache son visage, même si l'on prend soin de sa santé. C'est étrange... Je pense que si Colbert se bat avec autant de véhémence pour retrouver ces lettres, c'est que nous sommes assurément en présence d'un secret d'État !

— J'ai hâte que nous rencontrions votre ami pour qu'il nous éclaire à ce sujet, j'avoue ne rien comprendre...

— Nous quitterons l'auberge à l'aube et serons à Paris

vers le soir. Nous lui rendrons visite directement. D'ici là, prenez un peu de repos, vous l'avez bien mérité !

La jeune fille bâilla et s'allongea sur le lit. Mathieu fit de même en laissant entre eux une distance raisonnable. Il souffla la chandelle et se retourna.

Dans la pénombre, il entendit Althéa l'appeler doucement :

— Mathieu...

— Oui ?

— Lorsqu'un homme appelle une femme « chérie », cela signifie-t-il qu'il en est épris ?

— En principe... Mais pourquoi cette singulière question ?

— Parce que vous m'avez appelée « chérie » lorsque vous avez cru que j'étais blessée par l'homme qui m'a attaquée...

— ...

— J'ai aussi beaucoup aimé le baiser que vous m'avez donné tout à l'heure et...

— Au nom du ciel, Althéa, allez-vous enfin dormir !

— Oui, oui, d'accord, d'accord, je dors...

Mathieu attendit un instant pour s'assurer que la conversation était bien terminée, puis laissa tomber un « Bonne nuit, Althéa », d'un ton qui se voulait neutre.

Mais il tenta désespérément de trouver le sommeil après cette rude journée, sentant la présence de la jeune fille dans la pénombre à ses côtés.

Un instant plus tard il entendit une petite voix presque timide :

— Mathieu ?

— Quoi encore ?

— Moi aussi, je vous aime.

Le jeune homme, ému, sourit dans la pénombre.

Le chant du coq tira Mathieu de son sommeil. La route serait longue et il était plus sage de regagner Paris au plus vite. L'alerte avait sûrement été donnée, les auberges des environs seraient fouillées, les barrages probablement déjà en place sur les routes. Il se retourna vers Althéa qui dormait paisiblement. Un rayon de soleil jouait dans sa chevelure. Elle s'était rapprochée de lui dans son sommeil et le jeune homme demeura un instant à la contempler.

Comment une enfant perdue avait-elle pu ravir ainsi son cœur ?

Il s'approcha d'elle doucement pour la réveiller. Tendrement, il caressa sa joue en lui parlant. Elle ouvrit les yeux et, reconnaissant Mathieu, passa ses deux bras autour de son cou. Ce fut au tour du jeune homme de se laisser surprendre car, avec la même fougue, elle lui rendit son baiser.

22.

En coupant à travers bois, les deux jeunes gens purent regagner la capitale sans encombre. Ils avaient chevauché à bride abattue, et Althéa percevait une raideur douloureuse dans le dos et les jambes. Le vieux médecin lui prépara un baume qu'une servante lui appliqua avec un doux massage dès qu'elle eut pris son bain. On lui avait fait porter ses malles, ce qui lui permit de se changer tout à son aise. Amélie la croyant chez sa parente pour une huitaine de jours, elle pouvait prolonger son séjour dans la maison d'Arthorius et demeurer ainsi plus longtemps avec Mathieu.

C'est dans une élégante toilette parme qu'elle fit son apparition au salon après ses ablutions, alors que les deux hommes discutaient en grignotant des biscuits aux amandes autour d'une carafe de vin. Chacun la félicita de sa beauté et s'enquit de son bien-être après cette escapade digne de cavaliers chevronnés. Elle les remercia et les rassura, se sentant certes un peu courbatue, mais heureuse de partager ce moment avec eux. L'hôtel Fouquet était devenu bien trop triste pour une jeune fille de son âge et les soirées au coin du feu avec Amélie un peu monotones pour ses dix-sept printemps. De plus, les documents trouvés chez son parrain l'intriguaient et apportaient dans sa vie un parfum d'aventure qui n'était pas pour lui déplaire.

Aussi ne perdit-elle pas de temps pour s'adresser à Arthorius :

— Mathieu vous a-t-il fait part de notre découverte ?

— Il m'a en effet montré les documents. Asseyez-vous, Althéa, je vous en prie. Je pense, dit-il en se resservant un verre de vin, être en mesure de comprendre ce que tout cela signifie. Mais il faut que je vous explique d'abord comment les choses se sont jadis passées...

— Je vous écoute, fit-elle en se calant dans un fauteuil.

— L'histoire remonte au règne de Louis XIII. Le 20 janvier 1638 exactement. Après vingt-trois ans d'un mariage infructueux et plusieurs fausses couches, le roi put enfin annoncer à la Cour que la reine était grosse. Très vite, vous vous en doutez, cette grossesse, qui avait l'air de vouloir être menée à son terme, prit une tournure politique...

— Pourquoi cette maternité-là était-elle différente des précédentes ? s'enquit Mathieu.

— Parce que les fausses couches eurent lieu au début du mariage du couple royal. Ensuite, tout le monde sut, parmi les courtisans, que le roi aimait d'un amour chaste Mlle de La Fayette, et surtout personne n'ignorait qu'il ne visitait plus la couche de son épouse !

— Comment put-elle devenir grosse en ce cas ? demanda Mathieu.

— L'histoire veut qu'au retour de l'une de ses visites à Mlle de La Fayette retirée dans un couvent, un orage ait contraint le roi à trouver refuge à Paris chez la reine... Et quelques mois plus tard, celle-ci put arborer fièrement des rondeurs nouvelles. Mais l'allégresse fit place au questionnement. Sa Majesté ressentait des symptômes un peu particuliers et son opinion était toute différente de celle du médecin officiel de la Cour. Ce dernier affirmait que l'enfant avait la tête en bas lorsque la future mère soutenait qu'elle la sentait en haut. Une vieille Espagnole lui

ayant jadis prédit lorsqu'elle était infante qu'elle porterait des jumeaux, Anne s'interrogeait et m'envoya chercher dans le plus grand secret...

— Comment vous connaissait-elle ? s'étonna Althéa.

— J'ai beaucoup voyagé et séjourné longuement chez Philippe III d'Espagne, son père, sur qui mes médecines faisaient miracle. Aussi, lorsqu'elle s'est sentie en plein désarroi a-t-elle voulu que je l'examinasse dans le plus grand secret. Seule Estefania de Villaguiran, que l'on appelait « Stefanille », la femme de chambre qui avait élevé l'infante et qui fut autorisée à demeurer auprès d'elle en France après son mariage, savait pourquoi la reine me recevait. Je ne mis pas longtemps à découvrir qu'en effet, la reine portait deux fruits.

— Mon Dieu ! s'écria Althéa en s'agitant dans son fauteuil. Mathieu, je partagerais bien avec vous un petit verre de ce vin...

— Pardonnez-moi, ma chère, je manque à tous mes devoirs ! Poursuivez, Arthorius, je vous en prie.

— Convaincu que la reine n'allait pas mettre au monde un mais deux bébés, nous étions convenus, elle et moi, que j'assisterais à ses couches caché derrière une tenture afin de l'aider à mettre au monde son deuxième enfant dans le plus grand secret.

— Mais Louis XIII était-il au courant de cette double naissance ?

— À l'annonce de cette nouvelle, la reine avait conçu de l'en tenir éloigné. Puis, progressivement, je lui peignis les risques qu'elle prenait. L'accouchement des reines ayant lieu devant toute la Cour, si le roi n'était pas au courant et tardait à quitter la pièce avec les courtisans, elle pourrait être amenée à livrer son secret à tout le monde. Elle prit peur et se décida à parler à son époux.

— Mais c'était un pari très risqué !

— Pas tant que cela car le dauphin était tellement

attendu, depuis tant d'années, que lorsque le roi l'emporta à l'église tout juste sorti des entrailles de sa mère pour rendre une action de grâce et chanter un *Te Deum*, personne ne s'étonna que le protocole fût bousculé ! Et dès que la Cour eut suivi le roi, j'aidai notre pauvre reine que les douleurs reprenaient à enfanter de nouveau…

— C'était forcément une crise dynastique ou en tout cas, à terme, un risque de guerre civile, fit Mathieu en fronçant les sourcils. Deux enfants royaux ayant exactement le même âge… Le pire était à craindre, car comment savoir qui est vraiment l'aîné, et lequel doit régner ? Devenus adultes, ils auraient chacun eu leurs partisans. Un désastre pour la France ! C'est tout de même un comble pour un roi qui a craint si longtemps de mourir sans héritier ! Voilà qu'il en avait trop !

— C'est exactement ce que pensa Louis XIII, même si dans un premier temps il choisit de ne pas trop éloigner son deuxième fils au cas où le dauphin désigné ne survivrait pas.

— Car ce furent deux garçons.

— Exact. Deux beaux bébés en parfaite santé. Le premier fut prénommé Louis Dieudonné et le second Henri, en hommage à son grand-père Henri IV.

— Et qu'a-t-on fait de lui ?

— Dès sa venue au monde, l'enfant fut placé en nourrice dans le plus grand secret non loin du relais de chasse que le roi possédait alors à Versailles. Je pense que même la femme chargée de prendre soin de lui ne sut jamais qui il était vraiment.

— Et après ? demanda Althéa avec anxiété.

— Je crains que la suite ne soit guère réjouissante.

— Que s'est-il passé ?

— Comme vous le savez, et contre toute attente, deux ans après la naissance de Louis, Anne mit encore au monde un fils, Philippe. Louis XIII put donc mourir en

paix trois années plus tard : le trône de France possédait deux héritiers mâles de fort bonne constitution. L'avenir dynastique des Bourbons était assuré. Dans cette configuration, et sentant ses forces l'abandonner, le roi décida, pour la sécurité de l'État et la stabilité du royaume, de faire disparaître le jeune Henri.

Althéa bondit dans son fauteuil.

— Mais c'est affreux ! Qu'en a-t-il fait ?

— Nous ne l'avons jamais su. Un jour Stefanille m'a appelé de toute urgence à Saint-Germain. La reine était alitée et paraissait souffrante. Lorsqu'elle me révéla la cause de sa douleur, je compris qu'il n'y avait guère de remède à son état. On avait tout bonnement fait disparaître l'enfant dont elle n'avait plus trace. La pauvre femme dépérissait de chagrin…

— Quelle horreur ! s'indigna Althéa. C'est donc une tradition, chez les Bourbons, de séparer les familles !

— Anéantie, Anne d'Autriche n'a jamais su ce qu'il était advenu de son second fils. Mais j'avoue que cette histoire de masque me trouble…

— Que voulez-vous dire ? s'enquit Mathieu.

— Je veux dire que le billet que vous avez rapporté est étrange, car pourquoi masquer un prisonnier sinon pour cacher ses traits ? Or s'il ne doit pas être vu, c'est que le simple fait de le regarder suffit à comprendre qui il est. Quel est le visage que tout le royaume est capable d'identifier grâce à la monnaie frappée à son effigie ?

— Mais… celui du roi, bien sûr ! souffla Althéa.

— Et si ce fameux prisonnier est, comme je le pense, le jumeau du roi, il est probable qu'il lui ressemble à s'y méprendre ! Le fait que Louis XIV exige qu'il soit traité « comme un grand du royaume » nous montre aussi que sa santé lui est chère… Or vous connaissez la croyance qui veut que des jumeaux ne se survivent guère l'un à

l'autre. La vie de cet homme est certainement très précieuse pour Louis.

— Autrement dit, si tout ce que vous dites est exact, résuma Mathieu, nous avons entre nos mains de quoi ébranler sérieusement le trône de France ! Encore faudrait-il savoir où se trouve ce fameux prisonnier…

— Cela, nous allons tout faire pour le découvrir ! lança Althéa.

— Et pour quelle raison tenez-vous tant à le savoir ? s'inquiéta soudain Mathieu.

— Vous venez de dire que nous tenons entre nos mains de quoi inquiéter vraiment le roi. Je vous rappelle que je n'aurai de repos que lorsque Nicolas sera vengé !

— Un instant, mademoiselle ! Que comptez-vous faire au juste ?

— Je n'y ai pas encore vraiment songé, tout cela est nouveau, il nous faut le temps d'y réfléchir…

Si cette remarque consterna Mathieu, la conclusion d'Arthorius acheva de l'alarmer.

— Althéa a raison : il nous faut agir, fit-il calmement.

Mathieu garda le silence, mais se leva pour se resservir un verre de vin.

23.

Paris, mars 1665

Le mois de mars infligeait ses premières giboulées aux pavés parisiens déjà boueux du dégel et les quelques éclaircies entre les averses ne duraient jamais assez longtemps pour inciter à la promenade. Pelotonnée selon son habitude sous son édredon, Althéa écoutait la pluie tinter sur les carreaux. Des semaines qu'elle réfléchissait à cette conversation qu'ils avaient eue tous trois chez Arthorius. Des jours entiers à se demander comment retrouver le prisonnier. Depuis cette nuit, elle savait enfin ce qu'elle devait faire. Le plus dur, lui semblait-il, serait de convaincre Mathieu. Aussi avait-elle décidé de se rendre sans plus tarder chez Arthorius, sitôt après dîner, sachant que le vieux médecin visitait des malades en matinée. Elle se leva, fit sa toilette et sonna Amélie pour que cette dernière l'aidât à s'habiller. Puis elle partit prier à Notre-Dame et acheta du ruban sur le chemin du retour. Enfin elle se rendit chez le vieux médecin qui l'accueillit très chaleureusement.

— Asseyez-vous, ma chère. Quel bon vent vous amène ?
— J'ai besoin de vous parler de nouveau.
— Mais... Je vous écoute ! Que puis-je pour vous ?
— J'ai décidé d'aller à Pignerol.

— Ah, fit-il seulement. Nous y voilà…

— Vous ne paraissez pas surpris le moins du monde !

— Et je ne le suis pas en effet. J'attendais juste que vous m'en parliez la première…

Il lui fit signe de s'asseoir et sonna pour qu'on apportât du café[1].

— Et, naturellement, vous allez me demander de convaincre Mathieu de vous accompagner…

— Vous lisez dans mes pensées !

— Et dans votre cœur, jeune fille…

Althéa, gênée, murmura :

— Cela se voit donc tellement ?

— Plus encore. Mais vous êtes faits l'un pour l'autre, alors…

— Pensez-vous qu'il sera d'accord ?

— Il l'est déjà !

La jeune fille fut stupéfaite.

— Comment est-ce possible ?

— Je crois qu'il sait que lorsque vous avez une idée, il est difficile de vous en dissuader. Et ce cher marquis s'est mis dans la tête de vous protéger. De plus, il faut qu'il voie Fouquet. Des événements très graves se préparent…

— Vous m'inquiétez… Expliquez-moi cela, je vous prie ! demanda Althéa en s'efforçant au calme.

— Eh bien, c'est assez compliqué. Ah ! Voici notre café. Laissez, laissez, nous nous servirons, merci.

La petite servante hocha la tête et quitta le salon.

— Disons que vos intérêts et les nôtres sont les mêmes mais pour des raisons différentes, reprit Arthorius en lui tendant une tasse dont l'arôme emplit la pièce.

— Vous m'intriguez…

1. Vers les années 1650, le café commença à être importé et consommé en Angleterre, et des cafés ouvrirent à Oxford et à Londres. En France, les aristocrates et les gens fortunés parvinrent alors à s'en procurer.

Le vieux médecin posa entre eux une assiette de massepains.

— Votre parrain n'a pas seulement été arrêté pour s'être enrichi ou pour avoir conspiré contre le roi. Tout ceci n'est que prétexte. S'il est privé de sa liberté aujourd'hui, c'est parce qu'il était le grand maître d'un ordre secret, l'ordre du Temple, qui s'est reconstitué grâce à tous ceux qui ont pu échapper à la vindicte de Philippe IV le Bel, il y a fort longtemps de cela[1]... L'Histoire se répète, hélas..., murmura le vieux médecin, pensif.

— Que voulez-vous dire ? demanda Althéa en grignotant un biscuit.

— L'ordre rassemble des gens initiés à certains secrets, à certaines pratiques occultes en médecine, en alchimie, en architecture, dans les arts aussi, secrets qui ne se transmettent qu'aux membres de cette confrérie. Cet ordre, auquel j'appartiens moi aussi et dont les ramifications sont immenses, gêne le roi qui ne tolère aucun contre-pouvoir dans son royaume. Or, et vous en avez eu la preuve entre vos mains avec ces lettres, Mazarin a confié de nombreux secrets à Fouquet sur son lit de mort, afin de protéger le roi, trop jeune encore. L'erreur que Fouquet a commise a été de révéler plus tard ces secrets à Louis, comme le lui avait demandé feu le cardinal. Ce que Fouquet ignorait, c'est que le roi ne supporterait pas l'idée qu'un autre que lui pût avoir connaissance de son... talon d'Achille. Le pouvoir du surintendant lui est apparu alors démesuré...

— C'est donc cela..., murmura la jeune fille.

— Fouquet connaissait l'existence de ce jumeau caché. Et après qu'il l'eut révélé au roi, celui-ci est entré dans

1. Jacques de Molay, grand maître de l'ordre des Templiers depuis 1298, fut arrêté sur ordre de Philippe IV le Bel. Sous la torture, il admit les crimes reprochés à son ordre (hérésie, sodomie, etc.) et fut brûlé sur un bûcher en 1314.

une colère terrible. Il s'est senti trahi, par son père d'abord, par sa mère ensuite, de qui il exigeait un amour exclusif. J'imagine que c'est aussi la raison pour laquelle Fouquet ne lui a pas remis le billet écrit de la main d'Anne d'Autriche, que vous avez trouvé à Vaux. C'était la preuve éclatante de son amour maternel pour cet enfant… Les relations entre le roi et la reine mère sont très houleuses depuis ces événements. On dit que la reine souffre de la froideur de son fils, et que c'est la raison pour laquelle elle séjourne de plus en plus souvent au Val-de-Grâce…

— J'entends fort bien les raisons qui touchent à ce billet, mais pourquoi a-t-il gardé aussi la lettre de cachet signée de la main du roi concernant le prisonnier masqué ?

— Cela paraît plus compliqué, mais je pense que là se trouve l'explication de son comportement des derniers mois. Malgré les recommandations de tous ses amis, de gens très haut placés dans le royaume et particulièrement bien renseignés, il a cru, parce qu'il détenait cette lettre, pouvoir défier le roi. C'était un pari dangereux. Il a joué, il a perdu.

— Quel est le rôle de Mathieu dans tout cela ?

— Le marquis de Mergenteuil appartient lui aussi à l'ordre dont je vous ai parlé, et s'il veut voir Fouquet, c'est parce que nous avons besoin de localiser ce prisonnier, et qu'il est peut-être en mesure de nous y aider…

— Je comprends mieux maintenant pourquoi Mathieu se résout à m'accompagner.

— Officiellement, le surintendant est au secret. Les ordres viennent d'en haut, de Louvois, le secrétaire d'État à la Guerre qui, lui, ne transige pas. Mais Saint-Mars, le nouveau gouverneur de Pignerol, ne se méfiera peut-être pas d'une jeune fille qui vient voir son père adoptif…

— En somme, je servirai de prétexte.

— Et chacun de nous y trouvera son compte. Althéa, je me dois de vous dire une chose…

— Laquelle ?

— Votre père, le regretté comte de Braban-Valloris, était lui aussi des nôtres, il appartenait à l'ordre.

— Avec ce que vous m'avez appris, je n'en suis guère surprise !

— Et je crois… Je crois qu'il eût été très fier de sa fille.

— Merci pour ces paroles, répondit-elle, émue. Dites à Mathieu que nous partirons dès que possible.

Arthorius acquiesça et la regarda se lever. En elle coulait bien le sang des Braban-Valloris.

*

* *

Les préparatifs occupèrent Althéa trois semaines. La confection de ses toilettes de voyage nécessita de nombreux essayages et elle dut rendre aussi plusieurs visites au notaire qui gérait sa fortune et veillait sur ses intérêts. Mathieu lui avait fait tenir un billet concernant l'itinéraire et le déroulement du voyage en des termes courtois mais n'était pas reparu en l'hôtel Fouquet. Regrettait-il leurs baisers ? S'était-elle fourvoyée en lui avouant son amour ? Cent fois par jour, elle se traitait de sotte pour avoir agi avec autant d'inconséquence et lui avoir ouvert son cœur, et se félicitait avec la même ferveur d'avoir eu ce courage et cette sincérité.

La veille de son départ, elle entendit un petit grattement à la porte de sa chambre. Celle-ci s'entrouvrit sur le visage triste d'un jeune garçon. Le fils de Nicolas et Marie-Madeleine, âgé maintenant de onze ans, conservait avec sa presque sœur des liens étroits. Althéa adorait celui qu'elle appelait toujours « Louni » depuis leur enfance, et qui demeurait son petit protégé.

— Louni ! Que se passe-t-il ?

— Alors, ça y est, vous partez bel et bien…

— Oui, je pars, mais je reviendrai !

— C'est exactement ce qu'avait dit père le jour de son départ pour Nantes…

— Mon Dieu, est-ce cela qui vous met dans les tourments où je vous vois ? Venez près de moi…

Elle le prit dans ses bras et le tint contre elle.

— Écoutez-moi, vous êtes ma seule famille. Pensez-vous que je pourrais ne plus vous revoir, et vous abandonner ?

Elle le serra tendrement.

— Attendez, j'ai quelque chose pour vous.

Elle sortit d'un coffre une petite miniature du château de Vaux-le-Vicomte peinte à l'huile.

— Tenez, dit-elle. Vous souvenez-vous de ceci ?

— Bien sûr, c'est moi qui vous l'ai offert le jour de votre anniversaire…

— Précisément. Mais… tâchez de vous remémorer ce que vous m'avez dit en me l'offrant…

— Je vous ai fait ce présent pour que vous m'aimiez toujours et que vous n'oubliiez jamais le domaine.

— Et j'ai tenu parole ! Aujourd'hui, c'est à mon tour de vous confier ce petit tableau, pour que vous ne puissiez jamais douter que je vous aime et que je reviendrai. Je vous en fais le serment, entendez-vous, Louis-Nicolas ?

— Moi aussi, je vous aime tant, Althéa ! fit-il en se serrant de nouveau contre elle.

— En ce cas, gardez ce présent, prenez-en le plus grand soin, et vous me le rendrez bientôt. Souvenez-vous que vous êtes dans mon cœur…

Ils demeurèrent un moment blottis l'un contre l'autre, enfants perdus dans la tourmente de l'Histoire, sacrifiés à la raison d'État, blessés encore de cette nouvelle séparation.

24.

Une heure déjà que la confortable berline emmenant le marquis et la comtesse avait quitté Paris par la porte Saint-Antoine. Mathieu demeurant silencieux, Althéa avait fini par s'assoupir, la tête appuyée contre la paroi capitonnée de la voiture, permettant ainsi à son compagnon l'opportunité de la détailler à loisir, ce dont il ne se privait pas. La contemplation de cette jeune femme splendide dont il avait la responsabilité le laissait songeur.

Il l'aimait, à n'en pas douter.

Ceci étant plutôt de nature à compliquer sa mission.

La cohabitation risquait d'être difficile et, de fait, plus son amour s'affirmait, plus le jeune homme marquait de froideur et de réserve. Cette attitude désorientait et blessait Althéa, qui ne soupçonnait pas le désir que Mathieu avait d'elle. Le voyage serait long et rude, dans des conditions certainement difficiles et, de surcroît, rien ne permettait d'affirmer que tout ce périple ne serait pas vain. Il n'y avait aucune assurance de pouvoir rencontrer l'ex-surintendant, enfermé au secret dans la forteresse piémontaise... L'espérance que nourrissait Althéa de revoir son parrain inquiétait le marquis car, dans le cas où cela se révélerait impossible, son chagrin serait immense. Il lui arrivait de se dire parfois que cette expédition était parfaitement insensée...

Las de ressasser tout ce qui le taraudait, Mathieu décida d'imiter Althéa et se reposa.

L'arrêt de la berline, une heure plus tard, les tira de leur sommeil tous deux : on atteignait le relais, il fallait changer les chevaux. Les jeunes gens en profitèrent pour faire quelques pas dans la cour et se rafraîchir à l'auberge. On leur proposa un pichet d'eau du puits et de délicieux petits croquets aux noisettes dont ils se régalèrent. Puis il fallut reprendre la route, et Mathieu fit un effort pour se détendre et être plus avenant. Ils discutèrent du paysage, de leurs lectures, de leur enfance. Les heures de la matinée s'écoulèrent bien plus vite qu'ils ne l'avaient espéré. Ils furent tous deux surpris de voir qu'il était déjà temps de dîner. Ce premier vrai repas pris en tête à tête, sous une tonnelle abritée, dans les premiers rayons du soleil de printemps, fut charmant. Après les viandes[1], l'aubergiste leur apporta de la tarte au sucre « dont raffolent les amoureux », ce qui fit sourire Mathieu et embarrassa Althéa. Lorsque le valet qui voyageait à côté du cocher vint les prévenir que les chevaux pouvaient repartir, on quitta ce bel endroit à regret.

L'après-dîner s'écoula sans encombre avec quelques haltes. Enfin, il fallut rechercher une auberge pour le soir. Après le souper, Mathieu déplia la carte avec Althéa, afin d'étudier l'itinéraire. Pignerol se trouvant à la frontière entre le royaume de France et l'Italie, dans la région du Piémont, il avait été décidé avec Arthorius de prendre la route de Brie et de Champagne, comme l'avait fait Fouquet lui-même, afin d'atteindre Dijon pour traverser la Bourgogne, puis de filer sur Lyon pour ensuite franchir les Alpes en direction de Turin.

Althéa, impressionnée de parcourir autant de lieues, se

---

1. On désignait par « viandes », à cette époque, tous les mets au sens large.

réjouissait de toutes les découvertes qu'elle pourrait faire, elle qui n'avait jamais quitté Paris et ses alentours. Pourtant, son enthousiasme s'amoindrit lorsque Mathieu l'entreprit d'un air grave :

— Althéa, il me faut maintenant vous avouer une chose qui m'est pénible...

— Vous m'alarmez, Mathieu. De quoi s'agit-il ?

— C'est à propos de Mme Fouquet...

— Eh bien, parlez, je vous en conjure ! Lui serait-il arrivé quelque malheur ?

— Non, non, bien sûr que non, du moins pas à ma connaissance. Seulement... vous la croyez à Pignerol auprès de son époux, or elle n'y est jamais allée, le roi ne l'a pas permis.

— Mais où est-elle, en ce cas, et pourquoi nous avoir menti ?

— Elle est consignée avec sa belle-mère à Montluçon sur ordre de Sa Majesté. Elle a préféré vous laisser croire, à vous... mais surtout aux enfants, qu'elle était auprès de leur père pour que la séparation leur fût moins cruelle. Elle ne peut les revoir, ni eux... ni lui ! Je suis désolé d'être porteur de cette affreuse nouvelle qui vous est une douleur supplémentaire...

— Elle m'est adoucie délivrée par votre bouche, car je sais que vous vous affligez avec moi. Merci de votre franchise, Mathieu, répondit doucement Althéa.

— Cela ne vous consolera pas, mais vous devez savoir que la vengeance du roi s'est étendue à tous ceux qui ont tenté d'aider le surintendant. Lefèvre d'Ormesson s'est vu privé de sa charge héréditaire, Roquesante a été relégué à Quimper-Corentin pour n'avoir voté que le bannissement, Pomponne et Bussy-Rabutin ont été envoyés l'un à Verdun et l'autre en Bourgogne. Bailly est exilé... Tous les parlementaires qui ont siégé à la chambre et dont on a estimé qu'ils avaient mal voté sont aujourd'hui éloignés

de Paris, et je ne mentionne pas les écrivains qu'on a privés de pensions[1]… Telle est la « justice » du roi !

— Comment se fait-il que Mme Fouquet ait pu se trouver dans la voiture qui quittait la Bastille le jour où, grâce à vous, j'ai pu leur faire mes adieux ?

— Simple arrangement avec d'Artagnan dont l'amitié leur a permis de se revoir une dernière fois… Mais Marie-Madeleine a dû rejoindre ensuite une autre voiture qui l'attendait au carrefour de Sainte-Croix pour partir dans une tout autre direction et laisser son époux cheminer seul vers le Piémont…

— Comme la séparation a dû leur être cruelle…, murmura-t-elle. Que ce roi brûle en enfer pour tout ce qu'il aura pu infliger de souffrances à ma famille ! Lui et son ministre maudit !

— Taisez-vous, voyons ! On pourrait nous entendre ! On dit la police secrète du roi très efficace, alors demeurez sur vos gardes !

Il baissa encore la voix pour ajouter :

— Il me faut aussi vous entretenir d'autre chose… De… comment vous dirai-je… de plus délicat.

— Après ce que vous venez de m'apprendre, je pense que je saurai faire face.

— Eh bien, voilà, comme il est… inconvenant pour une jeune fille de voyager sans sa gouvernante et que cela pourrait attirer l'attention qu'une dame de qualité comme vous l'êtes outrepasse les usages, Arthorius et moi-même avons pensé que… qu'il serait préférable… dans l'unique intérêt de…

— Au nom du ciel, Mathieu, cessez d'user de tous ces détours ! Il serait préférable que l'on nous croie mariés, est-ce bien cela que vous souhaitez me faire entendre ?

— Morbleu, madame ! D'où tenez-vous cela ? Serait-ce

1. Voir annexe en fin d'ouvrage.

Arthorius qui vous aurait informée ? Pourtant j'avais bien précisé que je…

— Arthorius n'y est pour rien, monsieur. C'est juste le valet… comment l'appelez-vous… Antarès, je crois ? qui m'a gentiment aidée à monter en voiture en me disant « si madame la marquise veut bien se donner la peine ». Tranquillisez-vous, mon cher, j'étais la fille de Nicolas Fouquet sans être son enfant, je peux être votre épouse sans être votre femme ! Et je tâcherai d'être digne du rang où ce mariage m'élève ! Songez que de comtesse je deviens marquise…, fit-elle avec suavité.

— Tous ces badinages sont charmants, mais avez-vous songé qu'en tant que jeunes mariés, nous sommes censés partager la même chambre ?

Le sourire d'Althéa se figea.

— Mais les gens de qualité…

— Peuvent avoir chacun leurs appartements, il est vrai. Seulement, le meilleur moyen pour moi de veiller sur vous est de vous garder auprès de moi. Aussi vais-je être un mari possessif et fou d'amour qui ne se sépare jamais de sa toute nouvelle épouse. Antarès dormira devant notre porte dans chacune des auberges où nous descendrons, et je serai sûr, ainsi, que vous ne courrez aucun danger…

Il serra les poings en pensant que le péril se trouverait peut-être dans la chambre elle-même.

Dès qu'il eut soufflé la chandelle, Mathieu se rencogna de son côté, coupant court à toute éventuelle discussion. Résignée, Althéa se tourna à son tour et ne tarda pas à s'endormir, épuisée par ces longues heures de voyage dans un confort précaire. Le jeune homme tendit l'oreille pour écouter son souffle et, lorsque celui-ci devint plus lent et plus régulier, il se remit sur le dos, les bras derrière la nuque.

Mais le sommeil ne venait pas.

La promiscuité de cette jeune fille si désirable dont il était épris suffisait à annihiler les heures de cahots dans la berline. Un rai de lune filtrait à travers les lattes disjointes des volets et il ne sut résister à la tentation de la regarder dormir. La faible lumière s'accrochait aux éclats fauves de sa chevelure, mais Mathieu ne pouvait distinguer son visage tourné vers le mur et enfoui dans ses boucles dénouées. Il se redressa sur un coude, ce qui fit grincer le lit. Alors, dans un profond soupir, Althéa se retourna et roula sur lui dans son sommeil. Décontenancé, il la sentait maintenant contre lui, abandonnée, et n'osait plus faire un geste. Il dégagea doucement son bras pour l'enrouler autour de son épaule et la serrer contre lui, sachant qu'il eût été plus sage de faire l'inverse et de s'écarter du péril... Mais l'envie de la tenir dans ses bras fut la plus forte. Il humait avec délectation son parfum qui flottait dans la chambre, ravi de cet instant de grâce, et furieux tout en même temps de sentir monter en lui un désir qu'il n'assouvirait pas. Dieu qu'il avait envie de la réveiller, de la câliner et de l'aimer jusqu'à l'aube... Il demeura pourtant immobile, à l'écouter dormir dans ses bras, sentant la chaleur de son corps et respirant sa peau, se maudissant de cette émotion qui le gagnait.

Le clocher du village marquait trois heures quand ses paupières s'alourdirent enfin.

Au matin, Mathieu se réveilla de fort méchante humeur et alla se laver dans le baquet d'eau glacée disposé près des écuries. Son regard s'arrêta sur son alliance de « jeune marié » qu'il portait, comme son épouse présumée, depuis la veille au soir. Arthorius n'avait décidément négligé aucun détail... L'attitude désinvolte d'Althéa à l'égard de ce supposé mariage l'avait sans doute aussi quelque peu vexé. Décidément, ce voyage ne s'annonçait pas des plus aisés. Il songea à ce qu'aurait dû être sa nuit de noces et

se trempa le visage dans l'eau fraîche une nouvelle fois. Il se sécha et rentra dans la salle basse de l'auberge pour se restaurer.

Althéa descendit à son tour, vint s'asseoir près de lui et s'enquit de sa nuit. Le marquis la dévisagea un instant, se demandant si sa question cachait un double sens, mais le regard doux et bienveillant de la jeune fille lui indiqua qu'il n'y avait aucune malice dans ses propos. Il s'en voulut alors de n'être pas plus courtois envers un être qui n'avait connu que le malheur depuis plusieurs années, mais qui demeurait capable de poser ce beau regard sur le monde et d'accorder encore sa confiance à quelqu'un.

Sa colère tomba soudain.

Il lui caressa la joue de son doigt, en murmurant :

— La meilleure nuit du monde, ma douce : j'étais en très belle compagnie !

Le sourire lumineux qu'elle lui adressa valut tous les remerciements. La jeune fille monta peu après dans la berline le cœur empli d'une joie nouvelle.

Se pouvait-il qu'il l'aimât un peu ?

25.

Le printemps installé subitement après un hiver très rude voyait s'épanouir muguets et jonquilles dans les sous-bois, tandis que le parfum enivrant des lilas et des seringas pénétrait jusque dans la berline quand on traversait des villages. Dans les vergers, pêchers et amandiers neigeaient de pétales blanc rosé dès qu'une brise agitait les branches. Althéa s'émerveillait de tous ces cadeaux de la nature dont la vie parisienne l'avait trop longtemps privée. Elle se remémorait les splendides parterres de Vaux, ses arbres fruitiers et toutes ces fleurs sauvages qui faisaient ses délices. Mathieu aimait la voir aussi radieuse, et sentait leurs liens se renforcer chaque jour. Leurs discussions ne s'interrompaient que lorsqu'ils descendaient de voiture, reprenaient durant les repas, se poursuivant parfois jusqu'au moment de souffler la chandelle.

Un soir, peu après Dijon, ils s'arrêtèrent dans une hostellerie cossue dont les meubles sentaient la cire. Des cuisines s'échappait un fumet prometteur et, dans les chambres de l'étage, les lits étaient pourvus de draps brodés. Désireux de faire plaisir à sa compagne de voyage, Mathieu commanda pour elle un bain chaud. On le lui prépara alors qu'ils soupaient d'une tourte aux légumes et de rougets au beurre arrosés d'un petit vin blanc sec

qui claquait en bouche, suivis d'un flan onctueux à la crème d'amandes et de quelques cerises à l'eau-de-vie. Après manger, la jeune fille monta se coucher la première et découvrit sa surprise : un baquet fumant tapissé d'un drap l'attendait à côté de la ruelle du lit. Le parfum léger qui flottait dans la pièce indiquait que l'on y avait versé de l'essence de jasmin. Althéa s'y plongea avec délice, maudissant toutefois la chemise que les convenances de sa bonne éducation l'obligeaient à garder pendant le bain. Elle en profita pour laver sa longue chevelure qu'elle fit briller avec du vinaigre de fleurs, puis paressa dans l'eau un bon moment.

On frappa à la porte et la jeune femme, pensant qu'une servante venait lui apporter de quoi réchauffer son bain, répondit étourdiment « entrez ! ». Elle poussa un cri en voyant Mathieu, alors que, debout dans sa baignoire, elle n'était vêtue que d'une chemise mouillée qui révélait les courbes de son corps plus qu'elle ne les dissimulait. Il s'excusa vivement, expliqua qu'il la croyait déjà endormie et fustigea sa sottise de n'avoir pas envisagé qu'elle pouvait vouloir profiter très longuement de ce moment privilégié. Il avait attendu toute la soirée dans la salle à manger, tardant délibérément à finir ses cerises à l'eau-de-vie. Puis il s'était enfin décidé à regagner leur chambre.

Toutes les précautions prises depuis le début de leur voyage volaient en éclats : la vue d'Althéa, ruisselante d'eau, telle Aphrodite sortant de l'onde, embrasa ses sens.

La porte se referma derrière lui. La jeune femme ne bougeait plus, et regardait Mathieu s'approcher lentement, comme hypnotisé. Parvenu devant elle, il écarta de son visage ses cheveux encore humides et attira sa nuque. Leurs bouches se trouvèrent et se reconnurent. Il la souleva dans ses bras pour la déposer devant le feu et arracha la courtepointe posée sur le lit qu'il disposa par

terre, puis la débarrassa lentement de sa chemise mouillée. Il découvrit avec une émotion intense sa peau nue sur laquelle dansait la lueur orangée des flammes. Sa chevelure tombait sur la chute de ses reins. Elle paraissait irréelle, tant sa beauté coupait le souffle. Il admira sa gorge, la rondeur ferme de ses seins qu'il embrassa doucement, les sentant réagir à ses caresses. Il se dévêtit et l'allongea sur le damas. Althéa, attentive, semblait manifester plus de curiosité que de crainte et s'abandonnait avec volupté à Mathieu qui lui parlait doucement.

Puis ses mains et sa bouche se firent plus hardies et lui révélèrent les secrets de son corps. Malgré le désir fou qu'il avait d'elle, le jeune homme prenait le temps de la préparer au plaisir. Il voulait que cette nuit fût la leur, et qu'elle fût inoubliable. Lorsqu'il sentait que la pudeur d'Althéa freinait ses élans, il la contournait pour mieux y revenir. Enfin, la devinant prête, il entra en elle et la jeune femme s'arc-bouta. Son regard chercha celui de Mathieu qui lui sourit en commençant une lente danse d'amour. Leurs deux corps ondulaient au même rythme et Mathieu contenait son ardeur pour attendre sa compagne. Quand elle se détendit, il la pénétra plus profondément et la déflora. Althéa parut surprise de cette douleur et son amant s'immobilisa.

— Ne crains rien, lui murmura-t-il, tu n'auras plus mal maintenant…

Il recommença doucement à bouger en elle, attentif au moindre frémissement. Enfin, il comprit qu'Althéa le rejoignait et il accéléra. Leur plaisir monta comme une gigantesque vague qui les emporta. Althéa cria lorsque Mathieu explosa en elle. Épuisés et heureux, ébahis de ce qu'ils venaient de vivre, ils demeurèrent longuement enlacés, n'osant rompre le charme. Ce fut Althéa qui brisa enfin le silence.

— Mathieu…
— Mon amour ?
— Ce que nous venons de faire…
— Oui ?
— C'est ce que font tous les gens qui font l'amour ?
— Oui… et non. Il y a beaucoup de façons de faire l'amour. Ce n'est jamais pareil et puis…
— Et puis ?
— Et puis on peut vouloir ou non donner du plaisir à l'autre.
— J'aimerais que tu m'apprennes à te donner du plaisir…
— Mais tu viens de m'en donner un immense, mon cœur !
— Ce n'est pas ce que je veux dire. Je ne suis pas très experte, mais je devine que tout ce que tu as fait, toutes les caresses que tu m'as prodiguées, tout ce qui a fait que mon corps appelait le tien… cela doit être possible de le faire à un homme aussi ?

Mathieu la regarda avec une infinie tendresse.

Il l'aimait tellement qu'il en avait mal.

— Oui, c'est possible pour un homme aussi… Mais tu n'es obligée à rien et…
— Montre-moi !
— Maintenant ?

Elle se lova au creux de son épaule.

— À moins que votre seigneurie ait mieux à faire à cette heure avancée de la nuit…
— Mais vous êtes insatiable, madame !

Il l'enlaça voluptueusement, sentant déjà le désir revenir. Lorsqu'il sentit la main d'Althéa glisser sur son bas-ventre, il en trembla. Mathieu devinait tant d'amour en elle dans sa volonté d'apprendre qu'une indicible émotion l'étranglait. D'instinct, elle trouvait les gestes. Elle posa sur lui un regard interrogateur lorsqu'il guida

son membre érigé vers sa bouche. Puis elle devina ce qu'il attendait d'elle. Ses lèvres étaient chaudes et douces. Fermant les yeux, il s'abandonna.

Matines étaient sonnées lorsqu'ils cédèrent enfin au sommeil.

Le chant du coq de la ferme voisine éveilla le jeune homme qui trouva Althéa nue, pelotonnée contre lui…

Il en eut un vertige.

Jamais il n'avait rencontré pareil abandon. Elle s'était donnée à lui sans restriction, de toute son âme. Son innocente maladresse le touchait profondément car elle se doublait d'une vraie sensualité. Althéa semblait faite pour l'amour. Elle recherchait le plaisir, parvenant à dépasser les rigueurs de son éducation. Désireuse d'apprendre et de découvrir, elle jouissait aussi du plaisir qu'elle procurait. Mathieu devinait qu'il saurait la mener plus loin encore dans d'autres raffinements. Son corps parfait, sa peau satinée le rendaient fou. Il s'éveillait avec le désir de ne plus jamais vouloir vivre loin d'elle. Partagé entre le bonheur d'être arrivé au terme de sa quête et l'inquiétude qui naît de cette certitude, il mesura toute la portée de ce qui s'était passé durant la nuit. Lui, marquis de Mergenteuil, gentilhomme, venait de déshonorer une jeune fille placée sous sa protection, et comtesse de surcroît.

Althéa s'éveilla à son tour et se blottit un peu plus contre lui.

— Tu as bien dormi ? demanda-t-il en passant sa main dans ses cheveux soyeux.

— Oui… Mathieu, je…

— Ne dis rien.

Il la regarda bien en face et s'entendit lui murmurer :

— Je t'aime. Épouse-moi. Cette bague que tu portes déjà à ton doigt, donne-lui tout son sens.

— Tu veux que je devienne marquise de Mergenteuil ?

— Je veux que tu sois la femme que j'aime, à mes côtés, toute une vie.

— Tu m'aimes… vraiment ?

— Oui.

— Depuis longtemps ?

— Cela a-t-il de l'importance ?

— Moi je t'aime depuis le jour où tu m'as sauvée de la noyade…

— Mais tu n'étais qu'une enfant !

— Je n'étais plus tout à fait une enfant, et je t'ai aimé tout de suite.

— J'ai sans doute été plus long à comprendre ce qui me liait à toi. Mais je le sais aujourd'hui. Et puis, nous avons fait l'amour…

Elle se redressa vivement :

— Qu'essaies-tu d'insinuer ? Si tu penses que tu te dois de m'épouser pour réparer ta faute, cela ne sera pas nécessaire !

Il lui attrapa les poignets.

— Ne te méprends pas ! Je ne voulais pas dire que c'est la raison pour laquelle je souhaite faire de toi ma femme. Ce que j'ai pu ressentir cette nuit, je ne l'ai jamais éprouvé auparavant. C'est comme si… ce que j'ai vécu avant toi n'avait été qu'une répétition, un brouillon, comme si tout cela n'était destiné qu'à me mener à toi. Évidemment, ce que j'ai fait n'est pas digne d'un gentilhomme, mais au fond, si tu acceptes de devenir ma femme, ce sera notre secret. Alors… le veux-tu ?

Elle mit ses deux bras autour de son cou et l'embrassa amoureusement avant de lui souffler à l'oreille :

— Les désirs de monsieur le marquis sont des ordres !

Il la regarda, éperdu de bonheur.

— En ce cas, notre mission est double. Nous n'allons pas seulement voir Fouquet pour le jumeau du roi : il me faut aussi lui demander ta main ! Ce qui veut dire que,

coûte que coûte, il nous faut entrer dans cette satanée forteresse et parvenir jusqu'à lui !

— Nous y arriverons, je veux avoir confiance. Je t'aime... Mathieu ! Embrasse-moi encore !

Et c'est d'une manière bien peu conventionnelle qu'ils célébrèrent leurs fiançailles.

26.

Pignerol, 1665

Quand la berline repartit, leur voyage prit l'allure charmante d'une équipée amoureuse. Sous l'œil vigilant et attentif d'Antarès qui veillait à ce que les tourtereaux ne manquassent jamais de rien, Mathieu et Althéa donnaient libre cours à leur bonheur. Il leur arrivait parfois de s'arrêter, lorsque le cadre s'y prêtait, pour se dégourdir les jambes au cours d'une promenade, ou se délasser en nageant dans un étang ou une rivière. Ces baignades rappelaient à Althéa celles de l'Anqueuil, lorsqu'elle s'ébattait avec son frère Louni dans *la Poële,* la partie élargie du canal qui traversait le parc de Vaux, devant les grottes. Les deux jeunes gens raffolaient de ces moments partagés dans l'éblouissement de leur passion. Ils jouaient à s'éclabousser, s'enlaçaient dans l'eau et finissaient par faire l'amour à l'abri des joncs.

Lorsque après plusieurs semaines ils parvinrent aux abords de Pignerol, il leur sembla n'avoir pas vu le temps passer. La discrétion étant de rigueur, les amants usèrent de précautions pour ne pas attirer l'attention à leur arrivée.

La forteresse, adossée aux Alpes cottiennes, s'imposait, noire et massive, aux trois jeunes gens qui en eurent le

cœur serré. L'insouciance de leur voyage fit place à la gravité. Antarès se découvrit en la regardant, car tous imaginaient en silence Fouquet enfermé entre ces murs humides, sans personne à qui parler, privé de sa famille et de ses amis, et sans aucun confort.

Le petit village de Pignerol se constituait d'un étagement de maisons de brique ocre ou safranée, aux toits rouges et plats, hérissé de campaniles et de clochers[1]. Très vite, les voyageurs élurent domicile dans une belle auberge non loin de l'église de Saint-Maurice qui lançait vers le ciel sa puissante tour de brique rouge, flagellée par la bise. L'avantage de cette situation était d'avoir vue sur la colline où se dressaient les trois corps de logis et les cinq tours rondes de la forteresse. Althéa glana quelques renseignements auprès de l'aubergiste, qui racontait à qui voulait l'entendre que l'ex-surintendant occupait une chambre de six pieds dans la « tour d'en bas », celle des prisonniers d'État, qu'il était interdit de promenade et de visite et ne pouvait disposer ni d'encre ni de papier. Il n'avait en outre le droit de recevoir des nouvelles de sa famille que deux fois l'an.

— Et comment savez-vous tout cela ? s'enquit la jeune fille d'une voix contenue.

— Dame, c'est que ma sœur est blanchisseuse là-bas ! Même qu'elle est fouillée chaque fois, à l'aller et au retour… Elle vous le racontera elle-même : elle vient manger ici tous les soirs !

Althéa ne se fit pas prier. Lorsque dame Belinde revint de sa journée, elle entreprit de la mettre en confiance en bavardant gentiment. Les jeunes gens apprirent ainsi que

1. Jean-Christian Petitfils, dans *Le Masque de fer*, nous indique que la ville ne comptait en effet pas moins de six églises : Saint-Donat (la cathédrale actuelle), Saint-Maurice, Sainte-Marie, Saint-Bernardin, le Gesù et la Madone-de-Paris, sans compter les chapelles des couvents et maisons religieuses.

l'on changeait régulièrement les valets de Fouquet, dans l'espoir d'en trouver un qui consentît à l'espionner et, le cas échéant, à le trahir. Mais au pays, affirma-t-elle, on était plutôt favorable au surintendant, et tous, jusqu'à ce jour, lui étaient restés fidèles. Il n'en demeurait pas moins que plus Belinde décrivait les conditions effroyables de détention du prisonnier, plus il apparaissait impossible de le visiter légalement.

Les jours passaient, longs et terribles pour la jeune fille. Son seul réconfort était son amitié naissante avec Belinde. Au fil du temps, la vieille fille avait pris plaisir à raconter ses journées, étonnée d'abord de cet auditoire, puis flattée que l'on s'intéressât à sa besogne. Ensemble, les deux femmes partaient au lavoir en bavardant ou allaient prier dans l'une des six églises de la ville.

Lorsqu'elle eut enfin la certitude de ne pas être trahie, Althéa révéla à la blanchisseuse qui elle était et pourquoi le sort du prisonnier l'intéressait tant. Belinde se signa en murmurant : « Doux Jésus, ma pauvre enfant ! » et cet aveu valut à la jeune fille un surcroît de sympathie de la part de sa nouvelle amie, qui lui proposa de s'arranger pour faire savoir à Nicolas que sa filleule était au Piémont. Ce fut un baume sur le cœur meurtri d'Althéa. S'il ne pouvait la voir, au moins saurait-il qu'elle avait fait tout ce voyage pour lui.

Mathieu cherchait des solutions pour entrer en contact avec le prisonnier, notant les heures de relève de la garde, étudiant sans relâche les plans de la forteresse, approchant les gens qui y travaillaient, surveillant à la longue-vue les sentinelles qui se promenaient sur le chemin de ronde.

Un soir, Belinde revint avec dans son panier un morceau de ruban sur lequel le surintendant avait écrit, grâce à un os de lapin trempé dans du sang – probablement le

sien –, un message pour Althéa. On pouvait péniblement déchiffrer *« Ne prenez… risque… danger… vs aime »*. La jeune femme serra le ruban sur son cœur et s'endormit, blottie comme une enfant perdue contre Mathieu, impuissant à la consoler. Dehors la pluie qui avait commencé à tomber en fin de soirée redoublait et cinglait maintenant les carreaux.

Le jeune marquis entendait se rapprocher le tonnerre et déjà les éclairs déchiraient la nuit. Un violent orage s'abattait sur les montagnes piémontaises. Le vent hurlait dans les branches, les volets claquaient. Dans l'écurie, les chevaux hennissaient chaque fois que s'éclairait le ciel. Gagnant chaque seconde en intensité, la tempête faisait rage.

Une immense déflagration tira brusquement Althéa de son premier sommeil alors qu'une lueur orangée apparaissait derrière les persiennes. Elle bondit hors du lit, ouvrit la fenêtre puis les volets et ne put en croire ses yeux : face à elle, sur la colline, la forteresse brûlait !

Éclairant la nuit d'immenses flammes qui dansaient sous une brume de pluie, la prison dans laquelle Fouquet était enfermé se dessinait dans un brasier comme une vision apocalyptique de l'enfer. Althéa et Mathieu attrapèrent leurs vêtements et se précipitèrent dehors.

Les villageois, portant déjà des seaux d'eau, leur apprirent que la foudre était tombée sur la réserve de poudre et de munitions de la prison. Les deux jeunes gens accélérèrent le pas pour parvenir au plus vite sur les lieux de l'explosion. Althéa se sentait prise d'une irrépressible angoisse. Se pouvait-il que Nicolas fût blessé ou pire encore ?

Ils atteignirent enfin la prison et se trouvèrent face à un spectacle qu'ils ne devaient jamais oublier : Fouquet, les pieds pendant dans le vide à plusieurs toises du sol, s'accrochait, au milieu des ruines, à ce qui restait de la muraille de sa cellule du premier étage de la tour. Ils

bondirent d'un même élan pour le secourir, et Mathieu l'aida à descendre sur la terre ferme. Avant qu'il n'ait pu reprendre ses esprits, Althéa le serrait dans ses bras à l'étouffer.

— Père ! Vous n'êtes pas blessé au moins ?

— Non, rassurez-vous…

Autour d'eux, tout n'était que chaos, râles des agonisants et précipitation pour éteindre le feu. Au milieu de toute cette agitation, Nicolas et sa fille adoptive vivaient un moment d'éternité, seuls au monde, étranglés tous deux par l'émotion.

Enfin !

Après tant de temps, elle pouvait le revoir, l'étreindre, l'embrasser !

Peu après Althéa appela Mathieu qui se tenait en retrait.

— Vous vous connaissez…

— Heureux de vous revoir, marquis…, souffla Fouquet.

Tout à coup, le surintendant se figea. Mathieu et Althéa regardèrent alors dans la direction qu'il fixait.

C'est à cet instant qu'ils le virent.

Debout, dressé au milieu des décombres, la chemise blanche maculée de sang, rejoint déjà par la soldatesque venue en renfort, un homme, portant un masque de cuir [1] qui lui couvrait le visage, attendait d'être reconduit dans une cellule de fortune.

— Henri !… murmura Althéa. Henri de France !

— Ainsi vous savez…, remarqua Fouquet que deux gardes encadraient à présent pour l'enfermer de nouveau.

— Non ! cria Althéa qui réalisa qu'on l'emmenait.

— Ne vous inquiétez pas, intervint Mathieu en la pre-

---

1. Détail authentique. Le fameux prisonnier au masque de fer, effectivement détenu à Pignerol, portait en réalité un masque de cuir, comme en témoignent les comptes rendus.

nant par le bras, et ne vous faites surtout pas remarquer. Nous allons le revoir. Les pertes sont considérables. Je viens de parler avec un homme aux ordres de Louvois. De nombreuses personnes travaillant à la prison ainsi que beaucoup de soldats sont ensevelis sous les décombres... Tout est désorganisé et, si Dieu est avec nous, peut-être auront-ils besoin d'engager du monde ! Nous ne pouvions pas rêver mieux pour nos affaires ! Venez, Althéa, rentrons à présent. Il ne faut pas que l'on puisse nous associer à lui.

— Je l'ai vu, Mathieu, j'ai enfin pu le voir, l'embrasser !

— Je sais, ma douce, je comprends votre joie ! sourit Mathieu en l'entraînant.

*

* *

Cette nuit marqua le début d'une ère nouvelle. Dans un premier temps, il fallut déblayer les gravats et enterrer les cadavres par crainte d'une épidémie. Tout le village ne parlait que de l'événement. Grâce à Belinde, on sut bientôt que Fouquet avait été transféré à la Pérouse, une partie de la forteresse n'ayant pas été détruite. La plupart des habitants le considérait comme un miraculé. Dans ce village du Piémont où la croyance en Dieu confinait à la superstition, il fut vite acquis que le doigt divin avait désigné l'innocent et l'on voulut demander sa grâce au roi[1]. Une requête fut adressée en bonne et due forme au souverain, qu'Althéa se proposa de porter elle-même dès son retour à Paris. Mais la nouvelle de la présence d'Henri de France entre les murs de Pignerol modifiait sensiblement les plans du marquis et de la comtesse.

Il fut décidé que l'on tenterait l'impossible pour revoir Fouquet, puis que l'on regagnerait la capitale au plus vite

1. Voir annexe en fin d'ouvrage.

afin d'avertir Arthorius et de décider de la suite des événements. De plus, la rumeur enflant dans toutes les provinces de France était parvenue jusqu'à eux : la reine Anne se mourait. Althéa voulait absolument obtenir d'elle une audience avant son trépas. La souveraine avait toujours été bonne pour le surintendant et sa famille, et avait maintes fois plaidé la cause des enfants Fouquet auprès du roi. La jeune comtesse souhaitait la remercier et lui dire qu'Henri, son fils perdu, était vivant, avant que Dieu ne la rappelât à Lui. Anne d'Autriche partirait ainsi l'âme en paix... Mais le temps pressait. La malade déclinait gravement. Les courriers qui portaient les nouvelles de la famille royale aux quatre coins le royaume se faisaient de plus en plus alarmants, ne laissant aucun espoir quant à l'issue fatale que l'on attendait chaque jour. Dans chaque village, on donnait des messes d'action de grâce pour la pauvre reine qui, disait-on, vivait un martyre [1].

Althéa bouillait d'impatience de pouvoir revoir son parrain une dernière fois. Mathieu était parvenu à entrer en contact avec lui. Si Fouquet était fouillé quotidiennement, sa nouvelle demeure se faisait plus accessible et, surtout, la reconstruction de la forteresse engendrait une agitation permettant certaines audaces. Ainsi le jeune homme s'était-il joint à un groupe d'ouvriers venus maçonner à la Pérouse. On avait exigé davantage de barreaux aux fenêtres pourtant étroites, et quelques hommes du village furent chargés de la besogne. Mathieu fut l'un d'eux, ce qui lui permit de s'entretenir un long moment avec le surintendant. Son récit, le soir à l'auberge, emplit l'âme d'Althéa d'une joie mélancolique lorsque le jeune homme lui apprit que Nicolas bénissait leur union.

1. Anne d'Autriche est morte d'un cancer du sein. La médecine, impuissante à traiter le mal à cette époque, préconisait de laver la plaie du sein avec de l'eau de chaux (!).

— Vous lui en avez donc parlé ! s'émut-elle.

— Bien sûr, ma chérie… Ne vous avais-je pas dit qu'il me fallait lui demander votre main ?

— Et… que vous a-t-il répondu exactement ?

— Qu'il était très heureux de cette alliance, et rassuré de savoir que je me chargeais de votre bonheur. Il a souligné aussi qu'il était bien sûr fier de vous savoir bientôt marquise et que…

Le jeune homme s'interrompit.

— Et que ? Poursuivez, Mathieu ?

— Eh bien…, reprit-il, il a murmuré : « C'est moi qui devais la conduire à l'autel… »

Althéa devint livide.

— Ce n'est peut-être pas la peine de vous torturer davantage, mon cœur…, murmura le jeune homme.

Mathieu l'enlaça et la tint contre lui un long moment, puis il lui proposa de faire quelques pas sous les étoiles, la voûte céleste ayant toujours eu sur elle un effet apaisant. Quand ils rentrèrent à l'auberge, Belinde fondit sur eux, en proie à une excitation inaccoutumée.

— Je vous cherchais ! J'ai d'excellentes nouvelles pour vous !

Althéa et Mathieu se regardèrent, interdits.

— Althéa, vous m'accompagnez demain à la Pérouse !

— Pardon ? Mais comment cela est-il possible ?

— Vous devenez lingère, ma chère. Nous étions deux blanchisseuses au village à travailler pour la prison. Mais on a retrouvé voilà quatre jours le mari de Rosalie sous les décombres. Il était soldat. Il jouait aux dés avec les autres le soir où tout a sauté. Alors Rosalie quitte le village pour repartir à Briançon dans la ferme de ses parents. On m'a demandé de trouver quelqu'un, et je me suis dit…

Althéa lui sauta au cou. Belinde, d'abord surprise, sourit et serra à son tour son amie.

— Belinde, c'est magnifique ! Magnifique ! C'est une idée extraordinaire ! Merci !... Entendez-vous cela, Mathieu ?

— C'est en effet... inattendu ! marmonna sobrement le marquis, qui ne semblait pas tout à fait partager l'enthousiasme de sa compagne.

Retirés dans leur chambre, ils s'entretinrent des conditions dans lesquelles les événements se déroulaient. Le jeune homme, passablement inquiet, tenta d'exhorter sa fiancée à la prudence, mais elle paraissait faire peu de cas de ses conseils, toute à la joie de revoir Fouquet. Mathieu atteignit le paroxysme de l'angoisse lorsqu'elle posa sur lui son œil vert en lui demandant d'un ton faussement léger :

— Croyez-vous que, par la même occasion, je pourrai apercevoir Henri de France ?

— Henri de France ? Mais perdez-vous le sens commun ? Althéa, vous vous trouvez devant un secret d'État, une affaire politique de la plus haute importance pour laquelle des hommes ont péri et d'autres, comme Nicolas, ont perdu leur liberté ! Vous n'êtes pas invitée aux *Plaisirs de l'île enchantée*[1] ! Vous allez risquer votre vie, figurez-vous ! S'il revient aux oreilles de Saint-Mars que vous êtes entrée en contact avec Fouquet, vous courez déjà de gros risques, mais si l'on sait que vous avez approché Henri de France, vous êtes perdue !

— Ne vous fâchez pas, ma question était sans objet..., fit-elle, désinvolte.

— Vous allez être mon épouse, et j'imagine qu'une vie ne me suffira pas à vous connaître, mais s'il y a bien une

1. La fête qui eut lieu du 3 au 6 mai 1664 à Versailles. Six cents invités furent conviés dans le parc somptueusement aménagé par Le Nôtre. Cette fête est restée célèbre car non seulement elle officialisait le statut de Louise de La Vallière, maîtresse du roi, à la Cour, mais elle inaugurait aussi le style du règne : de grands divertissements mettant en scène la toute-puissance de Louis XIV.

chose que je sais déjà de vous, c'est que vous ne posez jamais de questions « sans objet » ! grinça-t-il. Althéa, donnez-moi votre parole que vous ne tenterez rien pour voir le prisonnier masqué, ou je ne vous laisse pas partir avec Belinde demain matin.

— Vous me retiendriez captive ? s'amusa la jeune femme.

— Si je dois vous sauver de vous-même, je n'hésiterai pas une seconde.

— Vous m'aimez tant que cela ! jubila-t-elle.

— Arrêtez ces enfantillages, ils sont du plus mauvais goût. Je crois vous avoir dit que je vous aimais en effet, et ceci est hors de propos, gronda-t-il. En revanche, j'espère ne pas épouser une sotte qui ferait de moi un veuf avant même d'être ma femme !

Le ton de sa voix et la dureté de son visage indiquèrent à Althéa qu'il ne plaisantait pas. Elle jugea plus prudent de cesser les facéties et de le rassurer.

— Je ne prendrai aucun risque inutile, Mathieu, je vous le promets.

L'air renfrogné de Mathieu montrait qu'il demeurait sceptique. Après une nuit fort agitée, il revint sur le sujet, insistant sur les règles de prudence dès lors que l'on franchissait le seuil d'une prison. Althéa l'embrassa et tenta une nouvelle fois de l'apaiser.

Ce fut pourtant avec une irrépressible angoisse qu'il vit s'éloigner les deux femmes sur le chemin de la colline menant à la Pérouse. Tenant un gros panier de linge avec Belinde, Althéa lui adressa de loin un petit signe de la main. Il les suivit des yeux jusqu'à ce qu'elles ne fussent plus que deux points minuscules. Alors, il entra dans l'auberge pour commencer à l'attendre, se maudissant de sa faiblesse, convaincu qu'il n'aurait jamais dû la laisser partir.

27.

Paris, Val-de-Grâce, octobre 1665

Anne d'Autriche, couchée dans un nuage de dentelle brodée, paraissait somnoler. Le masque de la souffrance marquait son visage. Ses mains fines[1], toujours belles, croisées sur sa poitrine par laquelle elle se pourrissait, se soulevaient au rythme de sa respiration saccadée. On avait tenté au mois d'août une opération qui avait échoué. Le mal progressait encore et la pauvre reine, résignée, se confessait chaque jour, attendant que Dieu la rappelât à Lui et mît fin à ses souffrances. De clystères en saignées, de décoction en cordial de morphine, la pauvre malade subissait tous les traitements avec courage mais le combat était vain. Elle parvenait encore à s'asseoir ou à faire quelques pas, se fatiguait bien vite et devait s'aliter après de tels efforts. Ses fils venaient la voir fréquemment, dormant même à son chevet.

Pourtant, Louis XIV, si affecté il y a quelques mois, commençait à se lasser. Les trajets depuis le Louvre, Fontainebleau ou Saint-Germain lui pesaient. Anne avait tris-

1. La beauté des mains d'Anne d'Autriche est demeurée célèbre jusqu'à nous.

tement remarqué des signes d'impatience chez son fils lors de sa dernière visite…

On frappa à sa porte. La malade entrouvrit les yeux, tenta de se redresser avant d'intimer l'ordre d'entrer. Une dame de sa maison pénétra dans la pièce sombre et fit sa révérence.

— Qu'y a-t-il, Suzanne ?

— Comment se porte Votre Majesté ?

— Je vais bien, n'ayez crainte, je vais bien. Je somnolais. Le roi s'est-il fait annoncer ?

— Non, Madame. Mais il vous a envoyé son grand chambellan, qui n'a pas souhaité vous déranger dans votre repos.

— En ce cas pourquoi est-il venu ?

— Je crains de devoir rapporter à Votre Majesté une nouvelle qui risque de la contrarier…

— Que se passe-t-il ? Parlez, je vous prie… Serait-il arrivé quelque malheur au roi mon fils ?

— Non, Madame. Mais justement, le roi ordonne que Votre Majesté regagne le Louvre pour y être soignée.

— Que je quitte le Val-de-Grâce [1] ? Mais Louis sait bien qu'il n'est plus question de me soigner et que je souhaite mourir en ces lieux !

— Sa Majesté considère qu'il sera plus aisé de vous visiter si vous séjournez au Louvre. Il a fait envoyer une chaise à porteurs…

La reine soupira.

— Rien ne me sera épargné ici-bas…, murmura-t-elle.

— Votre Majesté souffre-t-elle beaucoup aujourd'hui ?

— De mes souffrances, mon fils n'a cure, si j'en juge

1. Lorsque l'on ramena la pauvre malade au Louvre sur ordre de son fils, alors qu'elle souhaitait s'éteindre au Val-de-Grâce, il fallut la ranimer souvent avec des sels et du vinaigre, dans la chaise à porteurs qui la conduisait, tant ses souffrances étaient insoutenables. (Cf. Simone Bertière, *Les Deux Régentes, Marie de Médicis et Anne d'Autriche.*)

par les décisions qu'il arrête à mon sujet. Nous ferons donc comme lui et passerons outre les douleurs, pour obéir aux ordres du roi. Aidez-moi à m'apprêter, ma fille.

La dame d'atour s'approcha du lit et aida la malade à se lever. Elle lui porta sa chemise, puis l'aida à enfiler ses jupes et laça son corsage. Lorsque l'opération fut terminée, elle nota l'incroyable pâleur de la souveraine et lui tendit des sels.

Anne venait de s'évanouir.

28.

Pignerol, le même jour

La lourde porte grinça sur ses gonds pour s'ouvrir lentement. Althéa frissonna. Elle pénétrait dans le sanctuaire du désespoir. Après un salut aux gardes que Belinde côtoyait régulièrement, elles furent fouillées, ainsi que leur panier, puis commencèrent leur distribution. Elles rapportaient du linge propre qu'elles échangeaient contre le sale. Il leur incombait aussi de défaire les lits et d'y mettre des draps frais. Un garde les accompagnait dans chaque cellule et restait en faction devant la porte durant toute la durée des opérations. Lorsque ce fut le tour de la cellule de Fouquet, Althéa retint son souffle. Sitôt le verrou refermé derrière elles, elle se précipita vers Nicolas qui la serra contre lui dès qu'il l'eut reconnue.

— Vous prenez des risques insensés, ma chérie !

Althéa parla tout bas, de façon saccadée. Elle devait faire très vite.

L'émotion nouait sa gorge lorsqu'elle murmura :

— Je suis venue vous dire au revoir, il faut que je regagne Paris. Je ne voulais pas partir sans vous embrasser ! Louni m'a chargée de vous dire qu'il pensait à vous chaque jour, tout comme Madeleine, Louis et Charles-Armand.

Nous vous aimons tous, père, et tâchons d'être dignes de ce que vous nous avez enseigné !

— Je le sais... Et je vous aime aussi. J'ai parlé avec Mathieu. Peut-être que je ne resterai pas ici éternellement... D'ici là, vous serez marquise de Mergenteuil. J'en suis ravi, et vous souhaite tout le bonheur du monde ! Tâchez aussi de tenir votre rang à la Cour...

— À la Cour ? Mais, père, je n'ai aucune envie de côtoyer ce roi qui...

— Taisez-vous ! Ce roi qui est tout-puissant est aussi votre seigneur et votre maître ! Vous devez paraître à la Cour, m'entendez-vous, Althéa ? C'est primordial pour vous, pour vos descendants et peut-être même pour notre plan...

— Notre plan ? Mais, père...

— Je vous ai élevée et je vous aime comme ma fille. Mais vous êtes une Braban-Valloris et bientôt une Mergenteuil. Vous ne devez pas être entraînée dans ma chute. Votre famille est respectée, sachez-le et servez-vous-en ! Vous devez lui faire honneur !

— Il faut y aller, sinon nous allons attirer l'attention de la sentinelle ! intervint Belinde qui avait terminé de changer les draps.

Althéa serra une dernière fois Nicolas, dont les yeux rougis accentuaient le teint blafard. Elle passa tête baissée devant le garde pour qu'il ne pût déceler son trouble et se ressaisit aussitôt lorsqu'elle se trouva devant la porte d'une cellule au fond d'un corridor gardé par deux gardes.

— Halte ! Qui va là ?

— Renouvellement du linge.

— Je rappelle les consignes : interdiction de parler au prisonnier ! Vous changez les draps avec la porte ouverte et vous faites très vite !

Les deux femmes entrèrent. Au fond d'une cellule plus

vaste que celle de Fouquet se tenait un homme à l'allure fière, en pantalon noir ajusté avec de hautes bottes bien cirées, et une chemise d'un blanc irréprochable. Le jabot de dentelle était de toile fine. Son visage masqué laissait échapper de chaque côté de belles boucles auburn. Ses mains étaient blanches et parfaitement entretenues. Il se tenait debout, silencieux, à côté d'une table sur laquelle étaient disposés un compotier rempli de dragées ainsi qu'une corbeille de fruits. Plusieurs livres s'empilaient sur son chevet. Althéa nota non sans amertume la différence de traitement entre les deux prisonniers. Elle passa à côté de lui comme si elle ne l'avait pas vu, puis commença lentement à ôter les draps du lit. Lorsqu'elle déplia les draps propres, elle s'arrangea pour être cachée, un court instant, à la vue du garde et en profita pour murmurer :

— Henri de France, je vais bientôt voir votre mère…

Puis elle étala le drap sur le lit comme si de rien n'était et continua son travail, feignant d'être absorbée par sa tâche. Elle vit pourtant le masque se tourner vers elle et leva les yeux vers lui : une lueur s'était allumée dans ce regard qu'on apercevait dans les ornières. Elle le fixa un instant, ébauchant l'esquisse d'un sourire.

Quelque chose avait changé dans l'attitude du prisonnier. La résignation avait fait place à l'espoir. Althéa en aurait juré. Elle sut en cet instant qu'elle n'oublierait jamais ce regard…

Quittant la cellule derrière Belinde, elle entendit les deux lourdes portes qu'on refermait, tandis que grinçaient les clés qui les verrouillaient à double tour. Le sentiment d'oppression qui l'étouffait ne la quitta que lorsqu'elle fut en vue de l'auberge. Mathieu, inquiet, venait à sa rencontre.

— Je l'ai vu, et j'ai pu lui dire au revoir correctement. Je pense que cela lui aura donné du courage…, dit-elle en se jetant dans ses bras.

Mathieu s'enivrait de son parfum et caressait ses cheveux.

Elle était saine et sauve !

— Je suis heureux que vous ayez pu partager ce moment avec lui, mon amour. Mais je ne vous cache pas que je respire mieux de vous voir auprès de moi !

— Ne vous inquiétez pas, tout s'est bien déroulé. J'ai pu mener à bien ma mission, soupira-t-elle.

Il se raidit, soupçonneux :

— Mission ? De quelle mission parlez-vous ?

— J'ai vu et j'ai parlé à Henri de France !

— Althéa ! Mais comment est-il possible que vous soyez aussi obstinée ! rugit-il. Vous m'aviez donné votre parole, dois-je vous le rappeler ?

— Si fait. Je ne l'ai pas trahie. Je m'étais engagée à ne courir aucun risque inutile. Je n'en ai pas pris, ou presque. Et ce n'était pas inutile, loin s'en faut !

— Fort bien. Je vois que je dois veiller aux mots exacts que vous employez lorsque vous engagez votre parole. À l'avenir, croyez-le, je serai vigilant !

Puis il se radoucit, cédant à la curiosité :

— Et que lui avez-vous dit ?

— Je l'ai appelé par son nom et lui ai dit que j'allais bientôt rencontrer sa mère.

— Vous a-t-il entendue ?

Althéa lui offrit son plus beau sourire.

— J'en suis certaine. Il paraissait heureux, j'en jurerais !

— Venez ici, tête folle !

Il l'attira contre lui.

— Vous êtes la personne la plus entêtée que je connaisse ! Quand vous porterez mon enfant, mon amour, j'attends de vous un peu plus de sagesse ! Et de l'obéissance, surtout ! Allons, rentrons !

Ils regagnèrent leur chambre pour n'en sortir qu'à la tombée du jour, affamés. Ils dînèrent aux chandelles dans

la grande salle de l'auberge et fêtèrent leur dernier soir en invitant Belinde et son frère à se joindre à eux en fin de repas pour déguster des crêpes à la confiture arrosées d'un petit verre de vin italien.

Lorsque, le lendemain matin, Althéa sortit de la salle basse de l'auberge, les malles étaient déjà arrimées sur le toit de la berline et Antarès finissait d'inspecter le harnachement et les sabots des chevaux. Dame Belinde disposait dans la voiture des paniers contenant de beaux pains dorés et de la terrine de lièvre, de l'omelette froide à la tomate, des croquants au miel et du vin de Bourgogne. Elle lui offrit une jolie chemise de batiste qu'elle avait fini de broder, et les deux femmes s'étreignirent longuement. Althéa promit de revenir et de donner chaque mois des nouvelles. Belinde jura qu'elle ferait tout ce qui était en son pouvoir pour les transmettre au malheureux prisonnier.

La comtesse se pencha à la portière et agita son mouchoir en direction de ses amis, puis le cocher lança les chevaux au galop dès que l'on fut sorti du village.

L'automne particulièrement doux et ensoleillé permit à l'équipée de regagner Paris rapidement. Pas de chemins bourbeux, pas de sentiers impraticables, la voiture progressait à vive allure et l'on parcourait chaque jour plusieurs lieues de plus que prévu. Certains rus asséchés par la canicule de l'été permettaient de traverser à gué sans avoir à aller chercher le pont, raccourcissant d'autant le trajet. Les amants devenaient plus silencieux au fur et à mesure que la voiture s'approchait de Paris. Ils savaient tous deux ce que signifiait pour eux la fin du voyage…

29.

Paris, novembre 1665

En fin d'après-midi, la berline s'arrêta dans la cour pavée au fond de laquelle logeait Arthorius. Le vieux médecin sortit sur le perron pour accueillir ses visiteurs qu'il étreignit affectueusement. Ils pénétrèrent dans le petit salon où le valet apporta quelques rafraîchissements. Puis Mathieu raccompagna Althéa chez les Fouquet. Après l'avoir embrassée une dernière fois tendrement à l'abri des regards dans la voiture, c'est de manière fort convenable qu'il prit congé devant Amélie, toute à la joie de revoir son « trésor ». Le jeune homme promit de revenir très vite dans les jours prochains, et Althéa regagna sa chambre pour se reposer tandis que Mathieu retournait chez Arthorius.

— Tu arrives juste pour le dîner ! Tout est prêt, je n'attendais que toi pour me mettre à table. Alors, les adieux n'ont pas été trop difficiles ?

Mathieu fronça les sourcils.

— Non… Évidemment, cela fait plusieurs mois que l'on se côtoie, alors cela crée des liens d'amitié, bien sûr, mais…

Arthorius eut un bon sourire.

— Oui, naturellement… C'est inévitable. Et tu deviens

l'amant de toutes les dames, à la Cour, avec lesquelles tu as des liens *d'amitié*? ironisa-t-il.

Mathieu eut un haut-le-corps et dévisagea son interlocuteur, stupéfait. Il connaissait tellement le vieil homme et sa grande clairvoyance qu'il ne chercha même pas à nier.

— Cela se voit-il donc tant que cela ?

— Cela se voyait déjà avant que cela n'arrive ! Vois-tu, j'ai toujours su la nature du lien qui vous unissait. Peut-être même l'avais-je comprise avant vous... Je ne suis nullement surpris de la tournure des événements.

— Et pourquoi ne m'en avez-vous pas parlé ? Ce n'était peut-être pas une si bonne idée que cela de partir ensemble, dans cette promiscuité, si...

Le vieil homme se renfrogna.

— Mathieu, je t'aime comme un fils, mais ne sois pas de mauvaise foi avec moi, s'il te plaît ! Si je t'avais dit avant ton départ : « Je te déconseille de partir parce que vous êtes attirés l'un vers l'autre et que l'irréparable risque de se produire », tu te serais mis très en colère et aurais juré tes grands dieux que tu n'étais pas homme à déshonorer une jeune fille ! Rien n'aurait pu t'empêcher de faire cette mission avec elle...

— La « déshonorer », c'est donc ce que j'ai fait, selon vous ?

— Non. Je te connais, je sais quel genre d'homme tu es, et surtout je connais la nature de tes sentiments pour elle. Mais tu admettras tout de même qu'il y a une différence entre avoir une liaison avec une femme mariée à la Cour et prendre la virginité d'une jeune fille bien née. Il ne faut absolument pas que les choses se sachent ou bien Althéa est perdue de réputation. Et je crois que cette enfant a déjà suffisamment souffert...

— Il n'est pas question que l'histoire soit éventée, seul

Antarès est au courant. Et je compte épouser Althéa très vite. Nous en avons même parlé à Nicolas.

Le visage d'Arthorius se crispa.

— Je crains hélas que cela ne soit guère envisageable, dans l'immédiat en tout cas...

Mathieu se rembrunit.

— Pourquoi cela ?

— Tu pars pour Londres. La diligence t'emmènera à Calais où la *Santa Anna* appareille dans les jours prochains. Cette mission est de la plus haute importance.

— C'est-à-dire ?

— Officiellement, tu dois rencontrer Charles II et lui remettre en mains propres un pli de sa sœur Henriette[1]. Madame travaille activement au rapprochement et au maintien de la paix entre nos deux pays... Il semblerait que Louis XIV prépare la guerre.

— Mais sous quels prétextes ? s'indigna le jeune homme.

— Il aurait décidé que les provinces de Flandre, du Brabant et de la Franche-Comté devaient revenir à la France puisqu'elles ont appartenu à son beau-père, Philippe IV d'Espagne. La dot de Marie-Thérèse n'ayant jamais été versée, il se dédommagerait de cette façon.

— Et qu'en pense le gouvernement, il n'y a donc personne pour faire entendre raison au roi ? grogna Mathieu.

Arthorius eut un geste d'impuissance.

— Même si Colbert essaie d'éviter cela à toute force car cela gêne son négoce, Louvois pousse Louis dans ce sens... Les ministres ne sont pas d'accord. Louvois est bien le fils de Le Tellier ! Celui-là n'avait de cesse de mettre le royaume à feu et à sang ! Mais Sa Majesté a visiblement

1. Fille de Charles Ier d'Angleterre et d'Henriette de France, Henriette d'Angleterre avait épousé Philippe, duc d'Orléans, frère du roi. On l'appelait « Madame », épouse de « Monsieur ».

envie de faire montre de sa puissance et Madame veut connaître au plus vite la position de l'Angleterre à ce sujet, pour voir si la paix peut encore être sauvée.

— Je vois que Madame n'a pas renoncé à la politique…

— C'est une personne avisée. Pour l'instant, Monsieur voit tout cela d'un très mauvais œil. Il est assez soupçonneux depuis qu'il sait qu'elle a été la maîtresse du roi son frère. Mais le temps presse.

— Donc, officiellement, c'est une mission confiée par la belle-sœur du roi de France. Mais j'imagine que notre souverain est tout de même au courant ?

— Bien sûr ! Mais il ne te missionne pas lui-même. Il préfère, si la chose venait à se savoir, que l'on pense que sa belle-sœur a pris sur elle de sonder sa famille, cela paraîtrait plus naturel. Le roi ne veut pas donner l'impression que l'opinion des Anglais l'intéresse, qu'ils pourraient infléchir sa politique ou même qu'il craint de les affronter !

— Bon. Et… officieusement ?

Arthorius remplit l'assiette de Mathieu d'une viande en sauce qui embaumait.

— Tu en profiteras pour rencontrer nos confrères de l'ordre à Londres pour les informer du fait que tu as vu de tes yeux Henri de France et que tu as rencontré Fouquet. L'ordre du Temple a beaucoup pâti de l'arrestation de Nicolas, mais si nous parvenons à mettre Henri sur le trône à la place de son frère, tout peut changer pour nous… Nous exigerions du nouveau roi la restitution d'une partie de nos biens confisqués et surtout nous pourrions de nouveau exister comme un ordre reconnu. Ce serait une condition de sa libération et de son accession au trône, mais ce n'est bien sûr qu'une supposition…

— Maintenant que j'ai vu l'agencement de Pignerol, j'en viens à me demander s'il ne serait pas plus simple

d'essayer d'obtenir cela directement du roi..., dit Mathieu, songeur.

— C'est peine perdue ! Le roi a de grands projets de construction et dépense sans compter. Chaque pièce du Trésor est destinée à financer les travaux grandioses de Versailles. Il n'a que faire de rembourser une dette ancienne de la Couronne, même si le Temple a, depuis, rendu encore de nombreux services au trône... Nicolas avait commencé à renflouer l'ordre, et il y a perdu sa liberté.

Mathieu demeurait sans voix.

— Et... ne pourrait-on confier cette mission à quelqu'un d'autre ? demanda-t-il enfin en relevant la tête.

Arthorius tisonnait les braises de la cheminée.

— Madame est sous haute surveillance. Elle ne peut en aucun cas faire partir l'un de ses gens... C'est une véritable chance qu'elle ait pensé à toi, puisque tu es le seul en qui l'ordre puisse avoir confiance.

Mathieu soupira.

— Soit ! Je pars pour Londres, j'en termine avec tout cela et je rentre épouser Althéa..., regimba-t-il.

— Fais tout ce qui est en ton pouvoir pour mener à bien cette mission le plus vite possible. Ensuite, tu pourras en effet disposer de ta personne et perpétuer la lignée des Mergenteuil. En espérant seulement que cela n'ait pas déjà commencé ! ajouta-t-il en maugréant.

Mathieu devint blême.

— Que dites-vous ?

— Je dis que j'espère qu'Althéa ne porte pas en elle le fruit de vos amours illégitimes, jeune homme ! Car cela compliquerait considérablement les choses et la mettrait dans une position qui n'est guère enviable pour une jeune fille de son rang !

Le regard de Mathieu se perdit dans les flammes de la cheminée à laquelle il s'était adossé. L'insouciance de

leur voyage était bien loin à présent. Les événements les rattrapaient. Arthorius tira Mathieu de ses pensées en lui tapotant l'épaule.

— Je te souhaite bonne chance, mon garçon !

Mathieu le regarda, l'air anxieux.

— Ce n'est pas la chance qui me fait défaut, mais le temps !

— Oui, mais hélas tu n'en as pas. Tu devrais déjà être en route !

— J'ai besoin de quelques jours pour régler des affaires. Et je dois revoir Althéa pour lui expliquer. Je ne puis partir comme un voleur ! L'ordre ne peut exiger cela de moi. C'est la moindre des choses, tout de même !

— Mais oui, naturellement… Préviens-la et file !

30.

Dès son retour, Althéa avait déposé une demande d'audience auprès d'Anne d'Autriche. Quelle ne fut pas sa surprise de recevoir une réponse favorable la priant pour le lendemain. La jeune femme se rendit donc au Louvre juste après dîner, dans les heures les plus chaudes de cet automne magnifique qui nimbait de roux, d'ocre et d'orangé tous les parcs et les bosquets de Paris.

Lorsqu'elle fut introduite dans les appartements de la reine, Althéa se remémora tout ce qu'elle connaissait du protocole : ne jamais tourner le dos aux membres de la famille royale, ne poser aucune question et attendre d'être interrogée. Le valet l'annonça et la jeune fille pénétra dans une pièce tendue de velours grenat frappé des lys de France. Le plafond richement décoré se reflétait dans d'énormes miroirs qui encadraient la cheminée. Les courtines étaient tirées. La reine ne recevait plus dans son antichambre mais dans la ruelle de son lit, épuisée par le moindre effort. Fini aussi le temps où la jeune Espagnole était constamment entourée de toutes les dames d'honneur de sa maison. Elle avait besoin de calme et de repos. D'énormes rideaux retenus par des cordons dorés à pompons frangés encadraient la fenêtre près de laquelle Anne d'Autriche se tenait assise, seule, bien droite, dans une attitude noble et fière, en dépit d'une vraie souffrance.

L'odeur âcre de la plaie putride de son sein emplissait la pièce malgré l'épaisseur des bandages et l'essence de jasmin que l'on faisait brûler dans des coupelles. Althéa en fut saisie à la gorge mais n'en laissa rien paraître. Et c'est avec un magnifique sourire qu'elle plongea dans une très gracieuse révérence. Elle attendit, conformément aux usages, un signe lui indiquant qu'elle pouvait se relever. Anne allongea alors sa jolie main vers elle.

— Approchez, comtesse, dit-elle.

— Je remercie vivement Votre Majesté de me recevoir.

— Je suis heureuse de vous revoir. Vous n'étiez qu'une enfant, lorsque vous m'avez été présentée. Je vois avec plaisir que vous êtes devenue une très belle jeune femme. Votre père, le comte de Braban-Valloris, que j'ai bien connu, eût été fier de vous.

Althéa nota qu'Anne prenait soin de lui rappeler à mots couverts que c'était en qualité de fille légitime du comte de Braban-Valloris qu'elle la recevait et non parce qu'elle était la fille adoptive de Fouquet.

— Je n'ai pas tardé à vous convoquer car les jours me sont comptés, reprit la reine. Notre Seigneur me rappelle à Lui. Parlez, mon enfant.

Althéa se jeta à ses genoux et lui prit la main. Cet élan parut désorienter un instant la souveraine, mais elle ne retira pas sa main de celle de la jeune fille.

— Majesté ! Après ce que je vais vous dire, vous pourrez faire de moi ce que bon vous semblera. Mais au moins serai-je en paix avec ma conscience. J'ai des révélations de la plus haute importance à vous faire, mais si cela venait à se savoir, je serais perdue !

— En ce cas, pourquoi choisissez-vous de me les révéler ? s'enquit Anne d'Autriche, intriguée.

— Parce que vous avez toujours été bonne et que dans le malheur qui nous a frappés, vous avez toujours tenté d'adoucir notre peine…

Anne quitta son rôle et l'apparat qui l'avait enfermée toute une vie pour redevenir une femme, souffrante, au seuil de la mort.

— J'aimais beaucoup votre parrain..., murmura-t-elle. Il a été un ami lorsque je me sentais si seule dans une Cour hostile, après la mort du cardinal... Comme tout cela est loin à présent...

Althéa eut l'impression qu'elle parlait pour elle-même. Des souvenirs lui revenaient, un bonheur enfui, des deuils aussi...

— Je suis venue vous parler de votre fils, dit doucement Althéa.

La reine la regarda, étonnée.

— Que se passe-t-il avec le roi, que j'ignore ?

— Il ne s'agit pas du roi, Majesté...

— Philippe, alors ? Que lui arrive-t-il ?

Althéa baissa encore la voix.

— Ni le roi ni Monsieur. Je vous parle... d'Henri !

La reine parut ne pas comprendre tout d'abord. Elle demeura le souffle court, puis, soudain très pâle, balbutia :

— Veuillez me... donner le... cordial qui se trouve sur... la petite table à côté... du compotier, je... vous prie.

Althéa s'exécuta en hâte.

— Comment connaissez-vous l'existence d'Henri ?

— Je vous l'expliquerai. Mais sachez surtout qu'il est vivant. Prisonnier, mais vivant. Il sait que je viens vous voir, et il avait l'air heureux en pensant à vous...

Anne d'Autriche perdit connaissance. Althéa se précipita pour appeler ses gens. On allongea la souveraine sur son lit en lui bassinant les tempes d'eau citronnée. En un instant, elle reprit ses esprits et rouvrit les yeux. Elle chercha la jeune femme du regard parmi les gens qui l'entouraient.

— Approchez, dit-elle. Il vous faut me quitter, mais promettez-moi de revenir demain me narrer toute l'histoire par le menu.

Althéa fit une nouvelle révérence tout aussi gracieuse que la première.

— Je vous le promets, Majesté. Je serai là demain, à la même heure.

— Merci…, murmura Anne, dont les larmes perlaient au coin des yeux.

La jeune comtesse lui sourit et se retira à reculons jusqu'à la porte, comme l'exigeait le protocole.

*
* *

Althéa tint sa promesse et revint les jours suivants. L'infortunée souveraine ne se lassait pas d'entendre le même récit. Elle voulut tout savoir sur les conditions de détention de son fils, le décor de sa cellule, ce que l'on pouvait apercevoir depuis sa fenêtre, le climat de la région, ses lectures, les promenades qu'il effectuait, ce qu'il mangeait, la manière dont il était vêtu. Elle demandait à la comtesse de lui narrer encore et encore l'épisode de l'explosion de la prison qui avait épargné le prisonnier, lui permettant de goûter pour un temps trop court à la liberté. Elle voulait entendre une nouvelle fois la description de son regard lorsque la jeune fille avait évoqué sa mère furtivement, en pliant les draps. Elle déplorait le sort funeste qui s'acharnait sur lui, et des larmes coulaient sur ses joues livides creusées par la maladie et le chagrin. Mais Althéa savait qu'elle s'abstiendrait de toute requête : jamais le roi ne libérerait son frère. Dire à Louis que le secret était éventé, c'était prendre un risque bien trop grand et mettre peut-être les jours d'Henri en péril. Chaque jour, au moment où Althéa prenait congé, Anne louait la Providence qui lui avait permis de savoir que son enfant était vivant avant de mourir elle-même.

— C'est grâce à vous, ma chère petite…, disait-elle.

L'ultime fois où Althéa fut reçue chez la reine, celle-ci semblait avoir encore décliné et la jeune comtesse comprit qu'elle lui rendait sa dernière visite. Sa voix était faible, son souffle court. Elle vomissait fréquemment et ne s'alimentait presque plus. Elle se plaignait de violents maux dans les hanches, les jambes et le dos et respirait avec difficulté. Elle demanda à la jeune fille de s'approcher plus près et lui murmura dans une sorte de râle entrecoupé de halètements :

— J'ai fait demander par Mme de Motteville... une place de dame d'honneur... pour vous, chez... la reine... ma belle-fille. Le roi... a eu la bonté... d'y souscrire. Vous rentrez... au service de... Sa Majesté... dès lundi. Vous verrez... c'est... une bonne personne...

Althéa demeura un instant interdite, puis se ressaisit pour remercier chaleureusement la souveraine.

— Elle est aussi... très seule... comme je l'ai été, mais n'a guère de... force d'esprit..., murmura Anne. Elle sera... bien aise... de vous avoir... auprès d'elle...

Elle ajouta, le regard perdu dans le vague :

— Les infantes... ne sont décidément pas... destinées... au bonheur...

— Je ferai de mon mieux pour lui être agréable, Votre Majesté.

Anne avait les yeux remplis de larmes. Elle dit doucement :

— Si... vous approchez... un jour... de nouveau... mon fils...

Althéa sut immédiatement qu'il s'agissait d'Henri. Elle serra la main de la reine.

— Que dois-je lui dire, Majesté ? chuchota-t-elle.

— Que... je n'ai... jamais cessé... de l'aimer, articula péniblement la malade.

— Il le saura, comptez sur moi, Madame.

— Adieu... chère petite. Que Dieu... vous... bénisse...

Althéa embrassa la belle main d'Anne d'Autriche, puis se retira.

Sur le seuil de la porte, elle regarda une dernière fois le décor de cette chambre royale et le lit sur lequel reposait celle qui avait été l'un des personnages les plus importants du royaume pendant de longues années. La malade ne tenait plus à la vie que par un souffle qui l'abandonnerait bientôt. Althéa savait son trépas imminent, qui mettrait fin à d'insupportables souffrances.

Au sortir du Louvre, elle se rendit en l'église de Saint-Germain-l'Auxerrois afin d'y prier pour le salut de cette grande dame.

Régente avisée, elle avait su contourner les obstacles courageusement, mais trahie par son pauvre corps, elle s'en allait à présent comme une simple mortelle, affranchie des vanités de ce monde. C'est de cette femme digne dans la souffrance et de cette mère éprouvée dans sa chair qu'Althéa garderait le souvenir. Dans sa prière, elle pensait aussi à Nicolas, et à Henri, lesquels passeraient encore Noël en prison.

La nuit tombait lorsqu'elle quitta l'église pour se hâter de rentrer chez elle par les quais. Décembre apportait déjà ses frimas. Le vent de cette fin d'automne avait chassé les nuages et le ciel était d'un bleu profond magnifique. Un air glacé la saisit et elle remonta son col pour tenter de s'emmitoufler au mieux. Elle songea à Mathieu. Que faisait-il ? Elle aurait voulu l'informer qu'elle entrait au service de Marie-Thérèse, même si l'idée de devenir dame d'honneur ne l'enchantait guère. Mais elle se remémorait les vœux de Nicolas et savait qu'il lui fallait s'y conformer. Sa position à la Cour lui permettrait en outre d'approcher le monarque, et voir son ennemi de près n'était pas pour lui déplaire…

31.

Althéa, impatiente de retrouver Mathieu, se promenait depuis une demi-heure aux Tuileries, le cœur battant la chamade, toute au bonheur de revoir son amant.

Il déboucha soudain d'une allée, tandis qu'elle donnait du pain aux canards près du bassin. Elle courut vers lui avec un large sourire.

— Je suis si heureuse de vous voir ! s'exclama-t-elle.

— J'ai tellement envie de vous serrer dans mes bras, de vous embrasser jusqu'à vous étouffer…

— Que ne le faites-vous, mon ami ? sourit-elle, mutine.

— Althéa, ne jouez pas avec moi. Vous savez très bien qu'il est impossible que nous nous affichions ainsi, sans quoi vous seriez perdue de réputation.

— Ce qui serait aujourd'hui très inapproprié, compte tenu de la charge que je m'apprête à occuper…, lâcha-t-elle d'un air léger.

— La charge ? De quoi parlez-vous ?

— La reine mère, à qui j'ai rendu plusieurs visites, m'a fait nommer dame d'honneur de sa belle-fille… Je serai auprès d'elle dès lundi.

Mathieu fronça les sourcils.

— Est-ce une plaisanterie ?

— Non point. Mais pourquoi paraissez-vous contrarié ? N'est-ce pas vous qui rêviez que j'occupe une place à la

Cour ? Mon parrain m'a aussi entretenue en ce sens, il me semble ! J'avoue ne pas comprendre vos réticences.

Mathieu se détendit.

— Vous avez raison, ma douce, pardonnez-moi. Simplement, vous savoir dans cette Cour au milieu de ces intrigues, parmi tous ces courtisans...

— Je saurai me défendre, sourit-elle. Et puis... j'aurai mon époux pour me protéger !

— C'est de cela justement dont je souhaitais vous entretenir... Althéa, nous devons différer la date de notre mariage de quelques semaines, un mois ou deux, tout au plus, annonça-t-il, l'air grave.

— Deux mois ! Mais pourquoi tout ce temps ?

Elle se recula pour mieux le dévisager.

— Vous ne souhaitez plus faire de moi votre femme, n'est-ce pas ? Vous avez changé d'avis... Oh, j'aurais dû savoir que...

— Ne dites jamais une chose pareille ! rugit-il. Althéa, je vous aime comme je n'ai jamais aimé et comme je n'aimerai jamais plus. Si cela ne tenait qu'à moi, je vous conduirais aujourd'hui même à l'autel. Mais j'ai des engagements impérieux auxquels je ne puis me soustraire : on m'envoie à Londres...

— À Londres ? C'est si loin..., soupira-t-elle. En ce cas, je vous attendrai. Après tout, reprit-elle d'un air résigné, si vous m'aimez comme je vous aime, ce ne sont pas quelques semaines qui feront la différence... Allez-vous prendre des risques, lors de cette mission ? Mathieu, dites-le-moi !

— Ne vous tourmentez pas, mes jours ne seront pas en danger. Mais les enjeux sont de taille... Je dois y aller et pourtant, quand je vous vois, le courage me manque, ajouta-t-il en la regardant intensément.

Le désir qu'il avait d'elle lui faisait mal. Il aurait voulu l'emmener, partir, se fondre en elle, disparaître.

Il se détourna un instant, puis reprit ses esprits.

— Mon amour... Écoutez-moi, souffla-t-il. Vous allez côtoyer des femmes... différentes de vous. La Cour n'est qu'intrigues, jeux de séduction et marché de dupes. Le roi s'intéresse de près aux dames d'honneur de son épouse ou de Madame, quand il ne les fait pas nommer lui-même ! Mlle de La Vallière, sa maîtresse en titre, est l'une d'elles. On la dit même enceinte d'un autre bâtard, et s'il la titre duchesse de Vaujours, comme il paraît l'envisager, c'est dans le but certain de la remercier, puisque ses regards semblent maintenant se porter sur Mme de Montespan.

— Pauvre Marie-Thérèse. Je n'envie pas son sort...

— Et vous avez raison. Mais notre reine est aussi laide que sotte. Elle est en outre très souvent la dernière informée de son infortune ! Elle ne sort pour ainsi dire presque jamais de ses appartements, sauf à se rendre à la messe. Je ne suis pas certain que vous allez vraiment vous plaire en sa compagnie : elle ne maîtrise même pas notre langue !

— Je ferai de mon mieux pour lui être agréable... Mais surtout, je compte pouvoir approcher le roi.

Mathieu se raidit.

— Pourquoi ? s'enquit-il d'un ton peu amène.

— Parce que je veux lui demander la grâce de mon parrain. Peut-être que s'il me connaît, s'il voit que je remplis avec zèle ma charge auprès de la reine...

— Prenez garde, mon trésor ! Vous me paraissez bien inexpérimentée pour évoluer à la Cour. Apprenez que le roi ne confond pas les genres. Et si, d'aventure, il souhaitait vous être agréable, je pense qu'il vous faudrait en retour faire un peu plus que d'être diligente auprès d'une épouse dont il n'a cure !

— Cela n'arrivera jamais, Mathieu, soyez-en certain ! s'emporta-t-elle.

Quelques personnes se retournèrent, et Althéa baissa la voix aussitôt.

— Jamais ! répéta-t-elle plus bas, jusqu'à chuchoter. Je

préférerais être morte que de partager la couche du roi ! Je le hais, m'entendez-vous ? Je le hais ! Et surtout... je vous aime.

— Calmez-vous, je sais tout cela. Et c'est parce que je vous aime aussi que je préfère vous prévenir de ce qui vous attend. Je dirai à Antarès de veiller sur vous de loin et je reviendrai dès que possible pour le faire moi-même ! Prenez garde à vous, mon tendre amour, et... ne m'oubliez pas ! dit-il en détachant un petit ruban bleu de son corsage.

— Je penserai à vous chaque jour, à chaque instant. Je ne vis que dans l'attente de devenir enfin votre femme...

Le silence tomba.

Mathieu se retint de la serrer contre lui et fut au supplice lorsqu'ils se séparèrent sans avoir échangé un baiser.

Althéa retraversa le parc, seule.

Les fêtes de fin d'année approchaient.

Noël serait encore bien triste.

32.

Palais du Louvre, décembre 1665

La première entrevue avec Marie-Thérèse de France fut pire que tout ce qu'Althéa avait pu imaginer. Elle rejoignait une Cour dont elle ignorait les usages, pour se mettre au service d'une souveraine que l'on disait puérile, capricieuse et dévote, entourée de gens qu'elle ne connaissait pas. Arrivée en fin de matinée au Louvre, où on l'avait convoquée pour la présentation, la jeune fille attendit plus d'une heure dans l'antichambre, car Sa Majesté faisait ses dévotions. Lorsque enfin le valet apparut, il était suivi de Mme de Motteville, qu'Anne d'Autriche avait certainement envoyée pour lui rendre compte de l'entretien.

— Gardez à l'esprit, comtesse, que lorsque vous êtes en la Présence, vous ne devez jamais vous détourner, rappela-t-elle dès qu'elle se fut présentée.

— La Présence ?

— C'est ainsi que l'on évoque le fait que Leurs Majestés se trouvent en face de vous.

Althéa sourit.

— Je ne l'oublierai pas, soyez sans crainte, souffla-t-elle d'une voix qu'elle voulait assurée.

Dès qu'elle fut introduite dans la chambre de la reine plongée dans la pénombre, Althéa distingua près d'un guéridon une tasse fumante et une chocolatière. À côté, la reine, vautrée plus qu'allongée sur un canapé, n'offrait guère le spectacle de la majesté royale. Petite et potelée, les yeux ronds emplis d'une expression candide et peu intelligente, des pieds grassouillets enfilés dans des mules, elle avalait des biscuits. Althéa s'avança et fit sa révérence. Elle eut à peine le loisir d'être relevée qu'elle entendit la reine murmurer en la jaugeant :

— *Quizás será la próxima putana del rey*[1] *!*

La jeune comtesse ne comprenait pas l'espagnol, mais le ton méprisant de la souveraine lui indiqua qu'il ne s'agissait pas d'un compliment. La moue aigrie et disgracieuse qu'affichait Marie-Thérèse montrait qu'elle n'admettait pas sa déconvenue. Longtemps, Anne d'Autriche et toutes ses dames s'étaient arrangées pour lui cacher les infidélités du roi. Mais des langues indiscrètes et des courtisans bien intentionnés avaient fini par la dessiller. Elle vouait une haine tenace à Mlle de La Vallière qui pourtant gardait profil bas. Nulle arrogance, nulle ostentation, nul manque de respect dans l'attitude de Louise.

Mais l'ex-infante ne pardonnait pas la trahison.

En venant en France, elle ne souhaitait pas seulement le statut d'épouse ou le titre de reine : elle voulait être aimée, se répandant en allusions stupides devant toute la Cour sur l'outrage infamant dont elle était victime, interrogeant les dames devant le roi pour savoir si leur époux leur était fidèle, se moquant ouvertement de celles qui pensaient être heureuses. Elle se sentait sûrement très seule, mais son tempérament y était pour beaucoup. Son attitude, qui manquait singulièrement de hauteur, agaçait Louis et lui aliénait la grande majorité des courtisans.

1. « C'est peut-être la prochaine putain du roi ! »

Elle avait toutes les prérogatives d'une reine, elle était loin d'en posséder les qualités.

En se relevant de sa révérence, Althéa songeait que son séjour auprès d'une telle femme ne serait sûrement pas des plus aisés.

Elle quitta le Louvre soulagée de rentrer chez elle, avec un immense besoin de respirer. Cette odeur tenace de chocolat chaud qui emplissait les appartements de la reine l'écœurait encore lorsqu'elle traversa les Tuileries.

Elle remonta une avenue de terre battue bordée de platanes et parvint chez Arthorius pour le saluer. Le vieil homme taillait des plantes dans une serre lorsqu'elle arriva chez lui.

— Voyez-vous qui voilà ! l'accueillit-il avec un large sourire.

— Comme je suis heureuse de vous voir…

— Vous semblez avoir l'esprit chagrin… Que se passe-t-il ?

— Je sors de chez la reine, qui me fait presque trouver le roi sympathique !

— L'avez-vous rencontré ?

— Non, pas depuis que je l'ai vu à Vaux pour la fête… En revanche, je me souvenais très bien de Louise de La Vallière que j'avais trouvée d'un commerce agréable, belle et douce. Je l'ai croisée ce matin dans la galerie. Le contraire de notre reine, revêche et acariâtre.

— Il est vrai qu'elle ne dispose que de peu d'atouts… Mais vous saurez vous en faire apprécier, avec le temps. Lorsqu'elle aura compris que vous n'êtes pas la prochaine élue dans la couche du roi, et que votre cœur est ailleurs…, dit-il en lui lançant un regard de biais.

— Certes, mais je ne suis pas encore mariée ! Je me suis entretenue avec Mathieu qui m'a annoncé que nous

devions repousser la date de nos noces. J'imagine que vous êtes au courant ?

— Oui. Althéa, je sais que vous êtes très déçue. Mais il est engagé dans une affaire qui vous dépasse très largement. Tout cela date de bien avant votre rencontre. Mathieu vous aime, n'en doutez point !

— Je vous crois, Arthorius. Cependant, je me sens bien seule et un peu perdue parmi ces courtisans, même si Mathieu et Nicolas m'ont instamment demandé d'y tenir mon rang…

— Cela s'arrangera lorsque vous aurez pris votre place parmi eux…

Tout en continuant sa conversation avec Althéa, le vieux médecin prélevait des branches qu'il étiquetait pour préparer ses médecines. Cette visite rasséréna la jeune fille.

De retour chez elle, Althéa se sentait plus légère malgré le froid et prit le temps de décrire à Amélie, absolument subjuguée, les splendeurs des toilettes des dames et l'accueil chaleureux de la souveraine. Elle n'eut pas le courage de lui dire la vérité pour ne pas l'inquiéter. En enjolivant son récit, Althéa se mettait presque à croire que sa première impression n'avait pas été si désastreuse.

Enfilant la chemise de batiste fine offerte par Belinde, elle se glissa en frissonnant dans son lit qu'Amélie venait de bassiner. Elle s'apprêtait à souffler la chandelle lorsque lui parvint un petit grattement derrière son volet. D'un bond, elle fut à la fenêtre et ouvrit le battant de bois. Mathieu enjamba le rebord et se glissa prestement dans la chambre.

Althéa n'en croyait pas ses yeux.

Avant qu'elle n'eût le temps de prononcer un mot, elle sentit ses lèvres écraser les siennes. Il la serrait si fort qu'elle en étouffait.

Il s'écarta légèrement pour la regarder à la lueur de la

flamme. Ses cheveux dénoués cascadaient sur ses épaules et ses yeux brillaient d'un éclat mordoré.

— Vous êtes… magnifique…, souffla-t-il.

— Vous n'êtes donc pas encore parti ! Embrassez-moi, Mathieu, embrassez-moi ! Mon amour, vous allez tellement me manquer…

— Je n'ai pu me résoudre à partir sans vous avoir tenue dans mes bras. Notre dernière entrevue aux Tuileries fut une torture. Je pars demain matin.

— J'ai déjà commencé à vous attendre…

Elle se serra contre lui, lui caressant la nuque.

— Je t'aime.

Il l'embrassa de nouveau fougueusement et sentit qu'elle s'embrasait. Il tenta alors de se dégager doucement, mais elle le retint par la main en se serrant contre lui. Alors il reprit sa bouche et passa ses mains sous sa chemise, découvrant le haut de ses cuisses. Fou de désir et oubliant toute prudence, il entra en elle, appuyé au chambranle de la fenêtre. Leur plaisir fut si violent que Mathieu étouffa le cri d'Althéa avec sa main, pour ne pas donner l'alerte.

— Viens, juste un moment…, dit-elle en retrouvant ses esprits et lui désignant le lit.

— Il ne faut pas que je m'attarde, Althéa, je dois profiter de la nuit noire pour repartir.

— C'est tellement difficile de te quitter…

Ils s'allongèrent l'un contre l'autre.

— Nous serons bientôt de nouveau ensemble et, cette fois, je ne serai plus obligé d'escalader un mur et de manquer me rompre les os pour te tenir dans mes bras !

— Je trouve pourtant cela très agréable ! C'est une magnifique surprise !

— Mon amour…

Il recommença lentement à la caresser et ils s'aimèrent de nouveau puis demeurèrent un long moment dans les bras l'un de l'autre, bercés par une douce tendresse.

Minuit sonna à Notre-Dame et il fallut se séparer. Après un ultime baiser, Mathieu s'échappa de l'hôtel Fouquet comme il était venu. Bravant le froid, Althéa écouta le bruit de ses pas décroître sur les pavés, puis retourna se coucher, recherchant dans ses draps le souvenir de Mathieu.

Elle s'endormit sitôt après avoir soufflé sa chandelle.

Ce fut le porteur d'eau qui la réveilla[1].

Attendue au Louvre en fin de matinée, elle disposait de temps pour se restaurer et faire ses ablutions. Son choix se porta sur une toilette en velours rose orangé agrémentée d'une lavallière de dentelle crème qui rehaussait la fraîcheur de son teint. Elle accrocha un camée que lui avait donné Marie-Madeleine, enfila des gants dans le même ton que sa tenue puis se parfuma d'une nuance de giroflée et de lilas qu'Arthorius créait tout spécialement pour elle.

Après avoir noué le ruban d'un chapeau assorti à sa robe, elle quitta la maison à pied pour le plaisir de flâner devant les échoppes, humer les essences que les dames élégantes venaient acheter en choisissant des gants en peau ou des étoffes que l'on déroulait à la demande. La fleuriste la connaissait bien et lui donnait parfois une rose, sa boutique jouxtant la boulangerie qui sentait le pain chaud et les beignets tout juste sortis de leur friture. Althéa eut soudain l'idée d'offrir à sa souveraine un cornet de berlingots en sucre candi : Marie-Thérèse était réputée grignoter toute la journée. Après une première entrevue délicate, il pourrait être judicieux d'alléger l'atmosphère. On savait le couple royal gourmand. Le roi

1. À cette époque, des porteurs d'eau passaient dans les maisons ou distribuaient de l'eau dans la rue. Il n'y avait que les riches demeures ou certains couvents pour posséder un puits ou une réserve d'eau.

lui-même se régalait de dragées disposées à son intention dans des compotiers en argent. Après avoir acheté ses bonbons, elle pressa le pas. Un retard eût été désastreux pour cette deuxième rencontre qui marquait sa prise de fonction dans la Maison de la reine.

À peine introduite dans les appartements royaux, la jeune comtesse aperçut le roi venu rendre visite à son épouse. Négligemment appuyé à la cheminée, il plaisantait avec les dames d'honneur. Au fond de la pièce, la petite reine se tenait debout, bien droite, essayant de comprendre toutes les subtilités d'une conversation qui visiblement la dépassait. Annoncée par l'intendant de la Maison de la reine, Althéa salua respectueusement Leurs Majestés et offrit son petit paquet de friandises à Marie-Thérèse qui battit des mains comme une enfant. Elle lui adressa un sourire énigmatique : ce présent ramenait de nouveau l'attention du roi sur elle. Ce dernier, aussi intrigué par les bonbons que par cette nouvelle venue, délaissa la compagnie des dames pour se rapprocher. Marie-Thérèse lui tendit le paquet en le regardant tendrement. Le roi s'en empara, remercia son épouse d'un léger signe de tête et se tourna vers Althéa.

— Vous êtes, ce me semble, la nouvelle dame de la maison de la reine ?

— J'ai cet immense honneur, Votre Majesté.

— Rappelez-moi votre nom ?

— Je suis la comtesse Althéa de Braban-Valloris.

Louis XIV fronça tout d'abord les sourcils, puis son visage s'éclaira.

— Votre père s'est battu courageusement pour la Couronne. Soyez la bienvenue, madame. Je ne doute pas que la reine ma mère eût été bien inspirée de vous recommander auprès de Sa Majesté. Votre famille a toujours été fidèle à son roi.

Althéa ne sut comment interpréter cette dernière

remarque. Louis se souvenait-il qu'elle était la filleule de Fouquet ? S'agissait-il d'une mise en garde voilée visant à lui rappeler qu'elle devait allégeance au trône et fidélité à la famille royale ? Ou bien souhaitait-il lui montrer qu'il l'accueillait en sa Cour comme l'héritière d'une grande famille et que toute accointance avec les Fouquet était oubliée ?

Un sentiment de malaise envahit la jeune fille. L'autorité naturelle du monarque et la menace qu'elle décelait derrière cette remarque anodine lui glacèrent le sang. Elle respira un peu mieux lorsque le roi annonça son départ pour la chasse.

La journée s'écoula, ennuyeuse et monotone, comme chaque journée passée auprès de Marie-Thérèse.

33.

Londres, janvier 1666

Mathieu reposa sa tasse avec un sourire affecté.

— Ainsi, madame, les journées en ce magnifique château vous paraissent longues lorsque je ne vous rends pas visite ? Chère Lady Eleonor… vous me faites grand honneur, mais ce n'est guère aimable pour Lord Goldsmith !

— Mon époux n'aime rien tant que les plaisirs de la chasse. Lorsqu'il ne siège pas à la Chambre, il est auprès du roi. Mais cela me permet parfois de voler des heures délicieuses. Cher Mathieu, j'ai grand plaisir à vous connaître. Venez plus près de moi. Là, tenez… Mettez votre main sur mon cœur. Voyez comme il bat !

Mathieu posa sa main que la duchesse guidait vers son sein, et prit l'air inspiré, tout en déplorant intérieurement qu'une duchesse d'Angleterre usât de subterfuges dignes d'une gourgandine.

— À quelle heure votre mari doit-il revenir de la Chambre des lords ?

— Il ne devrait plus tarder maintenant. Le temps passe si vite quand vous êtes auprès de moi !

Le marquis de Mergenteuil retint un bâillement.

Lady Eleonor minaudait, ce qui tenait du ridicule si l'on considérait son âge mûr et ses longues années de

mariage, dans un monde rompu aux vicissitudes de la galanterie. Elle demeurait belle, magnifiquement servie par une mise impeccable et des tournures élégantes, mais n'intéressait plus son époux depuis fort longtemps.

Lord et Lady Goldsmith appartenaient aux plus grandes fortunes d'Angleterre et pouvaient s'enorgueillir d'être l'un des couples les plus en vue du tout-Londres, chez qui il était primordial d'être reçu. Henry Goldsmith comptait ses amis parmi les plus hauts dignitaires du royaume d'Angleterre et, surtout, avait la confiance de Charles II. Il s'avérait essentiel pour le Français d'obtenir ce sésame auprès du roi. Sachant que l'on avait l'oreille du mari si l'on plaisait à l'épouse, Mathieu tenait compagnie depuis l'après-dîner à Lady Goldsmith, feignant de s'intéresser aux derniers commérages de la Cour londonienne. Il commençait toutefois à montrer des signes d'impatience devant cet assommant badinage. Le duc tardait à rentrer.

Un mois déjà qu'il leur avait été présenté, s'astreignant à tenir compagnie à la duchesse durant de longs après-dîners. Dès qu'il aurait gagné la confiance du duc, il pourrait être reçu secrètement par le roi et reprendrait enfin la mer pour retrouver Althéa. Une éternité qu'il attendait cela. Les journées s'étiraient, interminables. Le temps, particulièrement maussade en Angleterre à cette saison, nimbait son séjour d'une atmosphère de tristesse. Sa promise ne quittait pas ses pensées. Il portait dans le revers de son pourpoint le petit ruban bleu qu'il lui avait dérobé lors de leur dernière entrevue. L'étoffe avait conservé le parfum de la jeune femme et Mathieu le gardait comme une relique. Il s'endormait en pensant à elle, à son air sérieux lorsqu'elle étudiait un livre, à son sourire, à ses lèvres gourmandes, avides de baisers lorsqu'il prenait sa bouche, à son corps offert et ses cuisses fuselées, ouvertes, à ce bonheur qui l'envahissait lorsqu'il entrait en elle, à cet émerveillement chaque fois que leur étreinte

les menait à la jouissance. Il peinait alors à trouver le sommeil, les reins en feu et le cœur au bord de l'explosion.

Tout à ses pensées, Mathieu n'écoutait plus le bavardage de Lady Eleonor Goldsmith depuis un moment déjà, lorsqu'un valet pénétra dans le salon annonçant le retour de Sa Grâce. Il fit irruption dans la pièce sans saluer quiconque, jeta sa canne à pommeau doré et son chapeau sur le sofa et s'adressa au marquis et à son épouse :

— Je vous annonce que nous savons maintenant de source sûre que la France s'apprête à déclarer la guerre à l'Espagne, fulmina-t-il. Puis, se tournant vers Mathieu : Plus question de diplomatie, mon cher, il vous faut regagner votre pays.

— C'est consternant ! J'ai été précisément envoyé en Angleterre pour tenter d'éviter tout cela...

— Ce fut un beau rêve. Mais c'était compter sans les visées territoriales de votre souverain, car pendant qu'il vous envoie pour sauver la paix, votre roi prépare la guerre. L'Angleterre ne pourra accepter cela ! Partez, Mathieu. Cette guerre aura bien lieu, ce n'est qu'une question de semaines. Et peut-être n'êtes-vous déjà plus en sécurité ici.

Le Français demeurait perplexe. La brusquerie de Louis XIV en matière de politique n'étonnait plus personne, mais déclarer une guerre sous des prétextes aussi fallacieux dépassait l'entendement. Il prit congé de ses hôtes et régla les détails de son départ qui serait certainement beaucoup moins aisé maintenant que les relations diplomatiques entre les deux pays étaient rompues. Plus question de naviguer sur l'une des fières caravelles royales. Il lui fallait trouver un bateau de pêche, de taille modeste, qui passerait inaperçu. Dans les temps troublés, les grands du royaume devenaient toujours des otages de choix...

34.

Paris, 20 janvier 1666

Paris s'engourdissait, poudré à frimas.

La Cour avait pris le deuil, et partout dans le royaume, on chantait des requiem pour le repos éternel d'Anne d'Autriche, qui venait de s'éteindre au matin du 20 janvier après avoir pieusement recommandé son âme à Dieu. Leurs Majestés ne paraissaient pas trop affectées. Certes Louis s'attristait de ce trépas, mais la piété maternelle s'accommodait mal de ses ardeurs amoureuses. Marie-Thérèse, écrasée par la grandeur et le rayonnement de sa belle-mère, espérait secrètement que cesseraient enfin les comparaisons entre les deux reines qui ne tournaient jamais à son avantage. L'atmosphère à la Cour oscillait entre affliction et soulagement.

Althéa fut très attristée de la nouvelle et demanda à Antarès, qui la ramenait chaque jour, de la conduire chez Arthorius quand elle quitta le Louvre, n'ayant pas envie d'écouter les bavardages d'Amélie. Son vieil ami avait fait une belle flambée et Althéa s'adossa à l'âtre avec plaisir en savourant sa tasse de chocolat brûlant.

— Vous avez les traits un peu tirés, ma chère, remarqua le médecin.

— J'ai de la peine pour notre reine. Je garde en moi le

souvenir d'une grande dame... Savez-vous ce qu'elle m'a dit lors de mon avant-dernière visite ?

— Je vous écoute.

— Elle m'a dit à propos d'Henri, son fils retenu prisonnier, qu'elle avait au fond toujours su qu'il était vivant quelque part dans le royaume.

— Ah ? C'est étrange.

— Selon elle, au seuil de son trépas, et à l'heure de comparaître devant Dieu, Louis XIII, son mari, n'aurait jamais fait couler le sang de France !

— Il se peut, en effet, que ce soit ce qui a retenu son bras. Mais au fond qu'importe ! La malheureuse aura vécu sans jamais revoir son enfant.

— Qu'allons-nous faire à ce sujet, maintenant ?

— L'ordre n'a pas encore statué. Mathieu doit d'abord en terminer avec sa mission. Ensuite, nous nous réunirons.

— Pensez-vous que nous aurons bientôt de ses nouvelles ? osa timidement Althéa.

— Bien sûr ! Et je suis certain qu'il se porte très bien. Je gage même qu'il se languit autant de vous que vous de lui !

— Le temps paraît en effet bien long lorsqu'on attend.

— Tranquillisez-vous. Mathieu parviendra bientôt à ses fins et vous le retrouverez. Compte tenu du fait que la guerre semble inévitable, il n'a plus rien à faire à Londres.

— Tant mieux. Il me tarde de le revoir. La vie est bien ennuyeuse auprès de notre reine.

— N'êtes-vous pas entourée de jeunes femmes de votre âge pour vous distraire ?

— Si, bien sûr. Mais si vous saviez comme il est éreintant de s'enthousiasmer pour le dernier onguent de chez Renatto ou de se passionner pour les amours illicites du roi ! La Cour est un théâtre grandeur nature où l'on rejoue sans cesse la même pièce : celle de la frivolité ! Molière s'en inspire et parvient à en rire, mais n'ayant pas son talent, je ne sais que m'y ennuyer...

35.

À bord du Bélisaire, *mer du Nord, février 1666*

Il rentrait !

Accoudé au bastingage à l'avant du bateau, Mathieu regardait l'étrave fendre les flots. Serrant dans sa main le petit ruban bleu d'Althéa, il se sentait transporté de joie à l'idée de la revoir, de la serrer de nouveau dans ses bras. Deux mois sans nouvelles ! Voyant s'éloigner les côtes d'Albion, il respirait, ravi, l'air marin à pleins poumons. Des mouettes tournoyaient au-dessus des voilures et Mathieu s'amusait à leur jeter du pain. Il faisait un froid très vif, mais le jeune homme avait souhaité se rendre sur le pont. Hélas, de gros nuages menaçants s'accumulaient à l'horizon et le vent se levait, creusant davantage les vagues qui emportaient le *Bélisaire* dans une danse saccadée, comme un bouchon de liège. La pluie commença à tomber, fine tout d'abord, puis de plus en plus drue, contraignant le marquis à regagner sa cabine.

Il redescendit les marches en maugréant, s'essuya les cheveux dans un linge et s'étendit quelques instants sur la couchette. Derrière ses paupières une jeune femme souriait. Il la revit, blottie contre lui, trempée des pieds à

la tête après sa chute dans l'Anqueuil à Vaux. Comme elle était jeune encore ! Et déjà ce tempérament farouche et fier… Puis il se remémora leur premier baiser, cette soif d'apprendre les choses de l'amour, son exquise sensualité. Il dessina son corps dans sa mémoire, le jour où elle prenait son bain et qu'il était entré à l'improviste, la découvrant nue sous sa chemise mouillée. Il revécut leur dernière étreinte et cette plénitude magnifique qui les emplissait tous deux. Il rêvait de galoper botte à botte avec elle dans les campagnes alentour, de partager la lecture d'un livre, le soir auprès du feu. Elle lui donnerait des enfants superbes, un garçon vigoureux et une petite fille qui aurait ses yeux…

Des cris venaient du pont, qui l'interrompirent dans sa rêverie. Il se précipita hors de sa cabine et comprit en un instant la gravité de la situation.

Le bateau brûlait.

La foudre avait frappé le mât. Les matelots se relayaient pour jeter des brocs d'eau, mais le péril gagnait tandis que grondait le tonnerre et que les éclairs striaient le ciel. Promptement, Mathieu aida les hommes d'équipage à circonscrire le feu.

Déjà le capitaine ordonnait que les canots fussent descendus. Le ciel, d'un noir d'encre, semblait ne jamais vouloir finir de se vider. Les vagues toujours plus hautes rudoyaient le *Bélisaire* en l'obligeant à plonger presque à la verticale. Mathieu se cramponnait dans les cordages et tentait d'aider les deux couples de passagers qui fuyaient comme lui l'Angleterre à descendre dans les frêles embarcations, lorsqu'un mur d'eau se dressa devant lui.

Il n'eut pas le temps de se cramponner au bastingage. Serrant toujours son petit ruban bleu, il fut arraché au *Bélisaire* avec l'impression de planer dans une vague glacée…

Il faisait beau, un grand soleil.

Une très belle jeune fille, nue dans la rivière, l'appelait pour qu'il vînt se baigner. Il l'entendait crier son nom. Son sourire lumineux irradiait dans la chaleur de l'été.

Il l'aimait.

36.

Palais du Louvre, février 1666

— Si vous ignorez qui est le vicomte de Roquefeuille, c'est que vous ne savez distinguer un diamant d'entre des silex, ma chère !

Jeanne se rembrunit. Elle n'avait pas l'assurance d'Agnès, ni son effronterie. Toutes deux dames de la maison de la reine, elles s'appliquaient à leurs tapisseries, attendant que la souveraine terminât ses dévotions et quittât son oratoire. Silencieuse, Althéa écoutait, tentant de se souvenir des noms qu'elle entendait. Agnès était intarissable. Elle adorait les intrigues et les histoires de cœur.

— À la première représentation de la pièce de Molière[1], il y a presque un an jour pour jour, il n'avait d'yeux que pour Mlle de Chemerault. Mais on murmure aujourd'hui que ses regards se tourneraient de plus en plus vers la marquise de Montespan[2]. Hélas, Mlle de Tonnay-Charente est mariée depuis trois ans ! Comme c'est triste !

1. La première représentation de *Dom Juan* eut lieu le 15 février 1665.

2. Mlle de Tonnay-Charente s'appelait Françoise de Rochechouart de Mortemart et, sous l'influence de la préciosité, se fera appeler Athénaïs. Elle épousa en 1663 Louis-Henri de Pardaillan de Gondrin, marquis de Montespan.

Il arrive trop tard pour faire son bonheur ! dit-elle en éclatant d'un rire joyeux.

Althéa leva le nez de son ouvrage, subitement intéressée.

— Et de quelle pièce parlez-vous ?

— Mais de *Dom Juan*, bien sûr ! Où étiez-vous à cette époque, comtesse ? Dans la lune ? Comment avez-vous pu oublier le scandale et l'agitation qui ont suivi cette représentation ?

Préférant ne pas évoquer son voyage au Piémont, Althéa se contenta de balbutier qu'elle se remémorait en effet cet épisode dont avait bruissé le tout-Paris. Mais Agnès, n'écoutant déjà plus la réponse évasive de son amie, poursuivait son récit en le mimant d'un air maniéré pour amuser ses congénères.

— Mlle de Chemerault eut le cœur com-om-omplètement brisé par notre grand séducteur !

— Elle l'aimait donc vraiment ? demanda Jeanne timidement.

— On le dit. M. de Roquefeuille n'a rien d'un amoureux transi ! Et vous connaissez l'adage : « Loin des yeux, loin du cœur… »

Althéa leva la tête et son regard se perdit sur l'horizon des toits de Paris qu'elle apercevait par la fenêtre.

Mathieu.

Loin d'elle depuis si longtemps…

Perdue dans ses pensées, elle n'écoutait plus ce babillage lorsque Mlle de Pons fit irruption dans la pièce.

— Êtes-vous au courant ?

— Au courant de quoi ? interrogea Agnès.

— Mais du naufrage ! On ne parle que de cela dans la galerie ! J'arrive de chez Madame ! Le marquis de Mergenteuil aurait péri en mer. Il y a eu une terrible tempête voici quatre jours dans la Manche. Il revenait d'Angleterre où l'avaient appelé ses affaires. Un messager vient

de prévenir Madame par un billet. La pauvre en a eu une indisposition, il a fallu lui bassiner le front à l'essence de menthe !

Althéa fut foudroyée.

Elle entendit ses oreilles siffler, les tempes lui battre. Malgré son effort désespéré pour trouver de l'air, elle perdit connaissance et chut de son tabouret, dans un bruit de taffetas froissé. La jeune femme recouvra ses esprits lorsqu'on lui fit respirer un flacon de sels. Jeanne lui tapotait les joues et Marie l'aérait avec son éventail. Elle bredouilla qu'on l'excusât auprès de la reine, se leva péniblement et quitta la pièce pour rejoindre la voiture d'Antarès arrêtée non loin de l'entrée principale du Louvre. La voyant se soutenir avec peine, ce dernier se précipita au-devant d'elle et l'aida à s'installer dans la voiture. Sans même l'en aviser, il la conduisit tout droit chez Arthorius.

*
* *

Dès qu'il aperçut la pâleur de nacre de son amie, le vieux médecin lui servit un verre d'eau de fleur d'oranger en la dévisageant, soucieux et silencieux.

Ainsi donc, elle savait.

Impuissant, il regardait la jeune femme secouée de violents sanglots, dévastée par cette disparition tragique. Arthorius, lui-même écrasé de chagrin, finit pourtant par se lever pour lui prendre doucement la main.

Elle le suivit docilement lorsqu'il émit le souhait de l'examiner après son malaise, par précaution. Il lui palpa le foie, le ventre, les seins, puis se redressa en soupirant, le visage crispé.

Ses craintes se confirmaient.

Althéa demeurait noyée dans sa douleur.

— Madame, je préfère ne pas avoir entendu la manière dont vous avez qualifié la justice du roi. Je mets votre emportement sur le compte d'une trop grande fatigue due peut-être à votre charge ou à la douleur d'avoir perdu la reine mère que vous aimiez beaucoup. Sans doute vous faudra-t-il prendre instamment quelque repos.

— Du repos, Majesté ?

— Dans notre grande bonté, nous vous accordons congé.

— Qu'est-ce à dire, Sire ?

— Que vous êtes momentanément relevée de vos fonctions jusqu'à nouvel ordre, afin de vous donner tout loisir de réfléchir à notre conversation. Il existe des règles incontournables de bienséance auxquelles une jeune personne, aussi... délicieuse soit-elle, doit se conformer.

Il s'était radouci sur la dernière phrase et Althéa comprit qu'il lui proposait peut-être de rattraper son manquement d'une façon un peu particulière. Elle n'était plus naïve et savait reconnaître les signes du désir chez un homme. Celui qui la toisait en ce moment la convoitait, elle en était certaine.

Elle décida d'ignorer l'allusion. Cette retraite forcée était bien plus qu'elle n'en pouvait espérer : dans son état, il lui fallait impérativement s'éloigner de la Cour, et cette injonction du roi était une véritable aubaine. Elle se força à lui sourire.

— Vos désirs sont des ordres, dit-elle en baissant légèrement la tête. Je prendrai donc congé de Sa Majesté la reine dès tantôt.

Puis, se souvenant de ce que Fouquet lui avait ardemment demandé, elle reprit, d'une voix très douce :

— Je souhaiterais juste ajouter que si j'ai fait preuve d'emportement, cela est bien involontaire et je prie de tout mon cœur Votre Majesté de bien vouloir m'en excuser. Je n'ai jamais voulu offenser mon roi...

— Alors songez plutôt aux façons que vous auriez de lui plaire, madame, dit-il d'une voix rauque.

C'est sur ces mots qui firent frissonner Althéa qu'elle se retira à reculons, après une révérence que le souverain jugea décidément peu appuyée.

38.

Mars 1666

Althéa fuyait.

Recroquevillée sur la banquette de son carrosse attelé à quatre chevaux, pelotonnée dans une couverture qui ne parvenait pas à la réchauffer, elle regardait défiler le paysage, absente. Ses adieux à Arthorius lui restaient en mémoire, elle aimait le vieux médecin comme elle avait aimé Nicolas, même s'il n'était pas son père. Mais demeurer à Paris lui était impossible. Il lui fallait se reconstruire un avenir qui ne serait jamais celui auquel elle avait cru.

Des nuits entières elle avait cherché la solution, se tournant sous ses couvertures, espérant une lumière qui ne venait pas. Plongée dans d'effroyables ténèbres, elle n'était plus la lumineuse petite fiancée d'un marquis. Le naufrage du *Bélisaire* la plaçait dans la situation infamante d'une fille mère, d'une jeune fille de haute noblesse ayant déshonoré son nom et son rang. Montrée du doigt à la Cour, elle perdrait sa charge auprès de la reine et verrait la bonne société se détourner. Après la disgrâce de Fouquet, son nom, associé à un nouveau scandale, serait irrémédiablement souillé.

Le cœur lourd, elle avait rencontré le notaire de son père qui gérait ses affaires jusqu'à sa majorité. Épouvanté

devant l'air accablé de la jeune femme, il l'avait questionnée. Lasse, elle avait fini par tout lui avouer, comme on parle à un ami de longue date, et le vieil homme s'était alors proposé de l'aider. Un clerc de ses amis venait de régler les affaires d'un duc, veuf prématurément d'une femme morte de la fièvre des marais, qui demeurait sans postérité à son grand dam, car l'âge venait. Peut-être serait-il heureux d'épouser Althéa dont le rejeton, issu de sangs neufs et vigoureux, ne pourrait que prolonger aimablement sa lignée. Le bébé serait duc un jour, si le ciel voulait que ce fût un garçon. Il hériterait du duché-pairie de son père et pourrait bien sûr prétendre à une place à la Cour. Il y avait eu échange de lettres entre les deux études et l'affaire avait fini par se conclure.

C'était vers cette vie-là que son carrosse l'emportait.

Althéa se sacrifiait pour son enfant.

Son bonheur était derrière elle, les moments de passion partagés avec Mathieu s'étaient mués en faute qu'il fallait réparer, même si elle n'éprouvait aucun regret de s'être donnée à lui.

Dans une toilette vert sombre, elle paraissait amaigrie malgré son état. La bienséance ne lui permettait pas de porter le deuil, mais elle ne supportait plus les couleurs vives. Étranglée d'angoisse, elle essayait d'imaginer sa nouvelle vie. L'idée d'épouser un tyran l'avait tellement terrifiée qu'elle avait maintes fois posé la question au notaire, lequel lui avait affirmé que le duc passait dans la région pour un homme affable dont la courtoisie et les manières étaient légendaires. Elle craignait aussi de s'ennuyer dans un château flanqué sur des terres de province, clle qui avait connu la magnificence de Vaux et les fastes de la Cour…

Perdue dans ses réflexions, la jeune femme regardait la campagne qui s'étalait sous ses yeux. Le printemps mani-

festait son impatience et les premiers bourgeons se dressaient vigoureusement dans leur soif d'éclore. Les sons déjà n'étaient plus ceux de l'hiver. Comme chaque année, la vie reprenait ses droits mais Althéa, indifférente, ne parvenait guère à entrevoir une promesse de bonheur.

*
* *

Domaine de Cressac, mars 1666

Cahotée par les soubresauts de la voiture, la jeune femme avait des nausées. Ce voyage n'en finissait pas. Lorsque enfin le cochet s'inclina par la portière pour lui signaler que l'on franchissait les limites du domaine, le soulagement l'emporta sur l'angoisse. Elle se pencha par la fenêtre et aperçut des bois qui bordaient une rivière dont les lacis argentés paressaient dans la tiédeur du soleil printanier. Un héron cendré s'envola à grand bruit d'ailes et Althéa soudain se revit à Vaux, dans cette vie proche de la nature. Assurément ces forêts, ces vergers, cet étang qu'elle apercevait maintenant que la voiture avait dépassé la rivière, la grande allée bordée de peupliers qui conduisait à la cour du château ressuscitaient chez elle l'Anqueuil qui irriguait les terres du domaine de la seigneurie, *la Poële,* cet arrondi du canal dans lequel elle avait appris à nager, les pommiers, les poiriers et les pruniers où elle chapardait avec son frère Louni, et cette allée frangée d'immenses platanes où elle avait vu, durant le bel été 1661, arriver dans le lointain la file des carrosses qui transportaient la Cour…

La voiture opéra un arc de cercle devant le perron et s'immobilisa.

Althéa retint son souffle.

D'une haute taille, les tempes légèrement grisonnantes, le duc de Saint-Évrard parut sur le perron. De grands yeux de velours et un regard bienveillant rassurèrent la jeune femme qui fit l'effort de lui sourire tandis qu'il tendait la main vers elle.

— Je suis très heureux de vous accueillir. J'espère que vous avez fait bon voyage.

— Eh bien.... Nous n'avons rencontré aucun désagrément particulier, mais je suis bien aise d'être enfin parvenue au terme de ce long périple !

— Madame, le portrait que l'on m'a adressé de vous est une offense à votre beauté. Il y manque la lumière que vous dégagez.

— Vous êtes bien aimable, Votre Grâce, d'appeler lumière ce qui n'est que poussière ! J'aurai grandement plaisir à ma toilette ! Pourtant, tout ce que j'ai vu en arrivant chez vous méritait cet effort. Votre domaine est magnifique !

— Je suis bien aise que vous le pensiez. Soyez la bienvenue à Cressac. Je vous prie de bien vouloir me faire les honneurs de cette demeure qui sera bientôt la vôtre. Si vous voulez me donner votre bras, je vous présenterai aux gens qui auront désormais à cœur de vous servir.

Ils gravirent ensemble les degrés.

— Voici tout d'abord Jeannette et puis Sidonie...

S'ensuivit une longue liste de prénoms qui étourdit Althéa. La domesticité, alignée dans le hall au bas d'un majestueux escalier, s'inclinait en signe de respect devant la fiancée du duc, avec pour la plupart une curiosité mal contenue. Lorsque les présentations furent terminées, on proposa à la comtesse de se restaurer, puis de découvrir ses appartements pour s'y reposer.

Demeurée seule, Althéa s'approcha de la fenêtre de sa chambre et aperçut les parterres de buis dessinés, des

bosquets où il ferait bon prendre le frais, et même quelques statues. Rassérénée, elle admit que sa première impression était plutôt favorable et s'assit sur son lit en soupirant. On frappa à sa porte. Le duc lui rendait une visite de courtoisie.

— Lucie chauffe aux cuisines de l'eau pour votre bain. Je souhaitais m'enquérir de votre installation en vos appartements. Si la décoration de votre antichambre ou de votre alcôve ne s'accordait pas à vos goûts, vous pourriez tout aussi bien en modifier l'ajustement[1].

— Vous êtes très généreux, mais ces pièces sont élégantes, et je n'y souhaite aucun aménagement. À l'exception peut-être..., s'interrompit-elle.

— Dites-moi, madame.

— À l'exception de ce tableau que je ne souhaite pas voir demeurer face à mon lit.

Le duc, surpris, comprit qu'Althéa désignait un portrait en pied de Louis XIV enfant, en costume d'apparat.

— Vous n'aimez pas ce tableau ? C'est pourtant une œuvre de l'école française qui...

— La réalisation en est plaisante, mais le sujet ne m'agrée point, je m'en excuse.

Le duc sourit et s'inclina fort galamment. Elle reprit d'un air dégagé :

— Quand la cérémonie de notre mariage doit-elle avoir lieu ?

— Dans cinq jours exactement, samedi, à seize heures trente. La couturière vous verra pour les retouches nécessaires à votre toilette. J'espère très vivement que vous vous plairez au domaine que je vous ferai découvrir dès demain. Le souper sera servi dans une heure dans la grande salle à manger, mais peut-être souhaitez-vous

1. Au XVIIe siècle, « arrangement », « aménagement ». Au figuré le mot avait le sens d'« embellissement ».

pour aujourd'hui, puisque vous arrivez, demeurer en vos appartements ?

— Non point, Votre Grâce. Je serai heureuse de répondre à votre accueil si chaleureux en vous tenant compagnie dès ce soir.

Un large sourire éclaira le visage du duc.

— C'est très aimable à vous, les instructions seront données en ce sens.

— Je vais à présent me rafraîchir un peu, aider Suzon à défaire mes malles et m'apprêter à ma toilette.

— En ce cas, je ne vous importune pas davantage, répondit-il en s'inclinant.

Il releva la tête et ajouta :

— Je vais de ce pas donner les ordres pour que l'on ôte de votre vue ce tableau qui vous contrarie. J'aurais pu en effet deviner qu'il ne vous serait pas plaisant d'avoir cette œuvre en vos appartements. Pardonnez-moi.

Althéa regarda la porte se refermer, soulagée de tant de bonté, mais très lasse après l'extrême tension dans laquelle elle avait vécu toutes ces dernières semaines…

Le souper fut plaisant, le duc ayant quantité d'anecdotes à rapporter. Curieux de tout, il s'intéressait aussi à l'astronomie, la botanique et les belles-lettres. Il fit à Althéa les honneurs de sa bibliothèque. Plusieurs étages de livres anciens tapissaient les murs lambrissés, dans une pièce circulaire aménagée dans l'une des tourelles du château. Une pile de journaux encombrait le bureau trônant au centre de la pièce, devant la cheminée. Althéa saisit un numéro et le parcourut.

— Vous rcccvcz *La Gazette* même… ici ?

Saint-Évrard sourit, amusé :

— Vous craigniez, en arrivant chez nous, d'être emprisonnée au fin fond d'une province où même le nom de

Renaudot[1] ne signifierait rien pour personne, n'est-ce pas ?

Althéa ne put dissimuler son embarras.

— Je vous mentirais en affirmant le contraire... Et je suis très heureuse de découvrir qu'il n'en est rien ! Je retrouve en votre belle demeure l'âme de celle que j'ai à jamais quittée un soir de mon enfance... C'est pour moi source de grande émotion.

Le duc parut touché de cet aveu. Il ne sut tout d'abord que répondre, puis se ressaisit en désignant les échelles appuyées tout autour de la rotonde, servant à attraper les ouvrages les plus hauts :

— Vous êtes dans cette bibliothèque, comme partout ailleurs, chez vous, avec une restriction cependant peut-être pour les échelles, car dans votre état, cela ne serait sans doute pas prudent.

C'était la première fois depuis son arrivée qu'il évoquait la maternité d'Althéa. Il ajouta presque précipitamment, craignant qu'elle ne changeât de sujet :

— J'en profite pour m'enquérir du bon déroulement de la chose.

— Tout se passe pour le mieux, rassurez-vous. Maintenant que le voyage est terminé et que je suis sur la terre ferme, je ne ressens aucune indisposition particulière. Je souhaitais, puisque vous abordez le sujet de mon enfant...

— De notre enfant, ma chère ! dit-il avec un bon sourire.

— Oui... de notre enfant... Je voulais savoir ce que le notaire vous a dit exactement de... son vrai père...

— Il ne m'en a dit que le nécessaire. J'ignore son nom. Je sais qu'il vous avait promis de vous épouser, et l'on m'a

1. Médecin, journaliste français et secrétaire du roi, commissaire général des pauvres du royaume (1586-1653), Théophraste Renaudot créa *La Gazette* en 1631.

appris aussi qu'un naufrage l'avait emporté. J'en suis très sincèrement désolé, croyez-le. Cela a dû être un choc terrible.

Il marqua un temps de silence, comme pour témoigner du respect au défunt. Puis, se redressant, il reprit :

— Vous n'oublierez sans doute jamais cet homme, Althéa, mais le temps pansera vos plaies. Pour ma part, je ferai tout ce qui est en mon pouvoir pour vous rendre la vie agréable et faire de vous une femme heureuse. Vous me donnez votre jeunesse, votre beauté et, cadeau plus magnifique encore, vous m'offrez d'être père. Ce don mérite que vous en soyez remerciée chaque jour.

— Vous êtes un homme très bon, Votre Grâce, et dans mon malheur, je mesure la fortune qui m'a conduite vers vous. Aujourd'hui, je n'aspire plus qu'à la paix, auprès de mon enfant et… de vous !

— Qu'il en soit ainsi. Venez maintenant, que je vous fasse découvrir les terrasses au clair de lune. N'avez-vous pas froid ?

Althéa passa son bras sous celui de son futur époux et, le regardant avec sollicitude, appuya doucement sa tête sur son épaule. Se pouvait-il qu'elle pût enfin trouver la paix ?

39.

Les quelques jours qui précédèrent la noce passèrent en un éclair. Entre la découverte du domaine, l'arrivée de toutes ses malles et son installation, à quoi s'ajoutèrent les préparatifs du mariage, Althéa fut prise dans un tourbillon qui lui évita de ressasser son chagrin. Une lettre[1] d'Arthorius lui annonçant sa venue lui mit du baume au cœur, ainsi que la douceur de Justine, sa femme de chambre, qui lui témoignait beaucoup d'attentions. Pourtant, lorsque cette dernière l'aida à revêtir sa toilette de noce au matin de samedi, Althéa se mit à trembler. Elle n'était pas en visite, venue se reposer chez des gens bienveillants : elle devenait maîtresse d'un domaine qu'elle ne quitterait plus, et vivrait toute sa vie sur ces terres, jusqu'au jour où l'on porterait sa dépouille auprès de

---

1. À la fin du XVIe siècle, la création par Henri IV d'une « Poste aux lettres » révolutionne l'acheminement du courrier. Chaque destinataire peut désormais récupérer ses lettres dans un lieu précis, moyennant un coût assez élevé. L'équivalent du premier tarif postal car, jusqu'en 1849, date à laquelle est créé le premier timbre-poste, c'est le destinataire qui paie le port de la lettre. Devant ce commerce très lucratif, Louis XIV mandatera en 1672 le surintendant Louvois de réorganiser entièrement la Poste aux lettres sous le nom de « Ferme générale des postes » qui acquiert le privilège du transport des correspondances dans tout le royaume. Rapidement les messageries privées disparaissent, le monopole est né.

celles de tous les ascendants de la famille Saint-Évrard de Cressac, dans la crypte du château.

Cette perspective la glaça d'effroi, et c'est avec la pâleur d'une morte qu'elle remonta la nef chargée de fleurs au bras du vieux médecin qui remplaçait son père. Les cinq premiers rangs étaient occupés par toute la noblesse des alentours. Les paysans du domaine et les villageois assistaient également à la noce. Ils formaient une bienveillante haie d'honneur jusqu'au-dehors de l'église. Le ciel, nuageux en début de matinée, s'était à présent découvert, laissant apparaître un pâle soleil printanier qui nimbait la campagne environnante d'une lumière blanche. Althéa, sensible d'habitude à ce réveil de la nature, marchait comme une somnambule. Elle s'accrochait à Arthorius plus qu'elle ne l'accompagnait. Ce dernier avait refermé sa main sur la sienne, en signe de soutien. Tous deux pensaient en cet instant à la même personne. Le chœur attaqua un *Kyrie Eleison* qui s'envola sous les voûtes lorsqu'elle franchit le seuil de l'église. La jeune femme paraissait indifférente à ce qui l'entourait.

Elle remonta l'allée centrale sous les murmures d'admiration et les chuchotements. Droit dans un habit coupé à la perfection, le duc l'attendait devant l'autel et lui sourit.

Les futurs époux prirent place sur les deux fauteuils de velours cramoisi disposés devant le prêtre et la cérémonie commença. Lorsqu'elle entendit « Althéa, Aurore, Jeanne, comtesse de Braban-Valloris, acceptez-vous de prendre Savinien, Armand, Foulques de Saint-Évrard, duc de Cressac, quinzième du nom, ici présent, pour légitime époux ? », elle murmura un « oui » sacramentel à peine audible. Après la bénédiction, la nouvelle mariée, noyée dans un flot de mousseline vaporeuse, redescendit la nef au bras de son époux et trouva la force de sourire gentiment aux gens qui l'acclamaient à la sortie de l'église.

Ils s'installèrent dans la calèche décorée de rubans qui devait les ramener au château sous une pluie de pétales de fleurs, et Savinien lui prit la main.

— Je sais que c'est pour vous une journée douloureuse, ma mie, et je devine même vers qui volent vos pensées. Sachez que je serai toujours auprès de vous pour tenter de soulager votre peine, et que vous trouverez chaque jour en moi une épaule bienveillante.

Althéa le regarda, émue.

— Je vous remercie, Savinien, de votre immense sollicitude, et je sais combien ces mots peuvent être pour vous difficiles à prononcer. Je ne vous en suis que plus reconnaissante. Je ne pouvais espérer trouver meilleur époux. Je vous promets d'essayer de faire en sorte que cette journée demeure, malgré tout, un bon souvenir…

— Celui de votre éclatante beauté dans cette toilette y contribuera grandement, madame. Et j'adore vous entendre prononcer mon prénom. Personne ne lui donne cette intonation si douce, ajouta-t-il, l'air rêveur.

Cette fois, la jeune épousée le gratifia d'un très beau sourire et il sembla alors à Savinien que le soleil brillait vraiment sur Cressac…

Lorsque s'allumèrent les premières étoiles, la fête battait encore son plein. Le banquet s'étira tard dans la nuit, puis l'effervescence, enfin, retomba. Les invités logés sur place regagnèrent leurs appartements et les derniers convives quittèrent la grande salle, certains en titubant.

Le château plongea dans un profond silence. La pendule marquait une heure.

Althéa, qui s'était préparée à cette nuit de noces, la redoutait maintenant et sursauta en entendant frapper doucement à sa porte.

— Entrez ! dit-elle, oppressée.

La silhouette du duc s'encadra dans l'embrasure.

— Je viens vous présenter mes plus respectueux hommages, madame.

— Vous êtes mon époux, et donc le bienvenu en ces lieux..., se contenta-t-elle de répondre en rassemblant tout son courage.

— Vous pouvez vous retirer, Suzon, je finirai d'aider ma femme à se dévêtir.

Suzon esquissa une révérence, souhaita bonne nuit au duc et à la duchesse et se retira d'un air entendu. Althéa se tenait debout au milieu de la pièce, ne sachant trop quelle attitude adopter.

— Détendez-vous, madame. Je ne viens pas chercher mon déduit. J'aurais la possibilité de trouver au château de quoi satisfaire mes appétits, mais je n'ai jamais usé de mes droits seigneuriaux auprès de la domesticité. Je n'aime honorer une femme que si elle y consent, c'est là pour moi toute la valeur de l'échange. Je sais que par les liens de notre hymen, vous devez accomplir auprès de moi votre devoir. Mais je sais aussi que votre cœur est ailleurs... De plus, vous portez mon fils et toute contrariété pourrait sans doute lui nuire...

Althéa sourit.

— Vous êtes un homme exceptionnel, Savinien de Cressac. Je crois que je vais me plaire grandement en votre compagnie.

— Voilà qui est doux à entendre...

Il la regarda plus intensément en s'approchant si près qu'elle frissonna :

— Althéa... Je vous veux toute à moi, de corps et d'esprit. Je n'étais pas dans ces dispositions avant de faire votre connaissance. Aujourd'hui, je souhaite plus qu'un accord formel : je veux un vrai mariage. Le jour où vous serez mienne, je veux que ce soit sans plus d'arrière-pensée. J'y mettrai le temps nécessaire, mais je ferai votre

conquête. Vous serez alors ma femme, et le serez pleinement.

— Ce discours vous honore, monsieur, et j'y suis fort sensible. Cependant, je me dois d'être sincère et honnête avec vous. Je crains que ce moment ne tarde ou bien ne vienne jamais, car je suis en deuil et mon chagrin est immense. Pourtant je ne saurai vous éconduire, tant il est vrai que pour l'enfant que je porte je souhaite ardemment trouver la paix de l'esprit et, qui sait, peut-être un jour parvenir à être moins malheureuse...

Elle tenta de lui sourire.

— J'attendrai ce jour, ma douce, murmura le duc en lui passant la main sur la joue. Vous paraissez éreintée. J'aurais souhaité pouvoir vous laisser reposer après cette rude journée, mais il me faut passer davantage de temps auprès de vous ce soir, afin d'éviter que l'on ne jase jusqu'aux cuisines lorsque vous ne saurez plus dissimuler votre état. Il est très important que l'on pense que nous avons consommé notre mariage. Après, il suffira que vous inventiez une chute quelconque pour que l'enfant naisse avant son terme...

— Mais demeurez, monsieur, demeurez ! J'ai reçu mes dernières malles de livres. Et il y en a deux que je souhaite vous faire découvrir, sourit-elle en se dirigeant vers le petit secrétaire qui trônait devant la fenêtre.

Le duc la rattrapa par la main.

— Souffrirez-vous cependant que je vous aide en effet à vous mettre à l'aise. N'oubliez pas que je me suis engagé à être votre femme de chambre !

— Je ne l'oublie pas et vous avez mille fois raison, je serai vraiment heureuse de me défaire de ces montagnes de tissus !

Doucement, le duc s'approcha et entreprit le délaçage de son corset. Ses doigts tremblaient sous l'émotion. La surjupe s'affala, et Althéa parut naître des eaux telle la

Vénus de Botticelli. Elle dégrafa elle-même son jupon et se dessina devant son mari dans la fine chemise qui la révélait plus qu'elle ne la couvrait. Maintenant que sa taille n'était plus comprimée par le serrage impérieux du corset, son ventre arrondi se devinait dans la transparence diaphane du tissu et, instinctivement, le duc avança la main.

— Me permettez-vous ?

— Je vous en prie, murmura-t-elle. Ce sera... votre enfant.

Tendrement, le futur père posa sa main sur le ventre d'Althéa qui mit la main sur la sienne à son tour. Leurs regards se croisèrent et la jeune femme lut, dans les yeux du duc, une intense émotion. Elle fut troublée par tant de compréhension, de sensibilité et de gentillesse, et sentit monter en son cœur une immense tendresse pour Savinien.

Puis le duc se redressa, s'approcha du secrétaire et se saisit du coupe-papier qu'il enfonça d'un geste prompt dans le bout de son doigt. Althéa se précipita :

— Mon Dieu, mon ami, mais que faites-vous ?

Savinien ouvrit tout grand le lit de la jeune femme et fit perler son sang sur le centre du drap.

— Madame, je viens de prendre votre virginité et de concevoir l'héritier de Cressac, futur duc de Saint-Évrard !

40.

Saint-Germain, septembre 1666

Le roi se penchait avec application sur un rouleau de plans qu'il examinait en les commentant.

— Ainsi, voyez-vous, mon cher, la grotte de Téthys m'inspire encore de belles et grandes choses quant aux jardins. Je veux des bosquets et des labyrinthes de végétaux, autant de lieux où l'esprit se perd et vagabonde, sans pourtant renoncer à la magnificence de l'ensemble…

— Certes, Sire, certes, et ce sont belles choses que tout cela, mais cela coûte fort cher, Sire, fort cher !

Colbert s'agitait, fébrile, partagé entre la nécessité de faire entendre raison à son maître et le souci constant de ne pas lui déplaire.

Le roi regarda fixement son ministre.

— Mon cher Colbert, vous êtes contrôleur général des Finances. C'est donc à vous que revient la charge de trouver des fonds. Versailles doit être le reflet de la majesté royale, le miroir de la grandeur du Soleil, et rien ne sera trop beau – ni trop cher ! – pour cela. À vous de vous accommoder de ces ajustements, lâcha-t-il avec désinvolture.

Colbert s'essuya le front de son mouchoir de dentelle.

— Mais la guerre, Sire…, commença-t-il.

— La guerre est une chose, l'art en est une autre ! Et les deux concourent à ma grandeur, coupa Louis XIV en se contemplant dans le miroir qui lui faisait face.

— Le Trésor..., tenta Colbert.

— Le Trésor sera ce que nous en ferons. Vendez des charges ! Créez des besoins. La noblesse de France doit être mise au pas. Je la veux à Versailles. Asservie. Vous verrez, bientôt tous ces vicomtes, ces ducs et ces petits marquis qui vivent largement sur leurs terres de province se battront pour s'entasser dans des réduits versaillais. Ils achèteront le privilège de contempler leur roi et paieront sans compter le droit de le servir. Nous renflouerons le Trésor en mettant ces courtisans au pas ! Et s'il vous manque des ouvriers, utilisez nos soldats, puisqu'ils sont désœuvrés !

Colbert soupira.

Rien ne ferait entendre raison à ce jeune roi à qui tout réussissait. Le deuil de la Cour prenait fin et l'argument fallacieux qui voulait que le roi ne souhaitât plus vivre au Louvre, où sa mère s'était éteinte, avait vécu. Ceci se révélait d'autant plus discutable que la pauvre reine défunte rêvait à l'époque de s'endormir dans la paix du Christ en son cher Val-de-Grâce. Non, il fallait se rendre à l'évidence, la construction de Versailles ne relevait pas de tous ces prétextes. Elle marquait les désirs fous de grandeur d'un jeune homme ivre de pouvoir qui voulait marquer son siècle et demeurer dans l'Histoire. Aucun argument ne viendrait à bout de sa volonté. Seule Anne d'Autriche avait pu – parfois ! – le freiner dans ses ardeurs dépensières, guerrières ou galantes.

Désormais, Louis XIV ne connaissait plus de limite, dans aucun domaine, ni vis-à-vis de l'Espagne, la patrie dont sa mère était originaire, ni vis-à-vis des femmes, puisque plus personne n'oserait lui faire remontrance à ce sujet. Le monarque savourait cette liberté nouvelle et force était de constater que son deuil avait été bien léger.

Défiant les liens sacrés du mariage, la bonne morale et les lois de l'Église, le roi imposait maintenant presque deux maîtresses à son épouse, car si l'étoile de Mme de La Vallière avait pâli, ses regards se tournaient vers la flamboyante Athénaïs de Montespan, qu'il ne tarderait sans doute pas à faire sienne malgré les scrupules de la belle. Le Soleil incendiait le ciel de France. Versailles serait l'écrin, Louis XIV le joyau. Le monde entier devrait connaître sa grandeur. Que valait la vie d'un ouvrier, ou l'avis d'un ministre ? Colbert soupira de nouveau. Tous ses arguments seraient vains. Rien n'arrêterait l'Astre dans sa course.

Sentant que le terrain devenait glissant, il décida de changer de conversation.

— Je souhaitais d'autre part vous entretenir d'un sujet tout autre.

— De quoi s'agit-il ?

— De Pignerol, Sire. On m'informe que les prisonniers ont pu regagner le donjon endommagé à la fin du mois dernier.

Louis XIV parut contrarié par le sujet, mais alla tout de même s'asseoir derrière son bureau, visiblement désireux d'avoir plus de détails.

— Comment se portent les deux prisonniers qui nous intéressent ?

— Fouquet semble avoir une santé quelque peu vacillante, Majesté. On me rapporte que ses membres sont très enflés. Sans doute l'alternance des étés de feu et des hivers très rudes. Les toits en poivrière ne permettent aucune isolation. Les températures sont très élevées ou très basses dans les cellules en fonction des saisons. Il souffre de sciatique, de coliques, de gravelle, et l'on dit ses dents bien gâtées. Il semblerait de plus qu'il n'y puisse guère voir sans lunettes[1].

---

1. Voir annexe en fin d'ouvrage.

— Privé du Soleil, mon cher, on doit apprendre à vivre dans l'ombre ! laissa tomber le roi.

— Louvois lui aurait autorisé quelques livres de piété et un dictionnaire de rimes...

— Parfait ! Il aura tout loisir de savoir que « trahison » rime avec « prison »... Et l'autre détenu ?

— Sa santé paraît fort bonne, Sire. Les soins qui lui sont prodigués semblent lui convenir. J'ai donné ordre de renouveler son linge, endommagé par l'incendie. On lui a reconstruit une cellule à l'identique.

— Il est toujours à l'isolement ?

— Vos ordres sont scrupuleusement suivis, Majesté.

— Les deux prisonniers n'ont-ils jamais été en contact ?

— Cela va sans dire, Sire. J'en réponds.

— Et son visage est en permanence protégé des regards d'autrui ?

— Toujours, Majesté. Il porte un masque de cuir, cela reste inchangé.

— En ce cas, tout cela est fort bien. Continuez de me tenir informé.

Le roi se leva, indiquant que l'entretien touchait à sa fin. Colbert rangea promptement ses dossiers dans la petite sacoche noire qu'il tenait toujours sous le bras et prit congé. Le regard fixé sur les plans de sa future grandiose demeure, Louis XIV paraissait ailleurs...

*
* *

Pignerol, septembre 1666

Le bruit de verrou annonça le grincement des gonds de la massive porte cloutée. Déjà la silhouette de Saint-

Mars, gouverneur de la forteresse, s'encadrait dans l'encoignure. Assis à une table de bois brut sur une petite chaise, Fouquet écrivait. Saint-Mars s'avança avec bonhomie.

— Je vous trouve fort occupé ! Il apparaît que la lecture et l'écriture ont sur vous effet de remède !

— Oh... Je ne suis pas beau spectacle, monsieur de Saint-Mars, je ne suis pas beau spectacle !

— Vous êtes certes très pâle, mais vous vous portez un peu mieux, ce me semble. Qu'avez-vous donc entrepris ?

— Je traduis le Psaume CXVIII et je poursuis la rédaction de mes *Conseils de la sagesse*[1].

— Voilà qui me paraît une fort belle chose ! dit Saint-Mars en forçant son enthousiasme.

— La faveur du roi m'est à jamais perdue. Toute l'injustice qui m'a été faite restera impunie. Privé pour toujours de la compagnie des hommes, je ne peux que me tourner vers Dieu.

— Dieu n'abandonne jamais Ses créatures. Voilà une bien belle idée, monsieur Fouquet, une bien belle idée ! Je vous laisse avec dame Belinde qui va renouveler votre linge et changer vos draps.

— Faites donc, je vous en prie, lâcha Fouquet d'un air indifférent, de nouveau absorbé par son travail.

Belinde entra sans le saluer et se dirigea vers le petit lit recouvert d'une couverture grise, paraissant ne pas même s'apercevoir de la présence du détenu. Saint-Mars était ressorti et un garde barrait la porte. La chambrière prit son temps, tapota l'oreiller, replia les draps sales dans son panier et entreprit de renouveler les deux chemises dont disposait le prisonnier. Fouquet écrivait, ne levant la tête que pour regarder au loin, à travers ses barreaux. Après avoir remis de l'eau propre dans la cruche, Belinde sortit enfin. Le garde fit pivoter la grosse porte de bois. Les

1. Voir annexe en fin d'ouvrage.

gonds grincèrent et Nicolas entendit, des verrous que l'on poussait en trois endroits, le bruit sinistre qui chaque fois lui broyait le cœur. Emmuré vivant, il écoutait, impuissant, son tombeau se refermer sur le silence.

Alors, sans se précipiter pour ne pas attirer l'attention, il se leva et passa à tâtons sa main sous son oreiller. Il y découvrit une feuille de papier pliée en quatre. Tremblant d'émotion, il la déplia et s'approcha du puits de jour pour mieux la déchiffrer.

« Personne ne vous oublie et tout le monde s'affaire. Les libelles circulent toujours dans Paris. Ne perdez pas courage et prenez soin de vous. Tous vos enfants se portent bien et la dame que nous connaissons tous deux vient de mettre au monde un beau garçon le mois passé. Il porte votre prénom et paraît déjà aussi curieux du monde que sa mère ! Elle me charge de vous transmettre toute son affection.

Gardez confiance et ne perdez point courage, nous ne vous abandonnons pas !

Votre très cher ami. »

Nicolas reconnut l'écriture d'Arthorius. Ainsi donc Althéa venait de faire ses couches, donnant le jour à un vigoureux garçon. C'était une magnifique nouvelle ! Althéa, cette petite fille qu'il revoyait courir dans le soleil… Elle était mère à présent !

Le prisonnier essuya une larme.

Il ne sut si c'était de joie ou de tristesse.

41.

Cressac, octobre 1666

La famille de Saint-Évrard avait toujours entretenu des liens étroits avec ses gens. Si l'on respectait les convenances, on tenait le duc Savinien pour un homme bon et accessible. Les événements tristes ou heureux vécus par la famille ducale étaient relayés par les villageois qui s'affligeaient ou se réjouissaient avec leur seigneur.

La naissance de Nicolas-Jean – portant le prénom de Fouquet accolé à celui de feu la comtesse de Braban-Valloris – fut l'occasion d'une vraie liesse à Cressac, qui depuis de longues années attendait son héritier. On avait mis le vin en perce, rôti moult agneaux et porcelets, pâtissé des heures durant pour dresser tourtes et entremets. Pendant le bal musette, le duc en personne avait honoré les villageois de sa présence, discutant avec chacun, décrivant sans jamais se lasser les premières mimiques de son fils. Tous avaient assisté, dans la paroisse du village, à la messe d'action de grâce qui bénissait la naissance de l'héritier du duché, et l'on se bousculait, trois semaines plus tard, aux portes de la cathédrale du diocèse pour son baptême célébré par l'évêque. À cette occasion, les Cressois furent conviés à un banquet au château.

Althéa s'était alanguie dans la quiétude d'une vie

calme, toute à la tendresse de sa maternité. Au retour de ses visites dans les métairies où elle portait secours aux familles des paysans les plus pauvres, elle berçait son bébé en murmurant des mots d'amour. Chaque jour, elle voyait Mathieu dans le visage de son fils et l'en aimait davantage. Savinien ne lui parlait jamais du marquis, multipliant les marques d'attention et de tendresse auxquelles la jeune femme était sensible. Mais Mathieu lui demeurait planté au cœur et Althéa se demandait parfois si son souvenir s'estomperait un jour...

Comme elle rentrait de ses bonnes œuvres, elle trouva le duc tenant l'enfant avec ravissement.

— Ce garçon est magnifique ! Voyez comme il me serre déjà le doigt ! C'est un sacré tempérament ! dit-il à sa femme lorsqu'il la vit entrer.

Althéa lui sourit.

— Il paraît goûter le compliment !

Elle vint tendrement embrasser son fils, puis s'enquit de la gazette que prenait le marquis :

— Quelles sont les nouvelles ?

— Le roi vient d'annoncer que désormais, il entendait gouverner seul ! Colbert aurait été sommé de brûler les archives du cardinal et Hugues de Lionne de faire savoir à l'Anglais que la France soutiendra désormais ouvertement la Hollande. Nous allons envoyer six mille hommes pour que Charles II d'Angleterre comprenne que Louis le Grand n'est plus entravé par sa mère !

— Je suppose que la France continue de revendiquer ses droits sur l'Espagne ?

— Eh oui... Madrid n'ayant jamais versé la dot de Marie-Thérèse qui s'élevait, tout de même, à cinq cent mille écus d'or, le roi veut faire valoir ses prétentions au trône. Depuis la mort de Philippe IV, l'Espagne est dirigée par une régente et un enfant de cinq ans...

— Et, hélas, Anne d'Autriche n'est plus là pour protéger sa famille…

Savinien dévisagea sa femme.

— Eh bien, madame ! Vous paraissez tellement affligée de ces nouvelles ?

— Si Louis XIV entreprend de régner seul et fait détruire les archives du cardinal, c'en est fait de mon parrain. Jamais nous ne ramènerons le roi à la clémence. Il entend oublier le passé et s'appuyer entièrement sur ce serpent de Colbert !

— Je crois que vous avez malheureusement raison, ma douce, et je m'étonne toujours de la pertinence de vos jugements !

— Mais sont-ce bien là les vertus d'une bonne épouse ?

Savinien tourna la tête.

La voix qui venait de s'exprimer était celle de Félicia de Grandfide, dont le comté jouxtait les terres du duc et qui faisait à grand froufrou de taffetas son entrée dans la pièce :

— Félicia ! Comme c'est aimable à vous de nous rendre visite.

— Je suis venue voir de près l'héritier de Cressac dont parle tout le pays ! Je n'ai fait que l'apercevoir le jour de son baptême dans la cathédrale, tant il y avait foule !

Elle s'approcha du berceau dans lequel le bébé maintenant sommeillait.

— Il a l'air très vigoureux, mais il a assurément plus de sa mère que de vous, Savinien, car il ne vous ressemble guère !

— Il est encore trop jeune, répondit calmement le duc. Les traits d'un nourrisson sont difficiles à déchiffrer.

— Et vous, ma chère ! poursuivit la comtesse en s'adressant à Althéa. Vous semblez encore bien lasse de vos couches.

— La naissance de Nicolas-Jean s'est déroulée au mieux, mais cela reste toujours un événement difficile.

— D'autant que l'on raconte qu'elle est intervenue suite à une chute dans un escalier? Vous avez dû avoir bien des frayeurs !

— Mais tout cela est derrière nous, maintenant, n'est-ce pas ? Si nous allions dehors, j'ai justement une chose à vous montrer, Althéa, coupa Savinien à qui le tour pris par la conversation commençait à déplaire.

Ils sortirent par la porte de la tourelle qui donnait sur l'arrière du parc. Sur la pelouse, à côté du palefrenier qui le tenait par la bride, dansait un magnifique alezan à la robe mordorée. Sa tête fine se découpait sur l'azur, tandis qu'il caressait le sol de ses antérieurs.

— Cadeau de relevailles, ma chère ! s'exclama Savinien, ravi de la surprise qui se lisait sur le visage de son épouse. Car j'ai bien vu que vous vous étiez empressée de reprendre vos promenades à cheval depuis que vous êtes délivrée ! Donc, je vous présente Obsidian !

— Bien ! grinça la comtesse de Grandfide, je vous laisse sur cette touchante attention.

Se tournant vers le duc, elle ajouta presque tendrement :

— Prenez soin de vous, Savinien.

Althéa n'y prit garde, trop occupée qu'elle était de faire connaissance avec sa monture.

— Il est magnifique, c'est une folie !

— Une superbe monture qui sied à une superbe amazone, souffla le duc en l'enserrant par la taille.

*

* *

Dès le lendemain, Althéa quitta le château aux aurores chevauchant Obsidian. Le soleil éclairait Cressac d'ocre

et de roux, comme l'automne avançait. Une brume s'élevait des terres glacées de la nuit, nimbant les paysages d'une atmosphère cotonneuse. Elle partit au petit trot par la grande allée. Ses poumons s'emplissaient de l'air frais du matin et ses promenades lui procuraient d'autant plus de plaisir qu'elle avait dû s'en abstenir durant de longs mois.

Dès qu'elle fut dans la clairière, elle lâcha les rênes. L'alezan bondit littéralement en avant, ce qui manqua désarçonner sa cavalière. Mais bientôt elle s'harmonisa au galop de son cheval et vit défiler à folle allure les arbres formant la lisière de la forêt. Elle se laissa griser un moment puis reprit doucement les rênes sans brusquerie jusqu'à revenir au pas. Parvenue au bord de l'étang, elle arrêta sa monture pour profiter du spectacle. L'eau était rose des couleurs du matin, des oies sauvages volaient très haut en poussant des cris. Althéa savourait pleinement ces instants privilégiés durant lesquels elle parcourait ce beau domaine dont elle était devenue la châtelaine.

Pensive, elle flattait l'encolure de son alezan quand elle fut prise de la même étrange sensation qui l'étreignait depuis qu'elle avait pris l'habitude de se promener seule sur les terres de Cressac. Elle pivota très lentement sur sa selle et ses soupçons se confirmèrent. Les feuilles du bosquet qui s'élevait derrière les roseaux bougeaient rapidement tandis que seule une légère brise animait les ramures des grands arbres. Le doute ne fut plus permis.

On la surveillait.

La duchesse fit volter son étalon et reprit prudemment la direction du château, décidée à ne pas en informer Savinien avant d'avoir élucidé ce mystère. Elle connaissait les attentions dont l'entourait son époux et craignait de ne plus pouvoir faire un pas sans une escorte armée ! Pourtant son sentiment de malaise ne la quitta pas du reste de la journée.

Le lendemain, alors qu'elle s'apprêtait à sa toilette, la femme de chambre entra et lui tendit deux lettres, posées sur un petit plateau d'argent.

— Votre Grâce, un jeune garçon a apporté ceci pour vous hier soir, lui dit-elle, mais vous étiez déjà endormie, et un chevaucheur est arrivé ce matin, porteur de cette autre missive. On vous écrit beaucoup, ces derniers temps, madame ! dit-elle avec un bon sourire.

— Merci, Toinette, vous pouvez disposer, répondit Althéa, absorbée par son courrier.

Elle ouvrit d'abord la lettre apportée de Paris par le chevaucheur, car elle en connaissait l'écriture et se réjouissait d'avoir des nouvelles d'Arthorius. Pourtant, cette fois, la brièveté du texte l'intrigua :

« *Ma chère enfant,*

Il m'est impossible de vous mander par écrit sur cette missive ce que j'ai à vous apprendre. Des événements imprévus et lourds de conséquences m'obligent à vous enjoindre de regagner Paris au plus vite, et ce avant la Saint-Sylvestre, puisque aussi bien je suppose que vous souhaitez être de retour à Cressac auprès de votre fils pour son premier Noël. Hâtez-vous, madame, venez dès que faire se pourra.

Votre dévoué et ami,

Arthorius. »

Althéa relut la lettre.

S'agissait-il d'un plan d'évasion pour Fouquet ? Son cœur battait à tout rompre, et c'est presque sans y réfléchir qu'elle déplia la seconde lettre qui, cette fois, lui arracha un cri.

« *Qui est le père de votre fils ? Vous êtes une intrigante.*

Personne ne veut de vous ici.

Partez. »

Ainsi donc elle était épiée, et on cherchait à lui nuire. Passé le premier moment d'effroi, elle décida que partir pour Paris serait une excellente option. Restait à convaincre son époux de la pertinence de ce voyage...

*
* *

— Tout à fait hors de propos !

Comme prévu, Savinien ne comprenait pas le brusque désir de départ de son épouse. Il arpentait la bibliothèque, tandis qu'Althéa, assise près de la cheminée, attendait qu'il se calmât pour avancer ses arguments.

— Vous n'y songez pas, ma chère ! En cette saison ! Certains chemins seront impraticables, et vous risquez de prendre mal avec ce froid qui s'installe !

— Nous contournerons les chemins trop boueux, et j'aurai des fourrures et une chaufferette, soyez sans crainte. Savinien, je ne souhaite pas partir, mais il le faut.

— Mais morbleu, pourquoi ce départ si soudain ?

— Arthorius est mon ami. Il me demande de venir avec empressement. Serais-je digne de son amitié si je n'écoutais point sa requête ?

— Mais enfin pourquoi diable ne vous fournit-il pas la raison de cette demande, c'est insensé !

— Que sais-je ? Peut-être cela concerne-t-il Nicolas et, dans ce cas, il ne peut prendre le risque que notre courrier soit lu. Oh, Savinien, je vous en prie, autorisez-moi à partir et ne vous courroucez point !

— Je confesse que les circonstances de ce départ me contrarient. Nous avons tous besoin de vous ici ! Votre fils en premier lieu, moi-même à qui vous allez manquer, et tous nos gens qui se sont attachés à vous...

— Je ne le sais que trop, et c'est pourquoi je ne saurai être absente longtemps, je vous le promets !

— Je l'espère vivement, ma chère, car je ne connais guère d'époux suffisamment complaisant pour laisser sa femme partir sans lui, qui plus est dans une ville comme Paris !

— Savinien, dit-elle doucement, vous connaissez mon histoire. Vous n'avez rien à craindre de moi. Je ne puis rechercher ce qui est à jamais perdu... Cette souffrance enfouie au fond de mon cœur sera mon meilleur chaperon. Pour le reste, la vie m'a suffisamment gâtée en vous mettant sur ma route et je serais une tête folle de ne point m'en souvenir !

— Je sais tout cela, ma douce ! Ne vous torturez pas davantage en évoquant ce passé douloureux. Je ne crains certes pas d'être bafoué, mais assurément d'être sans vous ! Depuis que vous êtes arrivée à Cressac, il me semble que cette demeure s'est éveillée d'un long sommeil. Il m'est pénible d'envisager ces semaines à vous attendre ! Et je...

Il s'interrompit, craignant de l'embarrasser.

— Enfin, puisqu'il le faut, lâcha-t-il tristement.

Althéa se leva et vint mettre ses bras autour de son cou. Il la serra un instant contre lui et respira son parfum.

— Merci d'être toujours ce que j'attends de vous, souffla-t-elle. Je vous promets que le temps passera très vite. Avec les préparatifs des fêtes, vous allez être si occupé que vous ne vous rendrez même pas compte de mon absence ! sourit-elle en gagnant la porte.

Savinien la regarda intensément et s'aperçut que ses mains tremblaient. Comment pourrait-il ne pas se rendre compte de son absence quand il ne vivait que pour elle ! L'idée de cette séparation lui était pénible, mais le plus douloureux était que sa femme, elle, n'en souffrait pas.

S'il avait, durant les premiers mois de leur mariage, espéré séduire son épouse, il n'y était hélas point parvenu.

La gorge serrée, il fit quelques pas vers la cheminée et fut tiré de ses réflexions par un profond soupir. Doucement, il s'approcha du berceau dans lequel sommeillait le petit duc endormi depuis sa dernière tétée et l'image de cet abandon confiant l'apaisa. Saint-Évrard avait longtemps souhaité un héritier qui reprendrait ses terres et son titre, sans que jamais les sentiments n'entrassent dans ces considérations. Son père et sa mère s'étaient chargés de le faire élever convenablement, dans les valeurs inhérentes à son rang, mais il ne gardait de son enfance aucune chaleur. Il sentait aujourd'hui que son fils, lui, recevrait tout son amour et peut-être davantage, puisqu'il chérirait Althéa à travers lui. Cadeau inestimable et miracle de la vie, il devenait aussi la seule part d'elle que Savinien pouvait aimer sans limite.

Un flot de tendresse l'envahit lorsque le petit garçon émit un soupir de contentement, comme si cette idée l'atteignait dans son sommeil et le faisait sourire…

Althéa s'affaira dans ses préparatifs et, trois jours plus tard, la berline frappée des armoiries ducales s'ébranlait devant le perron. Savinien tenait son fils serré dans ses bras et ne rentra dans le hall que lorsqu'il ne distingua plus la voiture depuis laquelle la duchesse agitait son mouchoir. Avec un soupir, il regagna la bibliothèque.

Devant le feu, il prit place dans le fauteuil à balancier et berça longuement l'enfant en pensant à sa belle épouse qu'il commençait déjà à attendre.

42.

Paris, novembre 1666

Althéa retrouvait Paris après huit mois d'absence au cours desquels sa vie avait radicalement changé. Le ciel gris qui plombait les tours de la basilique commençait à se vider doucement et une petite pluie fine graissait les pavés. Les rues étaient aussi sales et encombrées que dans sa mémoire, la foule pareillement dense. La berline peinait à se frayer un chemin. Derrière Notre-Dame, c'était jour de marché. Un crieur public ajoutait encore au brouhaha et des gamins qui jouaient à courir après un chien venaient de renverser un étalage de légumes. Enfin la voiture pénétra dans la cour de l'hôtel particulier d'Arthorius.

Althéa aimait la douceur de ce somptueux hôtel particulier – cadeau de la reine Anne après qu'Arthorius l'eut aidée à mettre au monde ses jumeaux. L'ambiance y était toujours chaleureuse. L'émotion gagna la jeune femme à l'idée de retrouver ces lieux chargés de souvenirs. Elle entra dans le hall où l'accueillit son vieil ami, fébrile et empressé. Lorsqu'ils furent installés au coin du feu, une tasse de chocolat dans les mains, elle le scruta d'un regard interrogateur.

— Peut-être allez-vous me trouver un peu abrupte,

mais pour être ravie de vous revoir, vous et Antarès, je n'en suis pas moins quelque peu intriguée par votre mystérieux billet...

— Je m'en doute, je m'en doute, maugréa-t-il.

Il se gratta la tête en la dévisageant.

— Voyons... par quoi commencer ?

Jamais le vieux médecin n'avait paru si mal à l'aise. Althéa ne connaissait de lui que son savoir, sa sagesse, ses conseils avisés et le calme dont il ne se départait jamais. Pour la première fois, à sa grande surprise, il se montrait gauche et embarrassé.

— Vous souhaitez me parler de Nicolas, n'est-ce pas ? tenta Althéa pour l'aider.

— Oui... Et d'autres choses encore, murmura-t-il gravement.

— Il... il ne lui est pas arrivé malheur ? demanda-t-elle, tremblante.

— Non, non ! Rassurez-vous, et justement, j'y viens. Nous envisageons une évasion.

— Je veux en être, vous le savez !

— Je sais, je sais. Nous sommes en train de voir comment procéder.

— *Nous ?*

— Oui, Antarès et...

— Et ?

— Althéa... Il faut que vous sachiez...

Le vieux médecin parut se jeter à l'eau. Il prit une soudaine inspiration et lâcha d'un trait :

— Mathieu n'a pas péri dans le naufrage du *Bélisaire.*

Il marqua une pause pour que l'idée se frayât un chemin dans l'esprit de la jeune femme. Il vit que sa main qui tenait une tasse de chocolat se mettait à trembler. Elle la reposa vivement. Arthorius poursuivit doucement :

— Il fut certes laissé pour mort. Mais la Providence a voulu qu'un galion espagnol qui croisait au large se dérou-

tât pour porter secours au *Bélisaire* qui sombrait. Mathieu, inconscient, avait été hissé par un survivant sur une étrave. Sa tête a heurté la coque au moment de sa chute. Il ne s'est souvenu de rien pendant de longs mois, jusqu'à ce qu'il recouvrât la mémoire pour galoper jusqu'ici à bride abattue. Je vous ai envoyé un chevaucheur dès que j'ai su.

Althéa écoutait, habitée soudain par un espoir fou.

— Où... où est-il maintenant ? parvint-elle à articuler.

— Ici, il vous attend, souffla-t-il en désignant le petit salon. J'ai obtenu de lui qu'il me laissât vous l'annoncer d'abord avec ménagement. Je ne suis pas sûr d'y être parvenu, ajouta-t-il pour lui-même car Althéa, chancelante, se dirigeait déjà vers la porte derrière laquelle se trouvait Mathieu.

Elle appuya, tremblante, sur la poignée.

Il était là.

Son amour perdu...

Immobile sur le seuil, elle l'observa un court instant tandis qu'il regardait la pluie ruisseler sur le carreau, la tête posée sur son bras appuyé sur la vitre. Puis, comme s'il avait senti sa présence, il se retourna lentement. Il avait maigri, mais son beau visage demeurait le même... ces traits fins et virils, cette mâchoire volontaire et ces yeux verts si profonds.

Mathieu.

Combien de fois avait-elle tenté de reconstituer ce visage dans ses songes ?

C'était lui.

Devant elle.

Elle ne parvenait plus à articuler un son.

Elle avança. Alors, il ouvrit les bras. Elle s'y jeta et enfouit son visage dans son cou. Il posa la tête dans la douceur de ses cheveux, et ils restèrent un très long moment,

silencieux et enlacés, se berçant l'un l'autre, partagés entre un chagrin trop lourd et un bonheur indicible.

— Mon amour..., murmura-t-il.

Ils se regardèrent enfin et leurs lèvres se joignirent.

— C'est un miracle, souffla-t-elle. J'ai tant prié pour que tu sois en vie !

Il la serra contre lui.

— J'ai été très longtemps à ne plus savoir qui j'étais... Le seul lien avec mon passé était un petit ruban bleu dont je refusais de me séparer et que je tenais serré dans ma main au moment du naufrage...

— Tu avais tout oublié ?

— Je ne savais plus comment je m'appelais, d'où je venais. Une seule chose m'obsédait : j'aimais cette femme au ruban bleu, elle faisait partie de moi, il me fallait absolument la retrouver, même si je ne pouvais, elle non plus, la nommer...

— Je t'ai tellement attendu, j'ai tellement espéré que tu reviennes..., dit-elle d'une voix étranglée. Quand Arthorius m'a annoncé ta mort, j'ai cru ne pas y survivre. Une partie de moi fut engloutie dans ce naufrage. Je n'avais plus envie de continuer...

Mathieu se crispa soudain, comme s'il revenait à la réalité.

— Pourtant, d'après ce que m'a dit Arthorius, te voilà mariée et duchesse ! lâcha-t-il en levant un sourcil.

— Oui... Mariée et duchesse..., murmura-t-elle tristement.

— Bon sang, Althéa, mais pourquoi si vite ? Tu ne manquais pas d'argent ! Tu n'as même pas porté le deuil et je...

— Si, je l'ai porté, le coupa-t-elle vivement, et bien plus que tu ne le croies...

— Alors ? Pourquoi ?

Elle alla s'asseoir, soudain très lasse.

— Je pensais qu'Arthorius t'avait tout dit... Mathieu, je ne portais pas seulement le deuil... je portais aussi notre enfant.

Le jeune homme blêmit.

— Co... comment ?

— En apprenant ta mort, j'ai perdu connaissance. Plus tard, en m'examinant, Arthorius m'a révélé que j'étais enceinte. Je me sentais désespérée, mais je n'avais plus le droit de me tuer. Oh, bien sûr, j'étais dame d'honneur de la reine à l'époque et crois bien que dans mon entourage, les femmes savaient faire passer un enfant indésirable, quitte à mettre leur vie en danger. Il m'eût été facile de m'enherber[1] puis de m'en remettre à une faiseuse d'anges. Une de mes amies m'avait raconté, un soir, qu'une certaine la Voisin[2] l'avait aidée un an auparavant. Elle faisait, semblait-il, des miracles, même si c'était risqué. Les femmes y avaient recours en cachette, à la Cour. Mourir ne m'aurait pas dérangée, il faut vraiment que tu me croies. Mais supprimer un enfant de toi, la seule preuve d'amour que tu m'aies laissée, je n'en ai pas eu la force. Pardonne-moi.

Mathieu s'était assis à son tour, effondré, la tête dans les mains, les coudes sur les genoux.

— Te pardonner ? coupa-t-il, la mâchoire serrée. Mais c'est moi qui suis un misérable ! Bon Dieu, Althéa, j'ai gâché ta vie... et la mienne !

Althéa bondit sur ses pieds et se planta devant lui.

— Nous sommes tous deux responsables. Je t'ai désiré autant que toi et, crois-moi, les moments que nous avons passés à nous aimer sont ceux qui m'ont aidée à vivre

---

1. Empoisonner ou, dans une moindre mesure, faire prendre des herbes destinées à produire un effet plus ou moins « magique ».

2. La Voisin sera connue quelques années plus tard lors de la très célèbre « affaire des poisons » et sera brûlée sur un bûcher, convaincue d'empoisonnements multiples et d'avortements en série.

quand tu n'étais plus là. Je n'aurais pas survécu à ta disparition si je n'avais pas pu connaître le bonheur d'avoir été à toi !

— C'est cher payé, il me semble ! grinça-t-il.

— C'est vrai, mais on ne revient pas en arrière. Et aujourd'hui, chaque jour, je retrouve ton visage dans celui de mon fils et j'en suis très heureuse.

— Un fils ? C'est un garçon ? Oh, mon Dieu...

Elle s'approcha de lui et passa la main dans ses cheveux.

— Un enfant magnifique, qui te ressemble tellement, murmura-t-elle.

— Arthorius ne m'avait rien dit, souffla Mathieu d'une voix sourde où pointait une immense douleur.

— Il a sans doute estimé que c'était à moi de te l'apprendre.

— J'étais tellement heureux de savoir que j'allais te retrouver enfin...

Althéa s'agenouilla et le prit dans ses bras.

— Mathieu, tu es vivant, et c'est une nouvelle magnifique ! Tu ne sauras jamais ce que cela peut être que de vivre dans un monde où tu n'es plus.

— Peu me chaut d'être vivant si c'est pour vivre loin de toi, répondit-il, amer. Depuis le jour où j'ai recouvré la mémoire, je ne vis que pour te revoir, te serrer dans mes bras et t'épouser enfin ! Et je découvre aujourd'hui que ma femme et mon fils appartiennent à un autre ! tonna-t-il.

Elle écarta doucement une mèche de cheveux de son front.

— Ce soir, je suis là. Et je suis toute à toi, répondit-elle doucement. Ne pensons plus à demain. Nous avons déjà tellement souffert...

Mathieu releva la tête et scruta un moment ces grands yeux mordorés qui le dévisageaient. Il sut en cet instant que dût-il vivre cent ans, il n'appartiendrait jamais qu'à

cette femme. Il l'attira contre lui, la serra davantage et la souleva dans ses bras pour l'emmener vers l'alcôve attenante au petit salon dans laquelle il logeait.

Un grand feu de cheminée éclairait la pièce et dispensait une douce chaleur, chassant l'humidité qui commençait, en cet automne, à s'insinuer dans les maisons. Debout devant l'âtre, ils ne parvenaient pas à détacher leur regard l'un de l'autre. Mathieu entreprit de délasser le corset de la jeune femme. La maternité avait encore épanoui les formes d'Althéa, qui lui ôta sa chemise, laissant ses mains se promener sur sa peau. Nus l'un devant l'autre, ils se regardèrent longuement, comme s'ils ne pouvaient croire en la réalité de cet instant. Alors, lentement, Mathieu l'enlaça. Il la désirait tant qu'il en avait mal. Lorsqu'il entra en elle, il s'immobilisa et, relevant la tête, il la contempla pour ne plus jamais oublier. Ils s'aimèrent jusqu'aux premières lueurs du jour, renonçant au sommeil.

L'œil-de-bœuf marquait midi lorsque le domestique d'Arthorius leur apporta un plateau sur lequel étaient disposés du poulet froid, un pichet de vin et une tourte aux pommes. Ils s'installèrent pour déjeuner et Mathieu remit une bûche en ravivant les braises. Althéa l'observait. Que de fois avait-elle rêvé de son corps musclé, de sa peau douce durant ses nuits auprès de Savinien…

Il revint s'asseoir auprès d'elle et lui caressa la joue, pensif.

— Qu'allons-nous faire, maintenant ? demanda-t-il.

— Je ne sais pas. Savinien est un homme bon. Il m'a épousée à un moment difficile et m'a aidée à retrouver l'envie de vivre. Il me traite comme une reine et adore notre fils. Je ne peux pas…

— D'après ce que j'ai cru comprendre, tu lui as aussi permis d'avoir un héritier qu'il n'est visiblement plus en état de faire lui-même. Si l'on regarde la femme que tu es

et, de surcroît, le montant de ta dot, le sacrifice ne paraît pas si grand.

— Ne sois pas si cruel, Mathieu... Savinien n'est pour rien dans toute cette tragique histoire. Tu as raison, bien sûr, mais si je n'avais pas rencontré le duc de Cressac qui laissera un jour son duché-pairie à mon fils, que crois-tu qu'il me serait arrivé ? J'aurais été tout bonnement chassée de la Cour, et je serais partie accoucher, seule, d'un bâtard qu'il m'aurait fallu élever à la campagne dans le déshonneur. Un enfant sans père, sans titre, sans avenir... Tu le sais très bien. Et si j'avais souhaité cacher ce déshonneur au roi pour sauver ma place auprès de la reine, c'est sans mon fils qu'il m'aurait fallu revenir à la Cour. J'aurais été obligée de l'abandonner à quelques paysans que j'aurais payés chaque mois pour l'élever à ma place ! Est-ce cela que tu aurais voulu pour notre enfant ?

— Mais non... Bien sûr que non...

— Tu sais comme moi qu'il ne fait pas bon être en situation embarrassante dans l'entourage du roi, même quand Sa Majesté est elle-même à l'origine du déshonneur ! Souviens-toi de cette pauvre La Vallière lorsqu'elle a mis au monde ses deux fils, Charles et Philippe[1]... Peu de gens l'ont su, les enfants lui furent immédiatement enlevés, et elle assistait au bal le soir même comme si de rien n'était pour ne pas attirer les soupçons. Seules la comtesse de Soissons et moi-même étions dans la confidence. Je n'aurais pas pu vivre à la Cour en ayant un bébé.

— Je sais tout cela...

— Alors ne condamne pas Savinien. Il n'a pas hésité à m'épouser. Considère que je reste la filleule d'un proscrit

1. Louise de La Vallière eut quatre enfants de Louis XIV : Charles, en décembre 1663, Philippe en janvier 1665, Marie-Anne, en 1666 et Louis, en 1667.

et qu'à ce titre, beaucoup de gentilshommes auraient craint de déplaire au roi en me donnant leur nom !

— Avant mon départ, le roi avait bien mis l'accent sur le fait que tu étais avant tout la fille du comte de Braban-Valloris, ce me semble ?

— Oui, mais c'était avant que je ne lui aie demandé la grâce de Nicolas Fouquet ! Devant son courroux, j'ai compris que je devais m'éloigner de la Cour et me faire oublier... Qu'un duc vivant sur ses terres eût envie de m'épouser était une situation inespérée. Je sauvais notre fils et évitais les foudres du roi !

— C'est vrai, mais quand je pense qu'un autre homme te touche, je suis à la torture !

Elle se blottit dans ses bras.

— Je n'aime que toi...

— Je t'aime aussi, Althéa, mais je deviens fou ! Nous n'allons pas vivre séparés toute notre vie, et ne nous voir que quand tu réussiras à mentir à ton mari !

— Je ne sais pas... C'est toi que je veux, et cependant, je ne peux le blesser, lui. Je l'apprécie beaucoup, comme on aimerait un ami. Je lui suis infiniment reconnaissante de tout ce qu'il a fait pour moi. Je porte son nom et cela implique des devoirs. Tu es mon seul amour, mais ma vie est auprès de lui.

— Althéa..., souffla Mathieu, Althéa...

Joignant le geste à la parole, il la ramena contre lui et lui ôta le drap dont elle s'était entourée. Ainsi nue dans la lumière de midi, elle était éblouissante. Lorsqu'il effleura le bout de son sein de sa bouche, elle se cambra, se livrant à lui. Il s'insinua entre ses cuisses en l'appelant toujours, comme s'il voulait se fondre en elle dans un élan désespéré.

*
* *

Ils gagnèrent le salon pour retrouver le vieux savant qui les regarda entrer de son air bienveillant. Auprès du feu, Antarès s'activait avec un soufflet sur les trois grosses bûches qu'il avait déposées.

— Je vous ai demandé de venir, commença Arthorius, parce qu'il faut que nous parlions enfin de nos projets. Le temps passe, et maintenant que vous vous êtes retrouvés, nous devons songer à notre ami qui n'a que nous pour le libérer. Après toutes nos tentatives pour obtenir la grâce du roi, nous sommes arrivés à la conclusion que le seul espoir de voir Fouquet dehors, ce sera de le faire évader. L'ordre a donc commencé à prendre ses dispositions et depuis quelques semaines Laforêt, son valet, espionne et nous fournit des renseignements.

— S'agit-il *du* ou *des* prisonniers ? demanda Mathieu.

Althéa sursauta :

— Parce que vous songez aussi à faire évader le jumeau du roi ? demanda-t-elle, incrédule.

— C'est... c'est envisageable, en effet, répondit Arthorius, gêné. Ma chère, vous vous souvenez du terrible secret dont votre parrain était le dépositaire – tout comme moi, d'ailleurs – concernant la gémellité du roi. Je vous ai déjà expliqué que l'ordre auquel nous appartenons est celui des Templiers, reconstitué en secret dans les mois qui ont suivi son démantèlement. Vous savez aussi que le grand maître du Temple, Jacques de Molay, a été brûlé vif en 1314 après un procès inique, comme la royauté sait en fabriquer lorsqu'un haut personnage devient gênant...

— Que s'est-il passé exactement ? demanda Althéa en savourant une tasse de chocolat chaud.

— Officiellement, à partir de 1312, les Templiers n'existaient plus. C'était mal connaître cet ordre, dont les ramifications s'étendaient bien au-delà des frontières...

Beaucoup des grands de ce royaume avaient accepté de confier en hypothèque des secrets, des lettres, des documents, des mémoires parfois très compromettants en échange de coquettes sommes d'argent. Or, lorsque les biens du Temple furent saisis, personne ne trouva trace de ces papiers : le trésor des Templiers est bien caché !

Le vieux médecin marqua une pause qui lui permit de grignoter un autre petit biscuit. Il but une gorgée de liqueur et poursuivit :

— Louis XIV, je vous l'ai dit, sait maintenant que Fouquet détient les preuves de l'existence de son jumeau. Saint-Mandé a été minutieusement fouillé et Vaux aussi, dans un deuxième temps. Ces documents n'ont jamais été retrouvés – et pour cause ! – par la police du roi.

— Mais pourquoi cela le gêne-t-il tant que cela, maintenant que Nicolas est son prisonnier ? Il ne peut plus guère lui nuire…, coupa Althéa d'un ton amer.

— Le roi sait que s'il n'a pu mettre la main sur ces papiers c'est que d'autres s'en sont chargés. Or il n'y avait que le roi ou l'ordre pour être au courant de l'existence de ces lettres compromettantes. Déduisez vous-mêmes à quelles conclusions le roi n'a pas manqué d'aboutir ! Le Temple, je viens de vous expliquer son histoire, a toujours agi de cette façon : en exerçant un chantage sur le pouvoir en place grâce à la possession de secrets d'État. Le roi le sait. Et cela le tourmente, car s'il déplaît à l'ordre, celui-ci pourrait bien faire ressortir cette embarrassante affaire… Les secrets du Temple d'un côté et l'existence de son frère de l'autre rendent le trône très vulnérable. Et qu'arriverait-il si une partie de la noblesse se voyait aussi discréditée dans sa légitimité, tout comme son roi ? La France entière vacillerait. Louis oscille entre l'envie de nous anéantir et le besoin de nous amadouer. Politique difficile qui s'accommode mal de son caractère ombrageux. Beaucoup craignent que les persécutions ne reprennent. Pour

contrer cela, nous avons choisi de travailler sur deux fronts. Le premier est de libérer Henri.

— Vous souhaitez le mettre sur le trône à la place de Louis ? s'étrangla Althéa.

— Pourquoi pas... Il nous serait entièrement acquis, puisque nous l'aurions tiré de sa prison. Mais dans un premier temps, l'ordre envisagerait plutôt de le garder à l'abri comme moyen de pression sur son illustre frère. Nous ne souhaitons pas non plus une guerre civile et, qu'il soit légitime ou non, Louis Dieudonné a bien été sacré roi. Donc, chaque chose en son temps !

— Soit. Mais je vous rappelle quand même qu'Henri est certainement le prisonnier le mieux gardé du royaume, intervint Mathieu.

— C'est exact, et c'est la raison pour laquelle nous tentons une ultime fois d'obtenir gain de cause autrement. Nous avons d'ores et déjà entrepris de placer auprès du roi une personne qui aura son oreille pour exercer en douceur une influence certaine. Il s'agit de la marquise de Montespan dont le roi est de plus en plus épris. Je dirais même qu'elle dépasse nos espérances !

— Mme de Montespan ? s'étonna Althéa. Elle est de connivence avec vous ?

La jeune femme ne parvenait pas à masquer sa stupeur. Tout le monde ne parlait que de cela à la Cour, spéculant sur le moment où la marquise céderait aux avances insistantes de ce jeune roi de vingt-huit ans à l'appétit aiguisé. Mais rien, dans cette romance, ne laissait déceler une quelconque préméditation, Louis XIV donnant davantage le sentiment de se lasser de sa maîtresse en titre, Mlle de La Vallière, et de chercher à vaincre les résistances d'une coquette que de tomber dans un piège savamment ourdi par un ordre secret.

— Mais comment pouvez-vous être sûr qu'elle vous sera toujours acquise, qu'elle ne révélera jamais rien au roi ?

— Il se trouve que nous possédons deux ou trois détails intéressants sur la famille de Rochechouart de Mortemart et sur les quartiers de noblesse dont cette chère Athénaïs de Montespan semble si fière !

Le silence retomba. Chacun s'absorbait dans la contemplation du feu qui crépitait.

— Je ne pensais pas que les choses allaient si loin, murmura Althéa. Nous sommes tout bonnement au cœur des secrets d'État !

— Et vous envisagez que, le cas échéant, nous libérions non pas un mais deux prisonniers d'une forteresse réputée inviolable, renchérit Mathieu.

— Le pari est audacieux, je vous le concède. Mais la santé de notre pauvre ami décline, malheureusement. Il semblerait qu'il ait une toux épouvantable, nous rapporte Laforêt. Et revoilà l'hiver…

Mathieu fronça les sourcils.

— Concrètement, que pouvons-nous faire ?

Le vieux médecin tisonna les bûches, puis se rassit en face de ses amis.

— Je viens de recevoir hier soir de nouvelles instructions. Tenez, Althéa, goûtez-moi ces tuiles aux amandes ! dit-il en tendant l'assiette. Il semblerait, reprit-il, que Mme de Montespan progresse auprès du roi bien plus vite que nous ne l'espérions. Elle n'a pour autant pas encore acquis son titre de favorite, Louis n'ayant toujours pas répudié Mlle de La Vallière. Mais nous pensons qu'il lui faut plus que quelques mois pour se l'attacher vraiment. Nous comptons bien l'introniser, comme une seconde reine, officieuse certes, mais qui pourra donner son avis et peut-être infléchir le roi.

— Il est un fait certain que si nous pouvons éviter d'avoir à faire évader des prisonniers de la forteresse de Pignerol, ce serait plus simple !

— Vous pensez que la marquise pourrait obtenir leur libération ? s'enquit Althéa.

— *Des* prisonniers, non. Louis le Grand ne prendra jamais le risque de libérer son jumeau, ce pourrait être l'origine d'une guerre civile. Mais peut-être pourrait-elle en effet obtenir, à terme, la libération de Fouquet...

— Vous nous suggérez donc de patienter encore, afin de laisser le temps à la marquise d'asseoir son influence ?

— Exact. Nous ne ferons courir aucun danger à notre ami affaibli par la maladie, si l'on peut obtenir de le faire sortir avec un sauf-conduit. L'ordre envisage son évasion. Nos espions nous ont appris que l'on venait de lui faire faire un nouvel habit d'hiver et que depuis qu'il a réintégré le donjon de Pignerol après l'incendie, il possède des meubles neufs. Il peut lire, puisqu'on vient de lui faire envoyer le *Dictionnaire des rimes françaises*, mais on lui a refusé les œuvres de saint Jérôme et de saint Augustin ! s'amusa Arthorius. Notre ami Louvois doit craindre qu'il ne devienne janséniste !

— Peut-il enfin nous écrire ? demanda Althéa, pleine d'espoir.

— Hélas, non, toujours pas. Une blanchisseuse est désormais installée à demeure dans le donjon. Vous la connaissez : c'est dame Belinde. Mais la pauvre se doit maintenant de jeter son linge immédiatement dans un baquet d'eau afin de dissoudre les éventuelles écritures de ce pauvre Nicolas qui s'évertue à écrire sur des rubans ! Il n'en a plus que des noirs, on lui a cousu ses pourpoints de doublures de même couleur pour qu'il ne puisse plus le faire. Belinde fait ensuite sécher son linge au feu, mais toujours en présence des officiers de service. Pourtant, grâce à elle, nous pouvons tout de même lui tenir des lettres.

— Alors rien ne s'améliore vraiment, constata tristement Althéa.

— Si ! Il a maintenant deux valets à son service. Un certain Champagne et un autre, que l'on nomme la Rivière. Ce sont d'anciens serviteurs de Saint-Mars. Mais comme ils ne savaient pas lire, Nicolas a entrepris de le leur apprendre. Ils ont sympathisé[1]… Et les voilà maintenant à notre service ! Nous avons des gens dans la place capables de nous renseigner sur Pignerol et quelqu'un à Versailles nous informant des intentions du roi. Nous devons donc nous armer de patience et attendre, récapitula Mathieu.

— Oui, à ce détail près que je voudrais avant qu'Althéa ne reparte pour Cressac que vous fassiez tous les deux une apparition à la Cour…

— Pour quelle raison ? demanda Althéa en ouvrant de grands yeux.

— Mathieu, lui, vient de ressusciter, il se doit donc d'aller rendre visite à son souverain, puisqu'il était en mission pour la France au moment du naufrage, même s'il n'était pas officiellement envoyé par le roi mais par Madame. Les informateurs de Colbert sont efficaces et pourraient aisément découvrir qu'il est à Paris. Cela serait du plus mauvais effet que Sa Majesté puisse penser que le marquis de Mergenteuil a mieux à faire que de venir rendre ses hommages à son roi ! Quant à vous, très chère, à la manière dont le roi vous recevra, on pourra en déduire un peu ses sentiments à l'égard de Fouquet. Je pense que vous rappeler à son bon souvenir en vous faisant apprécier de lui ne peut qu'aider Nicolas, si d'aventure il venait à Louis l'idée de vous complaire !

Les deux jeunes gens ne bronchèrent pas. Tous deux entrevoyaient une possibilité légitime d'être ensemble plus longtemps que prévu. Ce fut Althéa qui rompit le silence en se levant :

1. Voir annexe en fin d'ouvrage.

— Très bien, je me range à vos arguments et m'en vais de ce pas informer mon époux que je prolonge mon séjour quelque temps. Veuillez m'excuser, je me retire donc.

Le cœur battant la chamade devant cette opportunité inespérée, Mathieu la regarda quitter la pièce avec une tendresse infinie qui n'échappa point à son vieil ami.

43.

Saint-Germain, décembre 1666

Quelques jours plus tard, après avoir été choisir une toilette pour la circonstance, Althéa faisait son entrée à Saint-Germain tandis que Mathieu y patientait depuis une heure. Arrivés séparément pour ne pas attirer l'attention, ils se trouvaient dans la foule qui attendait le roi dans la galerie. On savait que Sa Majesté s'en retournait de la messe et viendrait saluer ses courtisans au sortir de la chapelle, ayant pour chacun un mot ou un sourire, annonçant aussi une disgrâce soudaine d'un simple froncement de sourcils. Dans le brouhaha des conversations, au milieu d'un tourbillon de couleurs et d'odeurs auxquelles elle n'était plus accoutumée, Althéa attendait. Soudain, la porte s'ouvrit à deux battants au fond de la galerie, et l'on entendit haut et fort : Sa Majesté le roi, Sa Majesté la reine !

D'un coup, le silence se fit comme si un sortilège était tombé du ciel. Ménageant son effet, digne, marchant le buste très droit et le menton relevé, la lippe dédaigneuse, Louis XIV s'avançait.

Chacun s'abîmait en révérence au passage des monarques. Ils s'arrêtèrent devant un couple pour échanger quelques mots. L'homme répondit en s'inclinant une nouvelle fois

tandis que sa compagne rosissait de plaisir sous l'honneur qui lui était fait. Muette, l'air fermé, presque revêche, Marie-Thérèse jaugeait la dame, envisageant probablement encore une rivale potentielle. À l'autre bout de la galerie, Althéa eut tout loisir de détailler le roi, puisqu'à chaque pas il trouvait motif à s'arrêter. Il avait légèrement forci depuis la fois dernière, et s'était laissé pousser une petite moustache très fine savamment lissée à la cire. Sa mise était luxueuse, mais sans rubans, et son pourpoint de velours bleu nuit constellé de fleurs de lys était du plus bel effet. Les derniers traits de l'adolescence s'étaient envolés et c'était un monarque dans la force de l'âge, confiant en sa destinée, fier de ses récentes victoires et investi de son pouvoir, qui avançait parmi ses courtisans, se laissant adorer comme le soleil dont il avait fait son emblème.

Althéa le vit s'arrêter devant Mathieu, qui sourit et murmura quelques mots. Puis il parvint devant elle et ne put masquer sa surprise, lui d'habitude si maître de ses émotions. Il est vrai que dans sa robe vert amande du même éclat que ses yeux, avec ses boucles châtaines, dorées par le soleil qui tombait en oblique par les hautes fenêtres de la galerie, elle irradiait.

Ceci n'échappa point au jeune homme vigoureux qu'était le roi.

Derrière lui, le visage doux et résigné de Louise de La Vallière contrastait avec celui de la flamboyante Athénaïs de Montespan qui détaillait à l'envi cette nouvelle venue avec arrogance. De toute évidence, elle n'entendait pas se laisser doubler alors même qu'elle commençait à progresser auprès du roi. L'espace d'un instant, les deux femmes s'affrontèrent du regard, puis Althéa baissa les yeux en effectuant sa révérence, alors que Louis XIV l'apostrophait :

— Mademoiselle de Braban-Valloris ! Que nous vaut ce plaisir de vous revoir ? D'ailleurs je ne devrais pas vous

appeler ainsi. N'êtes-vous point mariée et duchesse, ce me semble ?

— Votre Majesté m'honore beaucoup de s'en souvenir ! Je suis duchesse de Cressac, en effet, Sire.

— Soyez donc la bienvenue en notre Cour. Et faites-moi le plaisir de nous accompagner ce tantôt. Nous partons inspecter dès après dîner nos grands chantiers de Versailles. Vous verrez ce qu'il advient d'un site lorsque le génie s'associe à la grandeur ! La vraie !

— Je n'y manquerai pas, Sire, répondit Althéa en effectuant gracieusement une deuxième révérence alors que Louis XIV s'éloignait de nouveau, laissant Marie-Thérèse sourire en inclinant la tête vers la jeune femme, lui montrant qu'elle non plus ne l'avait pas oubliée.

Cette démonstration de sympathie, pour éphémère qu'elle fût, ne permit pas à Althéa d'apprécier les éventuels progrès de la reine quant à son français. Il semblait qu'elle n'était toujours pas capable de tenir une conversation dans la langue de son pays d'adoption et tous les courtisans, jugeant de son peu d'influence, ne prenaient même plus la peine de lui faire leur cour. En revanche, l'allusion à peine voilée de Louis quant à la vraie grandeur et le génie la mit quelque peu mal à l'aise. Ne fallait-il pas y voir un trait visant le surintendant et son domaine de Vaux ? On savait à la Cour que le roi avait précisément fait appel à tous les artistes ayant œuvré à Vaux pour construire Versailles. Ne poursuivait-il pas, à travers son rêve architectural, sa vengeance envers le surintendant ?

Althéa sortit de ses réflexions pour chercher Mathieu du regard. Elle le vit en grande discussion avec le marquis de Tournay et alla le rejoindre, feignant de le saluer pour la première fois depuis son retour.

*

* *

Versailles, décembre 1666

— Superbe bête que vous montez là, madame! s'exclama le roi.

Altière dans sa robe d'amazone noire, Althéa venait de rejoindre le groupe de privilégiés qui accompagnaient Sa Majesté sur le grand chantier de Versailles. Elle adressa au roi son plus beau sourire joint à un petit signe de tête qui tenait lieu de révérence. Les cavaliers surplombaient le chantier, immense ruche bourdonnante où chacun s'affairait à son travail.

L'entreprise était colossale. Louis XIV ne construisait pas seulement un palais, il contraignait la nature, domestiquait le relief, détournait les rivières, créait des perspectives, déplaçait les collines. Le site semblait sortir de terre comme s'il eût été le caprice de quelques divinités infernales. Écrasés sous la tâche, décimés l'été par les fièvres des marais que l'on asséchait, sous la pluie et dans la boue en automne, et maintenant sous la neige et le vent, les ouvriers se tuaient à l'ouvrage pour que rayonnât la puissance du monarque. Bientôt Versailles éblouirait le monde, reflétant la splendeur de Louis XIV à travers toute l'Europe et même au-delà. Pour l'heure, le jeune homme volontaire et capricieux, décidé et tyrannique, martyrisait son architecte Le Vau.

— Alors, madame de Cressac, comment trouvez-vous les embellissements de mon domaine? Savez-vous que nous nous apprêtons à creuser un grand canal par ici, dit-il en désignant l'horizon. Ce sera grandiose, une perspective d'eau qui reflétera les magnifiques massifs de mon jardinier Le Nôtre… Car je souhaite que les jardins soient aussi somptueux que le bâtiment. Je veux que mon jardinier se fasse aussi architecte, et qu'il sache créer des

volumes et des trompe-l'œil en verdure, qu'il soit en mesure de dompter la nature pour mieux la célébrer. Je vais vous mener visiter les lieux plus avant. La ménagerie n'est certes pas encore achevée, mais l'orangerie, ah, l'orangerie ! Quel bonheur que ces essences et ces fruits que l'on parvient à y faire pousser ! s'exclama-t-il avec un fin sourire.

Althéa sentit qu'elle se crispait. Le roi feignait-il d'oublier que tous les orangers qui peuplaient le bâtiment venaient du pillage de Vaux, que chacun de ces arbres appartenait jadis au surintendant ? Louis XIV était-il pervers au point de l'obliger à s'extasier sur les dépouilles de cet être si cher, ou bien souhaitait-il observer ses réactions afin d'éprouver sa fidélité pour son roi ? Se souvenant du pourquoi de sa présence à la Cour, la jeune femme choisit de s'enthousiasmer avec le monarque afin d'endormir sa vigilance.

— Je partage votre avis, Sire. Quel miracle que de voir s'épanouir sous nos cieux des fruits qui ne nous étaient pas destinés !

Ce fut au tour du roi de se raidir. Son visage se rembrunit.

— Que voulez-vous dire par là, madame ?

Comprenant qu'il avait perçu dans sa réplique une allusion au pillage de Vaux, Althéa, satisfaite, s'employait à présent à le détromper :

— Je veux dire, Majesté, que Dieu n'a pas choisi de faire pousser naturellement des oranges sous les cieux de France. Mais la nature, comme les hommes, obéit au roi !

Louis accepta l'hommage, d'autant que celui-ci lui était adressé avec le plus désarmant sourire. Un bruit de galop les fit se retourner soudain. Un splendide carrosse tiré par huit chevaux en livrée arrivait vers eux. Althéa reconnut sans peine sur la portière les armoiries des Montespan.

— Voici Mme de Montespan que j'avais priée de nous rejoindre.

La marquise, impériale, descendait de voiture dans une toilette qui, pour être exquise, semblait très peu adaptée à la rusticité du lieu. Elle sourit, radieuse, et adressa à Althéa un salut crispé.

— La duchesse de Cressac s'extasiait sur mon orangerie, madame. Nous évoquions les merveilles de la nature, et vous apparaissez ! Quel sens de l'à-propos !

— Je n'ai fait qu'obéir à votre volonté de me voir auprès de vous, Sire.

— Et soyez-en remerciée. Je vous abandonne toutefois un instant car il me faut visiter l'avancement de mes travaux et m'entretenir avec le chef du chantier. Je crains que cette partie-là ne soit guère adaptée à vos somptueuses toilettes, mesdames. Je vous retrouve un peu plus tard.

La marquise de Montespan attendit d'être hors d'atteinte des oreilles royales pour entreprendre la duchesse.

— Ainsi donc, vous avez quitté vos terres de Cressac pour venir à la Cour. Tout doit sembler démesuré, ici, à une provinciale !

— J'ai vécu à la Cour, comme vous le savez, avant que de partir sur les terres de mon mari. Je ne suis donc ni impressionnée ni vraiment provinciale.

— Et envisagez-vous de rester parmi nous ? grinça Athénaïs.

— Non, je repars bientôt retrouver mon fils et mon époux. Je suis heureuse à Cressac.

La marquise sembla se détendre. La perspective d'une rivalité s'éloignait. Althéa le comprit et choisit de la rassurer pour s'en faire une alliée. Elle n'avait pas pensé que l'occasion de bavarder seule à seule avec la marquise lui serait offerte aussi promptement, mais Arthorius lui avait vivement recommandé de se faire connaître d'elle

et de l'amadouer. Aussi releva-t-elle la tête et, avec un air très doux, reprit :

— Nous avons un ami commun. Il m'avait vanté votre beauté, mais je constate qu'il était encore loin de la vérité !

Athénaïs parut surprise du compliment, puis sourit à son tour :

— Je vous remercie. Et quel est cet ami ?

— Arthorius Déméter. J'ajoute que le marquis de Mergenteuil, que je connais lui aussi depuis de nombreuses années, partage tout aussi bien cet avis.

La flamboyante marquise parut se tasser sur elle-même. Ainsi donc Althéa savait son secret. Elle appartenait à l'ordre, ou avait au moins des liens avec ses membres. Son cerveau vif parut embrasser la situation. D'abord elle n'avait pas devant elle une rivale, ensuite il ne lui était plus nécessaire de jouer la comédie. Elle tendit enfin la main :

— Je suis très heureuse de vous rencontrer. Soyons amies, voulez-vous ? Je n'en ai pas tant que cela en ce pays-ci.

— J'en serais très flattée, répondit Althéa en serrant la main qui se tendait. Vous aurez en moi une alliée sincère.

— Ma... position n'est pas encore très installée à la Cour, mais Sa Majesté me tient assurément en grande estime.

— Le roi semble en effet fort goûter votre compagnie.

— Pensez-vous rester quelque temps parmi nous ? J'aimerais que nous ayons le loisir de mieux faire connaissance.

— Je ne puis hélas être absente trop longtemps, mon fils et mon mari requièrent ma présence auprès d'eux.

Un voile passa sur le visage d'Athénaïs.

— J'entends ô combien ce que vous voulez dire. J'ai moi-même deux enfants, Marie-Christine et Louis-Antoine,

et je ne sais ce qu'il adviendra d'eux si le roi décide de me garder auprès de lui…

— Je comprends vos tourments. Nous autres, femmes, sommes souvent obligées de consentir à d'énormes sacrifices…

— Vous semblez parler d'expérience ? Écoutez, Althéa, puis-je vous appeler par votre prénom ? Venez me voir demain après dîner en mes appartements. Nous bavarderons plus avant. J'ai beaucoup de choses à apprendre sur vous. Voilà le roi qui revient vers nous. Dites-moi que vous viendrez !

— Je serai là demain, je vous le promets… Athénaïs !

— Eh bien, eh bien ! La Beauté et la Grâce semblent s'entendre à merveille, à ce qu'il paraît, constata le roi.

— À merveille en effet, répondit la marquise. Je viens de me faire une nouvelle amie, et j'en suis enchantée !

— Me ferez-vous le plaisir de m'accompagner par-delà ces bosquets ? Je passe toujours par la grotte de Téthys avant de repartir. C'est un endroit tellement charmant, qui le sera davantage encore en si agréable compagnie !

Les trois jeunes gens contournèrent l'orangerie et s'éloignèrent dans les jardins, malgré le gel qui durcissait le sol et le froid qui commençait de leur engourdir les mains. Trois quarts d'heure plus tard, précédé par la garde royale et les chevau-légers, le carrosse de la marquise de Montespan ramenait le roi ainsi que la duchesse de Cressac à Saint-Germain, sous des couvertures de fourrure, avec des chaufferettes sous les pieds. La conversation fut plaisante, la marquise ayant le trait d'esprit assez prompt et le roi la volonté de plaire à ces dames.

44.

Saint-Germain, janvier 1667

— J'ai toujours adoré l'hiver ! s'exclama Athénaïs.

— Moi aussi. À Vaux, quand j'étais enfant, je faisais de longues batailles de boules de neige avec mon frère Louni. Il y avait de la glace sur les bassins, c'était féerique !

— Vaux vous manque, n'est-ce pas, Althéa ? On sent que cette terre vit en vous, que vous lui appartenez…

— C'est vrai. J'ai été élevée là-bas, c'était mon domaine ! Je l'ai parcouru à pied, à cheval, j'y ai joué, je m'y suis cachée, j'y ai grandi, rêvé, aimé…, dit-elle, le regard perdu.

— Aimé ? reprit la marquise de Montespan. Mais je croyais que vous l'aviez quitté très jeune ? Vous allez me narrer tout ceci ! Sa Majesté est partie pour la chasse, j'ai tout mon temps ! sourit-elle en se blottissant près de la cheminée sous une couverture de fourrure.

Althéa vint s'asseoir près d'elle.

— Mon Dieu… Par où commencer ? soupira-t-elle. Vous souvenez-vous de la fête somptueuse qui eut lieu à Vaux le soir du 17 août 1661 ?

Quelque deux heures plus tard, les deux amies parlaient toujours, fixant les flammes dansantes de l'âtre, seules,

hors du temps, plongées dans un passé lumineux à jamais disparu. Les carreaux des fenêtres recouverts de buée les protégeaient du monde. Aucun son ne parvenait du parc, la neige atténuant tous les bruits. Athénaïs écoutait Althéa évoquer ses souvenirs, découvrant une jeune femme sensible que la vie n'avait pas épargnée.

— J'envie pourtant votre passion pour le marquis de Mergenteuil. Je n'ai jamais su aimer comme cela, soupira la marquise. Beaucoup envient ma position. Et pourtant, que d'efforts et d'abnégation. Savez-vous que Louis continue d'honorer la couche de La Vallière ?

— Il semble pourtant fort attaché à votre personne, rétorqua Althéa, décelant le courroux chez son amie.

— Certes, mais les atermoiements de Louise ont raison de sa fermeté, même s'il n'est plus sensible à ses appas ! Il est vrai que je n'ai pas encore répondu à ses avances.

— Vous régnerez seule sur son cœur un jour, j'en suis persuadée !

— Il ne m'aimera jamais comme Mergenteuil vous aime. Il est le roi. Un roi ne s'abaisse pas à aimer comme un simple mortel, soupira-t-elle.

— Il vous aimera… en roi !

— Vous êtes bonne, Althéa, vous allez tellement me manquer. Quand partez-vous pour Cressac ?

— Après-demain. Je regagne d'abord Paris, et dans cinq jours, je serai chez moi. Il me tarde de revoir mon fils.

— Mais vous allez devoir quitter Mergenteuil.

— Cela me déchire. Je ne pourrai jamais avoir en même temps près de moi l'homme que j'aime et mon enfant.

— Allons, allons ! Lorsqu'on a la chance de connaître un si bel amour, on n'a pas le droit d'être triste ! Vous reviendrez. Je sais que le roi envisage de donner une très belle fête à Versailles l'année prochaine. Cela vous four-

nira un prétexte pour être de nouveau parmi nous. Et, d'ici là, je gage d'entreprendre Sa Majesté à propos de Fouquet. Maintenant embrassez-moi et sauvez-vous, que je ne m'attendrisse ! le roi ne doit pas me trouver le teint brouillé et les yeux rouges ! Pensez à moi, de temps en temps !

— Je vous écrirai, soyez-en certaine !

Le laquais referma la porte du petit salon, laissant Athénaïs à ses réflexions. La duchesse de Cressac dut se frayer un chemin parmi la presse des courtisans qui affluaient dans l'antichambre de la marquise de Montespan pour rendre leurs devoirs à l'étoile montante de la Cour.

*
* *

Arrivée à l'hôtel d'Arthorius, Althéa découvrit que ce dernier avait invité La Fontaine. Sa joie fut à son comble tant était intense son besoin d'évoquer ses doutes, ses craintes et ses espoirs avec des gens qui, comme elle, adoraient Fouquet ! Entourée d'amis qui continuaient à se préoccuper du sort de l'infortuné ministre, elle se sentit soudain plus légère, s'abandonnant aux délices d'un dîner très animé, où chacun s'efforça avec une belle humeur d'oublier qu'il s'agissait de la dernière soirée.

— Donnez-moi des nouvelles, Jean ! Comment vont nos amis ?

La jeune femme retrouvait un peu de son enfance volée, et le rose du plaisir lui montait aux joues en écoutant l'écrivain évoquer le bouillonnement de la vie culturelle parisienne au cœur de laquelle se trouvait autrefois le surintendant, grand mécène de tous ces génies que comptait le siècle.

— Ma foi, pour Molière, les cieux semblent plus clé-

ments. Il y a deux ans, il a vu deux de ses pièces interdites, alors que le roi aurait fort goûté l'année passée son *Misanthrope* et beaucoup ri au *Médecin malgré lui*, assurément sa meilleure farce. Vous avez eu la chance, très chère, d'assister au *Ballet des muses* de Benserade pour les fêtes de fin d'année à Saint-Germain... Je sais que Molière s'est montré léger et optimiste quand vous l'avez revu. Pourtant, il me faut vous dire que voilà des mois maintenant que notre ami crache du sang, et que s'il se venge sur les médecins dans ses pièces, c'est assurément parce qu'il les redoute ! Et la mort de Mansart n'a guère contribué à alléger ses maux...

— C'est vrai, Mansart est mort... J'en ai été bien peinée. La reine Anne a dû retrouver un peu au ciel l'âme de son cher Val-de-Grâce[1]... Et vous-même, Jean, à quoi occupez-vous votre talent ?

— J'écris des fables que je compte publier d'ici un an ou deux[2]. Je travaille, croyez-le !

— Des fables ? Vous écrivez des livres pour enfants ?

— Oui et non. En fait, je pense que ce livre pourra régaler tous les âges. Vous savez que je me suis toujours intéressé aux travers humains, et chacun de nous pourra sans doute s'y retrouver au détour d'une page... y compris le roi !

— Je suis impatiente de vous lire ! se réjouit Althéa.

— Vous en recevrez, ma chère, un exemplaire à Cressac. Ce sera un peu de Paris qui parviendra jusqu'à vous !

La remarque de La Fontaine rappela à chacun que la jeune femme devait repartir et qu'il se passerait certainement de nombreux mois avant qu'ils ne pussent tous

1. C'est Mansart qui a conçu les plans du Val-de-Grâce. Lemercier et Le Muet obtinrent d'en poursuivre l'édification, en modifiant notamment l'élévation de la chapelle.

2. La Fontaine publia ses *Fables* en 1668.

se revoir. Sentant que l'atmosphère devenait pesante, Althéa sourit à l'écrivain :

— Cher ami… Il se peut que vous ayez un jour besoin de calme pour composer. En ce cas, je vous attendrai à Cressac où vous pourrez rimer et versifier tout à loisir sans craindre les importuns ! Souvenez-vous de ma proposition !

On prolongea le repas au coin du feu avec quelques prunes à l'eau-de-vie qu'Arthorius gardait jalousement. On évoqua encore le sort du malheureux prisonnier, et Althéa relata sa conversation avec la marquise de Montespan qui avait promis, une fois qu'elle serait vraiment parvenue à s'installer durablement dans le cœur du roi, de le sonder sur ses intentions.

Puis Arthorius se leva et La Fontaine prit congé, ce qui permit aux deux amants de regagner une dernière fois leur alcôve. Lorsqu'il eut refermé la porte, Mathieu resta appuyé au chambranle et regarda Althéa qui avançait. Ne le sentant plus derrière elle, elle se retourna :

— Mathieu ? Qu'y a-t-il ?

— Reste.

— Mais…

— Ne pars pas, ne pars plus. Plus jamais. Reste.

— Mais enfin, tu sais que c'est impossible ! Et notre fils, qu'en fais-tu ? Ne rends pas les choses plus difficiles…

— Pardonne-moi, l'idée que tu repartes me rend fou dit-il en s'approchant d'elle. Par le Christ, te perdre une nouvelle fois m'est insupportable !

— Tu ne me perds pas. Jamais. Je t'appartiens, tu le sais, dit-elle en l'entourant de ses bras. Fais-moi l'amour, ne pensons plus qu'à ces heures que nous passons ensemble…

Mathieu entreprit de la dévêtir, éperdu de désir en voyant sa nudité apparaître sous la fine chemise.

— Mathieu…

— Mon amour ?

— J'ai... j'ai une chose... délicate... à t'avouer.

Il l'avait déjà déposée sur la courtine du grand lit et, s'étant allongé à côté d'elle, se redressa sur un coude.

— À quel propos ?

— Je... je me rends à Vaux demain.

— C'est une plaisanterie ?

— Du tout. Je veux revoir le domaine avant de rentrer à Cressac. Cela ne me fera faire qu'un petit détour...

— Sais-tu que Vaux risque d'être gardé par des gens d'armes ? Crois-tu que l'on puisse s'y promener ?

Althéa soupira.

— Je sais tout cela. Mais ma décision est prise. Le château a été vidé. On ne fait pas surveiller une demeure vide ! J'ai une grande chance de pouvoir au moins pénétrer dans les jardins...

— Ce n'est pas raisonnable, Althéa, la première fois déjà, cela aurait vraiment pu mal tourner et je...

— J'irai. Avec ou sans toi. Je veux revoir ma maison, je veux respirer l'air du parc, je veux...

— Soit, soupira Mathieu. Décidément, tu ne changeras jamais !

Elle se blottit dans ses bras.

— Je suis heureuse que tu m'y accompagnes... Mathieu, c'est là que je t'ai vu pour la première fois...

— N'essayez pas de m'attendrir, madame, dit-il en resserrant son étreinte.

Une onde de plaisir parcourut la jeune femme qui ferma les yeux, emprisonnant cet instant dans sa mémoire pour les jours à venir.

Elle était à lui, de toute éternité.

Être la duchesse de Cressac lui serait désormais un effort de chaque jour.

La voiture s'arrêta dans le bourg de Voisenon, non loin de Vaux. Il était convenu que l'on ferait le reste de la

route à cheval pour ne pas avoir à garer la berline frappée aux armes des Cressac aux abords du château. Les jeunes gens chevauchèrent ensemble jusque devant la grille, par la grande allée de platanes, et Althéa demeura un long moment silencieuse. L'air était vif, mais le soleil d'hiver réchauffait la terre, ce qui faisait monter une légère brume sur les champs. Devant eux se dressait Vaux-le-Vicomte, petite merveille d'architecture, avec ses toits d'ardoise éclairés des restes de l'aurore et sa pierre légèrement ocre qui le nimbait de lumière. Se souvenant de ce qu'elle avait vu des chantiers de Versailles la semaine passée en compagnie du roi, Althéa put mesurer tout ce que l'entreprise devait à l'esprit de revanche de la part du monarque. Pourtant, et même si Versailles se promettait d'être un jour grandiose, elle sut en cet instant que jamais Louis ne parviendrait à égaler Vaux, dans l'exquise harmonie de ses proportions, dans cette douceur émanant d'une construction à taille humaine, dans cette recherche des lignes qui alliait la rigueur de la symétrie à l'originalité du tracé.

Versailles coupait le souffle, Vaux faisait battre le cœur.

Toute l'âme du surintendant, son goût exquis, son raffinement et sa finesse se trouvaient dans cet édifice. Versailles serait splendide mais Vaux était sensuel. Satisfaite à cette pensée, Althéa remit son cheval au pas et, sans un mot, contourna le domaine. Mathieu caressa un instant l'espoir que sa compagne renoncerait à entrer, et souhaiterait juste faire le tour pour ensuite reprendre la route de Meaux et retrouver la berline. Il leva les yeux au ciel, résigné, en la voyant descendre et attacher son cheval derrière le verger.

Depuis le début de la visite, alors qu'Althéa s'abîmait dans ses souvenirs, Mathieu s'était employé à repérer d'éventuels hommes en armes chargés de garder le domaine. Tout paraissait calme. L'hypothèse d'Althéa se révélait peut-être exacte. Le château étant vide, il n'était

plus nécessaire de le faire garder. Après tout, Fouquet était emprisonné depuis maintenant presque six années...

Il semblait ne pas y avoir âme qui vive aux abords de la propriété. La jeune femme s'approcha d'une brèche dans le mur.

— Tu es venue précisément à cet endroit, ou bien est-ce une coïncidence ?

— Au tout début du mois d'août 1661, nous avons eu un violent orage d'été, et un arbre du verger est tombé sur le mur. Nous avions accompagné Nicolas pour constater avec lui les dégâts. Il n'a pas eu le temps de le faire réparer...

— Et j'imagine évidemment que c'est par là que nous allons entrer de façon tout à fait illégale sur le domaine ?

— Marquis de Mergenteuil, vous êtes un mage ! Auriez-vous le don de lire l'avenir ? demanda Althéa en lui lançant un regard amusé.

— Ma chère, je pense que si j'avais en effet ce don, je le mettrais vivement à profit en ce qui vous concerne, car si notre avenir proche me semble très hasardeux, notre avenir lointain, lui, me paraît bien compromis...

Althéa ne releva pas l'allusion à son prochain départ, elle s'approcha du mur et entreprit de le franchir.

Trois quarts d'heure plus tard, ils se promenaient, enlacés, autour du canal. Althéa paraissait revivre. Elle savourait chaque goulée d'air passant dans ses poumons. Elle était là, à Vaux, chez elle, avec l'homme qu'elle aimait. Comme la vie aurait pu être merveilleuse sans la jalousie maladive d'un roitelet en mal de gouvernance. Comme il eût été délicieux d'épouser Mathieu, de vivre à Mergenteuil et de revenir dans sa famille avec son mari et ses enfants pour leur faire découvrir les paysages de son enfance. Elle songea à son fils qui ne connaîtrait jamais Vaux. Enfant de Cressac, il appartenait à cette terre sur laquelle il grandissait.

— Te souviens-tu de notre première rencontre ?

— Bien sûr ! Je t'ai sauvé la vie, ne l'oublie pas !

— Je crois que je suis tombée amoureuse ce jour-là...

— Tu me l'as dit, déjà. Mais je pense que tu as peut-être confondu le fait d'être sauvée de la noyade par un gentilhomme avec l'idée d'être délivrée du dragon par un chevalier ! Tu n'étais qu'une enfant... Mais avec déjà tellement de caractère ! Je me souviens de l'échange que tu as eu avec la jeune dame qui m'accompagnait à l'époque, dont j'ai oublié le nom... Quel sang-froid !

— Je te voulais déjà tout à moi...

À ces mots, elle l'enlaça et prit sa bouche avec passion. Mathieu reçut un choc dans tout le corps devant cette fougue. Ils s'appuyèrent contre un arbre, sentant monter en eux un irrépressible désir. Mathieu passa une main sous la jupe d'amazone d'Althéa, et resserra son étreinte.

— Althéa... Tu me rends fou !

La jeune femme soupirait de plaisir sous les caresses toujours plus ardentes de Mathieu. Ils s'allongèrent ensemble sur un tapis de mousse. Les arbres qui les avaient vus se rencontrer les virent s'aimer, témoins immuables et secrets des soubresauts de l'Histoire.

Plus l'heure du départ approchait, plus Mathieu et Althéa demeuraient silencieux. La main dans la main, ils marchaient dans le parc, et la jeune femme ne quittait pas le château des yeux. L'hiver assourdissait tous les bruits ; déjà le soleil pâle disparaissait à l'horizon. Le froid gagnait. Il fallait partir. Ils savaient tous deux que la séparation serait longue, douloureuse.

— Mathieu, je dois te dire...

Le jeune homme sentit la main de sa compagne se crisper dans la sienne.

— Tu es libre...

— Ce qui signifie ?

— Ce qui signifie que tu as un domaine, des titres et une lignée à perpétuer et que tout mon amour ne peut rien contre cela. Viendra le jour où il te faudra prendre femme, parce que tel est ton devoir et…

— Ce jour n'arrivera pas.

— N'en sois pas si sûr. Je veux que tu saches que quand ce jour viendra, je ne t'en blâmerai pas. Aussi difficile que cela puisse être de nous l'avouer, nous avons chacun des devoirs, et nous ne pourrons jamais être ensemble.

Des larmes emplirent ses yeux, son nez rougissait avec le froid. Mathieu la revoyait comme au jour de sa sortie de l'église où elle l'avait supplié de la ramener à Vaux. Ils y étaient ensemble aujourd'hui… Le temps s'était écoulé, il n'avait plus devant lui une jeune fille perdue, mais une femme meurtrie et déterminée, mue par son indéfectible amour maternel.

— Althéa, tu es ma vie, tu es plus importante que tout. Nous payons une faute que nous n'aurions jamais dû commettre, j'en conviens, mais nous aurions pu aussi ne jamais nous revoir. Quand je suis tombé du bateau, ma dernière pensée fut pour toi, et je sais, aujourd'hui que j'ai la chance de t'avoir retrouvée, que plus jamais je ne te perdrai. Je ne te demande pas de quitter ton époux, mais ne me demande pas de renoncer à toi !

— Mais c'est une folie ! Je vais regagner Cressac et nous nous verrons une fois l'an, quand je pourrai trouver un prétexte pour venir à Paris où nous nous cacherons quelques nuits ?

— Tout vaut mieux que de se dire adieu !

Ils étaient arrivés à leurs montures et repartirent au pas, le cœur serré. Althéa regarda une dernière fois le château qui se découpait sur un ciel mauve, prêt à se rendormir dans le silence de l'hiver. Ce lieu si plein de vie jadis

sommeillait maintenant dans la solitude, abandonné de tous, comme un vaisseau fantôme condamné à l'errance.

En montant dans la voiture, elle soupira et dit d'une voix étranglée :

— Soit... Quand nous reverrons-nous ?...

— Vous oubliez, madame, que je suis un homme plein de ressources !

— Mathieu, tu n'envisages tout de même pas de me visiter à Cressac !

— Je sais que vous saurez affronter n'importe quelle situation, Votre Grâce !

— N'en faites rien, je vous prie..., répondit-elle faiblement en reprenant le vouvoiement solennel, tentant de marquer une distance illusoire. Ce ne serait pas convenable...

Mathieu éclata d'un rire franc.

— Pas convenable ? Je vous ai toujours connue bravant tous les interdits et vous fichant comme d'une guigne de ce qui était convenable ou pas, auriez-vous oublié ?

— Je n'en disconviens pas mais...

— Chérie... J'ai réveillé vos sens, ne l'oubliez pas !

Althéa releva le menton.

— Ne tirez pas gloire du fait que...

— Je ne tire nulle gloire de quoi que ce soit. Je vous aime comme vous m'aimez, votre corps réclame le mien et le mien le vôtre. Dans quelques semaines, tout en vous m'appellera. Et je répondrai à cet appel !

— Vous n'êtes pas sérieux ? Je sais me dominer, ce me semble ! Et d'ailleurs...

Il l'embrassa avec fougue, puis, sans lui permettre d'ajouter un mot, se recula et fit promptement signe au cocher de démarrer. Lorsque Althéa reprit ses esprits, elle se retourna vivement dans la voiture, pour apercevoir par la lucarne arrière de la berline la belle silhouette de Mathieu, debout au milieu de la route, qui les regardait

s'éloigner. Elle passa un doigt sur ses lèvres encore chaudes de son baiser. Comment en effet pourrait-elle renoncer à lui ?

Son corps l'appelait déjà.

Cette constatation la fit frémir.

45.

Cressac, avril 1667

La pièce embaumait le pain chaud et la cannelle. Attablée pour son déjeuner, Althéa tartinait de l'épaisse confiture de prunes sur une tranche de brioche, lorsqu'on lui remit le billet qu'un gamin sale et pouilleux était venu déposer pour elle aux cuisines. Machinalement, elle ouvrit la lettre :

« Que n'êtes-vous restée à Paris, sale catin ?
Vous et votre bâtard déshonorez le nom prestigieux des Saint-Évrard !
Mais justice sera faite ! »

Qui pouvait lui en vouloir ? Et pourquoi la traitait-on de « catin » ? Qui pouvait savoir que Nicolas-Jean n'était pas vraiment l'enfant de Savinien ?

L'appétit subitement coupé, elle plia nerveusement le billet dans sa poche, alla aux cuisines pour tenter, en vain, de connaître l'identité du petit messager et décida de se calmer en sortant à cheval. Pas question bien sûr de dire quoi que ce fût à Savinien. Inutile d'éveiller ses

soupçons quant à l'emploi du temps de ses nuits à Paris. Il serait, de plus, fou d'inquiétude et la ferait protéger. Elle ne désirait surtout pas avoir en permanence un valet à sa suite.

Althéa avait lancé Obsidian au grand galop dans la plaine et goûtait la douceur du printemps. Elle contourna la clairière et se dirigea vers le pont qui enjambait la rivière pour gagner la grande prairie, avant la forêt.

Là, elle accéléra.

Obsidian fila à toute allure, d'une foulée magnifique, l'encolure tendue et les oreilles couchées. Althéa sentait ses muscles puissants rouler sur ses flancs. Penchée en avant, elle faisait corps avec sa monture, entendant à peine le martèlement des sabots tant le vent lui sifflait aux oreilles. À cette vitesse aucune faute n'était permise, mais cela aussi faisait partie du jeu. L'instant de grâce s'acheva pourtant, et la cavalière s'apprêtait à reprendre doucement les rênes aux abords de la forêt lorsqu'une forme noire surgit d'un fourré, agitant les bras et poussant un cri. Le cheval fit un écart et se dressa brusquement sur ses antérieurs. Althéa fut désarçonnée et chuta. Sa tête heurta violemment le sol herbeux. Elle entendit le bruit du galop décroître comme Obsidian continuait sa course, puis ce fut un voile noir devant les yeux et le silence.

Le ciel.

Bleu. Nuageux.

Des chants d'oiseaux. Un soleil éblouissant. Sensation de calme. Ce froid… Et cette voix, connue…

— Nom de… nom de… nom de… nom ! Par le Christ, faudra-t-il que je vous surveille nuit et jour ?

Cette voix… Était-elle à Vaux ? Il devait y avoir une très belle fête, et Adonis l'avait poussée dans l'eau…

— La fête…, gémit-elle.

— La fête ? Quelle fête ? Cela a surtout failli être la vôtre ! rugit la voix.

Elle rouvrit vraiment les yeux. L'image était encore brouillée, mais quelqu'un était penché au-dessus d'elle, qu'elle devinait à contre-jour. Il était là. Elle était bien. Rassurée.

— Ma… Mathieu ?

— Et qui d'autre ? Je suis préposé à vos promenades ! Bon sang de bon sang, madame, pourquoi lancez-vous votre monture à cette vitesse alors que vous montez en amazone ? gronda-t-il.

— Obsidian… Mon cheval… Il a été effrayé. Il s'est cabré et…

— Et hop ! On connaît la suite ! Chaque fois la même histoire ! La princesse, le cheval, et la haute voltige ! Trinité éternelle ! Vous auriez pu mourir, Althéa ! Vous avez vraiment de la chance de vous en tirer à si bon compte ! Mais vous allez avoir une sacrée bosse !

Althéa revenait maintenant complètement à elle.

— Ce n'est pas un accident, dit-elle doucement.

Mathieu s'immobilisa, blême.

— Que dites-vous ? Vous êtes sûrement en état de choc…

— Non, je vais bien. On en veut à ma vie, et peut-être aussi à celle de mon fils.

— Qu'est-ce qui vous porte à croire cela ?

— Voilà déjà deux fois que je reçois des lettres de menaces, m'intimant de quitter Cressac, me traitant de « catin » et mon fils de « bâtard ». Ce matin encore j'en ai reçu une dans laquelle on me disait que justice serait faite. J'ai clairement vu quelqu'un, au sortir du bois, qui a jailli en hurlant devant mon cheval pour lui faire peur.

— Un homme ou une femme ?

— C'était… une silhouette noire. Je ne saurais dire… Mais je suis sûre que l'on a essayé de me tuer !

— Votre époux est-il au courant de ces lettres ?

— Certes non !

— Essaieriez-vous de me dire que vous comptez régler le problème toute seule ? articula Mathieu en fronçant les sourcils.

— J'aimerais en savoir davantage, tenter de...

— Tenter de quoi ? De vous faire tuer pour vérifier qu'il s'agissait bien de menaces sérieuses ? Mais vous ne changerez donc jamais, Althéa !

— Mais vous non plus, vous ne changez pas ! Pour l'amour du ciel, cessez de me traiter comme une enfant ! Et puis... que faites-vous ici ? Ne vous avais-je pas demandé de ne pas venir à Cressac ?

— Je me félicite aujourd'hui de ne point avoir suivi vos injonctions, madame ! J'arrive à point nommé pour vous protéger, ce me semble, sans quoi, dans quelque temps, je serais veuf !

Elle arqua les sourcils et éclata de rire :

— Veuf ? Mais je ne suis pas votre...

Elle n'eut pas le temps d'achever sa phrase :

— Si ! Vous êtes ma femme Althéa, depuis toujours...

Il l'embrassa passionnément avant de comprendre qu'elle ne tremblait pas de désir mais de froid, consécutivement au choc. Alors, à contrecœur, il la reconduisit vers le château.

*
* *

L'arrivée de la duchesse, accompagnée d'un gentilhomme inconnu, suscita émotion et bavardages.

— Mon Dieu, Votre Grâce ! Mais que s'est-il passé ! Eugénie, cours vite prévenir aux cuisines qu'on chauffe les brocs pour Mme la duchesse qui va vouloir prendre un bain ! Dans quel état vous nous revenez !

— Tout va bien, Eusébia ! Je veux juste me changer, mettre des vêtements propres et m'asseoir auprès de la cheminée. Y a-t-il du feu, dans la bibliothèque ?

— J'envoie tout de suite Benoît, Votre Grâce. Mais vous permettrez au moins que je vous frictionne à l'eau de lavande pour vous remettre !

— Demandez à Benoît de veiller à ce qu'Obsidian soit bien rentré au château, s'il vous plaît.

— Ce sera fait, Votre Grâce. En attendant, laissez-moi prendre d'abord soin de vous !

Althéa fut conduite en ses appartements, tandis que l'on partait s'enquérir du duc qui se devait de recevoir son hôte. Quelques minutes plus tard, informé de toute l'affaire, Savinien paraissait dans le vestibule.

— Soyez le bienvenu à Cressac, monsieur, lança-t-il à Mathieu. Cette maison est doublement la vôtre, puisque l'on me dit que vous êtes un ami de la duchesse mon épouse et que vous venez de surcroît de l'aider après un accident fâcheux. Accompagnez-moi dans la bibliothèque, nous y serons plus à l'aise en attendant le dîner.

Mergenteuil examina son interlocuteur. Sans doute aurait-il dû d'emblée haïr l'homme qui avait épousé sa fiancée et qui élevait son fils, mais il émanait du duc une telle bonté qu'il sentit naître, à son corps défendant, de la sympathie pour Saint-Évrard.

— Je vous remercie de votre accueil. Il semble qu'en effet, je sois arrivé au bon moment. Votre... épouse venait de débotter et de choir dans la clairière. Elle serait revenue de son étourdissement sans moi, je présume. Quoi qu'il en soit, la voilà saine et sauve !

— Certes, mon ami, certes ! Mais je tremble encore à l'idée que l'issue de cette histoire eût pu être fatale !

Déshabillée, frictionnée et changée, Althéa entra à cet instant dans la bibliothèque, embarrassée de côtoyer

Mathieu en ce lieu. Son époux se tourna vers elle, l'air soucieux.

— Que s'est-il passé exactement avec Obsidian? demanda-t-il.

— Il a dû être effrayé par un renard ou un sanglier... Il s'est cabré à l'orée de la forêt.

Le bref coup d'œil qu'échangèrent Althéa et Mathieu n'échappa point au duc, qui eut la sagesse de ne pas poser davantage de questions sur l'accident. Pourtant, Savinien était aux aguets. L'arrivée impromptue d'un homme beaucoup plus jeune que lui, beau comme un dieu grec, et dont, curieusement, sa femme n'avait jamais fait mention, le plongeait dans l'inquiétude.

— Bien ! J'espère que vous ne garderez de cet épisode aucune appréhension à l'idée de monter. Bien que mon devoir soit de vous conseiller de vous en abstenir, je devine que de telles recommandations seraient vaines...

Mathieu ne put s'empêcher de sourire. Savinien s'était donc déjà heurté au tempérament indomptable d'Althéa. Ce détail le mit en joie. Il leva un sourcil :

— Je m'étonne du manque de sagesse de votre épouse, moi qui ne l'ai connue, en son jeune âge, que docile et obéissante ! remarqua-t-il de l'air le plus innocent.

Althéa lui décocha un regard noir.

— C'est que vous la connaissez bien mal ! répondit gentiment Savinien. Enfin, n'en parlons plus ! Mais dites-moi, marquis, ma femme ne m'a jamais parlé de vous?

Mergenteuil redevint sérieux devant l'embarrassante remarque du duc.

— Eh bien, je suis, pour tout vous dire, un ami du surintendant Fouquet. J'ai connu sa pupille lorsqu'elle était toute jeune. Par la suite, après le drame, j'ai eu l'occasion de lui manifester mon soutien. Je passais non loin de votre domaine pour me rendre sur mes terres, à Mergenteuil. C'est ainsi que l'idée m'est venue de venir la saluer...

— Ah ! Fort bien, fort bien, répondit Saint-Évrard.

Lorsqu'un petit garçon blond avec de grands yeux verts déboula dans la bibliothèque, Mathieu blêmit. La conviction du duc se renforça : Mergenteuil était plus qu'un ami de passage pour son épouse et tout ce qui la concernait touchait visiblement de près le jeune marquis. Savinien était un sage. Il avait toujours pensé qu'un homme jeune pouvait ravir le cœur de son épouse. Mais il s'était peu à peu rassuré au fil du temps, constatant que visiblement, ayant tellement aimé le vrai père de son enfant, mort noyé semblait-il, elle ne donnerait plus jamais son cœur à personne. Et voilà que surgissait ce beau diable, quelques semaines après son retour de Paris…

Songeur, le duc annonça que l'on passait à table.

À la fin du repas, alors que l'on gagnait le salon, Savinien s'approcha de Mathieu.

— Nous ferez-vous le plaisir, marquis, de demeurer avec nous quelques jours ?

— Je ne crois pas que cela soit possible, coupa Althéa. Notre ami me disait justement qu'il avait fort à faire sur ses terres !

— Rien qui ne puisse être différé de quelques jours, tranquillisez-vous, sourit Mathieu, l'air innocent.

— Eh bien, voilà qui est décidé ! Nous pourrons aller chasser ensemble demain ! se réjouit Savinien.

L'air furieux d'Althéa amusa Mathieu. Elle était vraiment exquise lorsqu'elle prenait la mouche. Et ses sens s'émoustillèrent à la pensée de ce qu'il pourrait lui faire pour apaiser son courroux.

Durant tout l'après-dîner, Mathieu joua avec son fils sur la grande pelouse qui descendait en pente douce depuis la terrasse sur laquelle Althéa et son époux savouraient les premiers vrais rayons du printemps. Sous son ombrelle, la jeune femme paraissait pensive en voyant le marquis courir

après une balle et soulever ensuite son petit garçon qui riait aux éclats dans le soleil. Son malaise devenait palpable, et son époux se rapprocha pour lui prendre la main.

— Vous semblez contrariée, ma mie.

— Nenni. Je suis juste un peu lasse. L'épisode de ce matin m'aura alanguie...

Savinien n'en crut rien et se promit d'interroger le marquis le lendemain lors de leur partie de chasse. Il en était là de ses réflexions lorsque la marquise de Grandfide s'annonça.

— Félicia ! Ma chère, quel plaisir ! sourit Savinien. Vous vous faites trop rare ! Voyez, nous avons de la visite ! Joignez-vous à nous !

— Je suis venue m'enquérir de votre femme, Savinien ! Les nouvelles vont vite au pays ! J'ai su qu'elle avait failli se tuer ce matin, c'est affreux !

— Tout danger est écarté, fort heureusement, ce ne sera bientôt qu'un mauvais souvenir, répondit Savinien en se plaçant derrière sa femme, posant la main sur son épaule d'un geste protecteur.

— Et comment vous êtes-vous tirée de ce mauvais pas, très chère ? demanda Félicia.

— Le marquis de Mergenteuil arrivait à cheval pour nous rendre une visite de courtoisie, et c'est alors qu'il m'a trouvée et aidée à recouvrer mes esprits, expliqua Althéa.

— Quel ami providentiel ! Comme vous avez de la chance d'avoir un ange gardien !

La jeune duchesse acquiesça sous son ombrelle, sans un mot. On apporta des biscuits tout chauds et des boissons, et Mathieu vint se joindre au groupe pour bavarder sur la terrasse. Althéa avait la désagréable impression d'être épiée, tant par son mari que par Félicia, mais finit par se convaincre que son sentiment de culpabilité altérait sans doute son jugement.

46.

Cressac, mai 1667

Neuf jours déjà que Mathieu logeait au domaine, ce qui rendait Althéa de plus en plus nerveuse. Montant à la tourelle dans laquelle se trouvait la bibliothèque, elle aperçut au loin un cavalier qui s'engageait dans l'allée. S'agissait-il d'un chevaucheur ? Elle voulut en avoir le cœur net et redescendit précipitamment l'escalier. À peine arrivait-elle dans le hall qu'elle tomba nez à nez avec Antarès et poussa un cri de joie.

— Antarès, quelle surprise ! Que nous vaut cette visite ?

— Je vous apporte un pli de Mme de Montespan, à vous remettre en main propre !

— Merci à vous d'avoir fait tout ce chemin. Allez aux cuisines, vous devez avoir grand besoin de vous restaurer. Eulalie a fait un excellent pâté de perdreau ce matin, vous m'en direz des nouvelles !

Elle s'envola lire sa lettre dans le silence de la bibliothèque.

« *Ma très chère amie,*

J'ai préféré demander à Arthorius de me trouver un messager sûr pour vous faire parvenir cette missive. Depuis cette année,

La Reynie assume la charge de lieutenant de police[1]*, et son zèle le pousse à faire surveiller toute la correspondance de l'entourage du roi. Ma position à la Cour fait de moi le centre de tout son intérêt ! Je m'entoure donc de mille précautions pour vous envoyer de mes nouvelles…*

Comme vous me manquez, ma douce amie ! Les lilas sont déjà en fleur à Saint-Germain, d'où je vous écris ! Et depuis votre départ, les événements se succèdent en ce pays-ci. Mlle de La Vallière est de nouveau grosse, ce qui me froisse, je vous l'avoue, même si je m'emploie chaque jour à n'en rien laisser paraître. Le roi me mande d'être en représentation à ses côtés en maints endroits, en sorte que la Cour jase sur ma position, laquelle est devenue plus claire depuis quelques semaines où j'ai capitulé devant les assauts de Louis. Bien souvent, nous partageons, la reine, Mlle de La Vallière et moi, le même carrosse, sur ordre de Sa Majesté qui paraît fort se divertir de nos rivalités !

Vous me connaissez, chère Althéa, je suis parfois bien prompte à m'emporter ; il m'est souvent pénible de dompter les élans de ma jalousie. Je m'y astreins pourtant, car cette situation ne saurait être pérenne. Louise vient en effet d'obtenir un tabouret de duchesse et la légitimation de Mlle de Blois, sa fille. Marie-Anne de Bourbon demeurera donc, quoi qu'il advienne, auprès du roi son père et notre toute nouvelle duchesse paraît à cet égard bien soulagée. Pourtant l'on chuchote que si le Roi honore ainsi sa maîtresse, c'est pour mieux la remercier. Il semble être souvent bien las de ses atermoiements, car notre chère Louise pleure et soupire tout le jour sur sa triste infortune, dans le temps où je m'emploie, moi, à divertir notre sire.

La reine se résigne à vivre en permanence avec les "dames" de son époux. Le mien, lui, ne consent point à ces arrangements et s'enorgueillit de faire du scandale au motif que le roi honore sa

1. La Reynie fut en effet pressenti par Colbert pour inaugurer la nouvelle charge de lieutenant de police de Paris dès 1667, charge qu'il assumera pendant trente ans. Il deviendra conseiller d'État en 1680.

femme. La belle affaire ! Le sot est en passe de se perdre s'il ne cesse de s'agiter ainsi !... »

Althéa posa un instant sa lettre et leva les yeux. Par la fenêtre ouverte, elle pouvait voir les premières jonquilles éclairer la grande pelouse comme autant d'étoiles. Une brise légère lui apportait l'exquis parfum des mimosas. Tout paraissait paisible, loin du tumulte de la Cour. Et pourtant, sous cette apparente sérénité du printemps qui renaissait, tout était confus. Athénaïs lui écrivait le récit de ses amours compliquées. Mais les siennes étaient-elles plus simples ? Elle aussi était parjure, adultère, et elle non plus ne parvenait pas à le regretter... M. de Montespan montrait sa déconvenue, comment Savinien réagirait-il s'il savait ? Elle reprit sa lecture en soupirant.

« Enfin j'espère que nous n'en viendrons pas à de telles extrémités. Je songe surtout à nos deux enfants. Il serait bon que M. de Montespan apprenne les usages et tire plutôt profit de sa situation.

Et vous, très chère amie ? Comment se passe votre retour ? Vous devez parfois vous sentir bien seule à Cressac. Se peut-il que vous puissiez longtemps nous priver de vous ? Je songe aussi à votre amant ! Vous semblez tant l'aimer ! Ne le négligez point, Althéa, car j'ai pu voir la belle tournure de Mergenteuil. Dieu que cet homme est bien fait ! Je gage fort qu'à la Cour, il ne saurait tarder à devenir la proie de quelque duchesse désœuvrée... Ne tardez guère non plus à me répondre, par la même voie, bien sûr, car je me languis de vous. Et, de grâce, brûlez cette lettre qui pourrait me perdre en d'autres mains que les vôtres.

Je vous porte dans mon cœur. Revenez-nous vite,

Votre Athénaïs. »

Althéa relut sa lettre, la jeta dans la cheminée et la regarda pensivement se consumer. Elle quitta la biblio-

thèque à la recherche de Mathieu et le trouva admirant les tableaux des ancêtres de la famille de Saint-Évrard qui ornaient le corridor.

— Je vous cherchais.

— Qu'y a-t-il, mon cœur ? chuchota Mathieu en lui prenant les mains qu'elle retira vivement.

— Chut ! Ne m'appelez pas comme cela ici ! Je voulais vous voir parce que je viens de recevoir une lettre de la marquise de Montespan.

— Elle a pris le risque de vous envoyer des nouvelles par écrit ? Mais c'est pure folie ! bougonna Mathieu.

— Nenni. Antarès est ici, il se restaure aux cuisines. Arthorius l'a envoyé en messager, la marquise n'est pas née de la dernière pluie. Elle se sait surveillée. Mais je voulais quand même vous avertir du fait qu'elle semble de plus en plus influente auprès du roi. Louise de La Vallière attend de nouveau un enfant...

Mathieu fronça les sourcils.

— Et c'est ce qui vous fait dire qu'Athénaïs est bien en Cour ? Voilà qui est singulier ! grinça-t-il.

— Non. Ce qui lui fait penser qu'elle a progressé dans l'affection du roi, c'est... qu'elle lui a enfin cédé et que dans le même temps il vient de légitimer Marie-Anne et d'accorder un tabouret de duchesse à sa mère.

— Autrement dit, on accorde un duché et des terres à Louise pour lui permettre de se retirer, mais on donne un statut à l'enfant bâtarde pour lui permettre de rester auprès de son père à la Cour. On ne laisse pas partir ainsi le sang de France !

— C'est exactement comme cela que toute la Cour le comprend. Oh, Mathieu ! Si Athénaïs pouvait finir par être capable d'influencer le roi et obtenir la libération de Nicolas !

— Je sais que vous ne vivez que pour cela, mais ne vous

faites pas trop d'illusions... On est souvent blessé quand les rêves se brisent.

Mathieu la regardait d'un air sombre. Le cœur de la jeune femme se serra.

— Pourquoi me dites-vous cela ?

— Parce que je vous aime. Je vous vois ici, mariée à un autre, je joue avec notre fils sans pouvoir le serrer dans mes bras ! Je ne supportais plus de ne pas vous voir, mais comprenez que je suis à la torture quand un autre possède tout ce qui est à moi et qui m'est plus cher que tout ! Saint-Évrard est un homme très bon, et c'est presque encore pire, car je m'imagine que vous parvenez à être heureuse sans moi..., dit-il en l'attirant vers lui.

Althéa fit un effort pour reprendre ses esprits et ne pas céder à l'envie de s'abandonner.

— Mathieu, je vous en prie ! On pourrait nous surprendre ! Savez-vous ce que cela signifierait ? Savinien est mon mari, et je lui dois beaucoup. Jamais je ne ferai quoi que ce soit qui pourrait le blesser ou lui nuire, je vous l'ai dit ! Mais je vous interdis d'imaginer que je puisse être heureuse sans vous. Quand vous êtes loin de moi, je ne pense qu'à vous. Vous êtes la dernière image sur laquelle je m'endors et la première pensée qui me vient au matin... Et je sais qu'il en sera ainsi jusqu'à mon dernier jour. Mais ma place est ici, dit-elle en ravalant ses larmes.

Elle releva la tête vers Mathieu qui lui tendait son mouchoir.

Elle eût alors juré que la tenture du couloir avait bougé.

*

* *

Ils sortirent tous deux par la salle des gardes pour accéder directement aux écuries. Savinien s'était absenté pour aller contrôler l'abattage du bois autour de la

clairière, et Althéa avait envie de s'aérer. Dès qu'ils eurent quitté l'enceinte de la cour du château, ils partirent au petit trot, puis firent la course jusqu'au deuxième bras de la rivière. Lorsqu'ils tirèrent sur les rênes, les chevaux encensèrent en signe de protestation, mais les cavaliers avaient décidé de faire une halte auprès de l'eau. Mathieu les mena boire à un endroit où la berge descendait en pente douce. Quand il les eut attachés, il revint vers Althéa.

— Je repars demain, annonça-t-il d'une voix rauque.

— Je savais que vous alliez m'annoncer votre départ, murmura-t-elle.

— Althéa, je...

Elle lui mit un doigt sur la bouche et le regarda intensément.

— Ne dis rien. Viens...

Il la suivit le long de la rivière jusqu'à une cabane de bois qui servait jadis aux gabelous se livrant à la contrebande du sel. Éperdus d'un désir renforcé par l'imminence de leur séparation, ils se dévêtirent avec fièvre et les murs en torchis résonnèrent bientôt des chants d'amour de leurs noces clandestines...

47.

Cressac, décembre 1667

Durant les mois qui suivirent, trois autres billets infamants parvinrent à la duchesse dans des circonstances toujours mystérieuses. Althéa prit garde de ne plus sortir seule à cheval et lorsque Antarès, que Mathieu avait mis au courant avant son départ, proposa de rester auprès d'elle et de son fils afin de veiller sur eux, elle accepta avec soulagement. Officiellement ce dernier, ayant perdu son emploi, demeurait à Cressac comme homme à tout faire. Althéa savait qu'il restait là sur ordre de Mathieu, et c'était pour elle une joie que de pouvoir de temps à autre parler du marquis avec quelqu'un connaissant la situation. Elle avait de nombreuses fois surpris Savinien en train de la regarder quand elle était censée ne pas s'en apercevoir. Le duc paraissait soucieux et Althéa se demanda même s'il n'était pas au fait des menaces qui pesaient sur elle.

Elle en fut convaincue lorsqu'un soir, quelques jours avant de fêter Noël, Savinien l'encouragea à regagner Paris. Installé comme à l'accoutumée au coin du feu, le duc écoutait son épouse lui faire lecture d'une partie de la lettre que Mme de Montespan venait de lui envoyer par chevaucheur pour lui annoncer la naissance du fils de Mme de La Vallière et du roi. Athénaïs expliquait en

effet que Louis XIV avait officiellement demandé à Le Vau d'agrandir le château de son père du côté des jardins et que pour fêter cet événement, il s'apprêtait à donner une fête qui surpasserait *Les Plaisirs de l'île enchantée.*

— Vous devriez songer à vous rendre à cette fête, ma mie, ce sera pour vous un magnifique divertissement. Il n'y a guère de quoi amuser à Cressac une jeune femme de votre âge, et je gage que la marquise brûle de vous revoir...

Althéa marqua son étonnement, mais le visage impassible de Savinien ne lui fournit aucun indice.

— Je m'en voudrais de vous laisser et de quitter notre fils. Je ne m'ennuie point ici, savez-vous ? J'ai à ma disposition une vaste bibliothèque, vous m'avez offert un cheval superbe, et...

— Et vous irez ! Parce que tous les livres et tous les chevaux du monde ne remplacent pas quelques belles toilettes, un beau feu d'artifice, une pièce de théâtre, des ballets, et l'amitié d'une jeune personne de votre âge ! Je suis un homme mûr et, si vous m'êtes infiniment chère, j'ai bien conscience que vous ne menez pas ici la vie dont vous aviez sans doute rêvé, si j'en crois le récit du tourbillon vécu dans votre enfance auprès d'un homme comme Nicolas Fouquet !

— Certes, mais il me semble...

— Et il me semble, à moi, que tous ces beaux esprits sont toujours là ! Voyez comme votre ami Le Vau est occupé aujourd'hui à construire trois corps de bâtiment ! Un chantier qui va surpasser Vaux, et de très loin ! Versailles atteindra une splendeur inégalée, et le roi est toujours entouré de ce que le siècle compte de plus brillant ! Je sais que vous nous reviendrez ! Mais, je vous en prie, ne renoncez pas à tous ces plaisirs... Je veux vous savoir heureuse, Althéa, et vous voir demeurer au domaine pour n'en jamais partir, c'est prendre le risque que ne s'éteigne

en vous cette petite flamme qui vous sied tant et me séduit !

Althéa sentait une émotion indicible la gagner. Certes, elle mourait d'envie de regagner Paris dans quelques mois pour retrouver tout ce qu'elle avait perdu en partant vivre au loin, sur ces terres de Cressac auxquelles elle se consacrait désormais. Mais regagner la capitale, c'était surtout retrouver Mathieu. Que son mari, indirectement, la poussât dans les bras de son amant la mettait mal à l'aise. Elle se sentait rongée de culpabilité de trahir un homme si bon qui prenait tant soin d'elle. Pourtant, devant l'insistance de son époux, elle se persuada avec toute la mauvaise foi du monde qu'elle pouvait aussi retourner à Paris pour y visiter Athénaïs, retrouver Arthorius, assister à de beaux spectacles et côtoyer le roi…

Elle accepta la proposition de Savinien en s'efforçant de ne pas trop laisser éclater sa joie. Pourtant, lorsqu'elle quitta la bibliothèque d'un pas léger en repliant sa lettre, il perçut, le cœur serré, qu'elle le ménageait mais qu'en secret, elle commençait déjà à rêver de son départ.

48.

Versailles, juillet 1668

Dès que le carrosse de Mme de Montespan franchit les grilles, Althéa comprit qu'elle basculait dans un rêve qui allait surpasser les divertissements précédents et balayer, dans les esprits, le souvenir de la fête donnée sept ans plus tôt à Vaux par le surintendant.

Versailles flamboyait.

La jeune femme n'aurait su dénombrer les torches qui éclairaient les jardins et les bâtiments. Au fur et à mesure qu'elle avançait, à pied cette fois, en bavardant avec la marquise, elle s'émerveillait de cette débauche de lumière et de fleurs qui leur souhaitaient la bienvenue. Chaque parterre, chaque bosquet scintillait, et des miroirs, que l'on avait savamment disposés, renvoyaient à l'infini les perspectives lumineuses. Fontaines et jets d'eau animaient ce décor féerique qui défiait l'entendement.

Les deux amies gagnèrent le parc où une foule déjà dense déambulait entre les bosquets. Partout dans les jardins avaient été dressés des buffets sur lesquels se côtoyaient venaisons et poissons en croûte, pâtés et viandes en sauce. On avait rôti des paons puis replanté leurs plumes pour la présentation. Des porcelets en gelée et des tourtes aux légumes, des soupes et des bouillons, des feuilletés

d'écrevisses mêlaient leurs fumets aux parfums enivrants des dames qui se pressaient près des tables. L'agencement des plats décorés le disputait aux compositions florales qui embaumaient. Chèvrefeuilles, clématites, roses de Damas et de Provins[1] créaient partout des symphonies de blanc, de mauve, de pourpre et de safran à en tourner la tête. Plus loin se dressaient les tables des buffets sucrés, où des massepains colorés montaient en pyramides sous des arcs de biscuits disposés en guirlandes. On avait recréé des arbres en fruits confits et de grands compotiers offraient toutes sortes de crèmes fouettées de différents parfums avant les tartes et les entremets. Venaient ensuite les friandises, dragées, croquets et pralines dont la création revenait, semblait-il, au chef cuisinier de César-Gabriel, duc de Choiseul, maréchal de Plessis-Praslin. Ce dernier entretenait le mystère, ce qui lui valait un franc succès auprès des dames raffolant de ce délice. Althéa elle-même n'y résista point et se fraya un chemin jusqu'au buffet pour en attraper une.

La presse était énorme, sous les yeux amusés du monarque, vêtu de jaune et d'or de la tête aux pieds. La marquise de Montespan, enveloppée dans une soierie argentée rehaussée de diamants, semblait le pendant du roi. Il était évident que Louis XIV, qui ne la quittait pas

---

1. L'origine de nos roses modernes est extrêmement complexe, car celles-ci résultent d'innombrables croisements effectués entre les espèces très diverses par leurs qualités. Jusqu'au début du XIXe, on ne connut en Occident que les races issues du rosier de France (*Rosa gallica*). Ces rosiers parmi lesquels on cite Provins, Damas et Centfeuilles peuplaient depuis l'Antiquité les jardins des civilisations méditerranéennes et du Proche-Orient. Les croisades et l'invasion arabe les avaient répandues en Europe dès le Moyen Âge. On connaissait aussi un rosier jaune (*Rosa lutea*) venu d'Asie Mineure et cultivé en France dès le XIIe siècle. L'an 1789 qui fait date dans notre histoire marque aussi une révolution dans celle de la rose. C'est en effet cette année-là que furent introduites d'Extrême-Orient deux espèces déjà cultivées et améliorées depuis longtemps en Chine : la rose du Bengale et le rosier à odeur de thé.

des yeux, donnait cette fête non seulement pour célébrer sa victoire en Franche-Comté et le traité d'Aix-la-Chapelle[1], mais aussi et surtout pour souligner le triomphe de la somptueuse Athénaïs. L'or et l'argent, le Soleil et son étoile...

Le message n'échappait point aux courtisans qui notaient que le roi tenait tendrement Mme de Montespan pour l'entraîner vers le théâtre de trois mille places, habillé de feuillages en son extérieur et tendu des tapisseries de la Couronne, dans lequel Molière – encore lui ! – s'apprêtait à donner son *George Dandin.*

Althéa prit place non loin de la marquise, cherchant en vain Mathieu du regard. La pièce fut féerique, entrecoupée de concerts et de ballets : plus de cent personnages dansèrent le triomphe de Bacchus sous les applaudissements d'une foule consciente de vivre un moment d'exception. Rêveuse, elle songea à la magnifique fête de Vaux et au triomphe des *Fâcheux*... Comme ce temps paraissait loin ! Et la fête de Nicolas, pour superbe qu'elle fût, semblait une répétition en miniature de ce que la jeune femme avait devant les yeux.

Elle rejoignit le couple royal qui se dirigeait à présent vers un autre « salon » du parc, spécialement créé pour le dîner du roi et de sa suite rapprochée. Là, une débauche de fleurs, de boules de cristal retenues par des écharpes de gaze argentées, en l'honneur de la marquise, constituaient un décor qui paraissait givré.

Le roi s'installa devant un rocher d'où jaillissaient mille

1. Le traité d'Aix-la-Chapelle conclu en 1668 est le premier des trois traités qui porteraient ce nom. Il met fin à la guerre de Dévolution, c'est-à-dire celle que mena Louis XIV contre l'Espagne, la patrie d'origine de sa femme, considérant qu'il avait été spolié sur le montant de la dot amenée par l'infante. La France enlève à l'Espagne les villes de Lille, Armentières, Douai. En revanche, la France rend à l'Espagne la Franche-Comté qu'elle occupait.

cascades, s'apprêtant à déguster un dîner comprenant cinq services, lesquels n'offrirent pas moins de cinquante-six plats chacun ! Le dîner parut un peu long à Althéa qui grignotait, n'ayant plus très faim après s'être déjà sustentée au buffet. Lorsque enfin on se leva pour aller danser, le couple royal vint à sa rencontre.

— Chère madame de Saint-Évrard... Nous sommes bien heureux de vous trouver à cette fête, dit le roi.

Il plissa légèrement les yeux avant d'ajouter :

— J'espère que vous passez une agréable soirée ?

— Une soirée magnifique, Majesté, répondit doucement la duchesse en faisant sa révérence.

— Cette fête est en effet très réussie, constata le roi d'un ton désinvolte. Elle est à la hauteur de ce que sera Versailles une fois achevé !

— Certainement, Sire, reprit Althéa en plantant son regard dans celui du roi. Tout ce que ce siècle compte d'artistes et de talents y travaille... Le résultat sera à n'en point douter à la hauteur des espérances de Votre Majesté !

— Je le crois. Versailles sera digne de ma gloire et renverra au monde l'éclat du Soleil !

Althéa eut le cœur serré en pensant à celui qui, du fond de son cachot, en était cruellement privé.

— Bienheureux ceux qui peuvent le côtoyer, en effet, Majesté.

Le roi mit une seconde de trop pour répondre, ce qui donna à penser à la jeune femme qu'il avait compris l'allusion derrière l'hommage. Mais tout au plaisir de son divertissement, il choisit d'en ignorer le double sens et sourit :

— Il ne tient qu'à vous, madame, de ne vous en point priver en demeurant parmi nous !

— Cela me ferait tant plaisir, en effet, que vous restiez un peu à la Cour, duchesse ! renchérit Athénaïs.

— Et voyez, madame, vous obligeriez Mme de Montespan ! Songez-y ! conclut le roi en s'éloignant.

Athénaïs prit Althéa par le bras et l'entraîna un peu à l'écart.

— Je ne crois pas qu'il soit heureux de faire des allusions au sort injuste de votre parrain, même sous couvert de phrases courtisanes, Althéa, dit-elle, l'air inquiet.

— Je sais, j'ai tort... Hélas, je ne puis m'en empêcher, pardonnez-moi. Mais quand je vois que tous les artistes qui furent découverts, encouragés et pensionnés par Nicolas travaillent aujourd'hui à la gloire de celui qui l'a emmuré vivant, mon cœur se serre...

— Althéa... laissez-moi au moins une chance de réussir ! Louis n'est pas de ceux que l'on peut contraindre par la critique, savez-vous ? Alors ne détruisez pas en une phrase ce que je m'emploie à bâtir en plusieurs semaines ! Occupez-vous plutôt de trouver Mergenteuil, car je pense que d'autres le feront à votre place.

— Vous avez raison, Athénaïs. Je n'ai sans doute pas votre force...

— Vous l'avez, très chère, assurément ! Mais vous avez aussi la fougue qui va de concert, et en ce pays-ci, il vaut mieux la garder pour l'alcôve !

Elles éclatèrent toutes deux de rire et Althéa partit en quête de son beau marquis. Étant donné qu'elle ne s'était guère éloignée du couple royal jusqu'à présent, elle s'étonnait de ne pas avoir vu Mathieu à qui il eût été facile de la retrouver en repérant le roi. Elle fit quelques pas dans les jardins et crut l'apercevoir un peu plus loin dans une allée, en compagnie d'une femme à qui il semblait faire la conversation. Heureuse à en étouffer, le cœur battant la chamade, elle s'approcha d'un bon pas pour le surprendre au détour d'un bosquet. Mais en reconnaissant la voix féminine, elle se figea.

— Cher Mathieu… Être en votre compagnie m'est un délice, vraiment.

— Mais… c'est un grand plaisir pour moi aussi, madame, n'en doutez point.

Félicia.

Félicia de Grandfide conversait à Versailles, dans les jardins du roi, avec Mathieu ! Althéa se tint en retrait pour écouter leurs propos. Une inquiétude soudaine la gagnait et une petite voix lui disait de ne pas se montrer tout de suite. Elle contourna donc l'allée et longea le bassin, pour déboucher devant eux par surprise. Mais au détour d'un bosquet, elle entrevit Félicia et Mathieu tendrement enlacés, s'embrassant avec fougue.

Althéa eut l'impression que le sol se dérobait sous elle et sortit de sa cachette, feignant la surprise.

— Marquis, quelle joie de vous revoir ! Et en quelle compagnie ! Félicia, si je m'attendais à vous trouver à la Cour, vous qui sembliez n'être heureuse que sur vos terres…

Mathieu, décontenancé, ne put s'empêcher d'admirer la beauté de la jeune femme. Éblouissante dans une robe de soie lilas, profondément décolletée, serrée à la taille d'un large ruban fuchsia et rebrodée aux manches dans le même ton que la ceinture, elle portait une parure en améthyste de la couleur de sa toilette assortie de pendentifs aux oreilles. Ses cheveux, tirés en arrière par un chignon dans lequel on avait piqué des fleurs parme, cascadaient ensuite en boucles incandescentes dans son dos. En revanche, l'éclat dangereux de son regard émeraude alerta le marquis.

— J'adore la vie que je mène sur mon domaine, tout comme Savinien d'ailleurs, avec qui nous nous entendons parfaitement sur ce point, répondit-elle, légère. Toutefois, j'ai dû visiter une tante malade, et ce fut l'occasion pour

moi d'assister à cette fête grandiose, et surtout d'y retrouver ce cher Mergenteuil, que j'ai connu grâce à vous, Althéa !

— Mais..., ne put que bredouiller Mathieu qui sentait la situation lui échapper.

— Eh bien, vous me voyez ravie de voir que vous avez sympathisé, grinça Althéa dont les mains tremblaient. Je vous laisse donc. Je dois retrouver Mme de Montespan, et l'on ne fait pas attendre le roi. Je vous verrai sans doute bientôt à Cressac, Félicia, car je ne compte pas m'attarder à Paris. Mon mari et mon fils m'attendent et souhaitent me voir revenir promptement, dit-elle en fixant Mathieu, lequel avait repris ses esprits.

— J'espère avoir le plaisir de vous voir tout de même avant votre départ, madame ? demanda-t-il un sourcil relevé.

— Hélas, marquis, j'ai bien peur qu'il ne nous faille reporter cela à une autre fois. J'ai fort à faire avant mon départ et, comme je vous l'ai dit, je quitte Paris sous peu.

— À bientôt donc, à Cressac, chère amie, coupa Félicia en entraînant Mathieu.

Althéa se détourna vivement, puis entreprit de retrouver Athénaïs pour lui annoncer qu'elle précipitait son départ. La Cour était en train de regagner le château à pied, par les allées, à l'exception du roi et de sa suite, montés dans des vinaigrettes[1].

Déjà le feu d'artifice commençait. Des toits, des fontaines, des arbres, partout s'enflammaient des gerbes qui incendiaient les cieux de Versailles. La jeune femme, le cœur en cendre, traversait cette féerie sans y prêter la moindre attention, obnubilée par le souvenir de Mathieu enlaçant Félicia.

La vie continuait autour d'elle tandis que la sienne

1. Les vinaigrettes étaient de petites voitures à deux roues tirées par un laquais.

venait de s'arrêter. Des gens la heurtaient parfois en chahutant. Althéa n'en avait cure, marchant parmi la foule, murée dans sa douleur.

Elle quitta Versailles dans la voiture de Mme de Montespan alors que les premières lueurs de l'aube teintaient le ciel de rose.

Lorsqu'elle parvint à l'hôtel d'Arthorius, chez qui elle était descendue, elle entra sans bruit dans ses appartements, fit rapidement ses malles et griffonna un mot à l'adresse du vieux médecin, qu'elle posa en évidence sur la coiffeuse de sa chambre, sachant que Mathieu serait là aux premières heures de la matinée.

La berline s'ébranla, le coq chantait à peine. Elle franchissait les portes de Paris au moment où les dernières voitures quittaient enfin Versailles pour regagner Saint-Germain dans un encombrement effroyable. La duchesse ne s'arrêta que pour changer les chevaux, refusant de se restaurer à l'auberge. Le cocher, résigné, remonta en soupirant sur son siège.

Elle arriva à Cressac en début de soirée.

Pour la deuxième fois, elle y trouvait refuge, dévastée par le chagrin de son amour perdu…

49.

Cressac, août 1668

Dans les jours qui suivirent l'arrivée d'Althéa, Savinien perçut sa tristesse. Chaque fois qu'il la questionnait sur son retour précipité, elle répondait invariablement qu'elle se languissait de son fils et de lui. S'il lui demandait plus avant des détails sur son séjour à Paris, elle se lançait dans de grandes descriptions de la fête à laquelle elle avait assisté, ne mentionnant rien d'autre. Le duc se contentait de ces maigres explications, mais gardait, plus que jamais, un œil sur son épouse qui ne laissait pas de le préoccuper. Un jour qu'après dîner elle quittait les écuries, montant Obsidian, fougueux, il s'avança vers elle pour la saluer dans la cour et vit qu'elle avait les larmes aux yeux.

— Souhaitez-vous que je vous accompagne durant votre promenade ?

— Vous n'êtes pas prêt et votre cheval n'est pas sellé ! Obsidian piaffe déjà d'impatience ! Ne vous inquiétez pas, je ne serai pas trop longue, dit-elle en talonnant son cheval.

Savinien la regarda s'éloigner. Il soupira, désemparé et impuissant à la consoler.

Comme à l'accoutumée, Althéa galopa longuement près de la rivière pour y trouver repos, souhaitant revenir dans le décor qui les avait accueillis, Mathieu et elle, une dernière fois. Ses pas la conduisirent tout droit vers la cabane du bord de l'eau où ils s'étaient aimés le jour de son départ. Elle entra, oppressée par ses souvenirs.

Rien n'avait changé, le foin était encore aplati et gardait l'empreinte de leurs deux corps.

La porte claqua derrière elle.

Vivement, elle se retourna pour se trouver nez à nez avec le canon d'un mousquet. Elle recula, écarquillant les yeux de stupeur en découvrant qui la tenait en joug.

— Félicia ? Mais que faites-vous ? Vous perdez la tête !

— Bonjour, Althéa, grinça la comtesse d'un air mauvais. Comme on se retrouve, n'est-ce pas ?

— Que me voulez-vous ? Pourquoi me menacez-vous de votre arme ? demanda Althéa qui s'efforçait au calme.

— Il y a longtemps que je rêve de cet instant, pour être honnête ! Cela remonte, en fait, au premier jour où je vous ai vue descendre de votre voiture pour apporter la honte à Cressac.

— La honte ? Mais que vous ai-je fait ?

— Vous m'avez volé ma vie, voilà ce que vous avez fait !

— Volé votre… Mais qu'est-ce que tout cela signifie ? bredouilla Althéa qui n'entendait rien à ces accusations.

— Jusqu'à votre mariage, je pouvais espérer conquérir Savinien. À maintes reprises nous avions évoqué l'idée de rassembler nos terres en un seul et vaste domaine… Mais Savinien voulait un héritier… Je suis bien plus âgée que vous, certes. En m'épousant, il avait l'assurance d'agrandir considérablement son duché, mais il était peu probable que je pusse lui donner un fils. Combien de fois ai-je rêvé qu'il demandât enfin ma main. Je l'aime, figurez-vous. Je l'aime depuis des années ! Alors, quand je vous ai vue arriver, j'ai tout de suite compris qu'il s'agissait d'un

arrangement entre vous. Vous étiez déjà enceinte lorsque Savinien vous a conduite à l'autel, dans une robe immaculée destinée à tromper votre monde ! Vous jouez les saintes nitouches, alors que vous n'êtes qu'une ribaude !

— Ainsi donc, vous me haïssez depuis toujours et vous avez fait semblant de m'apprécier, murmura Althéa pour gagner du temps.

Elle mesurait aussi à présent l'envergure du piège dans lequel elle était tombée, ce qui lui fut confirmé lorsque Félicia reprit :

— Ensuite, j'ai voulu savoir qui était vraiment le père de ce bâtard, héritier des terres qui auraient dû me revenir ! J'étais persuadée que vous aviez un amant... Alors je ne vous ai plus quittée. J'attendais que vous fassiez un faux pas... J'ai même tenté de vous y pousser en vous envoyant des lettres...

— C'était donc vous qui m'adressiez tous ces billets infamants ! J'étais bien loin de me douter...

— Il m'a fallu être patiente, cela m'a paru une éternité ! J'en suis venue à penser que le vrai père était peut-être mort ! Mais un jour, j'ai été récompensée. Vous êtes partie à Paris, seule, et cela m'a semblé suspect. Je vous ai fait suivre. Vous vous êtes bien donné du bon temps, sale garce ! Je le sais aujourd'hui car, à l'époque, je n'avais aucune preuve. Après tout, ce vieux médecin chez qui vous logiez abritait aussi un jeune homme, mais rien ne prouvait qu'il fût votre amant. Et puis, miracle ! Le beau marquis, n'y tenant plus, s'est présenté à Cressac. Là, le doute n'était plus permis. Je ne vous ai plus lâchés, tous les deux. J'étais sûre qu'il était revenu pour vous trousser encore et que vous ne résisteriez pas à l'envie de relever vos jupes ! Je vous ai vus marcher ensemble le long de la rivière, en direction de cette cabane, et je vous ai suivis ! J'étais derrière cette fenêtre quand vous vous tortilliez de plaisir, sale catin ! Non contente de mettre un bâtard sur

le duché de Cressac, vous continuez impunément à déshonorer le nom des Saint-Évrard ! Mais vous allez payer, m'entendez-vous ?

Althéa la regardait, horrifiée.

Félicia avait certes perdu l'esprit, mais paraissait aussi extrêmement maîtresse d'elle-même, et cohérente dans sa folie, ce qui la rendait redoutable. La jeune femme l'entendit reprendre d'un ton suave :

— Rassurez-vous, je consolerai Savinien ! Il n'aura plus aucune raison de refuser de m'épouser, puisqu'il a un fils, à présent, et au fond peu me chaut de savoir qui est vraiment son père ! Nous l'élèverons ensemble, ma chère, ne soyez pas inquiète !

Mesurant l'horreur de ce plan diabolique, Althéa tentait désespérément de gagner du temps, espérant qu'au château on s'inquiéterait de son absence et que l'on partirait à sa recherche. Obsidian, attaché à proximité, pouvait attirer l'attention et indiquer le lieu de sa captivité. Elle croisa ses mains dans le dos pour les empêcher de trembler et constata, d'une voix calme :

— Tout cela semble parfait, à un détail près : si vous me tuez d'un coup de mousquet, il vous faudra expliquer votre geste. Savinien m'aime, et je doute fort qu'il envisage par la suite de vous épouser s'il est veuf par votre faute, même si vous parvenez à lui faire accroire qu'il s'agit bien d'un accident !

— Vous vous méprenez, très chère ! Je ne compte pas vous tuer avec cette arme. Vous allez simplement faire une mauvaise chute et tomber à l'eau, comme vous auriez dû sagement le faire quand Mathieu vous a sauvée !

— C'est vous qui avez délibérément effrayé mon cheval ? Pourtant, vous n'aviez aucune preuve, à l'époque, que j'avais un amant !

— Au fond, peu m'importe ! J'ai eu la confirmation de ce que je soupçonnais. Mais puisque mes lettres ne vous

ont pas décidée à partir, vous ne me donnez pas le choix ! dit-elle, l'air mauvais, s'apprêtant à porter sur sa victime un coup fatal.

— Un instant, Félicia ! Si je dois mourir, je veux au moins savoir ce que vous faisiez avec Mathieu à Versailles ?

Le sourire méchant de Félicia s'élargit. Elle était hideuse, tant la haine lui déformait les traits.

— Déplaisant, n'est-ce pas, de se voir ravir l'homme que l'on aime ? persifla-t-elle. Comme j'ai adoré vous voir souffrir tout en sauvant les apparences ! Vous avez même été contrainte, pauvre de vous, de feindre le bonheur de me voir ! Je crois que c'est ce qui m'a paru le plus plaisant durant cette magnifique soirée, sans compter, bien sûr, le fait de la partager avec mon nouvel amant !

— Je croyais que vous aimiez Savinien, persifla Althéa qui ne put réprimer son agressivité.

— Je l'aime, c'est vrai, et l'ai toujours aimé. Mais vous admettrez que pour les choses de l'amour, Mergenteuil est à son affaire ! Ce pauvre Savinien, non content d'épouser une gueuse, a trouvé le moyen de s'en enticher ! Je n'avais aucune chance de devenir la maîtresse de votre mari, alors j'ai tout fait pour devenir celle de votre amant. Je n'allais pas laisser flétrir mes appas en vous regardant être la duchesse de Saint-Évrard ! Et puis… vous observer derrière cette fenêtre avec Mergenteuil m'a échauffé l'esprit. Vous ne m'en voulez pas, j'espère ?

Althéa blêmit à l'idée d'avoir été observée dans la cabane. Mais sa fureur reprit vite le dessus lorsqu'elle entendit Félicia assener :

— Oh, je dois dire que le marquis ne fut guère farouche ! On sent qu'il aime les plaisirs de la chair ! Et en effet, aux joutes amoureuses, il est divin !

— Vous êtes un monstre, s'emporta Althéa en se précipitant sur elle.

Les deux femmes luttèrent un moment, avec une

violence inouïe. La colère qui les animait toutes deux leur faisait pousser des cris de rage, chacune rivalisant pour s'emparer du mousquet.

Soudain, la porte de la cabane s'ouvrit violemment et Savinien courut sur elles en leur hurlant d'arrêter. Il se jeta dans la mêlée pour les séparer mais leur haine les rendait féroces.

Le combat prit une autre tournure. Félicia se battait maintenant seule contre deux. Voyant qu'elle perdait l'avantage, elle fit un croche-pied à Savinien qui, déséquilibré, entraîna les deux femmes dans sa chute. Le duc luttait désespérément, mais Félicia ne lâchait pas et continuait dans sa folie de vouloir tuer Althéa, laquelle, à demi étouffée, usait ses forces pour dévier de sa trajectoire le canon du mousquet qui la visait. Tout à coup, une détonation retentit et le corps de Félicia fut projeté en arrière, déséquilibrant Savinien qui s'affala de tout son poids sur une fourche abandonnée dans le foin près des mangeoires.

Althéa hurla et se précipita auprès de son mari, qui haletait. C'est alors qu'entrèrent les gens du château et, parmi eux, Mathieu, livide, qui s'élança vers elle.

— Althéa, vous n'êtes pas blessée ?

Elle le considéra avec stupeur, puis le toisa d'un regard dur.

— Si c'est votre maîtresse que vous venez voir, marquis, vous arrivez trop tard, dit-elle d'un ton glacial en désignant Félicia qui gisait dans une mare de sang. Pour l'heure, pardonnez-moi, mais mon époux est grièvement blessé, alors ôtez-vous de mon chemin !

Agenouillée, elle tenait dans ses bras Savinien qui souffrait terriblement et s'agrippait à elle. Althéa se pencha sur lui pour entendre ce qu'il murmurait.

— Dites-moi ce qui s'est… passé…, Althéa, au nom du ciel !

— Félicia a tenté de me tuer par jalousie, parce qu'elle pensait que vous l'auriez épousée si vous ne m'aviez pas connue…

— Mon Dieu… Elle a… perdu l'esprit ! C'est… inconcevable !

— Ne vous agitez pas, par pitié, gardez vos forces ! On va vous soigner, n'ayez crainte !

*
* *

Déjà, on revenait avec la charrette pour le transporter au château. Althéa crut défaillir lorsqu'il fallut dégager le blessé, empalé par le dos. Le duc perdait beaucoup de sang et semblait avoir de plus en plus de mal à respirer. Le retour au château fut un calvaire. On le coucha dans son lit, et le médecin du village grimaça en apercevant ses plaies. Il demanda de l'eau chaude, du fil et une aiguille. Après avoir lavé et recousu les quatre grosses entailles qui zébraient le corps de Savinien, il lui appliqua des onguents et lui banda les côtes. Mais le duc cherchait de l'air avec de plus en plus de difficulté. Torturée par l'angoisse, Althéa ne le quittait pas.

— Vous lui donnerez trois cuillères de cette potion anodine [1], dit doucement le praticien. Cela l'aidera à moins souffrir… J'ai fait ce que j'ai pu, madame, je suis… désolé.

— Je le sais. Merci, je m'occupe de lui à présent.

— Althéa…

— Ne vous agitez pas, Savinien, je vous en prie, ne vous agitez pas, dit-elle en lui tamponnant doucement le front avec un linge imbibé d'eau de lavande.

— Je dois pourtant vous parler, car je sens qu'il… ne me reste que… peu à vivre.

---

1. Se disait, au XVIIe siècle, d'une potion qui ôte la douleur.

— Je vous en supplie, Savinien, ne dites pas cela ! dit-elle d'une voix étranglée.

— Ne pleurez pas... Je sais que votre chagrin est sincère, ma douce, et vous aurez été, avec notre fils, toute la joie de mes dernières années. Mais je sais aussi que vous aimez... Mergenteuil.

Althéa se figea mais ne chercha pas à nier.

— Vous saviez ? Savinien, je...

— Ne m'interrompez pas... Je sais que vous n'avez jamais cherché... à me trahir, et je sais aussi... que vous l'avez réellement cru mort... lorsque nous nous sommes mariés.

Le regard du duc se fit rêveur à l'évocation de son mariage. Sa voix s'affaiblissait. Il dut marquer une pause pour reprendre son souffle, le visage crispé par la douleur. Althéa nota que son teint devenait cireux, ce qui acheva de l'alarmer.

— Je n'aurais jamais eu la joie... de vous épouser et d'avoir un fils... si vous aviez pensé avoir... ne serait-ce qu'une chance de le retrouver !

— Il avait perdu la mémoire, dit-elle dans un sanglot.

— Ainsi donc... c'est pour cela qu'il a mis tout ce temps avant de vous revenir !... Pauvre petite Althéa... vous ne méritez pas tout ce que la vie vous aura fait subir...

— Mais comment avez-vous su ? demanda Althéa en baissant les yeux.

— J'ai surpris votre conversation... un matin... dans le corridor... j'étais derrière la tenture... Je n'ai pas voulu écouter... mais j'ai entendu... Althéa, me pardonnerez-vous ?

— Mon Dieu, Savinien, c'est à vous de me pardonner ! Vous avez dû tellement souffrir, par ma faute !

— J'ai eu de vous un enfant... Vous m'avez fait... un cadeau magnifique... Grâce à vous, je pars... en sachant que Cressac a un nouveau duc... J'espère que vous pour-

rez… maintenant être heureuse auprès de Mathieu… Vous l'avez bien mérité… tous les deux. Mais je vous demande… de régenter le duché… jusqu'à la majorité de notre fils… Le ferez-vous, Althéa ?

— Je vous en donne ma parole, répondit-elle, terrassée de chagrin. Nicolas-Jean grandira en sachant l'homme bon et généreux que vous étiez, je vous le promets !

— Alors… je pars… heureux, souffla Savinien.

Althéa déposa un baiser sur le front glacé du mourant dont le regard devenait vitreux. Elle lui prit la main et sentit qu'il la lui serrait, mais une horrible crispation le souleva soudain et il cracha du sang qu'elle essuya de son mouchoir. Dans un râle, il s'accrocha à sa femme, et trouva le temps d'esquisser un sourire douloureux avant de retomber, inerte, sur ses oreillers. Althéa le serra contre elle pour recueillir son dernier soupir, puis passa doucement sa main sur son visage et lui ferma les yeux.

Elle était seule, de nouveau.

Savinien la comprenait, la protégeait. Elle aimait son sourire malicieux lorsqu'il plaisantait, la douceur de son tempérament, sa pondération en toute chose, son extrême générosité avec ses gens, et la grande liberté qu'il lui avait toujours laissée. La vie avec lui s'était écoulée, tendre et rassurante, dans un endroit où le temps semblait suspendu. Et voici qu'une fois encore, sa vie s'effondrait.

Épuisée de douleur et de découragement, Althéa remonta sur lui le drap et sortit chercher les domestiques. Tous pleuraient déjà leur duc bien-aimé, le médecin n'ayant laissé aucun espoir. Althéa donna les ordres nécessaires à la préparation du corps, puis commanda que l'on prévînt l'évêque pour la cérémonie religieuse. Les servantes refermaient les volets, plongeant les appartements ducaux dans l'obscurité du deuil.

Digne, les traits tirés, la duchesse regagna son anti-

chambre pour se changer, laver ses égratignures et se recoiffer, puis descendit au salon, demandant qu'on allât quérir son fils. Lorsqu'elle ouvrit la porte, Mathieu se tenait debout devant la grande cheminée.

— Vous ! gronda-t-elle. Comment osez-vous ! En l'absence de mon époux, vous n'avez désormais plus rien à faire ici !

— Althéa, laissez-moi vous expliquer, je vous prie…

— M'expliquer ? Que souhaitez-vous m'expliquer, marquis ? Qu'en venant me voir naguère à Cressac alors que je vous l'avais formellement défendu, vous êtes à l'origine de cette série de catastrophes ?

— Althéa, soyez juste, je…

— Et qu'en venant ici, de surcroît, non content d'avoir permis à mon époux et à Félicia de comprendre la situation, vous êtes tombé amoureux de cette folle que vous avez mise dans votre lit dès qu'il vous a été possible de le faire ?

Mathieu la regardait, atterré. La mâchoire crispée de colère, il laissa tomber froidement :

— Madame, votre chagrin vous égare. De grâce, ressaisissez-vous !

— Me ressaisir ? Vous n'avez que trop raison. Votre présence ici est une insulte à la mémoire du duc ! Je vous demande par conséquent de quitter les lieux dès ce moment. Vous n'êtes pas le bienvenu à Cressac ! Partez, m'entendez-vous ? Ou bien j'appelle !

Mathieu devint pâle. Son visage se durcit.

— Je pars, Althéa, inutile d'appeler vos gens, lâcha-t-il, découragé. Je ne suis point accoutumé à cette aigreur où je vous trouve et je gage qu'en effet, dans l'état d'esprit où vous êtes, il serait vain de demeurer pour tenter de vous faire entendre raison. Souffrez cependant que je vous mande ceci : la vie n'a pas été tendre envers vous, elle vous a certes beaucoup donné, mais vous a, hélas,

beaucoup repris. Vous avez toujours lutté avec courage contre l'adversité. Mais aujourd'hui, vous êtes l'artisan de votre malheur. Votre aveuglement est source de vos maux. Ce qui arrive aujourd'hui est en vérité une tragédie, mais au-delà du chagrin, c'est peut-être aussi votre dernière chance d'être heureuse. Pensez-y quand vous serez seule !

Il la contempla un instant. Menue dans sa robe de deuil, elle paraissait épuisée, anéantie. Le désastre était à la hauteur du malentendu. Le piège avait parfaitement fonctionné. Cette diablesse de Félicia s'était sciemment jetée à son cou. Le temps que Mathieu reprît ses esprits, Althéa était devant eux, furieuse et blessée. Si belle, aussi, dans sa toilette lilas qu'il n'oublierait jamais. Il n'avait pu lui dire qu'il l'avait cherchée après la fête avant de déduire qu'elle était certainement rentrée à Cressac. Dans la lettre qu'elle avait écrite à Arthorius, elle lui avait fait part de son désir de passer plus de temps avec Mme de Montespan. Mathieu s'était donc rendu à Saint-Germain, puis aux Tuileries... Quel temps précieux il avait perdu !

Althéa, sa nymphe, son amour de toujours, le chassait de sa vie comme un être malfaisant, le tenant responsable des malheurs qui l'accablaient. Cette idée lui faisait si mal qu'il crut que son cœur allait éclater. Inutile pourtant de plaider sa cause en un moment aussi dramatique. Il fallait sans doute lui laisser le temps de repenser les événements calmement.

Il fit un pas vers elle et la vit se contracter.

— Permettez-moi encore de vous présenter mes sincères condoléances, dit-il en hochant la tête. Le duc de Saint-Évrard était un homme bon, pour qui j'avais de l'estime.

Debout devant la cheminée, raide, elle ne répondit rien.

— Je vous quitte donc, Votre Grâce, lâcha-t-il glacé. Soyez assez aimable toutefois de transmettre mon affection

au nouveau duc de Cressac. J'aurais aimé pouvoir être auprès de lui dans cette épreuve. C'est un enfant bien jeune encore pour n'avoir plus de père.

La jeune duchesse releva la tête et fixa Mergenteuil un instant.

Il avait espéré que l'évocation de leur fils la ferait réagir, mais constatant son mutisme, il tourna les talons et sortit. Elle entendit la porte se refermer douloureusement. Par la grande fenêtre du salon qui donnait sur la terrasse surplombant le hall d'entrée, elle vit Mathieu un instant plus tard s'éloigner au galop, dans la grande allée cavalière qui partait du château.

Peu de temps après, Eulalie frappait à la porte, tenant par la main le petit duc. Il se précipita dans les bras de sa mère, et tous deux restèrent un long moment serrés l'un contre l'autre, pleurant le départ de celui qui laissait un vide immense.

La liberté avait un goût bien amer...

*
* *

Les jours qui suivirent furent un tourbillon. Althéa reçut les condoléances de tous les gens du duché souhaitant se recueillir sur la dépouille du duc exposée dans la grande salle du château. Puis vinrent les obsèques auxquelles se rendit toute la noblesse des environs et enfin la grande réception qui suivit la cérémonie des funérailles.

Lorsque le cercueil de Savinien rejoignit ceux de ses ancêtres dans la crypte du château, la jeune veuve frissonna, se souvenant de son mariage où cette idée l'avait effleurée : elle était venue à Cressac pour y vivre et certainement y mourir.

En ce jour, Althéa se sentait d'ailleurs plus morte que vive.

Que lui restait-il ?

Quelle serait sa vie jusqu'au jour où, à son tour, on la descendrait dans ce caveau ?

Elle allait élever son fils pour qu'il devînt à sa majorité le maître du domaine et qu'il prît épouse afin de perpétuer son illustre lignée, faisant d'elle la douairière qui vivrait sur ses terres en attendant son trépas. Sa vie n'avait plus de sens, mais le fait de porter le nom des Saint-Évrard ne l'autorisait pas à s'appesantir sur son sort. Il fallait assurer l'équivalent d'une régence à la tête du duché jusqu'à ce que Nicolas-Jean pût en assumer les fonctions.

Les responsabilités au domaine étaient écrasantes, il y avait tant à faire ! L'été finissait, et l'on allait bientôt vendanger, répertorier les sacs de grains que l'on engrangeait, organiser les travaux à effectuer impérativement avant l'hiver. Toutes les métairies devaient être remises en état pour affronter le froid, et le bois coupé en quantité suffisante pour chacune d'entre elles. Il faudrait aussi vérifier les comptes, prélever les impôts et distribuer des aides aux plus démunis. Elle devait désormais remplacer son défunt mari dans toutes les tâches qui lui incombaient jusqu'alors…

Un matin, le sol durci par le gel indiqua que les grands froids arrivaient. Saint-Évrard était mort en août, et l'on était bientôt à Noël.

Un Noël dans la solitude de son veuvage. Nicolas au fond d'un cachot, Savinien dans la tombe, et Mathieu…

Mathieu.

Où était-il ? Que faisait-il ? Elle s'interdisait de le revoir, partagée entre le remords d'avoir trompé son époux et la colère d'avoir été trahie par son amant. Pourtant, ces deux sentiments, pour puissants qu'ils fussent, ne parve-

naient pas, à son grand dam, à tuer l'amour qu'elle avait pour lui. Son souvenir la hantait. Rien ne semblait pouvoir combler ce manque. Il n'avait plus jamais donné signe de vie et les journées s'écoulaient, moroses, entre ses devoirs de mère et de maîtresse du domaine. Elle se retirait souvent dans ses appartements, envahie par un grand besoin de solitude. Mme de Montespan, informée du drame, l'avait exhortée mille fois à venir auprès d'elle à la Cour, en vain. L'arrivée, en mars, de son premier enfant, bâtard de France, lui fournit cependant une nouvelle occasion d'insister. Cette fois, la duchesse obtempéra et promit sa venue, attendant toutefois que l'on eût célébré la messe anniversaire de la mort de son époux.

Son deuil ayant pris fin, Althéa considéra qu'un changement ne pouvait que lui être salutaire. Elle répondit donc que si l'on voulait bien la recevoir à Saint-Germain, elle se ferait un plaisir de venir visiter son amie. Son fils serait cette fois du voyage et résiderait chez Arthorius avec sa gouvernante, ce qui permettrait à la jeune femme de le voir aussi souvent que possible. L'invitation d'Athénaïs doublait celle du vieux médecin qui lui demandait lui aussi de regagner Paris de toute urgence. C'est donc d'abord chez lui qu'elle fit une halte.

50.

Paris, septembre 1669

Après la joie des retrouvailles et des considérations de toutes sortes sur le fait que le jeune Nicolas-Jean grandissait magnifiquement, Arthorius et Althéa se retirèrent dans le vaste salon pendant que les domestiques de la duchesse déchargeaient les malles et procédaient à son installation dans les appartements qui lui étaient dévolus.

— Quelles sont les nouvelles, Arthorius ? Pourquoi cette lettre me demandant de venir ?

— Les choses évoluent, Althéa. Et nous allons tenter de libérer Fouquet par la force, cette fois.

— Mais… Mme de Montespan ne doit-elle pas sonder Sa Majesté afin de savoir s'il ne se pourrait envisager un élargissement du prisonnier ?

— Si fait. Et nous lui avons donné une semaine, au-delà de laquelle nous passerons à un autre plan. Vous ignorez peut-être que M. de Montespan vient d'être arrêté et banni[1].

---

1. Contre tous les usages qui voulaient que, lorsque le roi avait distingué une femme, jeune fille ou femme mariée, dans une famille, celle-ci s'en trouvât honorée et profitât, des largesses du souverain, M. de Montespan, lui, afficha sa détresse, allant jusqu'à porter le deuil de son épouse. Ceci eut pour effet de fâcher le roi, qui le fit arrêter puis bannir en septembre 1668.

Louis ne semble guère s'assouplir lorsqu'on lui résiste, et j'ai tout lieu de croire que même si notre amie semble combler le roi – et elle vient même de lui donner un fils ! – elle restera impuissante devant sa détermination.

— Pourquoi maintenant ?

— Parce que précisément l'ordre considère que Mme de Montespan est à son zénith. Elle vient de mettre au monde un fils, mais sa grossesse ne lui a pas gâté la taille et le roi n'a pas eu le temps de s'en lasser. Si nous en jugeons par le temps qu'il lui aura fallu pour se fatiguer de Mlle de La Vallière, nous devons agir ! Si Mme de Montespan n'obtient rien alors qu'elle est toute-puissante et sans rivale, il y a fort à parier qu'elle ne fera guère mieux dans l'avenir… L'expérience nous montre, aujourd'hui que nous avons le recul depuis la mort de la reine Anne, que Sa Majesté adore les femmes, mais qu'il ne se laisse pas gouverner.

— Nous attendons donc que la marquise nous confirme que la position du roi est inchangée en ce qui concerne mon parrain, c'est bien cela ?

— C'est tout à fait cela. Vous regagnez Saint-Germain demain, ce me semble ?

— C'est exact. Je vous rapporterai ce qu'il en est dans une semaine. Maintenant, permettez-moi de me retirer, la journée a été bien longue…

Arthorius fut surpris qu'Althéa ne posât aucune question sur Mathieu et la regarda, pensif, regagner sa chambre. Il ne se permit toutefois aucun commentaire.

*
* *

Saint-Germain, octobre 1669

La marquise de Montespan était assise devant un guéridon et cousait un napperon en devisant avec Althéa. La maternité l'avait épanouie, et même si son enfant lui avait été immédiatement retiré pour éviter à la Cour de trop jaser, elle pouvait voir son fils assez régulièrement et en était ravie. Elle avait trouvé une nourrice pour s'occuper en secret de son bébé en la personne de la veuve du poète Scarron [1], une femme intelligente et modeste qui semblait l'enchanter. Toutes deux échangeaient sur l'importance de principes éducatifs rigoureux, lorsque l'on annonça le roi.

Après avoir salué Sa Majesté, la duchesse se retira dans le salon attenant. Louis XIV invita la marquise à se lever d'un geste de la main. Il s'approcha d'elle et, sans un mot, délaça son corsage, la retourna et, l'appuyant sur le guéridon, souleva ses jupes par-derrière, avant de dégrafer ses culottes. Il la besogna tout en conversant :

— Vous sembliez en grande conversation avec Mme de Saint-Évrard, ce me semble...

— En effet, Sire, sa présence m'enchante...

— Elle a pourtant l'air bien triste..., dit le roi en empaumant ses deux seins.

— Elle l'est assurément, depuis son veuvage...

Puis, encouragée par les ahanements du roi qui s'accéléraient, elle glissa :

— Le fait aussi que son parrain soit toujours prisonnier ne contribue guère à la faire sourire...

Le roi déchargea dans un élan vigoureux et se retira promptement, l'air courroucé.

— Madame, vous êtes ici pour nous plaire, non pour

1. Françoise d'Aubigné, veuve du poète Scarron, future marquise de Maintenon qui deviendra l'épouse officieuse du roi en 1683.

vous soucier des affaires politiques. Chacun doit savoir rester à sa place. Et celle de Nicolas Fouquet est au fond d'une geôle pour haute trahison et atteinte à la sûreté de l'État. Tâchez de vous en souvenir, ou vous pourriez nous paraître bien ennuyeuse. Quant à la duchesse de Saint-Évrard, dites-lui qu'elle songe à son avenir plutôt que de s'appesantir sur un passé révolu. Je vous verrai ce tantôt, madame, et j'espère que nous évoquerons des sujets moins inconvenants.

Athénaïs se rajusta et fit sa révérence en silence, tandis que le roi s'éloignait. Elle tenta de faire bonne figure lorsque Althéa revint dans le petit salon.

Lorsque la duchesse regagna Paris quelques jours plus tard, plus aucun doute ne lui était permis quant aux intentions de Louis XIV à l'égard de Nicolas Fouquet.

Le surintendant ne bénéficierait jamais de la clémence du roi.

51.

Quelques jours plus tard, Althéa entreprenait le long voyage qui devait la mener à Pignerol. Son fils demeuré à Paris, elle avait pris la route avec Antarès, chargé de veiller sur elle. Les plans d'attaque de la forteresse avaient soigneusement été élaborés, Arthorius lui avait indiqué son rôle dans cette évasion. Althéa savait qu'elle reverrait Mathieu. Tendue à l'extrême à l'idée de ces retrouvailles, elle fut soulagée lorsque Antarès sauta de la place qu'il occupait à côté du cocher pour lui ouvrir la porte. Enfin, elle allait prendre un peu de repos à l'auberge ! Une journée entière de voyage dans les cahots de la route avait eu raison de sa résistance. Elle n'aspirait qu'à se rafraîchir et se détendre.

— Vous ! dit-elle d'un air pincé.

Mathieu, attablé tranquillement dans la salle à manger, terminait son repas.

— En personne ! Bonjour, Votre Grâce ! Moi aussi, je suis heureux de vous revoir. Vous êtes très en beauté. Et cet air courroucé vous sied, ma chère, il confère à vos yeux un éclat particulier, répondit ironiquement le marquis.

— Arthorius ne m'avait pas prévenue que je vous trouverais ici !

— Ah ! Il manque à tous ses devoirs... Sans doute aurais-je dû vous faire envoyer ma carte. Je suis vraiment

impardonnable, je sais combien vous attachez d'importance à la bienséance.

Althéa fulmina. Le ton détaché de Mathieu la blessait plus qu'elle ne l'aurait souhaité.

— J'aurais en effet dû savoir que vous pouviez être un goujat ! Cela m'eût évité bien des désagréments !

Mathieu leva un sourcil, et partit d'un rire franc.

— Savez-vous que j'ai appris tout à fait par hasard que « Althéa » était la contraction de *alethéa* qui veut dire « vérité ». Je ne suis donc plus surpris de cette superbe qui ne vous quitte jamais, ma chère : un prénom comme le vôtre s'accommode mal du doute. Cela étant, duchesse, puis-je me permettre une suggestion ?

Il baissa le ton pour pouvoir n'être entendu que d'elle seule et prit un air de conspirateur.

— Quand on s'apprête, comme vous, à attaquer une prison, il vaut mieux s'habituer à fréquenter la canaille !

— Libérer Nicolas n'est que justice ! Tandis que vous, vous mériteriez qu'on vous étrangle !

Mathieu eut un large sourire. Deux étincelles s'allumèrent dans ses yeux.

— Un crime passionnel ! Je suis heureux de voir que je continue à vous inspirer... Puis avec un sourire désarmant : Mais j'y songe, je manque à tous mes devoirs : asseyez-vous, je vous en prie.

— Je souperai à une autre table, je n'ai nul besoin de compagnie, et surtout pas de la vôtre, repartit-elle, acide.

— Vous vous méprenez, madame, lâcha-t-il froidement. Ceci n'est pas une invitation. J'ai terminé, dit-il en se levant, et n'avais aucunement l'intention de souper avec vous. Permettez que je me retire.

Il s'inclina fort courtoisement.

— Bonsoir, Votre Grâce.

Il se leva en la frôlant, ce qui la fit frissonner, et quitta la salle à manger de l'auberge sans se retourner.

Althéa s'aperçut qu'il sortait dans la cour au lieu de monter l'escalier menant aux chambres. Intriguée, elle le vit par la petite fenêtre à meneaux parler avec Antarès. En repassant par la salle commune, il lui adressa un sourire ironique qui la mit en colère.

Mortifiée, elle rejoignit sa chambre.

La faim l'avait quittée de toute façon. Et le sommeil ne semblait pas non plus vouloir la gagner. Elle se tournait pour la énième fois dans son lit lorsque lui parvint un léger grincement. Retenant son souffle, elle entendit que l'on faisait doucement glisser le pêne dans la serrure pour ouvrir la porte. Le malotru ! Il n'osait tout de même pas venir la nuit pour la séduire après ce qu'il venait de lui dire ? S'il espérait la reconquérir, il se trompait grandement ! Pourtant, des chuchotements l'alarmèrent. S'il s'agissait de Mathieu, à qui s'adressait-il ? Avant qu'elle n'ait pu répondre à cette question, elle sentit une main l'empoigner violemment et un corps s'affaler sur elle. L'homme sentait la sueur et l'alcool.

— Dépêche-toi ! Après c'est mon tour ! entendit-elle tandis que l'ivrogne qui se tenait sur elle faisait remonter sur ses cuisses sa chemise de nuit.

Althéa poussa un cri de terreur que son agresseur étouffa d'une poigne violente. Elle tentait de reprendre sa respiration lorsqu'elle entendit un bruit de lutte pour se sentir l'instant d'après libérée de ce poids qui l'écrasait. Il y eut encore quelques coups échangés, mais elle eut le temps d'allumer une chandelle. Elle découvrit un homme mortellement blessé par un couteau allongé devant la fenêtre qu'Antarès commençait déjà à tirer hors de la chambre, tandis que Mathieu poussait du pied le second qui ne semblait guère plus alerte. Il se précipita vers Althéa, encore tremblante.

— Althéa, comment vous sentez-vous, êtes-vous blessée ?

— Non… je…

— Ont-ils eu le temps de…

— Non, grâce au ciel, vous êtes entré au bon moment.

Elle marqua un temps avant d'ajouter, d'un air contraint :

— Je vous remercie, tous les deux. Sans vous…

— Il n'y aura plus de « sans nous ». Althéa, votre sécurité dans ces auberges n'est pas assurée si vous dormez seule dans une chambre. Une femme de votre qualité ne voyage pas de cette manière. Vous attirez forcément l'attention de gens peu recommandables. Souvenez-vous que nous avions pris la précaution d'être « mariés » la première fois que nous avons fait ce trajet, ma douce, ajouta-t-il, amusé.

Elle se redressa soudain, retrouvant sa colère :

— Je n'ai pas été mieux protégée, ce me semble !

Mathieu éclata franchement de rire.

— Touché, très chère ! Allons, je vois que vous êtes remise de vos émotions ! Permettez-moi cependant de demeurer auprès de vous pour le reste de la nuit. Je serai plus tranquille pour votre sécurité.

— Il n'en est pas question !

— Voyons, que craignez-vous ? Que je vous voie en chemise ? C'est une plaisanterie, j'espère ! Et dans les dispositions où je vous trouve à mon égard, je doute fort que les choses se passent comme lors de notre dernier voyage ! Je le déplore, croyez-le bien, mais je ne suis pas homme à forcer une femme. Vous n'avez donc rien à craindre de moi. Rendormez-vous. Je veille sur votre sommeil !

Althéa eut envie de le gifler. Toutefois, la raison lui soufflait qu'il valait mieux qu'elle ne dormît plus seule en ces auberges qui accueillaient des voyageurs de toutes sortes, brigands et tire-laine. Crispée, elle lâcha :

— Soit. Mais ayez au moins la décence de vous tourner !

— Ah non, ma chère ! Je me range à ne pas vous tou-

cher, mais non point à me priver du spectacle charmant que vous offrez dans votre chemise !

— Oh vous ! Je vous déteste ! tonna-t-elle, courroucée d'avoir tellement envie qu'il la prît dans ses bras.

Elle se tourna brusquement pour ne plus voir ce sourire qu'il affichait en la regardant, sans avoir le temps de déceler dans le regard de Mathieu l'intense désir qu'il avait d'elle.

52.

Pignerol, novembre 1669

Lorsqu'ils parvinrent à Pignerol après un voyage difficile durant lequel Althéa ne desserra pas les dents, les retrouvailles avec Belinde furent chaleureuses. Arthorius, qui avait emprunté un autre chemin afin de ne pas attirer l'attention, les avait rejoints lui aussi. Tandis que deux jeunes garçons guettaient dehors, on discuta jusqu'à une heure avancée de la nuit. Althéa devenait la comtesse de Beaulieu ayant un sauf-conduit signé du roi qui lui permettait, à titre exceptionnel, de visiter le prisonnier. Le document était un faux, mais il avait été réalisé en Angleterre, pour des raisons de sécurité, et le sceau était à s'y méprendre. Il eût été inconcevable de préparer une opération de cette envergure en France où les troupes de La Reynie surveillaient les moindres recoins du royaume.

Lorsque Mathieu sut qu'Althéa allait courir un tel risque, il fronça les sourcils, mais le visage dur qu'elle lui présenta fit qu'il s'abstint de tout commentaire. Une fois le prisonnier au parloir, elle devait glisser un poinçon à son valet Laforêt qui ne le quittait pas. Il était plus aisé de passer une arme au valet qu'à son maître, car Fouquet était l'objet d'une surveillance constante, tandis que Laforêt avait la confiance de Saint-Mars. Jamais le gouverneur de

la prison n'avait soupçonné une seule fois ce gentil garçon d'espionner ou de faire parvenir des lettres au surintendant. Une fois Laforêt armé, il était censé maîtriser la sentinelle, tandis qu'Althéa ouvrirait la porte aux autres, placés en embuscade autour de la forteresse, à charge pour certains membres du groupe d'avoir déjà neutralisé les quatre gardes de l'entrée par une attaque surprise.

— Ne peut-on éviter à Al… à la duchesse de Saint-Évrard de prendre autant de risques ? tenta tout de même Mathieu.

— Hélas, non, répondit Arthorius. La raison en est simple : elle est la seule dame de qualité capable de se comporter comme telle qui fasse partie de l'opération. Jamais Louis XIV n'adresserait un sauf-conduit à une servante. Or personne aujourd'hui ne veut prendre de risques pour sauver Nicolas, à part elle. De plus, si nous avons une chance de libérer Fouquet, c'est uniquement s'il vient au parloir qui se trouve non loin de la salle des gardes, dans le logis principal. Il ne fait ni sortie ni promenade. Et son cachot est fermé d'une lourde porte à trois verrous dont seul Saint-Mars a les clefs. Tant qu'il est dans sa geôle, notre ami ne peut être délivré.

— Le danger que j'encours ne regarde que moi, marquis, lâcha Althéa, glacée.

Arthorius la dévisagea, puis son regard se reporta sur Mathieu qui soupira.

— Je ne le sais que trop, madame, répliqua-t-il d'un ton neutre.

— Mes amis, intervint le vieux médecin, ce qui vous oppose ne me concerne pas, mais j'ose espérer que vous aurez tous deux la sagesse de mettre vos différends de côté durant cette opération où nous devons tous être solidaires…

Mathieu et Althéa acquiescèrent. Arthorius poursuivit :

— Antarès se tiendra prêt avec la voiture pour emme-

ner Nicolas aussi rapidement que faire se pourra. Il eût été préférable de partir à cheval, mais Nicolas n'est pas en état de chevaucher… Tout doit se faire dans le silence le plus absolu, car si nous donnons l'alerte à la garnison, nous sommes perdus ! Une autre équipe est chargée d'aller délivrer Henri de France, en son cachot de l'aile nord.

Un silence pesant accueillit l'information. Chacun eut du mal à trouver le sommeil cette nuit-là. Althéa finit tout de même par y parvenir en rêvant de Nicolas… enfin libre après toutes ces années.

*
* *

Le lendemain, le vent claquant sur le volet la tira de son sommeil. Il avait neigé toute la nuit et la température avait encore baissé. La chaufferette à braises étant éteinte, Althéa, grelottante, se leva pour s'habiller. Elle descendit se restaurer dans la salle basse de la demeure de dame Belinde. Afin d'éviter d'attirer les soupçons, chacun logeait en un endroit différent de la ville, à l'exception d'Althéa et d'Arthorius, censé être son père, qui avaient accepté l'hospitalité de la blanchisseuse. Le vieux médecin finissait une tranche de pain beurrée et accueillit Althéa avec un sourire.

La matinée leur parut interminable. Antarès s'occupa de ferrer les chevaux à glace, Arthorius poursuivit la rédaction de son traité sur la pertinence de phlébotomiser [1] un patient et Althéa entreprit d'aider Belinde à plier du linge. Tous sursautaient chaque fois que la pendule marquait les heures, et ce jusqu'à l'après-dîner où la jeune femme

1. Ouvrir une veine pour saigner un malade. Débat très en cours au XVIIe siècle.

se prépara à partir pour la forteresse, glissant un stylet dans son corsage. Cette solution avait été retenue après de longues et houleuses discussions, Mathieu s'alarmant de cette arme qui pourrait la faire condamner si on la trouvait sur elle, Althéa arguant du fait que jamais une dame de qualité en possession d'un sauf-conduit du roi ne serait fouillée au corps. Cet argument l'avait emporté.

Le contact du métal froid contre sa peau la fit frissonner. Elle réajusta les dentelles de son corsage puis noua sa cape, et c'est avec assurance qu'elle rejoignit ses amis dans le vestibule. Arthorius posa une main chaleureuse sur l'épaule d'Antarès et, souhaitant détendre l'atmosphère, lui dit d'un ton léger :

— N'oublie pas, mon garçon, que lorsque je t'ai tiré de l'orphelinat, je t'ai baptisé Antarès, car pour l'astronome grec Hipparque, c'était l'étoile la plus brillante ! Tâche d'en être digne et de revenir… sain et sauf ! Puis, se tournant vers la jeune femme : Althéa, ne prenez pas de risques inutiles, si les choses tournent mal, fuyez, je vous en prie !

Tous deux acquiescèrent. Anxieux, Arthorius les vit s'éloigner, Antarès conduisant la voiture. Parvenue à la prison, le cœur battant, Althéa délivra son sauf-conduit. Il lui fallut bien patienter une vingtaine de minutes encore avant que Saint-Mars, qu'on avait envoyé chercher, n'apparût.

— Puis-je vous demander, madame la comtesse, pour quelles raisons vous tenez à vous entretenir avec le prisonnier ?

— Monsieur, il me semble qu'un sauf-conduit de Sa Majesté devrait suffire à cette requête, sans plus d'explications. Si le roi lui-même a cru bon de m'y autoriser…

Elle n'acheva pas sa phrase qui laissait supposer qu'un excès de zèle du gouverneur pourrait déplaire au souverain.

— Fort bien, madame. Cependant, vous devez savoir que nul n'est censé pénétrer dans la cellule du prisonnier, qui est au secret. Il va donc falloir que votre entrevue ait lieu au parloir, en présence des sentinelles. Je ne puis, madame, permettre un huis clos.

— Soit, faites votre devoir, monsieur le gouverneur, répondit gracieusement la comtesse de Beaulieu.

Les longues minutes qui suivirent parurent une éternité à la jeune femme, assise dans la pénombre, attentive au moindre bruit. Elle mit pourtant ce moment de solitude à profit pour retirer de son corsage le stylet qui avait échappé à la fouille. Enfin, elle entendit les verrous grincer et vit arriver un vieil homme voûté, pâle et affaibli, qui marchait avec difficulté. Il était soutenu par son valet Laforêt qu'Althéa identifia immédiatement.

Il fallut à la jeune femme toute son emprise pour ne pas prendre Nicolas dans ses bras. Celui-ci la reconnut au premier coup d'œil et son visage, heureux, s'éclaira. Instantanément, il fit un effort pour se redresser. Elle vit pétiller dans ses prunelles la même lueur d'intelligence qu'autrefois. La détention avait eu raison de ses forces, non de son esprit.

— Cher, très cher… ami ! articula péniblement Althéa. Je suis tellement heureuse de vous revoir enfin. Comment allez-vous ? Laissez-moi vous aider à vous asseoir…

Avant même que la sentinelle n'eût le temps de réagir, Althéa avait passé son bras autour de la taille du prisonnier, glissant du même coup le poinçon dans la manche de Laforêt. Immédiatement, le garde lui demanda de s'en écarter, ce qu'elle fit de mauvaise grâce, en soupirant, laissant le temps au valet de bien récupérer son arme.

— Souffrez-vous ? demanda-t-elle, les larmes aux yeux.

— Les conditions de détention sont rudes, certes… J'ai appris que vous étiez mère ? Parlez-moi de votre fils !

— Il est magnifique et porte votre prénom, chuchota-t-elle.

— On me l'a dit aussi…

Lentement, Laforêt se rapprochait de la sentinelle.

— Personne ne vous oublie, dit-elle, étranglée par l'émotion, vous devez savoir….

Elle n'eut pas le temps d'achever sa phase, Laforêt avait bondi, plantant le stylet dans la gorge du garde, qui s'effondra dans un horrible gargouillis. Immédiatement, Althéa se leva pour aller ouvrir la porte donnant sur le couloir à Mathieu qui entra en s'élançant sur Fouquet. Tous trois sortirent prestement du parloir, à charge pour Laforêt et un de ses acolytes de tenir d'éventuels autres gardes en respect.

Deux coups de feu retentirent, ce qui obligea Althéa et Mathieu à forcer l'allure. Que se passait-il dans l'autre aile du bâtiment avec les hommes chargés de libérer Henri de France ?

Fouquet, soutenu par les deux jeunes gens, peinait considérablement. À peine furent-ils sortis qu'ils se précipitèrent pour pousser le surintendant dans la voiture tandis qu'Antarès démarrait en trombe en stimulant ses chevaux. Déjà les gardes débouchaient du chemin de ronde, heureusement ralentis par des plaques de verglas, en tirant des coups d'arquebuse et de mousquet. L'affrontement redoublait à l'intérieur de la forteresse. Mathieu se rua sur Althéa pour la protéger. Il la hissa sur sa selle et lança son cheval au galop, alors qu'Antarès fouettait de plus belle les chevaux de l'attelage qui emportait Fouquet en direction de Gênes, d'où un navire l'emmènerait en grand secret vers des contrées lointaines.

Althéa n'avait pas eu le temps de profiter des retrouvailles avec son père adoptif ni même de l'embrasser. Peut-être même ne le reverrait-elle jamais, mais au moins

serait-il libre sous des cieux plus cléments. La gorge serrée, elle se blottissait sans s'en rendre compte contre Mathieu, lorsqu'une détonation retentit. Elle sentit le corps du jeune homme se raidir contre le sien et se redressa en poussant un cri.

Lorsqu'elle comprit qu'il était touché, sans même réfléchir, elle reprit les rênes et poursuivit son galop quelques minutes, jusqu'à ce qu'ils fussent hors de portée des tirs. Alors elle arrêta sa monture et descendit prestement de cheval pour remonter derrière Mathieu et l'aider ainsi à se maintenir en selle. Dans la pénombre du soir, elle décelait sa pâleur.

— Mathieu, je vous en supplie, tenez bon, nous arrivons ! Arthorius va vous soigner !

Son silence l'inquiéta.

— Mathieu ?

— Inquiète ? Il n'y a pas si longtemps, vous vouliez m'envoyer au diable !

— C'est bien le moment de faire de l'esprit !...

*

* *

Enfin la demeure de Belinde !

Déjà Arthorius, alerté par les galops du cheval, se précipitait sur le perron. Il sortit juste à temps pour recevoir Mathieu dans ses bras, inanimé. En apercevant la robe ensanglantée d'Althéa qui l'avait tenu contre elle, il évalua immédiatement la situation. Ensemble, ils le hissèrent jusqu'à une chambre de l'étage, aidés du frère de Belinde, laquelle préparait le lit. Elle tira la courtepointe pour allonger le blessé dans des draps frais et entreprit de lui ôter sa redingote et sa chemise

Mathieu perdait beaucoup de sang. Althéa, livide, aidait Belinde de son mieux, tandis qu'Arthorius préparait

tout ce dont il avait besoin pour nettoyer la plaie. Le jeune homme, toujours inconscient, ne souffrait pas, et le médecin put effectuer son travail dans les meilleures conditions. Il parvint à extraire les éclats de métal qui broyaient les chairs et entreprit ensuite de les recoudre de son mieux. La plaie n'était pas large, mais elle semblait profonde. La mine grave et préoccupée d'Arthorius ne contribuait pas à rassurer Althéa qui revivait l'horreur de l'accident de Savinien.

Lorsque tout fut terminé, ils calèrent le blessé avec des oreillers afin que celui-ci ne pût pas rouler sur le dos dans son sommeil, puis attendirent qu'il reprît ses esprits pour lui administrer un cordial de laudanum dont Arthorius ne se défaisait jamais.

— Ses jours sont-ils en danger ? demanda Althéa d'une voix étranglée.

— Il est trop tôt pour le dire…, répondit gravement Arthorius. J'ai fait tout ce qui était en mon pouvoir, mais nous ne serons fixés que dans plusieurs jours.

Un gémissement parvint de la courtine et la jeune femme se hâta vivement.

— Il reprend connaissance, placez un carreau[1] derrière sa nuque. Voilà… Maintenant, aidez-moi à lui faire avaler ceci, dit Arthorius en désignant le flacon qu'il tenait dans sa main.

Ils redressèrent légèrement la tête du blessé qui réussit péniblement à avaler mais ne put articuler aucun son et s'évanouit de nouveau après l'effort. Althéa le recouvrit tendrement et déposa un baiser sur son front. Arthorius entraîna ensuite la jeune femme hors de la chambre.

— Venez, il lui faut du calme maintenant. L'opium va le plonger dans un sommeil profond. Belinde va le veiller tandis que vous vous changerez et vous vous restaurerez,

1. Coussin au XVIIe siècle.

ensuite nous prendrons chacun un tour de garde. Vous paraissez épuisée, ma pauvre enfant.

— Au moins Nicolas est-il libre maintenant...

— Je l'espère effectivement, répondit Arthorius.

— Vous l'espérez ? Qu'est-ce à dire ? Je l'ai vu moi-même dans la voiture d'Antarès !

— Cependant nous ignorons si des gardes ne se sont pas lancés à leurs trousses ! Nous aurons des nouvelles dans quelques semaines... Le temps qu'Antarès revienne... s'il revient !

— Vous ne semblez guère optimiste !

— La neige n'est pas notre alliée dans cette affaire, elle laisse des traces.

— Certes, mais le vent les efface, et il est violent ! repartit la jeune femme dont les traits tirés accentuaient la pâleur.

— Enlevez cette robe souillée, Althéa, et venez reprendre des forces, conseilla le vieux médecin.

La jeune femme se changea rapidement dans la chambre du bas, puis rejoignit son ami dans la salle à manger. Une bonne odeur de tourte au fromage emplissait la pièce. Le couvert était dressé, des pâtés disposés sur une planche de bois à côté d'une grosse miche de pain. Une tarte aux pommes caramélisées attendait sur la desserte et un pichet de vin était posé sur la table. Belinde veillait le malade. Arthorius se réchauffait les mains auprès du feu lorsque Althéa pénétra dans la pièce.

— Ce qui me préoccupe, reprit-il, c'est qu'il eût mieux valu quitter Pignerol rapidement. Or Mathieu n'est pas transportable.

— Tant pis. Nous resterons, répondit-elle dans un soupir.

— Vous n'y êtes pas obligée.

— Je le sais, mais je ne partirai pas tant que je n'aurai

pas la certitude qu'il est tiré d'affaire. Et vous avez l'air inquiet, ce me semble…

— Je suis surtout réaliste et prudent, Althéa, dit le vieil homme en s'asseyant. Dans une opération comme celle-ci, nous ne maîtrisons pas tout, la médecine est loin d'être une science exacte. Tenez, servez-vous de cette tourte, elle embaume, et nous avons bien besoin de reprendre des forces nous aussi !

Althéa coupa plusieurs parts qu'elle disposa dans les assiettes et tendit son verre à Arthorius qui servait le vin.

— Et qu'en est-il d'Henri de France ? demanda-t-elle après avoir goûté la tourte. Savez-vous s'il a pu être libéré ?

— Cette question n'est pas de votre ressort, Althéa, et il vaut mieux pour vous que vous ignoriez l'issue de cette évasion. Il s'agit d'un secret d'État que vous n'auriez jamais dû connaître. Moins vous en saurez sur cet homme masqué, plus vous serez en sécurité, croyez-moi !

Althéa secoua la tête nerveusement.

— Cette attente est insupportable ! Ne pas savoir si Nicolas est libre, ne pas savoir si Mathieu va vivre !

— Mathieu… Tiens ! Ce n'est plus le « marquis de Mergenteuil » ? demanda Arthorius qui s'appliquait à couper du pain.

Althéa ne répondit pas. Le vieux médecin devinait son trouble et décida de l'amener progressivement à se confier à lui.

— Comment est arrivé ce coup de mousquet ? reprit-il en lui tendant une tranche.

Elle la refusa en faisant la grimace, indiquant qu'elle ne saurait rien avaler de plus pour ce soir.

— Nous sommes sortis de la forteresse avec Nicolas et l'avons poussé dans la voiture, Antarès a aussitôt lancé les chevaux et Mathieu m'a soulevée avant que je n'aie eu le temps de réaliser quoi que ce fût. Il a sauté sur sa monture

pour m'emmener le plus loin possible. Ce n'est pas ce qui était prévu, je devais rentrer avec la voiture qui m'avait conduite jusqu'à la prison ! Il aurait pu s'enfuir bien plus vite s'il avait été seul sur son cheval...

— Je savais que jamais il ne vous aurait laissée dans cet enfer regagner votre attelage sans protection et perdre un temps précieux qui aurait pu vous coûter la vie.

— Vous étiez au courant de ses projets ?

— Nous en avons parlé ensemble, c'est exact, répondit calmement Arthorius. J'ai compris qu'il l'avait fait quand le cocher qui avait remplacé Antarès dans la voiture pour vous ramener est rentré à vide !

— Mais pourquoi ne pas m'avoir avertie ? s'agaça la jeune femme.

Arthorius leur servit de nouveau un petit verre de vin.

— Pourquoi ? Mais parce que vous auriez refusé tout net, ma chère ! La seule chance qu'il avait de réussir à vous écarter du danger était de bénéficier d'un effet de surprise !

— Il m'a sauvé la vie au péril de la sienne..., murmura Althéa.

— C'est exact. Mais s'il ne survit pas, dites-vous qu'il n'aurait jamais pu accepter votre mort sans avoir tenté de vous protéger !

— Il m'aime donc... à ce point ? souffla-t-elle.

— Et plus encore, précisa Arthorius, dressant les sourcils. Ce n'est pas une surprise !

Althéa se leva pour faire les cent pas devant la cheminée. Elle serrait ses mains l'une contre l'autre.

— Et cependant, il fut l'amant d'une autre femme ! grinça-t-elle.

— Ma chère..., commença Arthorius en quittant lui aussi la table pour s'asseoir dans un fauteuil auprès du feu. Avez-vous lu Platon ou Aristote ?

— Que voulez-vous dire ? s'étonna la jeune femme.

Le vieux médecin tenait son verre levé devant l'âtre en le faisant tourner légèrement, comme s'il pratiquait la divination en perçant les secrets des éclats de pourpre que lançait le vin dans la lumière des flammes.

— Aristote a dit que nos sens nous trompent, quelquefois. Platon, dans *le mythe de la Caverne*, propose une illustration de ce qui nous paraît parfois être la réalité et qui peut n'être qu'illusion. Tous deux démontrent, autrement dit, que notre vision du monde repose sur des a priori…

— J'entends votre raisonnement, mais où cela nous mène-t-il ? répondit-elle, agacée.

Arthorius posa son verre sur le guéridon et la regarda bien en face.

— Si demain le frère de Belinde se jette sur vous et vous embrasse fougueusement, par surprise…

Althéa s'arrêta de marcher, dévisageant son vieil ami comme s'il perdait la raison.

— Eh bien ?

— Si je sors dans la cour au même moment et que je vous voie dans cette posture, cela m'autorise-t-il à en déduire que ce garçon est votre amant ?

— Certes non !

— C'est pourtant ce que vous avez fait le soir de la fête dans les jardins de Versailles, repartit le vieil homme calmement en avalant une pâte de fruit.

— Il… vous a raconté ? murmura la jeune femme qui commençait d'être douloureusement dessillée.

— Oui, il m'a raconté.

Althéa vint s'asseoir auprès d'Arthorius.

— Mathieu est comme un fils pour moi, reprit le vieil homme. N'oubliez pas que c'est chez moi que vous avez laissé votre lettre chargée de l'égarer et de vous donner le temps de quitter Paris pour Cressac. Votre départ précipité m'a alerté, alors je l'ai interrogé.

La souffrance se lisait maintenant sur le visage d'Althéa.

— J'ai cru… J'étais convaincue qu'il m'avait trahie. Il voulait que je quitte Savinien, je lui avais expliqué que cela n'était pas possible, alors j'ai pensé qu'il cherchait à m'oublier ou à se venger… J'ai eu tellement mal… tellement mal… Et Félicia m'a confirmé qu'ils étaient amants !

Arthorius lui prit la main et, posant sur elle un regard compatissant, répondit doucement :

— Je m'en doute. Elle vous a tendu un piège et vous y êtes tombée. Depuis que vous l'aviez vue dans ses bras, où elle s'était jetée, vous étiez prête à croire n'importe quoi, aveuglée par votre souffrance ! Lorsque vous avez éconduit Mathieu le jour du décès de Savinien, il est rentré très affecté à Paris. Il était sûr, en arrivant à Cressac, de pouvoir vous faire entendre raison, mais vous ne l'avez même pas écouté. Vous l'aviez déjà condamné.

Écrasée de chagrin, Althéa se sentait aussi rongée par le remords. Avait-elle voulu croire en cette liaison pour justifier à ses yeux le fait de ne pas quitter Savinien ?

Et si aujourd'hui Mathieu venait à mourir…

Elle n'avait pas eu le temps de lui dire combien elle avait souffert, combien elle regrettait son emportement et sa crédulité.

Combien elle l'aimait.

53.

Les deux semaines qui suivirent furent un cauchemar.

Tout d'abord Mathieu fut gagné par la fièvre. Il n'avait pas repris connaissance quand il commença à délirer, appelant Althéa, revivant le naufrage du *Bélisaire*, poussant des cris d'effroi pour retomber dans l'inconscience durant des heures.

La jeune femme le veillait jour et nuit, refusant de quitter son chevet, dormant auprès de lui dans un fauteuil. Le diagnostic d'Arthorius n'était guère rassurant. Selon lui, aucun organe vital n'avait été touché, mais le patient luttait contre un abcès conséquent qui devait être drainé plusieurs fois par jour d'un pus épais, verdâtre et nauséabond. On rinçait ensuite la plaie abondamment avec de l'eau de mélisse mélangée à une décoction de thym, pour désinfecter et calmer la douleur. Il avait fallu retirer les fils et rouvrir la couture et, chaque fois que le vieux médecin enfonçait de la charpie pour éviter que les chairs ne se refermassent sur l'infection, le corps du malheureux se tendait comme un arc sous la torture. Althéa lui parlait doucement, le maintenant pour qu'Arthorius pût travailler. Nul ne pouvait dire qui l'emporterait, et le jeune homme voguait toujours entre la vie et la mort neuf jours après qu'il eut été blessé.

Au matin du dixième jour, une nouvelle accablante

parvint à la maisonnée grâce à Belinde qui continuait d'effectuer son travail de blanchisseuse à la forteresse. Laforêt, le fidèle valet de Fouquet, qui n'avait pu s'échapper à temps, venait d'être pendu, convaincu de trahison [1]. Althéa reçut une lettre de Marie-Madeleine, qui apparaissait effondrée devant cet acharnement. Laforêt avait toujours été aux côtés de son époux, durant la période faste comme pendant la descente aux enfers. Ayant assisté à l'arrestation du surintendant qui lui avait adressé ses dernières paroles d'homme libre en lui criant : « À Saint-Mandé ! » pour que le jeune homme courût brûler les papiers confidentiels du ministre, il avait ensuite accepté d'être emprisonné avec son maître pour l'assister dans son calvaire. Son exécution signifiait pour la pauvre Marie-Madeleine que l'étau se resserrait encore…

Althéa tremblait pour Mathieu, craignait pour Nicolas et pensait à son petit garçon qui devait se languir d'elle. Les repas avec Arthorius et Belinde étaient assez lugubres, chacun essayant de donner le change pour paraître optimiste, tout en redoutant ce qui pourrait arriver le lendemain. Arthorius avait expliqué que chaque jour où le malade vivait était un pas supplémentaire vers une guérison possible.

Althéa avait retrouvé le chemin de la prière.

Que pouvait-elle faire d'autre, en ces temps si incertains, qu'implorer le ciel qu'on ne lui enlevât pas Mathieu une seconde fois ?

Le douzième jour enfin, alors que l'on commençait à désespérer de sauver le marquis, la fièvre diminua. Épuisé, Mathieu dormit tout le jour, mais il n'était plus inconscient. Il paraissait reposer d'un sommeil apaisé. Althéa, à bout de forces, s'allongea contre lui pour somnoler, et

1. Voir annexe en fin d'ouvrage.

c'est ainsi qu'Arthorius les trouva lorsqu'il vint prodiguer ses soins au malade. Il fallut patienter encore plus d'une semaine avant que la fièvre ne disparût tout à fait et que la plaie ne cessât de suppurer. Alors Arthorius put enfin recoudre définitivement son patient, à qui l'on donna au préalable un bâton à serrer entre les dents et un grand verre d'eau-de-vie. Mathieu dormit encore une journée entière.

Le lendemain, quand il ouvrit les yeux, il distingua une forme recroquevillée dans un fauteuil dans la pénombre. Il essaya de tendre le bras, mais une violente douleur dans le dos le rappela à l'ordre. Tout à fait réveillé, il comprit qui était à son chevet, et une joie indicible l'inonda soudain.

— Althéa..., murmura-t-il.

Elle sursauta et bondit sur ses pieds.

— Mathieu ! Vous êtes réveillé ? C'est magnifique ! Comment vous sentez-vous ?

— J'ai l'impression d'avoir cent ans... Pouvez-vous... ouvrir les volets, s'il vous plaît ?

Un vent glacé pénétra dans la chambre. Dehors, tout était blanc et silencieux.

— Vous nous revenez le jour de Noël, sourit-elle, radieuse. C'est un merveilleux cadeau !

Mathieu la regardait, étonné de ses bonnes grâces. Dans son cerveau encore embrumé, il gardait le souvenir d'une jeune femme meurtrie et en colère, qui ne lui pardonnait pas sa trahison. Il allait lui en faire la remarque lorsque Arthorius entra.

— C'est bien ce qu'il m'avait semblé entendre ! Te voilà vraiment hors de danger ! Du repos, une alimentation saine et reconstituante, et tu ne garderas de cet épisode pénible qu'une cicatrice au milieu du dos. Tu as eu beaucoup de chance de ne pas être touché sur la colonne

vertébrale ou au poumon… Dans quelques jours, nous enlèverons les fils. Comment te sens-tu ?

— Disons que je dois reprendre des forces, c'est certain, mais je vais plutôt bien, compte tenu des circonstances. En revanche, je vous trouve très mauvaise mine, Althéa, si je puis me permettre…

— Elle t'a veillé jour et nuit, ne laissant à personne le soin de le faire à sa place. J'ai eu beau me bagarrer… Enfin, tu la connais mieux que moi !… Bien ! Je vous laisse tous les deux, dit-il avec un sourire affectueux en direction d'Althéa. Mathieu, je reviens tout à l'heure pour changer tes pansements.

Dès que la porte se fut refermée, le jeune homme dévisagea Althéa avec un beau sourire. Elle retrouvait l'étincelle de son regard.

— Eh bien, siffla-t-il, si j'avais su qu'il me suffisait de recevoir un coup de mousquet pour vous ramener à de meilleurs sentiments, je l'aurais fait plus tôt !

— Ne dites pas de bêtises ! sourit-elle. J'ai eu tellement peur…

— Peur… de me perdre ?

— Peur que vous ne viviez pas assez longtemps pour que je puisse vous dire combien je regrette d'avoir cru à cette fable, combien je me sens coupable pour toute cette souffrance que nous avons endurée, vous et moi, alors que nous aurions pu être heureux ensemble.

— Est-ce une déclaration d'amour ?

— Absolument. Je vous aime, Mathieu de Mergenteuil.

Il marqua un temps pour la détailler. Elle aussi était plus mince, le visage fatigué. Mais elle gardait cette chevelure flamboyante qui tombait en cascade jusqu'au creux de ses reins et ces magnifiques prunelles vertes pleines d'intelligence et de vie.

— Venez vous asseoir près de moi, dit-il avec tendresse.

Althéa ne se fit pas prier et vint se blottir dans les bras de Mathieu, qui eut une crispation de douleur.

— Doucement, mon amour ! Songez que je suis encore faible ! s'amusa-t-il. Et veillez à ne me point tenter de vos délicieux appas. Je ne puis céans vous honorer !

— Vraiment ? J'ignore si je vous épouserai, monsieur, répondit-elle, mutine. Un mariage se doit d'être consommé ! Et vous-même, convalescent ou pas, m'offrez une tournure bien trop attirante pour que je ne fasse que la côtoyer !

— Je n'ai pas dit que cela n'arriverait pas ! dit-il en passant sa main dans ses boucles. Laissez-moi quelque temps, et vous demanderez grâce !

Althéa pouffa.

— Vous êtes bien présomptueux, monseigneur ! Je n'ai pas le souvenir, dans nos joutes amoureuses, de m'être fatiguée avant vous !

— Althéa, je t'aime. Ne me quitte plus jamais, dit soudain gravement Mathieu.

Il lui prit le visage entre ses deux mains.

— Plus jamais, m'entends-tu ?

— Je te le promets, nous avons déjà perdu bien trop de temps.

Ils s'embrassèrent doucement, tendrement, avec le sentiment d'avoir la vie devant eux, comme deux naufragés qui ont enfin atteint leur île.

54.

Saint-Germain, février 1670

L'hiver s'étirait sur la capitale et, si l'odeur des ordures qui jonchaient le sol était amoindrie par le froid, la neige fondue transformait les rues en de véritables bourbiers sur lesquels on épandait la paille afin d'éviter l'enlisement des voitures. Avant de regagner Cressac, Althéa souhaita passer un peu de temps à Saint-Germain auprès de son amie. Arthorius devait continuer à prodiguer ses soins à Mathieu jusqu'à la guérison totale de la plaie, sur laquelle il étalait à présent une pâte constituée de pétales de lys marinés dans l'alcool et de miel de sapin pour parfaire la cicatrice.

Quelques semaines plus tard, alors que le printemps jetait sur les jardins de Saint-Germain toutes sortes de couleurs, le roi s'avançait au bout de la galerie, entre deux haies de courtisans. La reine marchait à ses côtés, immédiatement suivie de Mme de Montespan, éblouissante dans une toilette orangée qui lui flattait le teint. Abîmée dans sa révérence face à son souverain, Althéa ne pouvait empêcher son regard de scruter le visage de Louis.

Était-ce vraiment le roi ?

L'avait-on remplacé ?

Elle ne parvenait à trancher la question. Le roi, amusé

de cette insistance à ne point baisser les yeux, la releva en souriant :

— Vos prunelles éclairent bien joliment votre visage, madame de Saint-Évrard. Je suis sensible à toute beauté, à celle des femmes en particulier. J'aurais été ravi de vous garder auprès de nous à la Cour, mais Mme de Montespan m'a narré par le menu toute votre édifiante histoire qui n'a rien à envier à *L'Astrée* dont j'ai fait mes délices en mon jeune temps. Il semblerait donc que vous comptiez épouser aujourd'hui le marquis de Mergenteuil pour qui nous avons grande estime. Cependant, il ne sied point à une duchesse de devenir… marquise[1] !

Les courtisans s'amusèrent de ce trait. Althéa sentit ses jambes se dérober. Le roi allait-il empêcher son mariage ? Allait-il encore une fois ruiner sa vie ? Cette fois, elle ne le laisserait pas faire. Sur la défensive, elle entendit Louis poursuivre calmement :

— Aussi bien avons-nous décidé de hisser le marquisat de Mergenteuil au rang d'un duché-pairie. Vous voilà donc, madame, future duchesse de Mergenteuil, et bientôt mariée à un pair du royaume. Je vous en félicite !

La jeune femme n'en croyait pas ses oreilles.

— Votre… Votre Majesté me comble… je… je remercie vraiment Votre Majesté, bafouilla-t-elle.

— Allons, soyez enfin heureuse, madame…, dit-il en s'éloignant.

À quoi devait-elle cette magnanimité ?

Au sentiment de Louis de l'avoir un jour dépossédée de son bonheur d'enfant et à sa volonté de réparer sa faute ?

À l'influence grandissante de sa maîtresse ou bien… au fait qu'il n'était plus le même ?

Où se trouvait Henri de France aujourd'hui ?

1. Pour rappel, l'ordre des titres de la noblesse de France était le suivant : baron, vicomte, comte, marquis, duc, prince royal, dauphin, roi.

Avait-il toujours un masque en cuir sur le visage ?

Althéa savait qu'elle n'aurait jamais réponse à ces questions.

Secret d'État.

*

* *

Dans les jours qui suivirent, elle apprit, grâce à Mme de Montespan, que Louvois, Vauban et Nallot se rendaient à Pignerol[1]. Cette intéressante nouvelle plongea la jeune femme dans un abîme de perplexité. De retour à Paris chez Arthorius, elle attendit que Suzon eût terminé de servir la poularde à la crème qu'elle avait préparée, pour annoncer ce qu'elle savait. Arthorius fronça les sourcils.

— Louvois, Vauban et Nallot, dites-vous ? Voilà qui est intéressant…

— Que se passe-t-il de si grave à Pignerol qui pourrait justifier le déplacement d'un maréchal de France ? s'étonna Mathieu.

— Vauban n'est pas seulement maréchal de France ! Il est aussi ingénieur et architecte militaire ! rétorqua Arthorius.

— Pensez-vous qu'il pourrait être chargé de renforcer les défenses de Pignerol ?

— Peut-être… c'est une piste, en tout cas.

— Cela doit tout de même être important, coupa Althéa, car Athénaïs m'a dit que la charge de gouverneur de Lille qu'il occupe depuis deux ans l'accaparait énormément. Il faut donc qu'il ait de bonnes raisons de partir aussi loin de la ville dont il est en charge…

— Certes ! s'exclama Arthorius. Et que dire de Louvois ! Il assiste Le Tellier, son père, dans l'administration de la

1. Voir annexe en fin d'ouvrage.

Guerre, mais chacun sait qu'aujourd'hui, c'est lui qui occupe le premier plan ! Le vrai secrétaire d'État à la Guerre, ce n'est plus le marquis de Barbezieux[1] mais son fils !

— On raconte qu'il mène la vie dure à Colbert, et que le roi entretient cette inimitié qui le sert. Quoi qu'il en soit, ce ne peut être Colbert qui lui confie cette mission de la plus haute importance… Il s'agit bien d'une volonté du roi !

Mathieu servit du vin à tout le monde, puis reposa la carafe :

— Alors, selon vous, que se passe-t-il à Pignerol pour que Paris s'agite ainsi ?

Arthorius soupira.

— Mes amis, de deux choses l'une : ou bien Louis XIV a eu vent de l'évasion de l'un des prisonniers – ou même des deux – et diligente une commission d'experts sur place afin de trouver la faille du dispositif en place…

— Ou bien ? demanda Althéa, suspendue à ses lèvres.

— Ou bien nos deux malheureux ont été repris, et l'on repense leurs conditions de détention et le dispositif de sécurité, ce qui requiert les plus hautes compétences du royaume. Il s'agit là de quelque chose qui dépasse largement les aptitudes de Saint-Mars !

— Mais comment savoir ?

— Le problème vient précisément du fait que nos prisonniers sont tenus au secret. Il n'est pas si aisé de savoir ce qu'il est advenu d'eux…

1. Louvois était le fils de Le Tellier, marquis de Barbezieux. Son père lui obtint de Louis XIV la transmission de son secrétariat d'État à la Guerre alors qu'il n'avait même pas quinze ans (le 14 décembre 1655). Il n'en fut le plein détenteur qu'en 1677, mais dès le 24 février 1662, à vingt et un ans, il fut autorisé à exercer la charge en l'absence de son père et assista celui-ci dans l'administration de la Guerre. On estime que, dès 1670, il y joua le premier rôle.

Le silence tomba. Chacun méditait les paroles du vieux médecin. Les détenus étaient-ils de retour dans le sinistre donjon de Pignerol, l'un privé d'encre et de plume, l'autre de nouveau sous un masque ?

Althéa soupira.

— Je veux croire qu'il s'agit d'autre chose. Peut-être en saurons-nous davantage grâce à Belinde ?

— N'espérez rien de ce côté-là, ma chère. Dans un cas comme celui-ci, les premières mesures sont précisément de renouveler tout ce genre de petit personnel, a fortiori celui qui est en contact avec l'extérieur. Et je gage qu'à l'heure qu'il est, dame Belinde recherche déjà un emploi…

— En ce cas, il faut nous armer de patience. Nous nous rendons à Cressac demain avant de rejoindre Mergenteuil. Je compte sur vous, Arthorius, pour nous tenir informés dès que vous aurez plus amples nouvelles, n'est-ce pas ?

— Cela va sans dire, sourit le vieil homme. Ne vous torturez pas. Vous avez bien mérité de vivre un peu en paix et… ensemble !

55.

Domaine de Mergenteuil, mars 1670

La voiture à six chevaux qui les ramenait à Mergenteuil roulait à vive allure le long du canal. Penchée à la portière, Althéa commentait le paysage pour Nicolas-Jean qui semblait désireux de pouvoir bientôt se dégourdir les jambes. Sa gouvernante avait peine à le maîtriser, le petit duc de Cressac présentant déjà un caractère impétueux. Mathieu ne pouvait détacher son regard d'Althéa. Il gardait à l'esprit le souvenir ébloui de la nuit précédente où ils étaient enfin redevenus amants.

À l'évocation de cette tempête qui les avait tous deux emportés, le désir renaissait chez lui.

Cette femme le rendait fou.

Il lui tardait déjà que la nuit tombât pour la dévêtir de nouveau, retrouver son corps sous les caresses, la faire sienne encore et encore. Il avait hélas manqué sa première grossesse, il ne l'avait pas vue s'arrondir comme un fruit mûr et rêvait déjà d'une prochaine maternité. Nicolas-Jean était duc de Cressac et, grâce au ciel, les deux domaines n'étaient pas tant éloignés. L'intendant de Savinien faisait merveille, le duché semblait bien administré. Mathieu, qui découvrait son aîné avec émerveillement, espérait

aussi vivement que naîtrait bientôt le futur duc de Mergenteuil…

Le profil d'Althéa se découpait en contre-jour sur la portière et Mathieu en distinguait la nuque gracieuse, les longs cils et les lèvres sensuelles.

Une nymphe.

Althéa, émouvante nymphe de la seigneurie de Vaux…

> *« Remplissez l'air de cris en vos grottes profondes,*
> *Pleurez, nymphes de Vaux, faites croître vos ondes… »*

La Fontaine avait-il pensé à sa filleule en écrivant ces vers ?

1661.

Mathieu la revoyait, cheveux mouillés, blottie contre lui… Il avait fallu neuf années avant qu'il ne pût la ramener enfin sur son domaine pour l'épouser dans la chapelle de Mergenteuil.

Neuf années.

Un monde avait disparu, celui de Fouquet et de la vie brillante qu'il créait autour de lui.

Où était Nicolas aujourd'hui ?

Vivait-il libre dans la lumière de la Toscane, entouré de livres et savourant la douceur des jours, ou bien avait-il regagné le sombre tombeau de Pignerol où s'écouleraient les années dans l'âpreté d'une inhumaine détention ?

> *« Il est assez puni par son sort rigoureux*
> *Et c'est être innocent que d'être malheureux… »*

Chaque jour, on guettait le chevaucheur qui apporterait des nouvelles…

Il avait emporté avec lui ces temps insouciants, ayant donné à son siècle cette impulsion magnifique, ce raffi-

nement dans les arts dont le Roi-Soleil se prévalait aujourd'hui. Au moment de faire découvrir Mergenteuil à Althéa, c'est vers Vaux que volaient les pensées du duc.

Vaux, ce vestige magnifique d'une époque révolue.

Ce palais endormi sous la colère d'un roi.

Althéa sourit à Mathieu. Et ce sourire éclata de mille soleils.

Rien n'allait disparaître.

Il sut en cet instant qu'ensemble, à Mergenteuil, ils posséderaient le monde.

ANNEXE

Nicolas Fouquet était issu d'une famille nombreuse, comme cela était courant à l'époque. François, son frère aîné (1611-1673), fut archevêque de Narbonne, puis vint Nicolas, né en 1615 et mort en 1680, Basile (1622-1680), Yves (1628-1651) qui fut conseiller au parlement, Louis (1633-1702), évêque d'Agde, Gilles (1637-1694), écuyer de la grande écurie, ainsi que six sœurs, toutes entrées en religion !

De son premier mariage avec Marie Fourché (1620-1641), il eut une fille, Marie, qui épouse le 12 février 1657 le fils aîné du comte de Charost, gouverneur de Calais et capitaine des gardes du roi. Leur fils, duc de Charost, deviendra gouverneur sous Louis XV.

Devenu veuf, Nicolas se remarie en 1650 avec Marie-Madeleine de Castille-Villemareuil (1625-1716). De leur union naîtront François en 1652, qui ne survit que quatre ans et que l'on n'évoquera pas dans ce roman. Louis-Nicolas, le petit Louni, qui sera comte de Vaux, né en 1654 et mort en 1705, Marie-Madeleine qui porte le nom de sa mère, mais que l'on nommera simplement Madeleine, par commodité, future marquise de Crussol, née en 1656, décédée en 1720, la demi-sœur d'Althéa. Suivront Charles-Arnaud, abbé de Beauregard (1657-1734), et enfin Louis, marquis de Belle-Isle (1661-1738).

Louni tient une place plus importante que les autres enfants dans le roman, car il porte les deux prénoms emblématiques, l'un honni et l'autre adoré, « Louis » et « Nicolas », qu'il est comte de Vaux, et donc officiellement seigneur du domaine ainsi que le premier né après Althéa dont la naissance se situe en 1648.

Nous avons un peu modifié les dates, puisqu'à l'heure où s'ouvre le roman, Nicolas et Marie-Madeleine ne sont, en réalité, pas encore mariés et ne se marieront que trois ans plus tard, en 1651. Mais il nous est apparu essentiel de privilégier ici la crédibilité des personnages, et si Althéa était née plus tard, elle n'aurait pas eu l'âge requis par la suite pour mener à bien sa vengeance ni même être la maîtresse de Mergenteuil. Les puristes me pardonneront cette privauté qui ne compromet nullement l'authenticité des faits relatés par la suite dans cette histoire.

Si les historiens s'accordent à dire aujourd'hui que la chute de Fouquet était envisagée de longue date, et peut-être même par Mazarin lui-même qui l'aurait soufflée à l'oreille du roi, la fête grandiose donnée à Vaux le 17 août 1661 marque le jour où Louis XIV arrête sa décision. L'anecdote de la vaisselle en vermeil est authentique : le roi fait remarquer qu'il n'y en a pas de semblable au Louvre, c'est-à-dire en sa propre demeure. Une façon habile d'accuser déjà Fouquet de lèse-majesté. La phrase « Ne fera-t-on rendre gorge à ces gens-là ? » est demeurée célèbre, Anne d'Autriche ayant conté l'histoire à plusieurs personnes qui s'en sont fait l'écho.

Gourville, un ami sincère de Fouquet, a bien tenté de le prévenir, tout comme Mme de Sévigné, qui fut probablement sa maîtresse, car les rumeurs les plus alarmantes à son sujet circulaient à la Cour. Fouquet ne les a pas crus, bien que l'entretien qu'il eût avec Brienne avant son départ à Nantes, que Brienne relate dans ses *Mémoires* et que nous avons mis en scène au chapitre XIV, montre qu'il avait tout de même d'énormes craintes. La comédie jouée par le roi dans ce qui suit est authentique : Louis XIV, pour le piéger, a été jusqu'à lui faire croire qu'il organisait l'arrestation de Colbert, l'ennemi juré du surintendant. En fait, cette chute spectaculaire a été orchestrée bien avant.

Fouquet avait dû accepter, à la demande du roi, de se défaire de la charge de procureur général, ce qui lui fut fatal, car en occupant ce poste, il ne pouvait tomber sous le coup de la justice. En rendant sa charge, il devenait condamnable et donc très vulnérable. Le monarque lui avait promis en compensation le collier de l'ordre du Saint-Esprit, très haute distinction dans le royaume. Il ne l'aura bien sûr jamais...

Le 5 septembre 1658, Fouquet avait acheté l'île et forteresse de Belle-Isle. Il en fit une place forte et souhaitait en faire une ville portuaire qui aurait attiré tout le trafic du Nord, privant Amsterdam de ses avantages. Le roi a craint qu'il ne s'y réfugie. On accusera plus tard, à tort, Fouquet d'avoir voulu se servir de cette place forte contre le roi. Fouquet s'est effectivement exclamé : « Le roi est bien le maître, mais j'aurais souhaité pour sa gloire qu'il eût agi plus ouvertement avec moi » lorsque d'Artagnan vient l'arrêter. Il comprend enfin le machiavélisme de Louis XIV, mais trop tard... Il s'est aussi réellement tourné vers son fidèle valet Laforêt en lui criant : « À Saint-Mandé ! » pour que ce dernier aille prestement faire disparaître les documents qui ne devaient pas tomber entre toutes les mains. Laforêt arrivera, lui aussi, trop tard...

Il est exact que l'acharnement du roi dépasse le seul Fouquet pour s'abattre sur sa famille. Le roi sépare la femme de l'époux, mais aussi les enfants de leur mère, puisque Marie-Madeleine ne doit pas quitter Limoges. Cet acharnement est si féroce que la reine mère elle-même, Anne d'Autriche, finit par s'en indigner et exige de son fils, le roi, que les enfants soient au moins rendus à leur mère. Plus tard, Louis XIV fera croire à Marie-Madeleine qu'elle peut accompagner son époux en détention mais la retiendra consignée à Montluçon. Jean de La Fontaine, grand ami de Fouquet, a bien écrit ses *Élégies aux nymphes de Vaux* pour tenter de fléchir le roi. En représailles, le monarque lui supprime sa pension. Il en va de même pour les juges du procès : tous ceux qui n'ont pas voté la mort sont mutés dans les endroits les plus reculés du royaume et perdent leur fortune. Si Le Cormier de Sainte-Hélène vote la mort, Lefèvre d'Ormesson, pourtant récusé au départ par Mme Fouquet, choisit de voter le bannissement, ce qui lui vaut la disgrâce de son roi et un gros revers de fortune.

Paris gronde, le procès est honteusement truqué, les pièces fabriquées. Colbert s'acharne à la perte de celui dont il convoite le domaine. Car si le roi s'empare des biens meubles, des orangers de Vaux, c'est bien Colbert qui s'y installe, en faisant défaire l'emblème de Fouquet, l'écureuil, pour faire retisser le sien, la couleuvre, sur les tapisseries. Elles sont aujourd'hui, grâce au comte de Vogüé, actuel propriétaire de Vaux, revenues à leur état initial.

À l'origine, l'ex-surintendant est banni. Louis XIV, furieux et

craignant qu'il ne divulgue des secrets d'État, commue la peine en emprisonnement à perpétuité, déclarant avec cynisme qu'il adoucit sa peine puisqu'il doit lui être douloureux de vivre à l'étranger loin de son roi. Au moins restera-t-il dans le royaume... Fouquet est donc transféré à Pignerol, une forteresse située au Piémont, dans laquelle il « côtoie » effectivement le fameux Masque de fer, comme en témoignent les registres d'écrou et les livres de comptes de Saint-Mars.

L'épisode de Fouquet suspendu dans le vide au milieu de la prison détruite par l'orage est authentique. Paul Morand le relate ainsi : « Quand la foudre démolit Pignerol, ensevelissant soldats et personnel, épargnant le seul Fouquet suspendu sur le vide, l'opinion publique demanda la libération du prisonnier désigné par une telle faveur de la Providence. [...] De l'omineux Pignerol, qui avait éclaté lors d'un de ces orages où l'on vit un signe du ciel, la foudre étant tombée sur le magasin des poudres, et la prison ayant été démantelée, Fouquet fut transféré à la Pérouse, ouvrage avancé de la forteresse. Il y passa un an, fouillé tous les jours, écrivant sur son mouchoir, sur ses rubans qu'on finit par lui donner noirs. [...] » (*Fouquet ou le Soleil offusqué*).

Les conditions de détention du prisonnier sont scrupuleusement observées dans ce livre, tout comme son dossier médical (au chapitre XL). Fouquet a très longtemps été privé de papier et de plume, on ne lui permettait ni d'écrire ni de lire. Ceci durera des années, celles qui suivirent son emprisonnement. Le prisonnier écrivait sur des rubans et l'on finit par les lui donner noirs pour que rien ne puisse être lu. Il s'est plusieurs fois servi de son propre sang et d'os de poulet pointus en guise d'encre et de plume.

Exact aussi le fait que l'on plongeait tout son linge dans des bassines d'eau en présence des officiers de service afin de diluer toute trace écrite. On lui a bien adjoint deux valets, Champagne et la Rivière, à qui Fouquet a entrepris d'apprendre à lire. On les lui retirera lorsque l'on estimera qu'il a trop « sympathisé » avec eux. On recherchera effectivement dans le pays des gens pour le servir qui accepteraient de le trahir, c'est-à-dire de lui tendre un piège afin de voir s'il cherchait toujours à s'évader et, si oui, avec quels appuis. Hélas pour ses geôliers, Fouquet bénéficiait du soutien du peuple piémontais, et depuis le miracle de la poudrière, personne ne voulait nuire à un être sauvé par la grâce divine !

Laforêt, le fidèle valet qui le servait déjà à Vaux, a bien été emprisonné avec lui.

Bien plus tard, les conditions de détention se feront moins drastiques et on lui permettra un dictionnaire de rimes et la Bible. Il rédigera ses *Conseils de la sagesse* et traduira en effet le Psaume CXVIII pour s'occuper, comme cela est dit au chapitre XL. Il est exact que, privé de la compagnie des hommes, Fouquet s'est tourné vers Dieu. Saint-Mars relate cet entretien qu'il a eu avec Fouquet où ce dernier lui a dit : « Je ne suis pas beau spectacle ! » Fouquet a compris qu'il ne sortirait pas vivant de cette prison. Il n'a cependant, au dire de son geôlier, jamais perdu la raison.

Les circonstances de la mort du surintendant demeurent somme toute assez mystérieuses. Jean-Christian Petitfils évoque tous les silences et les contradictions qui entourent cette mort en écrivant : « Ces silences gênants sont lourds de mystères. Où le surintendant a-t-il rendu le dernier soupir ? Et dans quelles circonstances ? Où fut-il réellement inhumé ? » Il explique par ailleurs que de nombreux témoignages indiquent que Fouquet serait mort après sa libération, tandis que d'autres évoquent un décès survenu en 1680 à Pignerol, Louvois ayant autorisé le gouverneur à remettre le corps à sa famille avec la permission de le faire transporter « où bon lui semblera ». Sur la tentative d'évasion (réussie ?) qui eut lieu en 1669, on ne sait finalement que peu de chose, sinon qu'en effet elle coûta la vie à Laforêt qui s'en rendit complice et fut exécuté par pendaison. On peut toutefois aussi envisager que si cette évasion avait, de fait, réussi, Saint-Mars n'aurait peut-être pas pu avouer qu'il avait laissé s'enfuir un des prisonniers supposés les plus surveillés de France, au risque d'y perdre lui-même la vie...

Les documents et le procès prouvent que le roi faisait de l'emprisonnement de Fouquet une affaire personnelle, qui dépassait de très loin ce qui pouvait être reproché au surintendant. Il s'agissait d'un conflit de personne, d'une humiliation que le jeune roi n'avait jamais pardonnée, asservi d'abord par Mazarin qui le traitait en enfant, décidant à sa place, comptant les sommes qui lui étaient allouées, puis rabaissé par Fouquet dont le rayonnement et la magnificence dépassaient de loin ceux du jeune monarque. Lorsque l'on remet en perspective ce que fut par la

suite la personnalité de Louis XIV qui fit construire pour sa gloire l'un des plus grands palais du monde, on mesure à quel point Fouquet a pu commettre une erreur tactique et psychologique en donnant, à Vaux, cette trop somptueuse fête qui marqua sa chute. Soulignons que Louis XIV aura à cœur de donner des fêtes à Versailles dépassant celle de Vaux, restée célèbre dans toutes les mémoires, et qu'il s'entourera après la chute de Fouquet de tous les artistes et les génies qui firent la gloire du surintendant... Le Grand Siècle de Louis XIV doit donc tout à Fouquet, qui a découvert et pensionné tous ces artistes dont s'enorgueillira plus tard Louis XIV. En enterrant Mazarin, puis Anne d'Autriche sa mère, et en destituant Fouquet, Louis XIV s'affranchit de toutes ses tutelles. À partir de ce moment, il n'aura que des gens asservis et n'aura plus jamais de compte à rendre...

Il n'en demeure pas moins que l'ambassade qui partit en août 1670 pour Pignerol, six mois après l'évasion (manquée ?) de Fouquet, suscite des interrogations. On sait que Vauban était le spécialiste des fortifications et des défenses en tout genre. Pourquoi Louis XIV a-t-il envoyé dans un endroit perdu du Piémont son ministre de la Guerre et un maréchal de France, ingénieur militaire, quand on sait comme ces hommes devaient être occupés ? Que s'est-il vraiment passé à Pignerol en décembre 1669 ? Ce mystère, comme celui du Masque de fer, reste entier.

Et là où les historiens s'interrogent est la place de l'imaginaire du romancier...

BIBLIOGRAPHIE

Louis XIV, par François Bluche, Fayard, 1986.
Fouquet, par Jean-Christian Petitfils, Perrin, 1998.
Le Masque de fer, par Jean-Christian Petitfils, Perrin, 2004.
Fouquet ou le Soleil offusqué, par Paul Morand, Gallimard, 1992.
Vaux-le-Vicomte, par Anatole France, Presses du Village, 1987.
Mazarin, maître du jeu, par Simone Bertière, Bernard de Fallois, 2007.
Les Reines de France au temps des Bourbons, et notamment *Les Deux Régentes, Marie de Médicis et Anne d'Autriche*, puis *Les Femmes du Roi-Soleil*, par Simone Bertière, Bernard de Fallois, 1994.
Le Poète et le Roi, Jean de La Fontaine en son siècle, par Marc Fumaroli, Bernard de Fallois, 1997.
Le Roi-Soleil suivi de *L'Hiver du grand roi*, par Max Gallo, XO Éditions, 2007.
La Grandeur du Roi-Soleil, fascicule de Max Gallo, XO Éditions, livre hors commerce, 2007.
Mazarin, par Claude Dulong, Perrin, 1999.
Anne d'Autriche, par Claude Dulong, Perrin, 2000.
Louis XIV, l'envers du soleil, par Michel de Grèce, Presses Pocket, 1989.
Lettres de la princesse Palatine (1672-1722), Mercure de France, 1999.
Mémoires de M. de D'Artagnan, par Courtilz de Sandras, Mercure de France, 2001.
Rigaud, un peintre catalan à la cour du Roi-Soleil, par Renada Laura Portet, Balzac Éditeur, 2005.
Petit Louis, dit XIV, l'enfance du Roi-Soleil, par Claude Duneton, Le Seuil, 1985.

Althéa ou la Colère d'un roi

Pour mon fils, pour mon roi, la reine Anne, mère de Louis XIV, par Philippe Alexandre et Béatrix de l'Aulnoit, Robert Laffont, 2009.

Louis XIV, le lever du Soleil, par Jean-Pierre Dufreigne, Plon, 2002.

Aimée du Roi, mémoires de Madame de Montespan, par Catherine Decours, Plon, 2001.

Les Bâtards du soleil, par Ève de Castro, France Loisirs, 1988.

Collection littéraire de Lagarde et Michard, XVIIe siècle, Bordas, 1978.

Le Royaume de M. Colbert, 1661-1683, par Daniel Dessert, Perrin, 2007.

Petit Traité du protocole à la Cour de Louis XIV, par Henry-Jean Servat, Assouline, 2005.

La Vie quotidienne à la Cour de Versailles aux XVIIe et XVIIIe siècles, par Jacques Levron, 1991.

Dictionnaire du français classique : la langue du XVIIe, par Gaston Cayrou, Livre de Poche, 2000.

Introduction à la langue du XVIIe, par Anne Sancier-Château, Nathan Université, 1995.

Le Secret du Masque de fer, par Marcel Pagnol, Bernard de Fallois, 1998.

REMERCIEMENTS

Merci à Nicole Lattès de m'avoir fait confiance, et à toute l'équipe des Éditions Robert Laffont.

Un grand merci à Denis Gombert, responsable du service des manuscrits des Éditions Robert Laffont, qui a fait de la publication de ce livre une aventure extrêmement enrichissante.

Merci à Marie-Laure Goumet, des Éditions Robert Laffont.

Je remercie chaleureusement Gilbert Sinoué et Simone Bertière.

Merci à Michèle Vermersch et Camille Messina.

Je remercie enfin Philippe, mon époux, ainsi qu'Alexandre et Thibault pour leur enthousiasme et leur soutien.

Ouvrage composé par Interligne

Cet ouvrage a été imprimé en France par

CPI
Bussière

à Saint-Amand-Montrond (Cher)
pour le compte des Éditions Robert Laffont
en février 2010

N° d'édition : 50369/01. — N° d'impression : 100435/4.
Dépôt légal : février 2010.

Les champs du possible

Plaidoyer pour une agriculture durable

André Pochon

Les champs du possible

Plaidoyer pour une agriculture durable

La Découverte
9 *bis*, rue Abel-Hovelacque
75013 Paris

Du même auteur

La Prairie temporaire à base de trèfle blanc CÉDAPA, Saint-Brieuc, 1981.
Du champ à la source – Retrouver l'eau pure, CÉDAPA, Saint-Brieuc, 1991.
Les Sillons de la colère, Syros, Paris, 2001.

Catalogage Électre-Bibliographie

Pochon, André
Les champs du possible : plaidoyer pour une agriculture durable.
– Paris, La Découverte, 2002. – (Alternatives économiques)
ISBN 2-7071-3740-5

RAMEAU :	Agriculture durable
	Écologie agricole
	Politique agricole : pays de l'Union européenne
DEWEY :	338.1 : Économie de la production. Économie de la production agricole (produits agricoles)
Public concerné :	Tout public

Collection « Alternatives économiques »
dirigée par Jean-Pierre Chanteau et Denis Clerc

La collection « Alternatives économiques » s'adresse à tous ceux qui ont besoin et envie de comprendre les enjeux de l'économie. Le lecteur trouvera ici de quoi nourrir sa réflexion, personnelle ou professionnelle, et organiser son savoir (chiffres de référence, exposé des thèses en présence, rappels historiques, analyses de propositions ou d'expérimentations, etc.).

Précis, clairs et documentés, les livres « Alternatives économiques » sont aujourd'hui des références pour déchiffrer et défricher le présent et le futur de l'économie.

Dans la même collection :

série « Déchiffrer » : *pour savoir et comprendre...*

Le Chômage dans les pays industrialisés, Catherine André, Dominique Sicot
Déchiffrer les inégalités, Alain Bihr, Roland Pfefferkorn
L'Aide publique au développement, Anne-Sophie Boisgallais, François-Xavier Verschave
L'Allemagne réunifiée, Corinne Bouchoux
Où va la protection sociale ?, Isabelle Chapellière
La Mondialisation du capital, François Chesnais (nouvelle éd. 1997)
La Mondialisation financière, François Chesnais (dir.)
Déchiffrer l'économie, Denis Clerc (nouvelle éd. 1997)
Déchiffrer les grands auteurs – tome 1 Les Fondateurs, Denis Clerc
Déchiffrer les grands auteurs – tome 2 Les Héritiers, Denis Clerc
Inflation et croissance, Denis Clerc
Les Désordres financiers, Denis Clerc
Les Industrialisations du tiers monde, Claude Courlet
Le Royaume désuni, Richard Farnetti
Le GATT démystifié, Jean-Paul Frétillet, Catherine Véglio
Croissance et crise de l'industrie informatique, Christian Genthon
Les Ventes d'armes, Jean-Paul Hébert
Salaires et emploi, Hoang-Ngoc Liêm
Chine : de la révolution à la réforme, Diana Hochraich
Politique agricole et relations internationales, Jean-Christophe Kroll
La Construction européenne, Philippe Laurette
Déchiffrer la démographie, Michel Louis Lévy (nouvelle éd. 1997)
Les Banques face aux pays endettés, Philippe Norel

Crise et tiers monde, Philippe Norel
L'Endettement du tiers monde, Philippe Norel, Éric Saint-Alary
Le Développement local, Bernard Pecqueur
L'Épreuve américaine, Jean Pisani-Ferry
L'Énergie dans l'économie, Louis Puiseux, Pierre Radanne
Réduire le temps de travail, Jacques Rigaudiat (nouvelle éd. 1996)
La Corruption, Jean-Louis Rocca
La Distribution, Dominique Sicot, Alexandre Vatimbella
Le Capitalisme vert, Alexandre Vatimbella
Santé et économie, Alexandre Vatimbella
Les Exclus face à l'emploi, Simon Wuhl

Série « Défricher » : *pour analyser et proposer...*

La Monnaie unique en débat, Appel des économistes pour sortir de la pensée unique (nouvelle éd. 1997)
Pour un nouveau plein emploi, Appel des économistes pour sortir de la pensée unique
Vers une économie plurielle, Guy Aznar, Alain Caillé, Jean-Louis Laville, Jacques Robin et Roger Sue
Sucre : le Nord contre le Sud, Anne-Sophie Boisgallais, Charles Condamines
Réduction du temps de travail : Que faut-il croire ?, Jean-Pierre Chanteau, Denis Clerc, Hugues Bertrand, Alain Lebaube, Jacques Lesourne et Dominique Taddéi
L'Après-fordisme, Robert Boyer, Jean-Pierre Durand
La Crise, Denis Clerc, Alain Lipietz, Joël Satre-Buisson
Tiers Monde : la fin des idées reçues, Michel Chauvin
Essai sur le marché, Hervé Defalvard
L'Enjeu alimentaire Nord-Sud, Bertrand Delpeuch
Dictionnaire des idées reçues sur l'agriculture, Bertrand Delpeuch (dir.)
La Fin du modèle suédois ?, Jean-Pierre Durand
Vers un nouveau modèle productif, Jean-Pierre Durand
Les Excédents laitiers et le tiers monde, Jean Garreau, Danilo Prado-Garcia, Christophe Roman
Réinventer la croissance – Les chemins de l'emploi en Europe, Michel Gaspard
Le Temps de travail, une histoire conflictuelle, François Guedj, Gérard Vindt
Nouvelle Croissance et emploi, Pierre Héritier
Agriculture : changer de politique, Jean-Christophe Kroll
Réinventer l'impôt, Jean-Christophe Le Duigou
La Faim ? Pourquoi, François de Ravignan
L'Écodéveloppement, Ignacy Sachs (nouvelle éd. 1998)
Les Entrepreneurs africains, Olivier Vallée

Sommaire

Préface

par Michel Jacquot*

Lors de l'émission « Envoyé spécial », en septembre 1997, les Français ont découvert André Pochon. Et sa casquette de toile blanche. Un paysan breton éminemment sympathique, à l'esprit vif, passionné par son métier d'éleveur, qui a banni de son vocabulaire les revendications sectaires et les formules simplistes. Un homme vrai et riche de son expérience propre. Et nul ne doute qu'après l'avoir entendu, la consommation de viande bovine mise à mal depuis l'affaire de la vache folle aura progressé de quelques points.

André Pochon, acteur de la révolution agricole bretonne de l'après-guerre, était depuis longtemps connu pour avoir pratiqué sur son exploitation de Saint-Mayeux, dès le début des années soixante, ce que l'on appelle aujourd'hui l'« agriculture durable ». Avec dix-sept autres agriculteurs du canton

* Michel Jacquot a été directeur du Fonds européen d'orientation et de garantie agricole (FEOGA), après avoir été conseiller au cabinet de Jacques Delors, alors président de la Commission européenne.

de Corlay, il fonda un Centre d'étude des techniques agricoles et parcourut la lande bretonne pour présenter son modèle d'agriculture à dimension humaine, économe, respectueuse de l'environnement et, pourtant, productive et source de revenus très profitables. Le « pape du ray-grass et du trèfle blanc » fut ainsi en Bretagne un acteur privilégié de cette révolution silencieuse, chère à Michel Debatisse.

Dans les années soixante-dix, lorsque le productivisme apparut, André Pochon dénonça très vite les conséquences néfastes du maïs fourrager, de l'azote, de l'irrigation, du gros matériel agricole américain sophistiqué et des ateliers hors-sol, sur le monde rural, sur la production, sur la consommation, sur l'environnement ainsi que sur l'agriculteur lui-même qui allait connaître de nouvelles formes d'aliénation.

Plus motivé encore que par le passé, André Pochon reprit son bâton de pèlerin, non pour dénoncer cette seconde révolution agricole – la critique négative ne fait pas progresser, estime-t-il – mais pour promouvoir le « modèle Pochon » : cela ne lui rapporte pas un centime, il faut le dire, mais témoigne d'un engagement fidèle à l'esprit de la Jeunesse agricole chrétienne (la JAC) où, comme tant d'autres leaders paysans, il a forgé sa détermination.

Les auteurs de l'*Agenda 2000*, document présentant les propositions de la Commission européenne pour réformer la politique agricole commune, devraient lire sans tarder cet ouvrage pour améliorer leur copie. De même, les organisations professionnelles agricoles gagneraient à lire ce livre afin d'être plus crédibles dans leur négociation avec les pouvoirs publics.

Si chacun se persuade aujourd'hui que l'« agriculture moderne », c'est celle d'André Pochon – le cultivateur-éleveur qui a l'immense fierté de léguer à ses enfants une terre saine et fertile – et non pas l'agriculture productiviste des exploitants qui meurtrissent leur terre, notre société qui est profondément rurale aura recouvré ses vraies valeurs.

De la fourche à la fourchette, la politique agricole est un enjeu de société

1996... Les Européens découvrent horrifiés la maladie de la « vache folle » et la menace qui pèse sur eux. Et tout le monde s'interroge : quel est le sens de cette agriculture qui fait manger aux vaches – braves ruminants herbivores – des farines animales ? peut-on encore lui faire confiance, alors que la pollution des eaux et de l'air par les nitrates et les pesticides met en danger notre santé et la qualité de nos aliments ? faut-il redouter les hormones, dont on parle à nouveau pour produire du lait ou de la viande, et les plantes transgéniques ? La réponse, si l'on veut prendre le mal à la racine, réside d'abord dans les modes de production agricole et dans les politiques, nationales et européenne, qui les façonnent.

Paysan moi-même, j'avoue que pendant des années je n'ai guère été sensible aux problèmes d'environnement. Si j'ai adopté et perfectionné un système technique qui ne dégrade pas l'environnement et garantit une bonne qualité de mes produits, ce n'est

pas par idéologie, mais simplement parce que je cherchais à gagner mieux ma vie.

Mon objectif c'était d'améliorer ma marge – pas de faire le plus gros rendement ou le plus gros chiffre d'affaires – et c'est pour cela que j'ai toujours surveillé mes coûts de production : rien ne sert d'augmenter les recettes si les dépenses augmentent plus vite.

Par exemple, j'ai cessé d'acheter des engrais azotés pour mes prairies, depuis que j'y sème du trèfle[1]*. J'ai préféré nourrir mes vaches avec cette herbe, plutôt que d'acheter des aliments concentrés en énergie et en protéines – comme les tristement célèbres farines animales, par exemple –, parce que cela me coûtait beaucoup moins cher : la vache fait le travail toute seule, pour se nourrir et pour restituer à la terre les éléments fertilisants contenus dans ses déjections (Je dis toujours : « elle a une barre de coupe à l'avant et un épandeur à l'arrière »). De même, j'ai amélioré mon revenu annuel de 30 000 F l'année où j'ai arrêté la culture du maïs : c'était tellement coûteux en semence, engrais, traitements contre les parasites et les mauvaises herbes*[2]*. J'avais fait l'essai, à la fin des années 60, quand le « fabuleux maïs » s'est généralisé en Bretagne. Champion pour la prairie, j'avais d'abord résisté mais j'étais vite passé pour un attardé. Et ma mère, elle-même, pour la première fois déçue par son fils, me poussa : « Comment toi, un homme de progrès, pourquoi ne fais-tu pas comme les autres, pourquoi ne fais-tu pas aussi du maïs ? » Mais j'ai bien vite arrêté après avoir fait mes comptes.*

C'est bien plus tard que j'ai réalisé à quel point engrais et pesticides polluaient les ressources naturelles, à quel point la culture du maïs, qui laisse la terre à nu, exposée au ruissellement de l'eau de pluie, pendant l'hiver, provoque l'érosion du sol...

---

1. Le trèfle, comme toutes les légumineuses est capable de puiser lui-même dans l'atmosphère l'azote dont il a besoin pour sa croissance – et, en plus, il en fait profiter les plantes alentour.
2. Tous ces produits (insecticides, herbicides, etc.) sont appelés pesticides.

Et j'ai compris que l'équilibre que j'avais respecté en n'élevant pas plus de bêtes que ce que peuvent nourrir mes prairies, me permettait de produire du lait et une viande plus saine (j'ai très peu de frais vétérinaires) et de qualité...

Sans compter que, finalement, je travaille moins. Ce qui m'a laissé le temps de faire connaître mes techniques, aujourd'hui bien maîtrisées par des centaines d'agriculteurs comme ceux du Réseau agriculture durable ou du Centre d'étude pour une agriculture plus autonome. Et de discuter avec des personnes de tous horizons (consommateurs, écologistes, techniciens, étudiants, vétérinaires...) qui ont, autant que moi – car nous sommes tous citoyens –, voix au chapitre pour construire l'avenir de l'agriculture.

Comment se fait-il donc que l'agriculture dite « moderne » ait oublié à ce point les règles élémentaires de l'agronomie (équilibre entre élevage et ressources du sol, bonnes rotations des cultures adaptées au sol et au climat, alimentation à l'herbe des ruminants...) ? Comment se fait-il qu'elle ait tourné le dos à une agriculture « durable », qui préserve l'avenir des hommes et de la terre sans sacrifier le présent ?

J'y vois deux raisons. La première est la force avec laquelle la course au « toujours plus de rendement » – autrement dit, le productivisme – s'est imposée aux agriculteurs. Un véritable conditionnement collectif. À tel point que beaucoup de paysans se sont laissé persuader que leur intérêt coïncidait avec celui du vendeur de matériel, d'aliments du bétail, d'engrais ou de pesticides. Le tour de force a été de leur faire croire qu'il valait mieux nourrir les vaches à l'auge, avec du soja importé, plutôt qu'au pré, alors que, tous comptes faits, cela coûte cinq fois plus cher ! « *On s'est tous fait avoir* », m'a dit un jour un paysan de ma génération... Qui donc vantait « le bon sens près de chez vous » ?

La seconde raison, ce sont les effets pervers de la politique agricole commune (la PAC[3]) depuis 1962, qui a favorisé

3. Les sigles et termes techniques sont expliqués dans un glossaire, à la fin de ce livre.

les modes de production les plus spécialisés et les plus intensifs, les plus industrialisés : plus on produisait, plus on recevait d'aides publiques – mais en utilisant de plus en plus d'engrais, de pesticides, de médicaments, d'aliments concentrés.

Il a fallu trente ans pour se rendre compte de l'impasse que constituent ce modèle de production et la politique qui l'a conforté : le casse-tête des excédents, le coût budgétaire, la désertification des campagnes et, aujourd'hui, les dégâts sur l'environnement, les menaces pour la santé humaine. Pollution de l'eau, de l'air, accumulation des métaux lourds, des pesticides, baisse de l'humus dans les plaines céréalières, paysages massacrés : certes, l'agriculture n'est pas seule responsable de toutes les atteintes à l'environnement, mais elle en prend sa part. Et le consommateur – c'est normal – perd confiance : le syndrome de la « vache folle », après celui du veau aux hormones, n'est pas prêt d'être oublié. Et les économistes s'interrogent sur un modèle qui dégage si peu de valeur ajoutée et coûte si cher à la collectivité.

Il est donc urgent de réagir : une réforme en profondeur de la PAC s'impose. Citoyens, paysans ou non, nous sommes tous concernés par ce défi qui touche à notre alimentation, à notre santé, à notre environnement et... à nos portefeuilles.

Mais qui sait les aberrations et les injustices de la politique agricole actuelle ? Le citoyen-consommateur sait-il qu'il paie plusieurs fois la facture : une première fois en faisant ses courses ; une deuxième fois en payant des impôts qui financent les aides publiques à la production agricole ; et une troisième fois en payant des taxes pour la lutte contre la pollution... L'acceptera-t-il longtemps ?

Est-il normal que les aides publiques à la production agricole (environ 110 000 francs, en moyenne, par exploitation en France) soient versées sans contrepartie, alors que cette agriculture perd 70 000 emplois par an et dégrade de plus en plus l'environnement ? Sait-on que l'on subventionne (1 000 francs par hectare) des agriculteurs qui, en irriguant, assèchent les nappes phréatiques ? Que les aides à l'agriculture sont accaparées par une minorité pourtant déjà

bien lotie : 20 % des agriculteurs perçoivent 80 % des subventions ? Sait-on qu'un céréalier de taille moyenne (environ 300 hectares) en Eure-et-Loir reçoit un million de francs par an d'aides publiques européennes contre seulement 25 000 francs pour un agriculteur savoyard ? Et que le mode de production agricole ainsi encouragé joue contre l'emploi et la survie du monde rural : ce n'est plus la prime à l'aménagement du territoire, mais au déménagement du territoire !

Cette incohérence est inacceptable pour un citoyen soucieux du bon usage des finances publiques. Elle est aussi insupportable pour le paysan que je suis, furieux d'être montré du doigt, mis dans le même sac que les « chasseurs de primes » qui méprisent la terre et les hommes.

Il est donc grand temps de réconcilier les Français avec leur agriculture. En instaurant un débat transparent pour réformer en profondeur la politique agricole européenne et donner aux agriculteurs les moyens de faire évoluer leurs pratiques dans le sens d'une agriculture durable.

La question est brûlante d'actualité : la Commission européenne a proposé une réforme de la PAC, qui devra s'appliquer en 2000, et, de son côté, le gouvernement français prépare une loi d'orientation pour l'agriculture. L'occasion doit donc être saisie d'utiliser de façon cohérente la masse énorme des crédits distribués aux agriculteurs européens (45 milliards d'ECU pour 1997, soit près de 300 milliards de francs), bien suffisante pour bâtir une politique qui serve à construire plutôt qu'à détruire, à préserver plutôt qu'à polluer, à créer des emplois plutôt qu'à vider les campagnes, à produire de la qualité plutôt que de la quantité, bref à soutenir une agriculture durable dont on sait les performances. Il n'y a pas besoin de crédits supplémentaires : il suffit de mieux utiliser le budget existant !

Face aux lobbies, les citoyens doivent se mobiliser, car c'est une véritable question de société. Le débat doit sortir du petit cercle d'initiés. C'est notre avenir à tous qui est en jeu !

Les paysans et la politique : un nouveau rendez-vous décisif ?

Aussi loin que je me souvienne, deux dates ont changé le cours de l'agriculture, deux dates marquées d'une pierre blanche parce que, grâce à elles, je sais qu'il est toujours permis d'espérer des lendemains meilleurs. Et que la politique peut y contribuer.

1936, 1944... Deux rendez-vous réussis entre la politique et la paysannerie, deux dates qui ont « fait date » pour les paysans français tant leurs conditions de vie et l'exercice de leur métier se sont alors améliorés. Il y eut bien un autre rendez-vous pris lors d'un bouleversement politique ultérieur, en 1981, mais celui-là n'a pas été aussi heureux, malgré les projets alors échafaudés. Aujourd'hui à nouveau au pouvoir, la gauche « plurielle » retrouve le dossier de la réforme de la politique agricole. Il faut espérer qu'elle ne ratera pas ce nouveau rendez-vous...

1936 : « Vive Blum ! » Le Front populaire sauve les paysans

Le Guernigo : un village perdu dans la campagne profonde. On est en 1936, j'ai cinq ans, mon camarade (je prononçais « caramade ») Lucien marche devant moi sous la pluie, sur le chemin boueux (il n'y a pas de route). Il chante à tue-tête « Youp la paotred, en avant la musique ! Débarrassons bien proprement le pays de la clique : millionnaires et chouans. » Il ne fait que répéter ce qu'il entend dans ce village de quatre chefs de famille, chefs d'exploitation et

vétérans de 14-18, tout ce monde acquis au Front populaire. Mes oreilles d'enfant résonnent aussi des « Vive Blum ! », « À bas les cagoulards ! », « Tous les gars d'alentour voteront pour Sérandour. »

Non seulement Pierre Sérandour fut élu député (radical-socialiste) contre le tout-puissant marquis de Kéroas, mais – événement encore plus extraordinaire – Eugène Ollivier, un vrai paysan, père de famille nombreuse, expulsé de sa ferme pour ses idées radicales-socialistes, fut élu conseiller d'arrondissement contre le notable du canton, médecin et propriétaire de l'école catholique.

Dans les bras de ma mère, un après-midi, nous étions allés avec les autres femmes du Guernigo, à travers champs, rejoindre l'une des réunions électorales de ce candidat paysan. Il avait attaché à la porte du bistrot son attelage : deux chevaux attelés à une charrette pleine de fagots. Juché sur une table, il expliquait simplement pourquoi il se présentait, il parlait des humbles face aux puissants, disant que nous étions les plus nombreux et qu'il fallait nous unir pour améliorer notre sort ; qu'un gouvernement de gauche aiderait la petite paysannerie. Les femmes du Guernigo revinrent enthousiasmées. Eugène Ollivier devenait leur héros et elles firent partager leurs convictions aux hommes, qui seuls votaient[1].

Le Front populaire élu, la paysannerie ne fut pas déçue ! Alors que depuis quatre ans le blé invendable s'entassait dans les greniers, que les ouvriers agricoles travaillaient juste « pour leur pain », que les biens des paysans les plus fragiles étaient saisis puisqu'ils ne pouvaient payer leur fermage, ce gouvernement de gauche mit en place l'Office du blé : cet établissement public fixait le prix du blé et en assurait la commercialisation en finançant notamment le stockage par les négociants et les coopératives. Du coup, l'anarchie du marché se résorba, la spéculation s'arrêta, les cours redevinrent normaux (le prix du blé est remonté de 50 F le quintal en 1935 à 150 F en 1936), la vie reprit. Oui, le Front popu-

1. Les femmes n'obtinrent le droit de vote qu'en 1945.

laire a répondu à l'attente de la paysannerie laborieuse et reste comme un grand moment dans la mémoire populaire des campagnes.

1944 : Tanguy-Prigent, ou la dignité retrouvée

Après les années noires de l'Occupation et du gouvernement de Vichy, voici à nouveau les « forces de progrès » au gouvernement, « socialo-communiste »-MRP, sous la houlette du général de Gaulle. À nouveau, les paysans ne seront pas déçus.

Au Gouvernement provisoire, le Général appelle à ses côtés, comme ministre de l'Agriculture, un petit paysan autodidacte du Nord-Finistère : François Tanguy-Prigent, celui-là même qui dans les années trente bloquait les saisies des paysans en difficulté, l'ennemi redouté de l'aristocratie bretonne. Et immédiatement – il le préparait depuis longtemps –, il fait voter ce qu'on appelle depuis « le » statut du fermage et du métayage [2].

C'est une véritable révolution. Il faut avoir connu la condition de fermier avant 1944, congédiable à tout moment par le propriétaire, contraint d'épouser les idées de celui-ci, de mettre ses enfants à la « bonne » école... bref, de courber l'échine et la tête, pour comprendre ce qu'a représenté pour cette génération de paysans – mes parents – un cadre légal pour le fermage et le métayage.

Tout d'abord la sécurité : le fermier locataire ne peut plus être congédié suivant l'humeur du propriétaire. Son bail de neuf ans est reconductible automatiquement, le seul motif (mis à part évidemment le défaut de paiement prolongé) autorisé pour mettre à la porte un fermier à l'expiration de son bail étant désormais la reprise de la ferme par le propriétaire lui-même ou par son fils. Les prix des fermages sont réglementés, indexés sur le prix des denrées agricoles : ils sont de ce fait très bas. Et dans chaque chef-lieu de canton,

2. Le fermage et le métayage sont deux formes de location de terres agricoles : le fermier paie au propriétaire un loyer, d'un montant déterminé à l'avance en argent ou en nature ; le métayer, lui, doit partager le fruit de sa récolte avec le propriétaire.

un tribunal paritaire cantonal, élu par les fermiers et les propriétaires, est mis en place pour trancher les conflits entre propriétaire et fermier : celui-ci n'est plus seul face à son propriétaire.

Plus encore, le fermier peut exiger un état des lieux à son entrée en jouissance de la ferme. Il peut dès lors entreprendre des travaux d'amélioration pour les bâtiments ou la terre et se faire rembourser à sa sortie, un second état des lieux évaluant les plus-values apportées. Certes, le propriétaire n'est pas légalement obligé d'autoriser ces travaux mais, s'il refuse, le tribunal paritaire les lui impose la plupart du temps car, évidemment, ces améliorations sont généralement jugées plus qu'utiles. Cette disposition centrale du statut de fermage marque le départ d'une nette amélioration des conditions de vie des fermiers en France et la fin de la disparité entre fermiers et propriétaires exploitants : jusque-là, seuls ces derniers amélioraient leur habitat, qui leur appartenait, puisqu'ils le faisaient pour eux, tandis que les fermiers, qui ne possédaient même pas leur maison d'habitation (elle faisait partie de la ferme), n'avaient aucun intérêt à améliorer un patrimoine ne leur appartenant pas. C'est cela seul qui expliquait la misère de l'habitat et des bâtiments fermiers.

Il existait des exceptions, certains propriétaires terriens mettant un point d'honneur à entretenir les bâtiments de leurs fermiers. À condition, bien sûr, que ces privilégiés se plient à la façon de penser de « not'maître ». Le statut du fermage apporte donc une formidable avancée pour la classe des fermiers et métayers. Il leur apporte la dignité.

Mon père ne s'y trompa pas : il écrivit à son propriétaire pour la première fois d'égal à égal et réclama des améliorations aux bâtiments, prévues dans le statut du fermage. Le notaire, en réponse, tenta d'impressionner mon père : « Méfiez-vous, monsieur Pochon, les lois sont comme le vent, elles tournent. » Dieu merci, cinquante ans après, cette loi-là n'a pas encore tourné et le temps est bien révolu où, dans les campagnes françaises, les propriétaires fonciers faisaient la loi.

Ce gouvernement de 1944 apporta aussi à la petite paysannerie un avantage inouï, le quantum : par l'intermédiaire

de l'Office du blé créé en 1936, l'État garantit à l'agriculteur un prix d'achat élevé pour les cinquante premiers quintaux de blé livrés. Voilà qui permit de défendre les revenus des petits producteurs.

1981 : un programme agricole judicieux... qui reste dans les cartons

Après 1944... 1981 ? François Mitterrand est élu président de la République, la campagne retient son souffle : « Espérance d'un matin... », comme l'écrit un paysan vendéen. En effet, le programme en 110 points de ce président-là n'a pas oublié la paysannerie : offices fonciers, quantum, prix différenciés en font partie. Objectif affiché : une paysannerie nombreuse et prospère, « plus une exploitation ne doit disparaître ».

Ce programme a fait l'objet d'un long travail de la commission nationale agricole du Parti socialiste et les propositions sont claires. J'y ai travaillé pendant quatre ans au côté de Bernard Thareau, qui en était le président, et de Pierre Joxe. Nos propositions s'organisent autour de deux idées centrales : les offices fonciers et les prix différenciés.

Les offices fonciers

Si nous voulons de nombreux agriculteurs, disions-nous, il faut maintenir les exploitations en place, et faciliter les installations des jeunes. Pour cela un impératif : moraliser le marché du foncier, faire en sorte que tout jeune paysan puisse trouver une exploitation dans des conditions viables. En 1981, on en est encore loin. Certes, en 1962, sous le ministère d'Edgard Pisani, ont été créées dans chaque département des sociétés d'aménagement foncier et d'établissement rural (SAFER) qui sont une grande avancée pour moraliser ce marché du foncier : chaque fois qu'une exploitation est à vendre, ces sociétés privées[3] ont un droit de préemption sur tout autre acquéreur – seul le fermier en place est prioritaire.

---

3. Ce sont des sociétés anonymes (SA) mais qui n'ont pas le droit de faire de profits. Les professionnels agricoles sont majoritaires dans les conseils d'administration des SAFER.

Ainsi, les SAFER peuvent limiter les hausses exagérées des prix du foncier et la concentration des terres. Progrès donc, mais limité car les SAFER n'ont pas des moyens financiers infinis et, de plus, elles n'ont pas le droit de rester propriétaires des terres qu'elles ont achetées : elles sont donc contraintes de les revendre rapidement à l'agriculteur de leur choix (normalement celui qui en a le plus besoin), au même prix qu'elles les ont payées.

Les offices fonciers imaginés par la commission nationale agricole du Parti socialiste n'ont pas ces inconvénients. Cantonaux, ils sont gérés par des représentants des agriculteurs directement élus, des communes et de l'administration. Comme les SAFER, ils ont le droit de préemption, après le fermier en place, sur toute vente de terre dans le canton. Ils doivent attribuer les terres démocratiquement, en maintenant le maximum d'exploitations en place et en donnant la priorité aux installations de jeunes. Ils peuvent revendre mais aussi louer les terres tant que l'exploitant n'a pas les moyens de les acheter. Ainsi un jeune paysan peut-il alléger ses investissements de départ, puisqu'il n'a plus besoin d'acquérir le foncier en s'installant (alors qu'il doit aussi acheter du matériel et des bêtes). Ainsi doit être réglé le problème d'achat de terres qui a pesé sur des générations de paysans, tout en rendant service aussi aux propriétaires vendeurs, sûrs de trouver un acquéreur (l'office foncier lui-même).

Le financement de ces offices est prévu par des dotations de l'État et des collectivités locales, par des apports de banques et de mutuelles d'assurances et un actionnariat privé. Les dotations constituent une avance permettant de mettre la mécanique en route, les offices devant s'autofinancer ensuite.

Dans les années qui ont précédé l'arrivée de la gauche au pouvoir, surtout dans les mois qui ont précédé les législatives de 1978, j'avais des responsabilités dans les organisations professionnelles agricoles, coopératives, au Crédit agricole... Mes collègues savaient ma participation au projet agricole du Parti socialiste et me questionnaient avidement sur ces offices fonciers. Devant mes explications, même les Beaucerons avouaient : « Pourquoi pas ? » C'est dire que cette

affaire d'office foncier ne faisait pas peur, même aux propriétaires terriens les plus importants.

Les prix différenciés

Nous voulions également conforter les petites exploitations, et les régions en difficulté, en leur garantissant des prix élevés jusqu'à un certain niveau de production – c'est le même principe que les quantums de 1944 qui avaient disparu depuis – au-delà duquel, la garantie de prix ne s'exerçant plus, la production supplémentaire devrait s'écouler au prix de marché.

Cette idée de prix différenciés était déjà au programme des syndicalistes paysans minoritaires qui s'étaient séparés de la FNSEA au début des années soixante-dix (voir encadré ci-contre) et qui, sous la houlette de Bernard Lambert, avaient formé le syndicat Paysans-travailleurs, devenu ensuite la CNSTP (Confédération nationale des syndicats de travailleurs paysans) [4].

Il s'agissait donc de réserver l'essentiel des aides publiques aux petits agriculteurs afin de maintenir le maximum d'exploitations en place. Et c'est tout le tissu rural qui devait s'en trouver revivifié : artisans, commerçants, etc., de nos bourgs ruraux. Le maintien des familles paysannes, c'est aussi le maintien de l'école et de la vie culturelle.

Tout cela devait également participer à la lutte contre le chômage : à quoi bon vider les campagnes quand les usines, les bureaux, les administrations n'embauchent plus ? Ainsi, le maintien du tissu rural justifiait des aides publiques de plus en plus importantes aux agriculteurs. À l'inverse de la politique en vigueur, où les aides publiques bénéficiaient surtout aux grosses exploitations : plus elles produisaient, plus elles en bénéficiaient, ce qui leur permettait de s'agrandir encore plus, en « mangeant » les petits. Donner plus d'aides aux petits agriculteurs, moins d'aides aux plus gros, pour un meilleur développement du territoire, c'était bien

4. Désormais Confédération paysanne.

Brève histoire du syndicalisme agricole de 1945 à nos jours

À la libération de la France, en 1944, François Tanguy-Prigent, ministre de l'Agriculture, entreprend de rebâtir le syndicalisme agricole paysan, qu'il rassemble alors au sein de la Confédération générale de l'agriculture (CGA). Aux côtés de la fédération des coopératives agricoles, de celle du Crédit agricole, et de la Mutualité agricole, les agriculteurs sont représentés par un syndicat unique, la Fédération nationale des syndicats d'exploitants agricoles (FNSEA), que des militants issus de la Résistance viennent de créer. La droite vichyssoise, déconsidérée pour avoir collaboré avec l'occupant, en est exclue mais les grands céréaliers, conservateurs, parviennent néanmoins à reprendre rapidement le pouvoir au sein de la FNSEA. Ils le garderont jusqu'à la fin des années cinquante.

Les jeunes agriculteurs du CNJA (Centre national des jeunes agriculteurs), constitué en 1957 – le CNJA regroupe les « moins de 35 ans », formés par la Jeunesse agricole catholique (la JAC, très active après guerre) –, prennent alors le pouvoir. C'est une véritable révolution : Michel Debatisse, petit paysan d'Auvergne, représente la jeunesse et le modernisme face aux grosses exploitations céréalières et aux « spécialistes de la représentation ». Quoi que l'on pense de la politique mise en œuvre par la suite avec le soutien de la FNSEA-CNJA – nous en reparlerons –, il s'agit bien alors d'une révolution progressiste mettant à l'écart les forces conservatrices, et saluée en tant que telle.

De Gaulle et Pisani s'appuient sur cette nouvelle force syndicale pour élaborer et mettre en œuvre les grandes lois d'orientation agricole de 1960-1962 : « Debatisse propose, Pisani dispose. » De là date ce qu'on appelle la cogestion : non seulement le syndicalisme a l'oreille du gouvernement pour définir la politique agricole, mais, de plus, il en partage la mise en œuvre. La FNSEA-CNJA contrôle les chambres d'agriculture (qui gèrent notamment les formations professionnelles et l'encadrement technique), la plupart des caisses de Crédit agricole, des coopératives agricoles et la Mutualité sociale agricole.

Pourquoi ces forces de progrès, issues d'un même mouvement (la JAC) se sont-elles divisées, créant plusieurs syndicats dissidents (MODEF, Travailleurs-paysans...) ? Les premières scissions, dans les années cinquante (création du comité de Guéret dans le Massif central puis celle du MODEF), s'expliquent par le conser-

vatisme intransigeant de la FNSEA, à l'époque verrouillée par les conservateurs qui se servent des petits paysans comme troupes de choc pour défendre leurs privilèges. Il n'y avait guère de place alors pour une opposition au sein de la FNSEA.

Par contraste, la scission des Travailleurs-paysans, au début des années soixante-dix, se comprend moins bien. Conflits de personnes, idéologie gauchiste manipulant des militants sincères mais excités, rigidité excessive de Michel Debatisse dans l'exercice du pouvoir à la FNSEA, tout cela a joué... Néanmoins, ne pouvait-on pas continuer ensemble au sein de la FNSEA, tout le bouillonnement des idées faisant la richesse de l'organisation et favorisant en définitive des choix équilibrés ? N'est-il pas regrettable, après avoir réussi une telle révolution à la FNSEA, après en avoir éjecté les notables, de saccager sa victoire, laissant la place à nouveau à une reprise en main par des forces conservatrices ?

J'en parle en connaissance de cause et je fais amende honorable puisque j'ai moi-même, solidaire de nombreux amis, quitté la FNSEA et rejoint les Travailleurs-paysans dès leur création dans les Côtes-d'Armor en 1972. Et le Centre départemental des jeunes agriculteurs (CDJA) des Côtes-d'Armor s'est sabordé pour rejoindre les Travailleurs-paysans, laissant le terrain libre à la constitution d'un nouveau CDJA qui, emmené par une jeune femme dynamique, cogère depuis la politique agricole du département. Ainsi, le seul département de gauche du Grand Ouest a dû compter avec des responsables agricoles défendant le « modèle breton » (maïs, soja, azote, élevage industriel et agrandissement des exploitations) ! Quel gâchis !

un programme de gauche. Le candidat Mitterrand l'avait fait sien.

Mais si les membres de la commission nationale agricole du PS étaient unanimes sur les objectifs, tous butaient sur les moyens de mettre en œuvre cette politique.

À l'époque, les prix agricoles – identiques partout en Europe, pour un produit donné – étaient déterminés chaque année à Bruxelles : cette politique de prix unique était un des piliers de la politique agricole commune (PAC). Par quel moyen obtenir qu'ils soient différenciés en fonction des quantités produites ? Question difficile que notre commission nationale agricole ne put résoudre. Je m'en inquiétai à la veille des élections législatives de 1978, que nous pensions

gagner. « Quand on aura le pouvoir, les solutions viendront d'elles-mêmes », me rétorqua Bernard Thareau. Je n'en étais pas persuadé, et cette question du « comment » me tenait éveillé la nuit.

La compensation différenciée

Peu à peu, j'acquis la conviction que, dans le contexte de l'Europe de l'Ouest où l'économie de marché faisait la quasi-unanimité, notre proposition de prix différenciés était inapplicable et qu'il fallait envisager une politique de compensation différenciée : c'est-à-dire que, au lieu de soutenir les prix agricoles à un niveau élevé, je proposai de laisser faire le marché et de compenser la baisse des prix par une aide publique versée directement aux agriculteurs, aide variable en fonction des quantités produites, des régions, voire des situations spécifiques (par exemple, une aide plus importante pour des jeunes agriculteurs durant leur phase d'installation).

Je sortis ce document à la veille de la campagne présidentielle de 1981. Je le communiquai à la commission nationale agricole du PS, au syndicat des Travailleurs-paysans, aux chambres d'agriculture. La presse s'en fit l'écho. Je fus reçu par Henri Nallet, conseiller agricole à l'Élysée, qui se montra très intéressé, ainsi qu'Édith Cresson, alors ministre de l'Agriculture. Plus tard, quand Jacques Delors fut devenu premier commissaire européen, je le lui donnai de la main à la main.

Dès lors, mon analyse fit son chemin, elle fut discutée, reprise, modifiée... Mais il fallut attendre dix ans, jusqu'en 1991, pour que la Commission européenne reprenne ces idées dans un rapport commandé à Ray MacSharry pour préparer la réforme de la politique agricole commune (la PAC). Mais que de temps perdu et de dégâts pendant ces dix ans ! D'autant que, tristesse supplémentaire, le gouvernement socialiste français s'est alors battu contre le projet de réforme inspiré par le rapport MacSharry : le ministre Louis Mermaz a de fait apporté un soutien actif au lobby agro-industriel français décidé à saboter cette réforme.

Et pourtant, l'arrivée d'un gouvernement de gauche en France ne constituait-elle pas un événement majeur pour sortir de l'impasse dans laquelle se trouvait, au début des années quatre-vingt, la politique agricole ? La France étant le premier producteur agricole de la Communauté, ce gouvernement de gauche n'avait-il pas toutes les cartes en main pour proposer des solutions novatrices ? Je reste persuadé que, s'il l'avait fait, la Communauté européenne aurait suivi et qu'ainsi les principes et les instruments de la réforme de la PAC adoptée en 1992 auraient pu être mis en place dès le début des années quatre-vingt. La disparition de milliers d'agriculteurs aurait pu être évitée. Au lieu de cela, qu'on le veuille ou non, directement ou indirectement, près d'un million d'agriculteurs sont allés grossir les rangs des chômeurs.

Car la commission agricole du PS s'était trompée : non seulement le gouvernement ne trouva pas la réponse au problème de la mise en œuvre des prix différenciés, mais de plus il les enterra, et les offices fonciers avec. Du coup, cette commission agricole s'étiola, ne se réunissant plus que pour quelques grand-messes : fini le travail de recherche et de propositions. Les jeunes technocrates du PS, formés aux mêmes écoles que leurs prédécesseurs de droite, furent tous occupés par les nationalisations, la régionalisation... L'agriculture était bien loin de leurs préoccupations. Une seule priorité : ne pas déplaire à la toute-puissante FNSEA.

Une ministre courageuse et des états généraux du développement agricole réussis

La nomination d'Édith Cresson au ministère de l'Agriculture fut une surprise : elle n'était jamais apparue à la commission agricole du PS. Nous attendions Pierre Joxe, qui en avait été l'instigateur et l'avait animée. Ou encore Bernard Thareau qui en était le président, petit paysan faisant autorité dans les organisations professionnelles agricoles. Mais nous adoptâmes Édith Cresson d'emblée. Son franc-parler, sa volonté de rompre avec le monolithisme syndical nous conquirent.

Sans doute le gouvernement lui fit-il comprendre qu'il était inopportun de lancer les projets d'offices fonciers et de

quantums ; qu'il n'y avait ni l'argent ni les moyens politiques d'imposer cette idée à la classe dirigeante agricole. Par contre, elle put lancer un immense chantier baptisé « États généraux du développement agricole ». Pari fou, qui cependant fut gagné. Il s'agissait de susciter un grand mouvement d'idées et d'initiatives, à travers toutes les campagnes françaises, sur l'évolution de l'agriculture – les pratiques, les institutions, les formations, la politique... – afin d'en dégager des pistes pour l'action. L'entreprise s'échelonna sur 1982 et 1983. Au départ furent organisées des réunions dans chaque canton. Toutes les idées répertoriées à la base remontèrent à la petite région puis, en final grandiose, à Paris, où un débat national fut organisé. Mobilisation tous azimuts : chambres d'agriculture, syndicats, associations de toutes tendances, mairies, directions départementales de l'Agriculture et de la Forêt, organismes de recherche et d'enseignement, etc. Ce fut une immense réussite. Les idées, les initiatives qui remontèrent surprenaient par leur nombre et leur richesse. Un nouveau mode de développement agricole et rural se faisait entendre, remettant en cause profondément le productivisme : au lieu de chercher à produire toujours plus – quel qu'en soit le coût –, l'accent était mis sur la création de valeur ajoutée, sur les produits de qualité, sur une diversification de l'agriculture... Pour cela, il était proposé que la vulgarisation technique et économique s'appuie sur des groupes locaux où les agriculteurs puissent échanger, proposer, sur un pied d'égalité avec un technicien ne considérant pas qu'il a, seul, la science infuse [5].

Quelle révolution ! Un parcours sans faute, les forces conservatrices dépassées. Les plus lucides jouaient le jeu, et le président de l'ANDA (Association nationale pour le développement agricole) était prêt pour la signature du bouquet final qui mettrait en route un nouveau type de développement dans les campagnes françaises. Il faut dire qu'Édith Cresson avait été bien aidée. Trois hommes remarquables

5. C'était déjà le modèle des CETA (centres d'études techniques agricoles), associations créées en 1944 – autre innovation de l'époque ! – pour dynamiser les pratiques des agriculteurs, un peu essoufflées depuis.

s'étaient investis sans compter dans l'épopée : François Colson et Claude Béranger, tous deux de l'INRA et conseillers techniques de son cabinet, et Jacques Pluvinage, directeur de l'Institut technique de l'élevage, considéré comme l'un des meilleurs agronomes de France.

La FNSEA joue son va-tout

L'arrivée de la gauche au pouvoir fit trembler la puissante FNSEA et les quatre autres grandes organisations qui forment la « profession » (chambres d'agriculture, Crédit agricole, Mutualité agricole, coopératives). Dans les mois qui suivirent, ces organisations professionnelles agricoles – les OPA, comme on dit – s'attendaient à une révolution : quantum, prix différenciés, office foncier ; mais aussi fin du monopole syndical [6], intervention de l'État dans la formation technique des agriculteurs, jusque-là exclusivement confiée aux chambres d'agriculture.

Je puis témoigner que tout ce monde s'attendait à des actes majeurs, certains, bien sûr, avec crainte et amertume, beaucoup un tantinet intéressés : ce qui est nouveau excite... Je suis persuadé qu'il y a même eu un brin de déception chez beaucoup, du fait qu'il ne se passait rien. Pierre Mendès France l'avait prédit : « Il y aura cent jours pour réussir. » C'est ce qui s'est passé pour l'agriculture : au bout de trois mois, ne voyant rien venir, les forces conservatrices se sont reprises et aucune réforme fondamentale n'a plus été possible.

Certes, les États généraux du développement agricole prirent au dépourvu les OPA. Elles n'y crurent pas au début et s'en amusèrent. Mais, devant l'ampleur prise par le mouvement et les réformes annoncées, elles décidèrent de frapper un grand coup. Sous la houlette de François Guillaume, président de la FNSEA, cent mille paysans défilèrent à Paris, traînant des bidons de lait aux cris de « Cresson démission ». Émoi du président Mitterrand : il renvoya Édith Cresson et fit appel à Michel Rocard pour rétablir la paix dans les campagnes, du moins le croyait-il.

---

6. La FNSEA, avec le CNJA, était le seul syndicat représenté aux conseils d'administration des chambres d'agriculture, les élections professionnelles se déroulant au scrutin majoritaire.

Le premier acte de Michel Rocard comme ministre de l'Agriculture fut d'enterrer toute cette affaire des états généraux du développement. Sous le diktat de François Guillaume. La paix dans les campagnes était, paraît-il, à ce prix. Quel gâchis ! Tant d'énergie dépensée pendant dix-huit mois, tant d'espoirs suscités, effacés d'un trait de plume ! Gâchis aussi pour la fonction politique : quelle crédibilité accorder désormais au pouvoir élu face à quelques lobbies, si ceux-ci font la loi aussi facilement ? Rien n'est plus facile, en effet, que d'amener à Paris cent mille paysans, pour qui c'est une fête aux frais du Crédit agricole, des coopératives, de la MSA, qui affrètent les autocars. Certes, une manifestation est toujours une réalité dont il faut tenir compte, mais croire que la France paysanne est en révolution parce que cent mille agriculteurs profitent de l'aubaine pour visiter Paris était une lourde erreur politique.

Je continue de penser que le programme agricole du candidat Mitterrand, issu des travaux de la commission agricole du PS, était judicieux. Je reste persuadé que ce programme, bien expliqué aux paysans (et les moyens ne manquaient pas), eût été compris et approuvé par la plupart d'entre eux. Hélas, le rendez-vous fut raté. Et la suite laisse un goût amer.

À partir de 1984, la politique agricole européenne et plus encore son adaptation en France sous la houlette de Michel Rocard et François Guillaume accélèrent la restructuration de l'agriculture, c'est-à-dire la désertification des campagnes. En matière de production laitière, par exemple. 1984 est l'année des quotas laitiers (j'y reviendrai) : l'Europe décide de figer la production laitière un peu au-dessous du niveau de 1983, mais laisse à chaque État le choix des moyens pour y parvenir. L'Allemagne (gouvernement de droite) choisit d'obliger les grosses exploitations laitières à baisser leur production de 12 %, les petits éleveurs étant épargnés. La France (gouvernement de gauche) demande à tous les producteurs, quelle que soit leur taille, de réduire leur production d'un même pourcentage et confie aux laiteries la gestion des quotas : quand on sait que les petits producteurs n'intéressent pas les laiteries – il est plus coûteux

pour elles de ramasser des petites quantités de lait dans plusieurs exploitations plutôt qu'une grosse quantité dans une seule –, bonjour les dégâts ! Pis, cette politique délibérée de gestion des quotas s'accompagne d'un vaste programme de restructuration laitière (l'État rachète leur quota aux petits producteurs qui s'arrêtent) qui dure encore. Et ô combien efficace : en cinq ans, près de la moitié des producteurs disparaissent !

Et le cas de la production laitière n'est pas isolé : on verra dans les chapitres suivants combien le gouvernement socialiste, plus attentif aux lobbies qu'aux petits agriculteurs, a traîné des pieds pour réformer la politique agricole européenne. Parfois même alors qu'il ne s'agissait que de faire appliquer la loi (par exemple la réglementation sur les gros élevages), force est de reconnaître que ce gouvernement fut d'un laxisme coupable, bien loin de l'État de droit.

Au chapitre des regrets, ajoutons encore l'inertie des socialistes face aux mesures agri-environnementales créées par Bruxelles pour favoriser des pratiques agricoles plus respectueuses de l'environnement.

Troisième rendez-vous raté, donc – après ceux, réussis, de 1936 et 1944 –, entre les paysans de France et les socialistes. Il faut s'interroger sur les raisons de cet échec, au moment où ils sont à nouveau au pouvoir et qu'une nouvelle réforme de la politique agricole est mise en débat.

La gauche paysanne divisée perd la partie

Il faut reconnaître, cependant, que les ardeurs réformatrices du gouvernement socialiste n'ont guère trouvé de soutien parmi les syndicats agricoles opposés à la FNSEA. Face à celle-ci, qui, majoritaire, cogérait depuis vingt ans la politique agricole, Édith Cresson s'est trouvée bien seule pour tenter une nouvelle politique agricole.

En 1982, on comptait quatre syndicats agricoles minoritaires : le plus ancien et le plus puissant, le Mouvement d'organisation et de défense des exploitants familiaux (MODEF) soutenu par le Parti communiste ; la Fédération française de l'agriculture (FFA) dissidente de droite de la FNSEA ; la

Fédération nationale des syndicats de paysans (FNSP), proche du Parti socialiste ; et les bouillants Travailleurs-paysans, émanation du PSU [7] et des mouvements maoïstes. Les élections professionnelles aux chambres d'agriculture approchaient... « Mais qu'attendent-ils pour se regrouper ? » s'impatientait Édith Cresson. Les élections furent alors retardées d'un an – en 1983 – pour donner le temps aux syndicats minoritaires de se rassembler et d'aller à la bataille ensemble, face à la FNSEA. Mais ce rassemblement n'eut pas lieu et la FNSEA rassembla les deux tiers des suffrages exprimés. Le gouvernement socialiste en prit acte et considéra qu'il ne pouvait conduire une politique agricole contre la majorité des paysans, même si seulement 40 % des électeurs avaient pris part au vote. Ce n'est qu'en 1987 que la FNSP et les Travailleurs-paysans se regroupèrent dans ce qui constitue aujourd'hui la Confédération paysanne, le MODEF restant à l'écart.

Je pense que si toutes les forces agricoles progressistes s'étaient regroupées dès le début des années quatre-vingt, avec un programme clair, une pédagogie simple et concrète, les petits paysans, de loin encore les plus nombreux, auraient voté pour ces forces-là.

Mais le mal était peut-être plus ancien. Le monde paysan est traditionnellement unitaire (la profession doit s'unir face à l'État, à l'opinion non agricole) et toute division y est mal vue. En faisant scission, le MODEF d'abord (en 1959), la FFA ensuite (en 1969) et enfin les Travailleurs-paysans (en 1974) s'étaient exclus et marginalisés. De plus, ils avaient laissé à la FNSEA armes et bagages, c'est-à-dire la « caisse » qu'ils avaient bien souvent eux-mêmes garnie, puisqu'ils étaient les plus militants et les plus actifs. Et, surtout, ils abandonnaient l'appareil représentatif qui cogérait la politique agricole. S'ils réussirent quelques coups de force médiatiques qui eurent parfois la sympathie de l'opinion, cela eut peu de répercussion sur les choix de politique agricole. Bref, en quittant la FNSEA, les minoritaires n'ont-ils pas

7. Le Parti socialiste unifié, créé en 1960 (il compta dans ses rangs Michel Rocard ou Pierre Mendès France), s'est dissous en 1989.

appauvri celle-ci ? D'ailleurs, étaient-ils même si minoritaires ? La FNSEA serait sans doute tout autre et, par conséquent, la politique agricole aussi, si la tendance progressiste avait patienté un peu et mené son combat au sein des organisations existantes. En 1981, les socialistes au pouvoir auraient eu une autre marge de manœuvre.

Quoi qu'il en soit, les « cent premiers jours », tout était possible, et c'est précisément là que le rendez-vous fut raté. Reste un constat : la grande réforme d'une politique agricole, qui, sans nier l'intérêt qu'elle a eu en son temps, provoque aujourd'hui bien des dégâts économiques, sociaux et environnementaux, reste à faire. Essayons donc de tirer un bilan de trente-cinq ans de politique agricole commune.

L'Europe verte, une bonne idée qui s'est enlisée

Le désordre des fluctuations monétaires

Les prix agricoles fixés par la Commission pour déclencher l'intervention ou pour calculer les prélèvements sur les importations agricoles sont identiques partout en Europe : ce prix unique est fixé, lors des marathons, en ECU (c'est l'ancêtre de l'euro), que chaque pays traduit ensuite dans sa monnaie nationale.

Mais, à partir de 1969, à cause des dévaluations successives du franc français et des réévaluations du mark, les exportations des pays à monnaie faible (France, Italie) vers les pays à monnaie forte (Allemagne, Pays-Bas) se trouvent avantagées. C'est une distorsion de concurrence contraire à l'esprit du Marché commun.

Interpellé, le gouvernement français, dont Valéry Giscard d'Estaing est alors ministre des Finances, propose de corriger cette anomalie en créant des montants compensatoires monétaires (MCM) : ils fonctionnent comme une taxe sur les échanges de produits agricoles au sein de la Communauté européenne, frappant les produits de pays à monnaie dévaluée (France, Italie, etc.) à leur entrée dans les pays à monnaie réévaluée (Allemagne, Pays-Bas) ; en sens inverse, les MCM subventionnent les produits des pays à monnaie forte quand ils sont exportés vers un pays à monnaie faible.

Quand les Bretons découvrent ce mécanisme, une tempête de protestations s'élève contre ces MCM qui leur apparaissent comme une distorsion de concurrence les pénalisant. Querelle de sourds : les Français ne voient pas que les MCM visent à rétablir l'égalité des prix agricoles en Europe, initialement déréglés en leur faveur par la dévaluation du franc*; de leur côté, les Hollandais ou les Danois ne disent pas qu'ils sont avantagés par leur monnaie forte pour importer depuis les pays tiers des aliments destinés au bétail (soja, manioc, par exemple) ou des machines agricoles.

Ce combat contre les MCM nous a beaucoup mobilisés à l'époque. À tel point que ce fut l'une des causes de la non-réélection de Valéry Giscard d'Estaing à la présidence de la République.

---

* Ils le comprendront plus tard, en 1992, quand l'Italie (leur principal client de viande bovine), le Royaume-Uni et l'Espagne ont dévalué fortement leur monnaie. La France, pays désormais à monnaie forte, s'est alors trouvée de l'autre côté de la barrière : les exportations de viande italienne vers la France se sont trouvées favorisées et les cours de la viande bovine ont immédiatement chuté en France.

Les MCM ont été remplacés, à partir de 1993, par des mécanismes agri-monétaires moins perturbants, après avoir empoisonné la politique européenne durant des années. Car, en fait, il n'y avait pas de solution au problème des fluctuations monétaires dans un système de prix agricoles uniques. Seule une monnaie unique aurait pu régler ce problème. C'est l'une des raisons pour lesquelles les organisations professionnelles agricoles bretonnes ont massivement appelé à voter « oui » au référendum sur la ratification du traité de Maastricht en 1992.

L'impasse de la surproduction : la PAC n'a pas de freins

Les deux piliers de la PAC (préférence communautaire et intervention) ont assuré pendant trente ans aux paysans européens des prix agricoles très supérieurs aux cours mondiaux – 20 % voire 100 % de mieux, parfois. Et, logiquement, les productions ainsi soutenues ont atteint des niveaux records. Et c'est là où le bât blesse dès la fin des années soixante : pour de nombreuses productions, l'offre commence à dépasser structurellement la demande (voir le graphique).

L'offre l'emporte irrésistiblement sur la demande

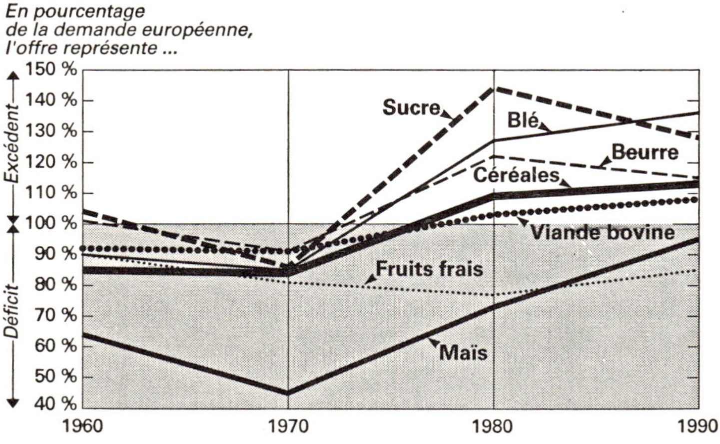

Source : Commission européenne, *Rapports sur l'agriculture.*

En effet, la PAC incite les agriculteurs à accroître leur production, au rythme des progrès techniques (sélection des animaux, des plantes, emploi des engrais et des pesticides, travail du sol...) qui permettent d'augmenter les rendements. Il ne semble pas y avoir de limites ! Du coup, la pénurie des années d'après guerre disparaît, mais les excédents surgissent. Dès la fin des années soixante, le beurre et la poudre de lait remplissent les réfrigérateurs de la Communauté européenne.

Car le mécanisme mis en place, efficace en période de déficit, devient incontrôlable en situation d'excédent : il n'a aucun moyen de freiner la production, de la réguler. Les agriculteurs, étant assurés de vendre toute leur production à des prix garantis, sont incités à produire toujours plus. L'intervention assure leur recette, le risque d'impayés n'existe pas. Et, avec des prix élevés, accroître les rendements, quel qu'en soit le coût, est presque toujours rentable : d'où la course au rendement – ce qu'on appelle le productivisme.

> *Qui se souvient aujourd'hui de la sage prudence du paysan (« Si je produis trop, les cours vont baisser ») ? Dans les années soixante-dix, la jeune génération, baignant dans ce modèle nouveau, n'est préoccupée que d'augmenter la production (« laissez-nous produire ! », « Nous réclamons le droit à produire ! »). Bien loin le temps où, à la sortie de la messe, j'étais bousculé par un ancien (j'avais vingt-cinq ans et, à la pointe du progrès, je multipliais mes rendements) : « Tu nous fous dedans ! » Bon réflexe de paysan qui sent que l'augmentation de la production comporte le risque de faire s'effondrer les cours.*

Peu à peu, donc, naît une nouvelle mentalité paysanne, une frénésie du « produire plus » : l'agriculture devient une production de masse de plus en plus déconnectée du terroir et des goûts du consommateur, bref de la qualité. Une région comme la Bretagne joue à plein de cette facilité, emplissant sans vergogne les réfrigérateurs de la Communauté de beurre, de poudre de lait, de viande de taurillons

élevés de façon intensive. Plus tard, en 1984, quand les quotas figeront la production de lait, les techniciens bretons seront fiers de leur tour de force : « Voyez comme nous avons bien fait de pousser à intensifier la production laitière : la Bretagne dispose du plus gros quota de production de toutes les régions françaises. » Et c'est vrai : ces quotas ont ceci d'amoral que ceux qui sont responsables des excédents bénéficient pour l'avenir d'une rente de situation.

Une brèche aux frontières aggrave la surproduction

Le productivisme n'est cependant pas la seule cause des excédents. Ceux-ci proviennent aussi d'une brèche dans la préférence communautaire. En effet, sous la pression des États-Unis, il avait été décidé, à la création de la PAC, de ne pas appliquer de prélèvements sur certains produits comme les tourteaux et les graines de soja que l'Europe ne produisait quasiment pas mais dont les États-Unis regorgeaient. De même, quelques années plus tard, d'autres produits comme les résidus de l'industrie du maïs (le *corn gluten feed*), le manioc ou les patates douces ont aussi été exonérés de prélèvements. Du coup, tous ces produits, moins chers, viennent concurrencer les céréales européennes dans l'alimentation des porcs, des volailles, des bovins et ovins – c'est pour cela qu'on les appelle produits de substitution des céréales (PSC).

Ces importations prennent une telle ampleur que, peu avant la réforme de la PAC en 1992, on évalue à 15 millions d'hectares la surface de céréales équivalant à ces importations de produits de substitution de céréales. En 1992, l'Europe en importe 57 millions de tonnes, soja compris : l'équivalent de toute la production céréalière française, qui représente elle-même un tiers de la production céréalière européenne. De sorte que nos excédents de lait et de viande d'alors résultent bien aussi de ces importations et non de la seule production du sol européen.

Situation absurde. Nos excédents de céréales s'entassent dans les silos (environ 30 millions de tonnes en 1992). Il faut les brader sur le marché mondial, en particulier aux Russes, à des prix voisins de 0,60 F le kilo – bien qu'ils aient été payés 1,00 F aux agriculteurs, prix auquel il faut ajouter tous

les frais de stockage – tandis que nous importons les produits de substitution des céréales, bien moins nobles, à près de 0,85 ou 0,90 F le kilo...

Évidemment, il n'y a pas d'importations sans importateurs. Qui sont-ils donc ? Tout simplement des éleveurs et des industriels de l'alimentation du bétail, contraints en fait (concurrence oblige) d'employer ces produits de substitution dès lors qu'ils arrivent moins chers que les céréales européennes. Supposez qu'un fabricant d'aliments, ayant la fibre européenne, refuse d'incorporer dans son aliment ces produits à bas prix. En moins de trois mois, il est en faillite, rayé de la carte, parce que son aliment, plus cher, ne trouve plus preneur. Résultat, alors que les animaux (porcins, bovins et volailles essentiellement) de l'Europe des Douze utilisaient plus de 90 millions de tonnes de céréales pour leur alimentation au début des années quatre-vingt, ils n'en consomment plus que 80 millions en 1990. Dans le même temps, les industriels, qui incorporaient en moyenne jusqu'à 40 % de céréales dans leurs aliments composés, en mettent moins de 30 %.

La seule solution pour sortir de ce guêpier eût été de taxer au même niveau que les importations de céréales ces fameux produits de substitution. Mais les Américains, conscients de l'aubaine, n'étaient pas prêts à lâcher le morceau, et menaçaient : « Taxez notre soja, nous taxerons le champagne ! » *Statu quo,* donc. D'autant que les éleveurs, en particulier les éleveurs de bovins (lait et viande), bénéficiaient de cette situation et s'opposaient à toute taxation du soja et des produits de substitution. Ils gagnaient en effet sur les deux tableaux : le lait et la viande étaient payés aux prix européens, alors que les vaches étaient alimentées de plus en plus avec ces produits de substitution, payés aux bas prix du marché mondial.

Dans ces conditions, comment n'aurait-on pas fait d'excédents ? Et pourquoi se soucier d'économies pour nourrir les bêtes ? Puisque, pour un prix quasi équivalent, 1 kilo de soja contient quatre fois plus de protéines (400 g) et autant d'énergie que 1 kilo de blé, vous avez 300 g de protéines gratuites en achetant du soja plutôt que du blé. Intéressant, non ?

Les Bretons ont profité à plein de ces importations de produits de substitution – le port de Lorient leur doit son développement récent. Du coup, l'alimentation du bétail s'est modifiée radicalement : les élevages laitiers ont adopté une alimentation à base de maïs et de soja au détriment du système traditionnel à base d'herbe. Les élevages hors-sol[5] se sont multipliés en Bretagne, qui fournit désormais 57 % des porcs et 40 % des volailles produits en France. Sans se rendre compte alors qu'ils courent après le modèle néerlandais qui, lui, nourrit ses vaches avec une alimentation importée pour les deux tiers par le port de Rotterdam, permettant un prix de revient bien inférieur à celui de Lorient. Ce n'est plus de l'élevage, c'est de l'industrie ; ce ne sont plus des paysans, mais des industriels. Jacques Poly, ex-directeur de l'Institut national de la recherche agronomique (INRA), qui ne manquait pas d'humour, suggérait d'installer d'immenses étables sur les pontons du port de Rotterdam, alimentées directement par les bateaux, le lait parvenant ensuite par pipe-line aux ménages hollandais !...

Les effets pervers de la PAC : l'élevage industriel de veaux de boucherie

De fait, cette industrialisation des productions agricoles se généralise. Ainsi des élevages de veaux Chacun sait qu'un veau naît d'une vache. Chacun sait aussi que le veau tète... instinctivement sa mère dans l'heure qui suit sa naissance. C'est bien ce que faisaient gaillardement tous les veaux de France et de Navarre jusqu'à la mise en place de la PAC.

Ces veaux sous la mère, nous en vendions ensuite un certain nombre pour la boucherie (à l'âge de 6-7 semaines, quand ils pèsent 100-110 kilos, ce qui fait des carcasses de viande de 70-75 kilos) : le consommateur raffolait de ce jeune veau fermier léger. Les veaux non vendus continuaient à être élevés, les mâles pour faire du bœuf pour la viande,

5. Système d'élevage (fréquent pour le porc, la volaille, mais aussi le veau et les taurillons) où les animaux sont nourris avec des aliments achetés à l'extérieur de l'exploitation, notamment à l'industrie de l'alimentation animale (aliments composés). On peut donc être éleveur sans avoir de terres, d'où l'expression « hors-sol ».

les femelles pour remplacer leurs mères et renouveler le troupeau.

En moyenne, tous ces veaux consommaient chacun 500 litres de lait par an soit, dans ces années-là, près du quart de ce qu'une vache laitière produisait (un peu plus de 2 000 litres de lait par an). Outre notre consommation personnelle, une autre partie du lait était destinée à l'alimentation de la population, très souvent par vente directe à la ferme, parfois par le biais de laiteries qui collectaient ou distribuaient dans les zones rapprochées des villes. Le lait servait aussi à la fabrication des fromages, très développée dans des régions qui avaient su en faire des produits recherchés, avec des appellations d'origine.

Enfin, une part importante de la production laitière était écrémée à la ferme (chaque exploitation avait son écrémeuse, considérée comme un progrès par rapport à l'écrémage à la louche), et la crème ainsi récupérée servait à la fabrication du beurre (la plus petite ferme possédait sa baratte, qui faisait partie du décor) tandis que le lait écrémé était donné aux cochons (ce lait apporte des protéines nobles indispensables à l'équilibre alimentaire de ces animaux dont la physiologie ressemble beaucoup à celle de l'homme). Ainsi, la production de porcs dans chaque ferme était directement liée à la quantité de lait écrémé disponible. Les producteurs danois des années cinquante-soixante nous disaient : « La production porcine est liée au pis de la vache ! »

Bien entendu, seuls les surplus de beurre étaient vendus, car la famille paysanne en consommait beaucoup. La tartine de pain beurrée (grassement) représentait, avec le bol de lait, la part la plus importante de l'alimentation des enfants dans les campagnes.

Les équilibres économiques et agronomiques rompus par des spécialisations excessives

Mais voilà, la PAC a rompu cet équilibre fondé sur une diversification de l'utilisation du lait, en créant un débouché nouveau à la production laitière : la fameuse intervention, c'est-à-dire l'achat à prix garanti de toute la production

excédentaire. À ce prix-là, chaque paysan a rapidement calculé qu'il devenait plus intéressant de vendre son lait à la laiterie que de le transformer en beurre et en cochons : pour un même revenu, moitié moins de travail et de soucis. Le choix fut vite fait. Les laiteries, subventionnées pour stocker, pour exporter, etc., s'engouffrent dans ce débouché. Et elles se sont multipliées, agrandies, proposant aux paysans de collecter tout leur lait. J'ai vécu cette période étonnante.

Fini donc « le porc pendu à la queue de la vache ». La plupart des exploitations cessent d'élever des porcs pour se spécialiser en production laitière : les troupeaux de vaches laitières s'agrandissent alors... L'équilibre ancestral des exploitations agricoles fondé sur la diversification des productions – ce qu'on appelait la polyculture-élevage – disparaît ainsi au profit de la spécialisation. Il est désormais possible pour un exploitant de vivre uniquement d'un élevage laitier : les veaux sont vendus à la naissance et le lait devient la seule vente de l'exploitation. Certaines fermes laitières n'élèvent même plus de génisses pour remplacer leurs mères, préférant en acheter à d'autres éleveurs spécialisés !

La politique des prix a évidemment rendu cette spécialisation laitière très attrayante : les jeunes veaux étaient bien payés (on verra pourquoi plus loin) et le prix du lait, fixé chaque année à Bruxelles, était garanti et progressait même au rythme de l'inflation. Mais – il faut le souligner à nouveau –, c'est la garantie de débouchés assurée par l'intervention, c'est-à-dire par le stockage des excédents de beurre et de poudre de lait, qui a vraiment induit cette spécialisation laitière.

Le développement incontrôlé des productions hors-sol

Pendant que certains agriculteurs se spécialisaient dans la production de lait, d'autres, évidemment, préféraient produire du porc. Et sans avoir besoin de vaches. Car, conjointement à la révolution dans les usages du lait, sont apparues sur le marché de l'alimentation animale des protéines de substitution aux protéines du lait écrémé : les tourteaux de soja américains mais aussi, déjà, les farines de viande et de

poisson [6], qui complètent parfaitement les rations des porcs. Plus besoin des vaches et de leur lait pour nourrir les porcs, donc, et plus besoin non plus de prés ou de champs de blé ou d'orge : il suffit d'acheter céréales et soja, ou un aliment complet fabriqué par un industriel.

Ainsi démarre la production industrielle de porcs, le fameux hors-sol. L'éleveur, affranchi des limites de son exploitation, peut augmenter indéfiniment sa production, quelle que soit la surface des terres dont il dispose. Les seules limites, ce sont les capitaux disponibles (mais les banques en distribuent allégrement) et la confiance en soi et dans l'avenir de cette production [7]. Résultat, il n'est pas rare qu'une porcherie spécialisée livre plusieurs milliers de porcs chaque année.

Pourtant, contrairement à ce que l'on pourrait croire, la spécialisation et le gigantisme des élevages hors-sol n'a pas compensé en France l'abandon de la production porcine de milliers de petits producteurs. Autosuffisante en viande de porc dans les années cinquante-soixante la France n'a retrouvé cette autosuffisance que récemment, en 1994-1995. Par contre, l'Europe l'a atteinte très vite (le Danemark, les Pays-Bas ou la Belgique se sont fait une spécialité de la production porcine), et les crises de surproduction succèdent alors aux crises. Car, en fait, la garantie de prix pour cette production ne fonctionne pas aussi bien que pour le lait, la viande bovine ou les céréales... Les achats d'intervention sur le marché pour redresser les cours sont très parcimonieux et ne sont autorisés qu'exceptionnellement. Seul le principe de la préférence communautaire fonctionne. Encore que la restitution (subventions) aux exportations reste peu opérationnelle, faute d'acheteurs hors de la Communauté européenne : les pays islamiques, par exemple, ne consomment pas de porc.

---

6. Farines de viande qui sont devenues tristement célèbres ces dernières années pour leur rôle dans l'épidémie de la « vache folle ».
7. Une limite sera introduite plus tard, celle de disposer de suffisamment de surface pour épandre le lisier de l'élevage (ce lisier pollue les nappes phréatiques ou les cours d'eau quand il s'y écoule directement). L'éleveur, s'il ne possède pas ou ne loue pas assez de terres, peut s'entendre avec un autre propriétaire.

Le résultat, c'est une grande fragilité du système. Puisque le manque de surface n'est plus une limite à l'augmentation de la production porcine, c'est donc le marché qui doit réguler la production. Mais, à cause des imperfections que l'on vient de voir, il le fait mal. Du coup, les crises successives causent beaucoup de dégâts chez les producteurs : les plus vulnérables sont en situation de faillite, et ce sont parfois les plus gros. Car si « un gros éleveur gagne l'équivalent d'une 2 CV par jour quand les cours sont bons, il peut perdre une Mercedes par jour quand les cours sont bas ». Et la faillite d'un tel élevage met en danger toute la filière : de la banque à l'usine d'aliments, en passant par l'abattoir, la coopérative, le centre de gestion et tous ceux qui gravitent autour de l'éleveur. Pendant toute la durée de la crise, les maillons les plus puissants de la filière porcine (les industriels de l'alimentation animale, notamment) soutiennent alors artificiellement l'élevage, parfois en l'intégrant totalement : dans ce cas, l'éleveur devient quasiment un salarié de l'entreprise qui intègre son élevage.

Les Bretons ont rivalisé d'astuce pour passer le cap de ces crises, presque toujours avec l'appui des pouvoirs publics : allégements des taux d'intérêt, report d'annuités des prêts, interventions occultes de l'État pour soutenir artificiellement le marché au cadran breton... Coups de pouce discrets mais décisifs. De fait, malgré toutes ces crises, l'élevage porcin continue sa progression en Bretagne, seule région de la Communauté européenne à réaliser cet exploit. Pendant la dernière crise de 1993-1995, elle augmente sa production de 4 % alors que toutes les autres diminuent la leur. Il s'agit de tenir coûte que coûte pendant la crise afin de tirer profit à la reprise : spéculation sur la disparition des autres ! Si toutes les régions avaient ce raisonnement cynique, on ne verrait jamais la fin des crises.

Pour autant, la production porcine en hors-sol n'est sortie de sa crise économique que pour retomber dans une autre crise, environnementale cette fois. En effet, si l'éleveur n'a plus besoin de surfaces pour nourrir ses porcs, il lui en faut absolument pour épandre leurs déjections. Limite incontournable à laquelle les producteurs hors-sol n'avaient abso-

lument pas pensé dans les années soixante-dix. C'est seulement dans les années quatre-vingt que l'on s'est aperçu que les quantités de déjections animales étaient telles que la pollution de l'eau, du sol, de l'air était devenue ingérable en Bretagne : « La Bretagne est sinistrée », constate alors Antoine Waechter, leader des Verts en 1987. Mais la situation n'est pas meilleure dans le Bassin parisien (voir la carte) !

L'eau polluée par les activités agricoles

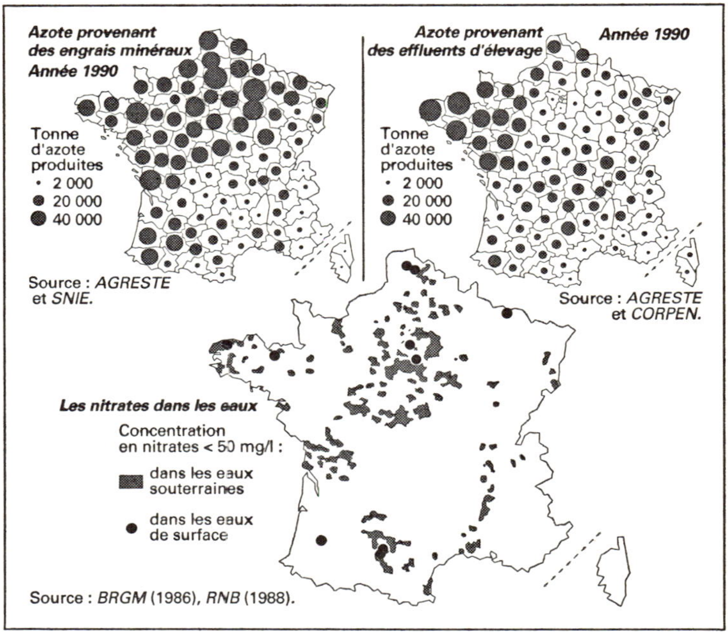

Témoignage de l'aveuglement collectif de l'après-guerre face au « progrès », cette petite anecdote. En 1963, l'élite paysanne des Côtes-d'Armor (à l'époque Côtes-du-Nord) fit un voyage d'étude d'une semaine au Danemark. Nous étions accompagnés des directeurs des services agricoles, du Génie rural, des services vétérinaires, de la chambre d'agriculture, des principales coopératives agricoles, bref tout le « gratin ». Nous passâmes une journée en Suède où nous visitâmes, ébahis, un gros élevage de porcs, très performant. Je découvris – pourquoi moi ? – que le lisier de cet

important élevage aboutissait 300 mètres en contrebas et s'étalait directement au milieu d'une parcelle[8]*. Cette découverte, qui nous paraîtrait ahurissante aujourd'hui, n'émut guère notre groupe : ce problème de déjections et de pollution ne fut même pas abordé au colloque d'Elseneur qui tira les conclusions de notre voyage et traça les grandes lignes de ce que serait le développement breton : l'élevage hors-sol, entre autres !*

Du veau fermier au veau industriel : la menace des farines animales et des hormones

Mais l'histoire ne s'arrête pas là, car la spécialisation des exploitations traditionnelles a des répercussions en cascade sur la production de viande bovine. Revenons aux excédents de lait que les laiteries doivent stocker. Mais pas sous forme de lait – imaginez les problèmes ! En fait, les laiteries font à grande échelle ce que chaque éleveur faisait à la ferme : elles écrèment le lait. La crème fait du beurre qui est stocké en attendant d'être bradé à l'extérieur de la Communauté, et le lait écrémé, lui, est chauffé et transformé en poudre (la poudre de lait écrémé). Avec ce lait en poudre, les industriels fabriquent un aliment complet pour veaux de boucherie – mais aussi pour les génisses d'élevage – en y ajoutant des matières grasses peu coûteuses comme le suif. Certes, cet aliment pour veaux revient quand même assez cher, mais comme il bénéficie d'une subvention européenne par le biais de la restitution à la poudre de lait, qui représente plus du tiers du prix de revient réel (subvention de 5 francs au kilo pour un prix de vente de 12 francs), son prix de vente n'est finalement pas très élevé.

Ainsi s'établit une « distorsion de concurrence » qui sonne le glas du veau fermier : le lait que tète le veau fermier, lui, n'est pas subventionné, ce qui le désavantage face aux élevages industriels de veaux qui, seuls, bénéficient des aides communautaires. En outre, il devient désormais bien

8. Les déjections animales sont riches en azote, donc fertilisent le sol. Mais à condition de ne pas en apporter trop, sinon l'azote en excès est lessivé, emporté par l'eau de pluie et va polluer les ressources en eau potable (sources, nappes phréatiques).

plus intéressant pour un éleveur laitier de vendre son veau dès la naissance plutôt que de l'élever sous la mère, puisque le prix des veaux s'envole (il faut bien que les élevages industriels en achètent) : un veau de huit jours qui se vendait 50 francs atteint 150 francs (soit le même prix qu'un veau de 100 kilos âgé de six semaines, quelques mois plus tôt). Et l'éleveur peut vendre les 500 litres de lait que ce veau aurait consommés. Quelle aubaine ! Les veaux de boucherie industriels prennent ainsi la place des veaux de boucherie fermiers.

Ce qui est une aberration économique : on remplace un circuit court (le veau produit de la viande en tétant sa mère) par un circuit long et coûteux (le lait de la mère est vendu à la laiterie, qui l'écrème et le déshydrate, le vend à un industriel qui en fait de l'aliment en réincorporant des matières grasses – suif ou autre –, le vend à un élevage industriel, lequel a acheté... le veau). Et ce n'est pas tout : la laiterie qui a vendu le lait écrémé doit transformer la crème en beurre, stocker celui-ci, puis le brader sur les marchés internationaux ; les conditions d'élevage industriel imposent de multiplier les soins aux animaux (antibiotiques, notamment), et la tentation grandit de recourir aux hormones pour accélérer leur croissance. Bref, beaucoup d'énergie et de travail pour produire des excédents et de la viande de mauvaise qualité que boude le consommateur !

De fait, de nombreux problèmes surgissent en cascade. Les excédents de beurre, tout d'abord : puisque les élevages industriels ne consomment plus que du lait écrémé, alors que les matières grasses dans l'alimentation humaine ont mauvaise presse, des montagnes de stocks se constituent peu à peu. Rien que pour la France, cela représente environ 550 000 tonnes de beurre. Les réfrigérateurs de la Communauté commencent alors à craquer. Les nerfs des ministres des Finances aussi.

Autre problème, la viande des veaux de boucherie industriels ne plaît pas aux consommateurs : elle est « pisseuse », elle fond dans la poêle ; dans les années soixante-dix ces veaux sont bourrés d'hormones de croissance (la « gonflette », comme disent les spécialistes) qui vous font une

bestiole arrondie. Résultat, les organisations de consommateurs déclenchent en 1980 un boycott de la viande de veau, dont la consommation ne s'est jamais remise. Bien des ménages n'ont jamais mangé de veau depuis cette date, même si par la suite les hormones ont été interdites [9]. Mais comme, dans le même temps, les veaux de boucherie industriels sont devenus de plus en plus lourds [10] – rentabilité oblige, pour amortir l'achat du veau qui est, on l'a vu, d'un prix élevé –, le déséquilibre se creuse : à cause de la baisse de la consommation et de l'augmentation du poids des animaux, seulement 5 800 000 veaux de boucherie sont produits et consommés dans la Communauté européenne alors que 21 millions de veaux naissent chaque année dans les élevages laitiers, dont 11 millions ne sont pas nécessaires au renouvellement des troupeaux et à la production de viande de bœuf. Débrouillez-vous avec les 5 millions de veaux en trop...

La fuite en avant : l'élevage semi-industriel des taurillons

Que faire alors de ces cinq millions de veaux mâles ? De la viande, encore, en abattant plus tardivement ces veaux devenus des jeunes mâles (on les appelle des taurillons), élevés essentiellement de façon intensive avec du maïs-ensilage [11] et du soja.

Problème : cette viande n'a jamais trouvé sa place sur le marché français. Alors il fallut l'écouler, vers l'Italie, un peu, et... à l'intervention, beaucoup. Les frigos de la Communauté se sont remplis (1 million de tonnes en 1994, avant un bradage sur le marché mondial). On a vu ces carcasses vendues en Amérique du Sud à 3 francs le kilo (après un stockage de deux ans) alors qu'elles avaient été payées 20 francs aux producteurs français : le prix de vente ne paie même pas les frais de stockage ! Pourtant, cette production de jeunes

9. Du moins officiellement, car dans les faits de nombreux trafics ont défrayé la chronique.
10. Le poids moyen des carcasses de veaux dans la Communauté est aujourd'hui de 139 kilos contre 70-80 kilos il y a trente ans.
11. L'ensilage est un mode de conservation des fourrages (maïs, luzerne...) obtenu par la fermentation, sans oxygène, des végétaux. L'ensilage de chou donne... la choucroute.

bovins fut fortement encouragée, subventionnée : subvention pour installer des élevages, prêts bonifiés pour acheter les bêtes ou l'équipement, primes annuelles proportionnelles au nombre d'animaux élevés (200 francs par tête dans les années soixante-dix), complément de prix si le cours tombe au-dessous des prix garantis... Et la garantie de l'intervention pousse au crime : les régions du Pô en Italie et de Barcelone en Espagne ont ainsi mis en place de grosses unités industrielles de cette production de taurillons, nourris uniquement d'aliments industrialisés : un élevage hors-sol qui s'apparente aux élevages de porcs. Ces animaux ruminants sont alors nourris comme des cochons ! Là encore, comme pour les vaches laitières, s'est mis en place un système dont l'épidémie de la « vache folle » a montré de façon caricaturale, mais hélas dramatique, les dangers.

On comprend que le consommateur se soit inquiété des dangers de l'élevage bovin industriel. Et qu'il réclame, pour sa sécurité alimentaire, un retour à une alimentation plus normale de ces ruminants, à base d'herbe. Cela n'a pas empêché certains commentateurs de faire valoir que cela coûterait plus cher. Mais ils oublient de dire que l'élevage industriel, comme celui des taurillons, est fortement subventionné. Et que, comme on le verra plus loin, d'autres solutions techniques et économiques existent : à armes égales, il en coûte cinq fois moins cher de nourrir une vache au pré que de la nourrir à l'auge. Car cette brave bête fait le travail toute seule : « Elle possède une barre de coupe à l'avant et un épandeur à l'arrière [12] », disaient les chercheurs de l'INRA il y a quarante ans, quand ils ont lancé la révolution fourragère.

Par quelle aberration, abandon de tout bon sens, en est-on venu à récolter, transporter, distribuer, loger, ramener les déjections au champ ? On reste abasourdi. Le poids de tout le système commercial y a contribué bien sûr, mais il y a été puissamment aidé par les effets pervers de la politique agricole commune mise en place en 1962.

---

12. La barre de coupe est la lame qui équipe le tracteur pour faucher l'herbe quand il fait les foins ; l'épandeur est l'appareil que l'on remplit de fumier et qui l'épand – d'où son nom – dans les prés ou les champs.

Premières tentatives pour maîtriser la production

Prix incitatifs, protection communautaire, encouragements à la spécialisation et à l'industrialisation (l'agriculteur achète de plus en plus à l'industrie des semences, des engrais, des pesticides, des aliments pour le bétail, du matériel, etc.), la PAC mise en place dans les années soixante a donc fini par faire s'amonceler les excédents, de céréales et de produits laitiers notamment, mais aussi de viande bovine, de vin de consommation courante, de fruits...

Le « fleuve blanc », par exemple, se profile à l'horizon dès la fin des années soixante. Soucieuse de l'endiguer, la Communauté propose alors aux éleveurs, qui s'engagent à cesser leur production de lait pendant au moins cinq ans, une prime par vache présente au moment de la demande. Un premier programme est lancé en 1971-1972, un second en 1977, mais les volontaires ne sont pas nombreux, et le « fleuve blanc » continue de grossir.

En 1977, une taxe de résorption (dite « de co-responsabilité ») est instaurée sur chaque litre de lait produit : grogne des éleveurs, mais la production continue d'augmenter. D'autant que les techniques se perfectionnent. Au soja américain est venue s'ajouter l'américanisation du troupeau laitier : la race Holstein, véritable usine à lait, supplante partout les races locales. Résultat, une vache produit en moyenne 4 400 litres par an en 1980 contre 2 530 litres en 1960 [13].

1984 : les quotas laitiers réussissent à contenir le « fleuve blanc »

Devant la montagne de poudre de lait et de beurre qui continue à s'entasser dans les réfrigérateurs européens (puis bradée à un prix dérisoire [14], notamment aux Soviétiques, ce qui leur permettait de fabriquer des canons tout en beurrant leurs tartines), la Communauté européenne décide en 1984

13. À titre de comparaison, des productions de 8 000, voire 10 000 litres de lait par vache sont aujourd'hui courantes.

14. Ne disait-on pas qu'il eût coûté moins cher à la Communauté européenne, de détruire en un superbe brasier tous les excédents sur la place de Bruxelles plutôt que de les brader aux Soviétiques après des mois de stockage ?

de geler dans chaque État la production laitière à un niveau équivalant à celui de 1983 réduit de 2 %. Chaque État doit s'organiser pour que son quota soit respecté. En cas de dépassement, il doit payer au FEOGA une pénalité équivalente au litrage excédentaire à un prix majoré (20 à 40 centimes de plus) par rapport au prix du lait payé normalement aux producteurs.

Ce système de quotas se révèle très efficace pour contenir, voire réduire, la production laitière. Les stocks, après le bradage des excédents, ne se reconstituent plus que parcimonieusement.

Grâce aux quotas, les stocks de produits laitiers fondent

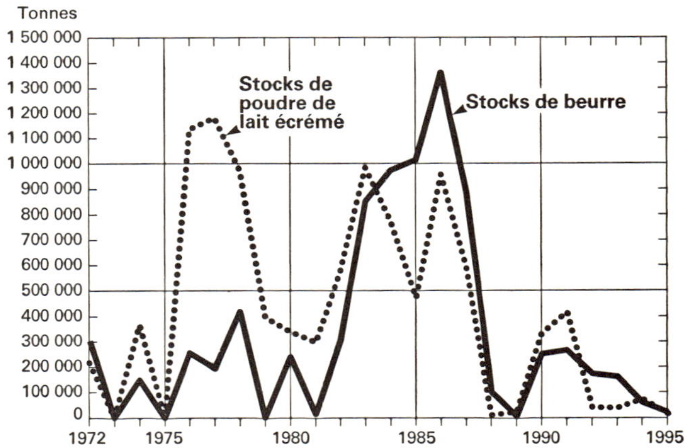

Source : Commission européenne, *Rapports sur l'agriculture.* Ne sont comptés ici que les stocks publics financés par l'intervention.

Mesure efficace donc, mais ô combien injuste, amorale. Avec ce système, le petit reste petit, le gros reste gros : chacun est bloqué au niveau de 1983, la situation est figée, toute réduction de l'inégalité initiale est désormais impossible. Surtout, celui-là même qui est responsable des excédents, c'est-à-dire celui qui a augmenté démesurément sa production avec les produits de substitution et le soja importé, bénéficie pour lui et ses successeurs d'une rente de situation : le quota acquis, bien que rien ne le justifie, peut même être monnayé. Et les jeunes qui s'installent en production laitière

doivent payer un surcoût : une terre avec quota se loue bien évidemment plus cher qu'une terre sans quota.

En France [15], cette situation injuste est aggravée du fait que le petit producteur doit diminuer du même pourcentage que le gros ; du fait, aussi, que ce sont les laiteries qui gèrent les quotas et qu'elles sélectionnent les plus gros producteurs pour réduire leurs frais de collecte du lait ; et du fait, enfin, que l'État rachète les quotas des petits éleveurs afin de les inciter à partir. La moitié des producteurs de lait disparaît en cinq ans.

Drames humains aussi : la petite paysannerie, principalement défendue par le MODEF et la CNSTP, n'accepte pas cet état de fait. Les manifestations, les blocages des camions de collecte se multiplient dès l'année 1985, où les laiteries retiennent aux producteurs sur leur feuille de paie du lait les pénalités dues pour les dépassements de quotas. Appliquer des pénalités aux petits choquait tellement le bon sens paysan, l'équité, que de nombreux petits producteurs avaient dépassé leur quota sans penser que eux aussi seraient mis à l'amende.

L'un de mes amis, René Bodiguel, petit producteur de lait à Muzillac dans le Morbihan, fit quinze jours de grève de la faim pour crier son indignation face à l'injustice. Mais rien n'y fit, les petits producteurs, las, écœurés par tant d'iniquité, baissèrent les bras, ils abandonnèrent. On ne les entendit plus... Mais le vide s'est fait dans les campagnes françaises.

Mais la production céréalière reste incontrôlable

Les céréales aussi encombraient les silos de la Communauté européenne. Et tous ces stocks devaient être écoulés sur le marché mondial à grand renfort de subventions. Aussi, en 1985, Bruxelles instaure les quantités maximales garanties (QMG). Cela ressemble aux quotas, mais ce ne sont pas des quotas. Désormais, si la production annuelle de céréales dans la Communauté dépasse le niveau de 1985, les prix

15. Le quota laitier est national. À charge pour chaque État de le répartir entre les exploitations (chacune dispose alors d'un quota individuel) et de le gérer comme il l'entend.

garantis payés aux agriculteurs diminuent du même pourcentage que le dépasssement : 10 % de céréales en trop par rapport à 1985, c'est une baisse des prix de 10 % l'année suivante.

Pourtant, ce système ne produit aucune diminution des récoltes. En effet, individuellement, l'agriculteur n'est en rien responsabilisé. « À quoi me sert-il de diminuer ma production si les autres producteurs ne le font pas ? Si la quantité globale produite est dépassée, je subirai la baisse des cours en plus de la baisse de ma production, et je serai doublement pénalisé. »

Pour que le système fonctionne, il aurait fallu responsabiliser chaque producteur individuellement : que celui qui augmente sa production paie une taxe en conséquence. Évidemment, le mécanisme eût été plus compliqué à mettre en place, mais il eût certainement été efficace. Et l'on aurait pu d'ailleurs en dispenser les petits producteurs. Mais cela fut-il seulement envisagé ?

Résultat, les livraisons de céréales ont continué de progresser d'environ 10 % par an tandis que les prix des céréales, à partir de 1987, baissaient de 10 % par an. C'est ainsi que le prix du blé au sortir de la moissonneuse-batteuse tombe de 1,25 F en 1987 à 1 F en 1991, soit une baisse de 0,50 F en francs constants. L'âge d'or des céréales était terminé. Cela eut au moins pour effet de faire réfléchir les dirigeants agricoles – souvent producteurs de céréales eux-mêmes – et de les rendre plus réceptifs à l'idée d'une réforme en profondeur de la PAC.

Cependant, devant l'échec des QMG, la Communauté européenne n'en resta pas là. Elle tenta, en 1988, de faire diminuer les surfaces cultivées : elle proposa aux agriculteurs volontaires de geler pendant cinq ans une partie de leur surface céréalière, c'est-à-dire de ne rien produire pendant ce laps de temps sur des surfaces jusque-là cultivées en céréales. Avec obligation, durant ces cinq années, de laisser en jachère les parcelles choisies la première année par l'exploitant : c'est ce que l'on appelle le gel fixe [16]. L'agriculteur

16. Alors que dans la pratique traditionnelle de la jachère les parcelles non cultivées changent d'une année sur l'autre.

qui s'engage est indemnisé pendant cinq ans du manque à gagner dû à l'absence de production : 347,96 ECU par hectare et par an soit 2 300 francs par an en moyenne jusqu'en 1992 [17].

Cette mesure se révéla plus efficace que les QMG et freina effectivement l'augmentation de la production céréalière, mais elle ne l'a pas fait reculer car peu nombreux furent les céréaliers à y souscrire. Surtout, ceux-ci en profitèrent pour geler les mauvaises terres à faible potentiel de rendement (c'était pour eux une aubaine) et ils intensifièrent leur production sur les bonnes terres. De ce fait, les terres laissées à l'abandon pendant cinq ans (aucune contrainte d'entretien n'était demandée et les mauvaises herbes pullulèrent) furent mal perçues par l'opinion qui associe gel de terres et friches abandonnées. Et les écologistes, à juste titre, firent campagne contre ce gel en prétextant qu'il aurait été plus intelligent de cultiver toutes les surfaces en intensifiant moins.

Les excédents déstabilisent l'Europe verte

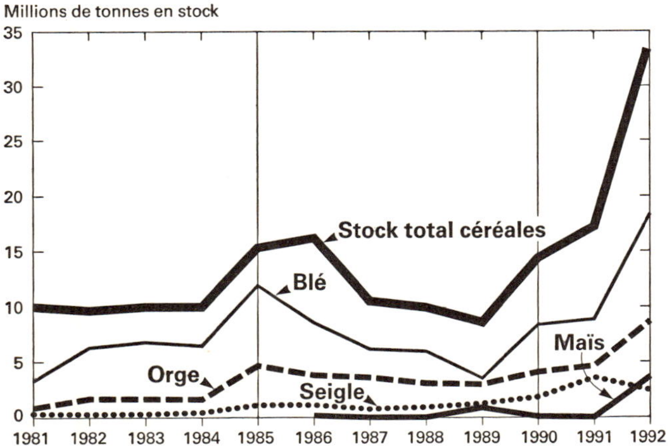

Source : Commission européenne, *Rapports sur l'agriculture.*
Ne sont comptés ici que les stocks publics financés par l'intervention.

17. Ce gel s'apparente au système américain de gel des terres, gel indemnisé existant depuis plusieurs années aux États-Unis.

Opération ratée, donc, pour la maîtrise de la production céréalière avec, en prime, une mauvaise image de marque pour le gel des terres – alors que cette pratique peut être économiquement et agronomiquement très intéressante.

Mais la production céréalière n'est pas seule en cause. Plus généralement, on a l'impression que dans les années quatre-vingt la Communauté européenne n'a pas pris la réelle mesure de la crise : hormis pour le lait, elle ne parvient pas à maîtriser les productions agricoles et, du coup, le budget européen explose ; elle ne parvient pas non plus à juguler l'exode agricole alors que le chômage s'aggrave. Une réforme en profondeur finit donc peu à peu par s'imposer.

C'est ce qu'amorce la publication du *Livre vert* en 1987, qui affirme la nécessité, pour la PAC , d'inscrire la protection de l'environnement parmi ses objectifs prioritaires. Il ne s'agit plus seulement de nourrir, il faut aussi préserver l'emploi, l'environnement et la santé... Un grand défi auquel la Communauté demande, en 1991, à Ray MacSharry, commissaire européen en charge de l'agriculture, de s'attaquer...

1991, l'occasion ratée d'une réforme intelligente et juste

Bien que le souci de la Communauté européenne de réformer la PAC fût connu, le rapport MacSharry publié en février 1991 fit l'effet d'une bombe dans les organisations professionnelles agricoles européennes. Il faut reconnaître que le commissaire européen n'a pas pris de gants : après avoir pris acte de l'impasse où se trouve la politique agricole commune, il propose une réforme radicale. Émoi dans les campagnes...

Le sévère réquisitoire du rapport MacSharry

Le rapport MacSharry, tout le monde le sent, est le premier pas de la Commission pour engager une réforme de la PAC. Il n'est donc pas passé inaperçu. Avant d'avancer des propositions, il établit quatre constats sur la situation de l'agriculture en Europe.

Premier constat : de 1975 à 1991, l'Europe a multiplié par sept les subventions aux agriculteurs européens mais, pendant ces quinze années, le nombre de ceux-ci a diminué de moitié. De plus, ceux qui restent voient leurs revenus stagner, voire diminuer. D'où l'interrogation : tant de subventions pour un résultat si décevant quant au nombre et au revenu des agriculteurs, est-ce une bonne politique ?

Deuxième constat : ces subventions, en augmentation continue, sont attribuées, « pour 80 % d'entre elles, à 20 % des agriculteurs » qui sont déjà les plus riches, dans les régions les plus prospères. Un problème d'équité est donc posé : le mode de répartition des subventions n'est pas juste, peut-on continuer ainsi ?

L'inégale répartition des aides publiques à l'agriculture

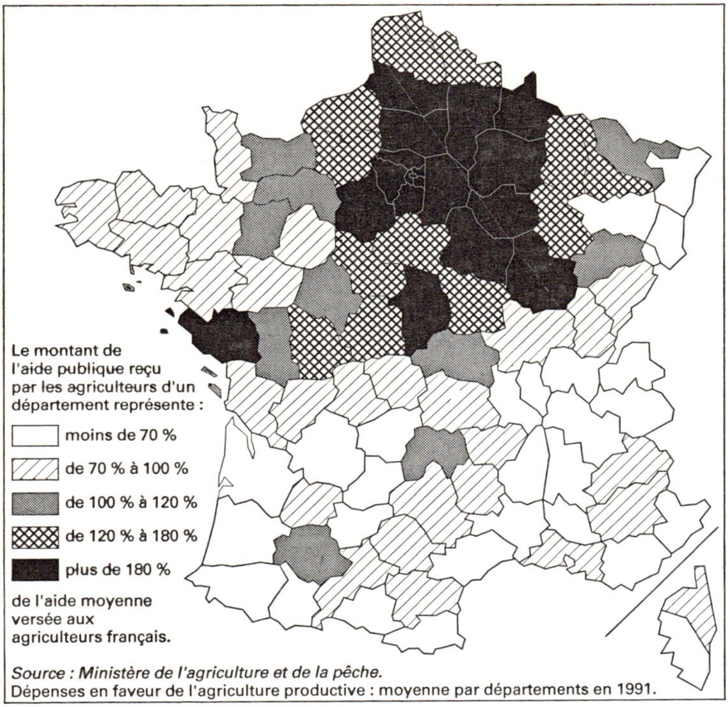

Source : Ministère de l'agriculture et de la pêche.
Dépenses en faveur de l'agriculture productive : moyenne par départements en 1991.

Troisième constat : le système des aides publiques, proportionnelles aux quantités produites – puisque ces aides consistent à garantir des prix élevés pour les produits agricoles –, incite les agriculteurs à intensifier leurs productions : plus ils produisent, plus ils bénéficient de l'aide de la Communauté, donc plus ils cherchent à produire plus. Et, comme la terre se fait rare, plus ils intensifient. Cette course au rendement (plus de quintaux de blé à l'hectare, plus de litres de lait par vache, plus d'animaux – donc de kilos de viande – par hectare, etc.) a deux conséquences néfastes. Elle est d'abord la cause des excédents qui s'entassent dans les réserves de la Communauté (30 millions de tonnes de céréales en stock, 1 million de tonnes de viande bovine en 1991). Et ces excédents coûteux à stocker sont bradés sur le marché mondial à grand renfort de restitutions. Celles-ci coûtent cher au budget communautaire et, de plus, contri-

évidemment, de renoncer à l'efficacité et d'abandonner les bonnes pratiques agronomiques, telles que de bons assolements, des variétés adaptées au sol et au climat, le travail du sol dans de bonnes conditions. Mais ce savoir-faire du paysan n'entraîne pas de dépenses supplémentaires comme celles, irraisonnées, d'engrais azotés et de pesticides. On peut donc être intensif sans être productiviste.

Et, en plus, c'est rentable. Il suffit, pour le comprendre, de faire un petit calcul très simple (voir encadré, p. 78), en reprenant les propositions de la Commission (prime à l'hectare identique pour tous – que l'on produise 20 quintaux à l'hectare ou 80, elle serait la même –, donc indépendante du rendement) et de comparer avec ce qui se passait avant.

Un projet critiqué par... ceux qui ne l'ont pas lu

Mais, lors de la discussion sur le projet de réforme, les techniciens agricoles et les responsables agricoles n'ont pas vu – ou pas voulu voir – ce nécessaire changement dans les pratiques culturales. Du coup, tous les calculs économiques prospectifs publiés par les centres de gestion et les coopératives agricoles ont « montré » que la réforme allait ruiner les paysans : ils restaient dans leur logique du rendement maximal, obtenu coûte que coûte ! Le mythe du Club des 100 quintaux [8] a la peau dure ! Alors que la perspective était tout autre si l'on acceptait de baisser son rendement de 20 quintaux à l'hectare, en diminuant ses dépenses : le projet de réforme permettait alors de gagner plus !

Gagner plus en produisant moins, donc en faisant moins d'excédents et surtout en polluant moins – car ce sont bien les intrants qui polluent –, n'était-ce pas une bonne réforme ? N'aurait-elle pas dû être applaudie, en particulier par les écologistes ? Malheureusement, ceux-ci n'ont pas vu l'intérêt de la prime à l'hectare du point de vue de la désintensification. Ils se sont braqués sur le gel des terres et, par leur opposition, ont affaibli le projet de réforme.

---

8. Confrérie d'agriculteurs obtenant des rendements supérieurs à 100 quintaux par hectare (les moyennes nationales sont plus proches de 60 quintaux).

La baisse des prix agricoles permet de freiner l'intensification

1987 : le prix du blé est de 150 F le quintal (francs constants)

Méthode « agriculture durable » (70 quintaux/ha)		Méthode « productiviste » (100 quintaux/ha)
70 q × 150 F = 10 500 F - 2 500 F 8 000 F	Produit/ha Coût direct/ha Marge/ha **Avantage →**	100 q × 150 F = 15 000 F - 6 000 F 9 000 F **+ 1 000 F/ha**

1991 (à la veille de la réforme de la PAC) : le prix du blé est de 100 F le quintal (francs constants)

Méthode « agriculture durable » (70 quintaux/ha)		Méthode « productiviste » (100 quintaux/ha)
70 q × 100 F = 7 000 F - 2 500 F 4 500 F **+ 500 F/ha**	Produit/ha Coût direct/ha Marge/ha **← Avantage**	100 q × 100 F = 10 000 F - 6 000 F 4 000 F

1992 (si le projet initial de réforme de la PAC de 1991 avait été adopté) : le prix du blé est de 70 F le quintal mais une prime compensatoire de 2 600 F par hectare est versée

Méthode « agriculture durable » (70 quintaux/ha)		Méthode « productiviste » (100 quintaux/ha)
70 q × 70 F = 4 900 F + 2 600 F = 7 500 F - 2 500 F 5 000 F **+ 1 400 F/ha**	Produit/ha Prime compensatoire Recette Coût direct/ha Marge/ha **← Avantage**	100 q × 70 F = 7 000 F + 2 600 F = 9 600 F - 6 000 F 3 600 F

Il est intéressant de comparer ce calcul à ce qui s'est effectivement passé après la réforme de la PAC finalement adoptée en 1992 : le prix du blé a baissé (80 F le quintal en 1995) mais une prime compensatoire de 2 100 F par hectare a été versée, ce qui a réduit l'avantage de la méthode « agriculture durable » (+ 1 100 F/ha) mais ne l'a pas annulé.

Quant à l'agro-industrie, vendeurs d'azote et de pesticides en tête, elle ne peut que s'opposer à ce projet de réforme qui la pénalise fortement. Dès le rapport MacSharry, elle a d'ailleurs senti le danger et lancé une formidable campagne de presse – dont elle alimente abondamment la manne publicitaire – de juillet 1991 à mai 1992.

Manifestations, grand-messes incantatoires, articles enflammés, colères à la télévision se succèdent alors... Gare aux originaux de mon espèce qui osent suggérer que ce projet de réforme est bon ! Je me souviens d'une de ces grand-messes en Bretagne contre le projet de réforme, en septembre 1991, rassemblant cinq cents personnes dont le préfet de Région, le président du conseil régional, tous les présidents de conseils généraux..., où le lobby agricole breton honnit à qui mieux mieux la réforme annoncée comme une catastrophe qui allait faire perdre cent mille emplois à la Bretagne ! Je me levai courageusement face à cette « meute » : « On croit rêver, dis-je, ou alors nous n'avons pas lu le même texte. » Et j'expliquai pourquoi ce projet de réforme était bon et le bénéfice qu'en tirerait la Bretagne, si les paysans bretons savaient être raisonnables. On me vola ma casquette de colère et de rage !

Dans la semaine qui suivit, je demandai successivement à une dizaine de responsables agricoles présents à cette réunion s'ils avaient lu attentivement le texte du projet de réforme. Tous m'avouèrent que non ! « Alors tu manifestes contre un projet que tu ne connais pas ? – Mais puisque tout le monde est contre ! – Eh bien, moi, j'ai lu quatre fois ces textes et je puis t'affirmer que cette réforme est bonne... »

Coup de pouce pour les petits producteurs céréaliers

Certes, tout n'est pas parfait dans la proposition de la Commission européenne. Par exemple, elle prévoit que la prime à l'hectare soit différenciée selon la région de production, en plus de la taille de l'exploitation. Pour chaque exploitation, la prime serait calculée en fonction du rendement

moyen en céréales de sa région de production, ou de son État, durant les années 1989, 1990 et 1991. Soit 2 150 F par hectare pour la France qui a eu un rendement moyen de 60 quintaux. Et trois fois moins pour le Portugal au rendement moyen de 20 quintaux. Autrement dit, plus la terre est riche, plus la subvention est forte ! Difficile à accepter.

J'intervins à Bruxelles pour dénoncer l'iniquité de cette mesure. Le rendement moyen dans la Communauté européenne étant de 46 quintaux à l'hectare, il me paraissait juste de compenser tous les hectares de la Communauté sur cette base. « Il est plus coûteux de produire du blé sur une mauvaise terre que sur une bonne. S'il y a une différence de compensation, cela doit être au profit des terres les plus pauvres ! » « Nous partageons votre point de vue, me répondit-on, mais le lobby céréalier français est si puissant, le poids de la France dans la Communauté si fort, que cette concession est nécessaire pour faire aboutir la réforme. »

Dont acte. Le projet de réforme n'en reste pas moins intéressant pour introduire plus d'équité dans la PAC. En effet, comme on l'a vu, il avantage tout de même les petits producteurs céréaliers en les dispensant du gel de terres pour bénéficier de la prime à l'hectare. Tous les producteurs de moins de 920 quintaux, soit en moyenne 20 hectares pour la Communauté (et une quinzaine d'hectares en France) sont concernés : ils représentent les trois quarts des producteurs de céréales en Europe.

À l'autre bout de l'échelle, 4 % des producteurs (ceux qui produisent plus de 2 300 quintaux, soit environ 50 hectares) devront geler 15 % de leur surface COP sans aucune compensation. Ce dispositif les pénalise bien entendu fortement : même si un gel tournant bien conduit sur le plan agronomique apporte un plus, cela ne compense pas la perte de recettes. Soustraire de la production 15 hectares pour une ferme de 100 hectares, alors qu'il faut entretenir ces 15 hectares, les ensemencer et payer les charges foncières correspondantes, les charges sociales et les amortissements, cela représente un manque à gagner d'environ 90 000 francs (15 hectares à 6 000 francs de marge brute/ha), soit 15 francs par quintal de blé.

Entre ces deux extrêmes, les exploitations moyennes – qui doivent geler des surfaces COP, mais qui bénéficient pour ce gel d'une aide de même montant que la prime compensatrice COP, soit 2 150 francs à l'hectare pour la France – subissent une perte d'environ 10 francs par quintal.

C'est donc par le mécanisme du gel des terres, obligatoire ou non, compensé ou non, que la Commission propose d'avantager les petits producteurs et de pénaliser la grande production. Un chemin détourné pour atteindre l'objectif qui était le nôtre à la commission nationale agricole du PS en 1981 : une aide différenciée en fonction du volume de production. C'est ce que réclamait aussi depuis plus de vingt ans la Confédération paysanne, dans la ligne des revendications des Travailleurs-paysans.

Ainsi, en ce qui concerne les céréales, le projet de réforme de 1991 s'attaque réellement aux problèmes soulevés par le rapport MacSharry et propose des solutions pertinentes :

– face au problème des excédents : gel de surfaces cultivées, désintensification, réintroduction des céréales dans l'alimentation animale grâce à la baisse des prix ;

– face au problème de la pollution d'origine agricole : des apports excessifs d'engrais azotés et de pesticides ne sont plus rentables ;

– face au problème de l'exode agricole : encouragement aux petits agriculteurs ;

– face au problème de l'accord au GATT : diminution des subventions aux exportations.

Les éleveurs encouragés à retourner au pré

En matière de production de viande bovine, les propositions de la Commission ne sont pas moins cohérentes. Elle propose de baisser les prix d'intervention sur trois ans (pour atteindre - 15 % en 1995 par rapport à 1992) et de réduire d'autant les subventions aux exportations. Pour compenser cette baisse des prix, la prime à la vache allaitante [9] (395 F

9. Créée dans les années quatre-vingt, cette prime visait à encourager la reconversion des élevages laitiers en élevages à viande. Elle pouvait être complétée d'une prime au jeune bovin mâle (appelé aussi taurillon).

en 1992) doit passer à 600 F en 1995. La prime aux jeunes bovins mâles (316 F en 1992) serait versée désormais en trois tranches égales : une première tranche de 474 francs pour les animaux présents sur l'exploitation jusqu'à l'âge de 9 mois ; une deuxième s'ils sont présents jusqu'à l'âge de 21 mois sur l'exploitation ; une troisième s'ils sont présents jusqu'à 33 mois ; soit, au total, 180 ECU (1 420 francs environ).

Ces primes sont limitées à 90 vaches allaitantes et 90 bovins mâles par exploitation. Aucune prime n'est versée si le chargement dépasse 2 UGB par hectare [10] (1,4 UGB/ha en zone défavorable) de surface fourragère principale (SFP).

Certes, ces aides directes existaient avant 1992, déjà plafonnées à 90 vaches allaitantes. La France, qui accordait une aide supplémentaire, limitait même celle-ci à 40 vaches. On peut donc dire que la politique de la compensation différenciée existait déjà pour la viande bovine.

Mais ce projet de réforme va plus loin que ce qui existe déjà en augmentant fortement la part du revenu agricole qui dépend des primes : comme celles-ci sont plafonnées, la compensation différenciée prend de l'ampleur. Cette politique ne peut que dissuader les élevages de grossir exagérément par la surface ou par l'intensification.

D'ailleurs, sur ce dernier point, elle enfonce le clou. En proposant le « couperet » des 2 UGB/ha, elle casse complètement l'intensification à outrance (un élevage industriel de taurillons représente bien plus que 2 UGB/ha puisque la plupart de leur alimentation est achetée à l'extérieur). On retrouve là le souci de mieux maîtriser la production tout en préservant l'environnement. De plus, en instituant trois tranches pour la prime au jeune bovin, elle encourage les éleveurs à produire à l'herbe des animaux plus âgés, tel que le bœuf de 3 ans.

---

10. Un bovin adulte (vache, bœuf, taureau) compte pour 1 UGB (unité gros bétail) ; avant, plus l'animal est jeune, moins il représente d'UGB (par exemple, un veau de trois mois compte pour 0,2 UGB). En simplifiant, cela revient à dire qu'une vache mange comme cinq veaux de 3 mois : nourrir une vache avec un hectare de prairie revient, du point de vue du chargement, au même (1 UGB/ha) que nourrir cinq vaches et leurs cinq veaux sur six hectares.

Lait : on ne change pas une politique qui gagne

Pour le lait, la Commission européenne propose de maintenir le système des quotas laitiers, et même de les baisser de 4 % pour les seuls producteurs de plus de 200 000 litres – et pour eux seuls [11].

Il est prévu que les prix d'intervention sur la poudre de lait et le beurre baissent sur trois ans, pour aboutir à une baisse du prix du lait de 10 % en 1995. Une prime compensatrice de 600 francs par vache laitière, plafonnée aux quarante premières vaches de l'exploitation, accompagne la baisse des prix du lait. Mais, comme pour la production de viande bovine, il ne faut pas dépasser un chargement de 2 UGB par hectare de SFP pour toucher cette prime.

Même souci, donc, de maîtriser la production en privilégiant les élevages de taille moyenne. Même souci de pénaliser l'intensification. Même souci de favoriser les exportations sans subventions. C'est cohérent.

Un quota injuste pour les producteurs ovins

D'une certaine façon, l'élevage ovin préfigurait la réforme : il n'y a jamais eu d'intervention sur le marché de la viande (agneau ou mouton) pour soutenir les cours. Ceux-ci sont donc au niveau des cours mondiaux – bas, par conséquent –, et le marché européen, déficitaire, est envahi par les moutons néo-zélandais, *via* la Grande-Bretagne. À la consommation, le prix de la viande d'agneau a baissé de moitié en francs constants. En 1992, le prix du gigot à l'étal est le même qu'en 1977 : faites le compte en francs constants.

Par ailleurs, une prime à la brebis compensait tant bien que mal la faiblesse du revenu des éleveurs. Cette prime était plafonnée à 350 brebis en zone de plaine, 500 en zone de montagne.

Voilà la situation du secteur quand arrive le projet de réforme de la PAC. Surprise : malgré l'état sinistré du secteur, la Commission ne propose pas d'amélioration ; pire, elle

11. En contrepartie, ils percevraient 40 centimes du litre pendant dix ans sur cette réduction de quotas.

prévoit de plafonner les primes à la brebis : celles-ci ne pourraient plus dépasser, pour chaque éleveur, le niveau atteint en 1991.

Pourquoi cette disposition incongrue pour une production si déficitaire dans la Communauté ? Pourquoi la figer dans cette situation de déficit ? La réponse n'a rien d'économique. Il semble en fait qu'il s'agisse d'une concession accordée aux Néo-Zélandais suite à la « bavure » du *Rainbow Warrior*, ce bateau de l'association Greenpeace coulé par les militaires français en 1985 à Wellington. Les éleveurs ovins européens payant pour les errements des services secrets français : comprenne qui pourra...

En attendant, voilà donc abandonnée à elle-même une production qui occupe de vastes espaces dans des régions herbagères souvent pauvres, bien qu'elle soit en difficulté depuis des années. Alors que l'on pourrait augmenter la prime à la brebis grâce, par exemple, à une hausse de la TVA sur la viande ovine. Vu le bas niveau des prix à la consommation, ce serait rien moins que justifié...

Les mesures d'accompagnement : le souci de l'environnement, enfin !

Le projet de réforme de la PAC ne s'intéresse pas seulement aux marchés. Il propose aussi trois mesures (dites d'« accompagnement ») pour corriger des déséquilibres structurels (vieillissement de la population agricole, déprise agricole, etc.). On peut noter que ces mesures seront adoptées telles quelles dans la réforme de la PAC finalement arrêtée en 1992.

La première mesure proposée est un système de primes pour encourager le boisement (la Communauté européenne est en déficit pour les produits du bois) et, se dit la Commission, cela permettrait de valoriser les parcelles qui ne sont pas – ou plus – cultivées : plutôt que de voir pousser les friches, faisons pousser des arbres. Les primes sont substantielles : 15 796 francs par hectare pour planter des conifères, et 31 580 francs par hectare pour des feuillus ; 7 500 francs par hectare et par an pour l'entretien (pendant cinq ans) et

le manque à gagner (pendant vingt ans). Tellement substantielles, d'ailleurs, qu'on peut leur reprocher d'inciter les propriétaires fonciers à planter des arbres plutôt qu'à cultiver ou à louer pour faire cultiver .

Deuxième mesure proposée : une prime au départ à la retraite anticipée à 55 ans [12]. Cette prime, déjà en application en France, permet aux exploitants agricoles de prendre leur retraite à 55 ans afin de libérer des terres pour les jeunes exploitants (agrandissements ou installations). Mais cette disposition n'est-elle pas obsolète ? En retard d'une guerre ? Le problème n'était-il pas déjà le manque d'agriculteurs, de jeunes volontaires pour s'installer, et non celui du manque d'exploitations ou de surfaces ? Sauf à considérer que l'agrandissement est une nécessité économique, point de vue que je ne partage pas. Nous y reviendrons.

Cette prime au départ en retraite est le seul reproche que je fais au projet de réforme de 1991.

Enfin, les mesures agro-environnementales. Celles-ci consistent à attribuer une aide publique aux agriculteurs volontaires qui s'engagent, en respectant un cahier des charges, à préserver l'environnement : par exemple, ceux qui limitent leur usage d'engrais azotés et de pesticides, ceux qui pratiquent l'agriculture biologique, qui entretiennent leurs haies, etc. Cela concerne à la fois ceux qui s'engagent à le faire – qui s'engagent à changer, donc – et ceux qui le font déjà. C'est important : pour une fois, les précurseurs, ceux qui font déjà bien, ne sont pas ignorés.

Un programme existait déjà depuis 1985 – baptisé « article 19 » puis « article 21 » – mais sa mise en œuvre était laissée à la discrétion des États. La France, par exemple, ne l'a pratiquement pas utilisé, à part pour quelques projets d'une portée dérisoire par rapport à l'ampleur des problèmes. Du coup, pour plus d'efficacité, la Communauté européenne prévoit de rendre obligatoires les mesures agro-environnementales : chaque État sera tenu de présenter un

12. Mesure qu'il ne faut pas confondre avec l'indemnité viagère de départ (IVD) qui avait été instaurée en France par la loi d'orientation de 1962. L'IVD constituait une prime aux agriculteurs – certes souvent les plus âgés – qui cessaient leur activité.

programme d'actions. Mais on peut déjà percevoir le vice du projet : contrairement aux autres primes PAC (pour les céréales, pour les vaches allaitantes, etc.), qui sont en totalité financées par le FEOGA, les mesures agro-environnementales prévues ne sont prises en charge qu'à 50 %, l'État ou les collectivités locales devant apporter le reste. Aussi, sous prétexte de contrainte budgétaire, cette disposition suffira pour que la France freine l'application de ce programme : elle établira des programmes n'intéressant personne, des « zonages » pour filtrer le nombre de candidats ; elle limitera l'aide à l'agriculteur biologique à deux ou trois ans (au lieu de cinq ans), exclura de cette aide tous ceux qui pratiquent déjà l'agriculture biologique – contrairement aux autres pays – et la somme allouée sera faible. Résultat : sur le peu d'argent programmé, un tiers est réellement utilisé au bout de trois ans, les crédits étant reportés d'année en année – bon prétexte pour ne pas en ouvrir de nouveaux.

Pourtant, ce prétexte budgétaire était évidemment fallacieux. L'argent communautaire dont la France s'est privée en refusant les actions agro-environnementales, c'est autant d'argent en moins dans le circuit économique : toucher 100 francs chaque fois que j'en investis autant, n'est-ce pas une aubaine ? Pour ouvrir les pistes de l'avenir, en plus : l'agriculture durable.

Reste que les véritables mesures agro-environnementales, celles qui inciteraient à déverser moins d'azote et de pesticides dans la nature, par exemple, sont très limitées en France [13] : à peine quelques milliers d'hectares sont concernés, contre plusieurs millions d'hectares dans les pays nordiques.

13. De plus, une prime de 300 francs par hectare de prairie – qui se veut une compensation au revenu des éleveurs du centre de la France – sera classée « mesure agro-environnementale » par la France : cette prime à l'herbe, bien qu'elle n'ait rien modifié aux pratiques des uns et des autres, absorbera les trois quarts du budget alloué aux mesures agro-environnementales françaises. Bruxelles, trouvant la ficelle vraiment trop grosse, supprima cette prime dès 1994. Mais la France est revenue à la charge en 1997.

Corporatismes et manœuvres politiciennes contre le projet de réforme

Voilà donc résumé le projet proposé en 1991 par la Commission européenne pour réformer la PAC, notamment les marchés des céréales, du lait, de la viande bovine et ovine, c'est-à-dire les grandes productions agricoles bénéficiant d'un soutien depuis trente ans : ce soutien des prix doit être progressivement diminué sur trois ans pour être remplacé par des aides directes dont bénéficieraient en priorité la petite et moyenne agriculture ; et le mécanisme d'attribution de ces aides serait tel que l'intensification à outrance, facteur d'excédents et de pollutions, serait découragée.

Propositions presque parfaites, à mon sens, cohérentes en tout cas avec le rapport MacSharry, qui prenait la mesure du dysfonctionnement de la PAC (coût budgétaire, problèmes de qualité des produits agricoles, dégradations environnementales, inégalités entre producteurs, destruction d'emplois agricoles).

Les consommateurs, les écologistes, la petite et moyenne paysannerie auraient dû applaudir ! Il faut donc croire que les intérêts particuliers ont eu le dernier mot. Les firmes fabriquant et commercialisant les produits nécessaires à l'agriculture industrielle (aliments du bétail, engrais, pesticides, machinisme...) ont su faire passer leur message et partager la défense de leurs intérêts menacés. Par médias interposés, ces industries mettent en branle leur puissance financière pour mobiliser les paysans et l'opinion contre cette réforme présentée comme un vilain coup porté à l'agriculture. Trois arguments principaux sont avancés :

– la baisse des prix agricoles entraînerait la baisse du revenu des agriculteurs, d'où misères et faillites. Et les jeunes seraient découragés de s'installer ;

– les agriculteurs seraient transformés en mendiants – « nous voulons des prix et non pas des primes », protestent-ils ;

– cette réforme coûterait cher sans que les primes suffisent à restaurer le revenu des agriculteurs.

Du coup, l'ensemble des organisations agricoles, en France mais aussi en Europe – de la FNSEA à la Confédération

paysanne, de la coopération à la mutualité – se mobilise et excite les paysans contre le projet de réforme de la Commission. Puis le ministre de l'Agriculture, Louis Mermaz, s'y met aussi. Cela ne suffisait pas : comme par enchantement, surgit la Coordination rurale [14] qui tente de bloquer Paris à grand renfort de médias. Grand rassemblement européen à Strasbourg, dans un climat démentiel : malheur aux partisans de la réforme ! La presse régionale, pourtant réputée pour sa largesse d'esprit, met mes articles sous le boisseau pour ne pas perdre des lecteurs. Ainsi, toute discussion est bloquée. Impossible d'argumenter, de peser le pour et le contre... Étions-nous encore en démocratie ?

De leur côté, la Confédération paysanne, les écologistes, les consommateurs qui, contre toute attente, ont critiqué la réforme, ne se sont-ils pas laissé abuser par ce « sponsor », Jimmy Goldsmith, qui les aida à financer un mouvement commun, l'Alliance européenne Paysans-consommateurs-écologistes ? Leurs yeux s'ouvrirent plus tard, quand Jimmy Goldsmith fut candidat au Parlement européen sur la liste de Philippe de Villiers et, une fois élu, coupa les vivres à l'Alliance. Mais le mal était fait.

Cette page peu glorieuse est d'autant plus regrettable que l'agriculture paysanne, les écologistes, les associations de consommateurs – et eux seuls – pouvaient faire face aux lobbies agro-industriels et éclairer l'opinion.

Le ministre de l'Agriculture lui-même a-t-il été compétent, s'est-il bien informé ? D'où tenait-il ses calculs quand il annonçait une perte d'un milliard de francs pour l'économie française ? N'oubliait-il pas de dire que la baisse des recettes due à la baisse des prix serait largement compensée par les primes prévues ? D'ailleurs, dirait-il la même chose aujourd'hui, alors que la part de la France dans les aides distribuées par le FEOGA est passée de 20 % en 1992 à 24 % en 1996 ?

---

14. Mouvement qui regroupe des syndicalistes issus des rangs de la FNSEA et de la FFA mais aussi du MODEF et de la Confédération paysanne, jugeant que leurs syndicats ne critiquent pas résolument le projet de réforme. Les partis politiques hostiles à à la construction européenne (Front national et de Villiers en tête) soufflent sur les braises.

Du reste, à l'époque, le ministère des Finances tenait un tout autre langage et soutenait le projet de la Commission. C'est d'ailleurs sous sa pression que la France signa finalement la réforme de la PAC, en mai 1992. Hélas, entre-temps, le projet de réforme avait été passablement amendé.

Le consommateur avait, lui aussi, tout à gagner avec le projet de réforme substituant des aides directes au soutien des prix agricoles. Avec le système de soutien des prix, il payait deux fois, sinon trois, puisque l'intervention et les subventions aux exportations sont financées par la TVA, donc par lui-même à chacun de ses achats, et provoquent une montée artificielle des prix alimentaires à la consommation. Le consommateur versait donc un impôt pour faire monter le prix du produit qu'il achetait : il payait ainsi deux fois. Et comme le prix élevé encourageait l'agriculture productiviste polluante, il payait une troisième fois pour le traitement de l'eau, pour la dépollution des plages, pour sa santé mise à mal par les pesticides dans l'eau, les aliments et même l'air qu'il respire...

Alors que, avec le système des aides directes proposé, le consommateur paie toujours la TVA pour alimenter le budget du FEOGA, mais en contrepartie les prix baissent à la consommation. Le système proposé par la Commission est donc bien plus cohérent économiquement que le système du soutien des prix agricoles instauré en 1957.

De plus, comme on peut penser que les conditions d'attribution des primes pousseraient les agriculteurs à produire plus économiquement, donc à moins polluer, le contribuable-consommateur serait moins sollicité pour retrouver de l'eau et de l'air purs. D'ailleurs, la nouvelle politique, en préservant mieux le paysage, la vie rurale, ne répondrait-elle pas à son souhait profond ?

Pourtant, comme on va le voir, l'opposition à ce projet de réforme l'a emporté : certes, la réforme finalement adoptée l'année suivante, en 1992, entérine un changement de philosophie de la PAC (moins de soutien des prix, plus d'aides directes à l'agriculteur), mais les modifications imposées à la réforme par rapport au projet de 1991 en limitent singulièrement la portée. D'une certaine façon, tout reste à refaire

aujourd'hui. Du coup, au vu des problèmes auxquels nous sommes confrontés aujourd'hui, et qui justifient la mise en chantier d'une nouvelle réforme (prévue pour 1999 ou, peut-être, 2000), le projet de 1991 de la Commission reste une source d'inspiration intéressante.

1992 :
la réforme inachevée

Pendant que le monde agricole, toutes tendances confondues, s'insurge contre le projet de réforme, la Commission fait le dos rond et résiste, confiante dans la pertinence de ses propositions. « La réforme que nous proposons est inéluctable, me confie Sevinate Pinto, directeur du développement rural à la Direction générale de l'agriculture (DG VI) de la Commission européenne, dans son bureau de Bruxelles. Tous les États admettent la nécessité d'une réforme, aucun projet cohérent n'émerge comme alternative à ce que nous proposons ou alors les projets des uns et des autres se contredisent. Alors nous sommes confiants. »

De fait, en France, pendant qu'on « amusait » le peuple avec des manifestations, d'autres, plus « futés », ont bien senti que la réforme arrivait. Et, travaillant dans l'ombre, ils n'ont guère quitté les couloirs bruxellois et les cabinets ministériels. C'est que, sans remettre frontalement en cause le principe général du projet, ils veulent l'« améliorer » à leur convenance. Hélas, trois fois hélas ! ils y parviennent : certes, l'essentiel de la philosophie du projet de la Commission (fin du soutien des prix et instauration d'aides directes) demeure, mais les reculs sur les modalités d'application de ces aides en dénaturent l'esprit. La réforme finalement adoptée en mai 1992 laisse donc beaucoup de regrets... Une fois de plus, la politique agricole est confisquée par les plus riches au nom des plus pauvres. Et, une fois de plus, sur le dos des consommateurs, des contribuables, des chômeurs, des campagnes et de l'environnement.

La bonne affaire des céréaliers

Les céréaliers ont été les plus actifs. Ils ont très vite compris les atouts que constituait pour eux le projet de réforme : la prime compensatoire à l'hectare est une aubaine pour pallier la baisse des prix, continuelle depuis quatre ans ; et ils ont tout intérêt à laisser les prix baisser pour reconquérir le marché de l'alimentation animale (à cause des prix élevés, dans les années quatre-vingt, ils avaient perdu un débouché de 10 millions de tonnes) ; tout intérêt aussi à voir les stocks se réduire, fût-ce au prix d'une jachère.

Seul inconvénient pour eux, de taille, le projet de la Commission prévoit que, pour ceux dont la surface cultivée en céréales, oléagineux ou protéagineux, dépasse 50 hectares, les surfaces gelées ne bénéficieront pas de la prime compensatoire. Les céréaliers se sont donc battus essentiellement pour que la prime compensatoire soit attribuée à tous les hectares gelés, quelle que soit la surface cultivée ! Puissamment aidés par le gouvernement français (n'était-ce pas la condition qu'il a mise pour entériner le projet ?), ils obtiennent satisfaction.

La Commission (l'exécutif technique) se trouve d'ailleurs isolée face au Conseil des ministres européens (l'instance politique). Les politiques, plus préoccupés de clientèle électorale, se soucient peu de la cohérence de la réforme. Ceux qui sont prompts à dénoncer les erreurs des « technocrates de Bruxelles » feraient bien de s'en souvenir !

Les effets pervers de ce lâchage sont évidents, à commencer par un coût budgétaire plus élevé. De plus, puisque les grandes exploitations ne sont plus pénalisées (elles bénéficient maintenant, comme les autres, d'une prime pour les hectares qu'elles gèlent), elles en tirent une rente de situation leur procurant des revenus exorbitants. Et rien ne les empêche de chercher à s'agrandir toujours plus [1] : la prime versée chaque année paie largement les charges foncières. Par exemple, comment ne serais-je pas tenté d'acheter ou de louer 900 francs l'hectare des terres qui vont me procurer

---

1. Il existe cependant une législation limitant les cumuls de terres.

3 000 francs de primes à l'hectare ? Opération extrêmement profitable et facilement envisageable quand il s'agit d'agrandir de 100 hectares une exploitation qui en fait déjà 400. Ainsi apparaissent des paysans d'un type nouveau : les chasseurs de primes, ou d'hectares, ce qui revient au même. Tels ces paysans vendéens qui accaparent des milliers d'hectares sur plusieurs communes et perçoivent 5 millions de francs de primes européennes. Ou telle l'entreprise Gerbier qui posséderait 5 000 hectares de terres dans le Maine-et-Loire, la Vendée, les Deux-Sèvres et la Loire-Atlantique (dans ce département, 600 hectares sur la seule commune d'Héric, soit 10 % de la surface agricole de la commune !) [2]. De fait, après la réforme de 1992, on voit les exploitations céréalières augmenter toujours plus leur surface, au détriment des autres exploitations, de l'emploi agricole et du tissu rural.

Le recul de la Commission ne sert pas la justice sociale : certes, il reste un léger avantage aux petits producteurs puisqu'ils n'ont pas obligation de geler des terres pour toucher les primes ; mais ils perdent la prime supplémentaire pour la culture d'oléoprotéagineux et, sur ce plan, ils sont pénalisés.

Et, comme si cela ne suffisait pas, les céréaliers obtiennent aussi, au cours de l'été 1992, un relèvement de la prime pour le gel de terres COP, qui est fixée dès l'année 1993 au niveau qu'elle devait atteindre en 1995 (alors qu'une augmentation progressive sur trois ans avait été prévue), et améliorée de 560 francs pour la France. Dans ces conditions, le gel de terres n'est plus vraiment un handicap. Des agriculteurs augmentent même leurs surfaces gelées volontairement !

Avantage aux régions riches ou pratiquant l'irrigation

Autre sabotage, après le déplafonnement de la prime compensatoire à l'hectare COP : le mode de calcul de cette prime, qui avantage encore les agriculteurs les plus importants. Comment est-ce possible ?

---

2. Selon l'hebdomadaire *Charlie Hebdo*, mercredi 21 janvier 1998.

Pour chaque pays, la prime à l'hectare est calculée, on l'a vu au chapitre précédent, sur le rendement moyen des trois années précédant la réforme. La France ayant un rendement moyen de 60 quintaux en céréales, cette prime est de 330 ECU à l'hectare, soit 2 150 francs par hectare. Chaque pays étant libre de la répartir comme il l'entend, la France aurait pu choisir de verser la même prime à l'hectare à tous les producteurs de céréales, quelle que soit leur région. C'est ce que l'on attendait d'un gouvernement socialiste soucieux d'équité et d'aménagement équilibré du territoire.

Eh bien, pas du tout ! Celui-ci décida de calculer la prime département par département, suivant le rendement moyen obtenu les trois années précédant la réforme de la PAC dans le département considéré, et les départements purent même, si bon leur semblait, se découper en zones plus petites. C'est ainsi que l'Allier a deux zones : la plaine qui, avec un rendement moyen de 55 quintaux, bénéficie d'une prime de 1 960 francs à l'hectare pour l'année 1996, et la région pauvre de montagne, qui ne mérite que 1 640 francs à l'hectare. Les disparités entre départements sont du même ordre : 2 800 francs par hectare pour les terres riches de l'Eure-et-Loir (rendement moyen de 80 quintaux), 1 660 francs en Haute-Vienne (rendement moyen de 46 quintaux). Bref, plus le rendement est fort, plus la prime est importante. Pas tout à fait proportionnelle, cependant : au dernier moment, la fibre socialiste de Louis Mermaz, ministre de l'Agriculture, s'est réveillée, et la prime est finalement calculée pour un tiers sur le rendement national et pour deux tiers sur le rendement départemental. Encore heureux !

Mais ce n'est pas tout. Le gouvernement français a aussi laissé aux départements la possibilité de différencier la prime entre les surfaces COP irriguées et les surfaces qui ne le sont pas. Et ils ne s'en sont pas privés : dans presque tous les départements, les terres irriguées bénéficient maintenant d'une prime supplémentaire de l'ordre de 1 000 francs par hectare. Quand on sait que les agriculteurs qui irriguent ont déjà bénéficié de subventions, à titre individuel pour le matériel, à titre collectif pour les retenues d'eau, on peut se demander s'il est légitime de leur donner en plus cette rente

de situation qui les conforte dans l'irrigation. Alors que l'irrigation met en péril la ressource collective en eau, augmente les risques de pollution et augmente les rendements, une telle politique apparaît en totale contradiction avec l'esprit de la réforme.

D'autant que les céréaliers, avec l'appui du gouvernement français, se battent aussi pour limiter la baisse des prix des céréales – ce qu'ils obtiennent : la baisse prévue en 1995 est ramenée de - 35 % à seulement - 27 %. Et, de ce fait, la prime compensatoire à l'hectare pour l'Europe passe de 253 ECU à 207 ECU l'hectare (soit 2 150 francs en moyenne à l'hectare en France, au lieu de 2 630 francs).

Juste retour des choses, si l'on ose dire, cette victoire des céréaliers se retournera contre eux : ils gagneront moins sur le prix qu'ils ne perdront sur les primes ! Mais cette reculade de la Commission sur la baisse des prix des céréales atténue la vigueur et l'efficacité de la réforme pour atteindre ses objectifs. Heureusement, la baisse de 27 % du prix des céréales, l'avenir le montrera, sera suffisante pour arrêter la course à l'intensification et aux rendements, reconquérir le marché de l'alimentation animale et permettre les accords du GATT.

Quatre ans après la réforme, un résultat en demi-teinte pour les céréales

Deux points positifs sont à mettre au crédit de la réforme.

• La fonte des excédents : de 30 millions de tonnes en 1992, le stock public de céréales est tombé à 6 millions de tonnes début 1996. Du coup, les cours mondiaux montent et les restitutions aux exportations baissent. Il faudra même taxer les exportations en juillet 1996 : du jamais vu ! C'est autant d'économisé pour le budget communautaire. Cette résorption des stocks est le résultat de la reconquête du marché de l'aliment du bétail par les céréales (la consommation de produits de substitution a baissé de 10 % et leur importation d'un tiers), et de la jachère tournante obligatoire pour les exploitations de plus de 20 hectares COP (15 % des surfaces

Les céréales ont reconquis les marchés perdus

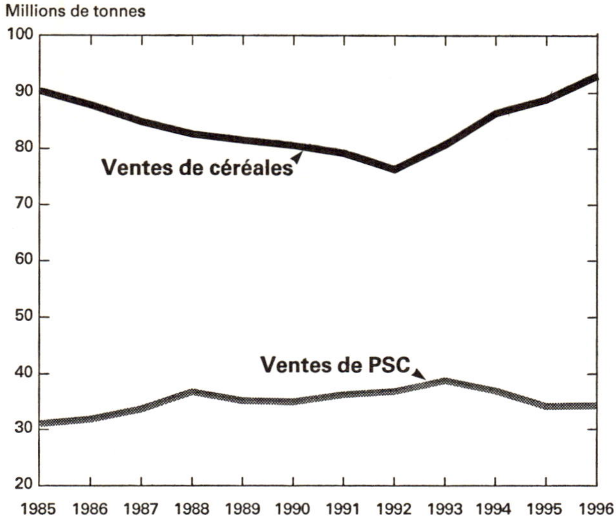

Source : Eurostat. PSC : Produits de substitution des céréales

COP ont été gelés en 1993). Grâce à ces résultats, la jachère a été ramenée à 10 % en 1996, puis à 5 % en 1997.

• La diminution des épandages d'engrais azotés et de pesticides sur céréales, ce qui freine donc la pollution : en effet, la baisse des prix a rendu moins rentables ces traitements. Inversement, la remontée des cours que l'on oberve en ce moment risque de relancer l'intensification, d'où l'urgence d'instituer une taxe européenne forte sur les engrais et les pesticides pour en freiner l'emploi.

Mais les points négatifs ne manquent pas : la course à l'agrandissement s'est accélérée, et l'objectif de mieux répartir les aides en faveur de la petite agriculture afin de maintenir le maximum d'agriculteurs sur des exploitations familiales est passé à la « trappe ». C'est le résultat direct de la non-dégressivité et de l'absence de plafonnement des aides publiques : on l'a vu, les modalités d'attribution des primes sont telles que celui qui en a les moyens a toujours intérêt à acquérir des hectares de cultures céréalières ou oléoprotéagineuses supplémentaires. À nouveau, des milliers

d'exploitations disparaissent, et les aides se concentrent sur les plus aisés : on estime que 85 % des aides européennes iraient désormais à 20 % des agriculteurs. Effet lié à la taille des exploitations mais aussi à la fertilité des terres, puisque celles qui ont les meilleurs rendements reçoivent le plus de subventions à l'hectare.

Ainsi, la réforme passe à côté de son objectif sur les plans de la préservation du tissu rural et de l'aménagement du territoire, de la lutte contre le chômage (chaque fois qu'une famille paysanne quitte son exploitation, ce sont des demandeurs d'emploi en plus) ou d'une plus juste répartition des aides. C'est donc essentiellement sur ce plan qu'il faut aujourd'hui réformer la réforme de 1992.

Réforme plutôt réussie pour les oléagineux

La réforme de la PAC a produit de bons résultats pour les oléagineux (colza, tournesol, soja). Ce qui n'est malheureusement pas le cas pour les protéagineux (pois, féveroles, lupins), d'où un déficit persistant en protéines pour l'alimentation animale.

Il faut dire que la situation de ces productions est un peu particulière, les États-Unis ayant, comme on sait, négocié l'entrée sans prélèvement de leur soja en Europe. Celui-ci arrive donc sur le marché européen au prix mondial – qui est bas –, ce qui décourage évidemment les agriculteurs européens d'en produire. Il est bien plus intéressant pour eux de cultiver des céréales et d'importer du soja pour équilibrer la ration alimentaire des animaux.

Ainsi, au fil des ans – au fur et à mesure que se développent l'élevage hors-sol et la culture du maïs-fourrage pour l'alimentation des bovins –, l'Europe est devenue totalement tributaire du soja américain [3], importé des États-Unis et du Brésil. On se souvient de la panique créée par l'embargo

---

3. Le maïs est une céréale très énergétique, mais très pauvre en protéines : il faut donc le compléter, pour équilibrer la ration, par des aliments riches en protéines, comme les tourteaux. Le tourteau (de soja, de colza, d'arachide, etc.) est ce qui reste après avoir extrait les matières grasses des graines d'oléagineux : les protéines, déjà abondantes dans la graine, se trouvent alors concentrées.

décidé en 1974 par les États-Unis sur leurs exportations de soja, et de l'envolée des prix qui s'ensuivit.

Devant cette situation intolérable, la Commission européenne décida alors d'encourager fortement la production européenne d'oléoprotéagineux (colza, tournesol, pois, féveroles, lupins, voire soja), en instaurant une garantie de revenu au producteur. Préfigurant sans le savoir l'esprit de la réforme de 1992, cette garantie ne passait pas par un soutien des prix, mais par une prime directement versée soit aux agriculteurs, soit aux organismes collecteurs : cette prime s'élevait bon an mal an à 1 franc du kilo pour les pois, soit le double du prix de marché, et elle comblait la différence entre le prix mondial et le prix garanti fixé chaque année à Bruxelles. C'était une forme de *deficiency payment*[4] tel qu'il était pratiqué en Grande-Bretagne avant son entrée dans le Marché commun et aux États-Unis jusque récemment.

Cette prime importante – puisque, par exemple, elle atteint 6 000 francs à l'hectare de pois avec un rendement de 60 quintaux – a provoqué une forte extension des cultures d'oléoprotéagineux en Europe. Chaque année, en mai, les voyageurs étonnés ont vu les plaines vertes de Beauce, de Brie ou de Côte-d'Or se chamarrer de l'or des fleurs de colza, puis du violet des pois.

Pourtant, cela n'a pas suffi à couvrir les besoins en protéines de l'Europe (en 1990, celle-ci importait encore 24 millions de tonnes de soja). Mais, en l'absence de cette mesure, nul doute que notre dépendance aurait été encore plus grande. Malgré leur coût élevé, ces primes d'encouragement à la culture des oléoprotéagineux étaient donc justifiées. De même que les primes aux usines de déshydratation de luzerne, trèfle, graminées fourragères jeunes, toutes plantes riches en protéines.

Pour cette raison, la réforme de 1992 ne modifie pas grand-chose à ce mécanisme. Pour le colza, le tournesol et le soja, la Commission verse désormais une prime à l'hectare, réajustée chaque année en fonction de l'évolution du

---

4. Le *deficiency payment* est un complément de prix entre le prix de marché et le prix garanti, versé par l'État. En France, ce système a été appliqué à la production de viande bovine pour les élevages de taurillons.

marché mondial par rapport au prix garanti en Europe. C'est à peu près le système d'avant la réforme, sauf que la prime est maintenant calculée par hectare – et non plus par quintal produit –, sur la base des rendements des années précédentes, différenciés par zone (en France, il y en a trois). Sauf, aussi, que la prime est obligatoirement versée aux producteurs alors que, dans l'ancien système, elle était versée aux organismes de collecte (parfois, aux associations de producteurs) auxquels les agriculteurs vendent leur production. C'était un point de passage obligé pour aboutir aux accords du GATT, la Communauté ayant été condamnée par un comité d'experts de cet organisme (un « panel ») pour avoir subventionné des organismes de collecte, pratique qualifiée de concurrence déloyale. En revanche, les accords du GATT tolèrent les aides directes aux agriculteurs (« boîte bleue »).

La réforme adoptée pour les oléagineux est mise en route brutalement, en une seule fois, dès 1993. Cette année-là, le prix du colza payé aux agriculteurs tombe de plus de 3 francs le kilo à moins de 1 franc ! Mais cette baisse est compensée par une prime de l'ordre de 4 000 francs à l'hectare, ce qui maintient la rentabilité de la culture, à condition que... À condition que l'agriculteur réduise ses consommations intermédiaires, à commencer par les engrais et les pesticides, bref qu'il cultive son colza de manière plus économique.

Le système mis en place pour les oléagineux est donc exemplaire en ce sens qu'il pousse au bout la logique de la réforme : casser l'intensification par des prix très bas, mais sans nuire au revenu des agriculteurs, grâce aux aides directes, si ceux-ci adoptent une nouvelle façon de produire.

Cela vaut aussi, bien sûr, pour les cultures de colza à des fins non alimentaires, comme la fabrication de carburants. L'argumentation de certains écologistes qui critiquaient ces cultures (« dépolluer le carburant, mais polluer la terre ») n'est donc pas juste. Elle résulte d'un manque d'information, je le dis avec sympathie à mes amis écologistes. En effet, un hectare de colza destiné à produire du diester[5] ne peut être

5. Produit chimique tiré de l'huile de colza, et qui, seul ou en mélange, est utilisé comme carburant pour les moteurs Diesel.

produit de façon très intensive pour une raison économique toute simple : le kilo de colza est payé au prix mondial (environ 100 francs le quintal) et, à ce prix, l'intensification ne paie pas. On retrouve là le même raisonnement qu'avec les céréales, mais en plus décisif : pour produire du colza rentable aujourd'hui, il faut se contenter de le semer et de le récolter. Un rendement de 20 quintaux à l'hectare sans consommations intermédiaires rapporte plus que 40 quintaux intensifs, parce que les 20 quintaux qui seraient obtenus en plus ne paieraient pas l'azote et les pesticides nécessaires pour obtenir ce supplément de rendement.

Les besoins en protéines du bétail européen toujours plus dépendants des importations

Pour les protéagineux, en revanche, le résultat est moins heureux. La Commission a également remplacé la prime au quintal produit par une prime à l'hectare, du même niveau que celle accordée aux céréales. Mais comme les rendements sont bien inférieurs, les céréaliers – qui cultivent aussi les protéagineux – ont demandé, à juste titre, le relèvement de cette prime. Elle fut augmentée d'environ un tiers, ce qui est encore loin du compte par rapport au système précédent. La réforme a donc pour conséquence la régression des surfaces en pois, aggravant notre dépendance en protéines : à la différence des oléagineux – qui offrent un intérêt à la fois pour l'alimentation humaine et la chimie, les tourteaux n'étant qu'un sous-produit –, les protéagineux s'utilisent directement dans l'alimentation des animaux et n'étaient donc cultivés que pour y remplacer le soja.

Ne nous leurrons pas, cependant : cette dépendance vis-à-vis des protéines importées résulte d'abord du régime d'alimentation animale à base de maïs, plante très pauvre en protéines bien que riche en énergie, qui est devenu dominant en France. L'autonomie passe donc, qu'on le veuille ou non, par un retour à une alimentation à base d'herbe pour les ruminants : l'herbe contient trois fois plus de protéines que le maïs, ce qui limite le recours aux produits coûteux (protéines importées) ou dangereux (farines animales). Et

les protéagineux devraient être réservés aux porcs et aux volailles qui, évidemment, ne consomment pas d'herbe.

Retrouver une autonomie en matière d'alimentation animale passe aussi par la diminution des performances d'élevage. Demander à une vache de produire 10 000 litres de lait par an, ou plus, exige une alimentation extrêmement riche en énergie, en protéines, aussi en éléments minéraux, que l'on ne peut assurer avec seulement de l'herbe ou du foin : c'est donc un gouffre financier en aliments concentrés riches en protéines – sans parler des frais vétérinaires. Et, à l'arrivée, ce n'est pas forcément rentable, ni pour l'éleveur ni pour la nation.

Au total, il faut donc bien voir que c'est la conjonction de ces deux facteurs (généralisation du maïs dans l'alimentation animale et haute production laitière par vache) qui a fait passer l'Europe de l'autonomie en protéines des années cinquante à la dépendance actuelle. Dépendance effrayante si l'on y réfléchit bien : l'Europe importe la moitié des protéines dont ses élevages ont besoin.

Viande : du scandale de la prime au maïs à celui de la vache allaitante

De leur côté, les éleveurs ne sont pas non plus restés inactifs face au projet de réforme de la Commission.

L'incohérence de la prime à la culture de maïs pour l'ensilage

Première bataille, la prime au maïs-fourrage. Le lobby breton de l'élevage, après s'être élevé contre la prime au maïs-fourrage qui figurait dans le premier projet de réforme de la PAC de juillet 1991, réclame ensuite à cor et à cri son rétablissement car elle n'apparaît plus dans le projet remanié en octobre 1991. Tout le monde peut changer d'avis, non ?

Ces éleveurs obtiennent alors gain de cause, arguant du fait que, sans cette prime, ils devraient acheter leur alimentation animale. Bizarre... Pourquoi ne pas utiliser d'autres céréales qu'ils produiraient sur l'exploitation ? Le maïs-ensilage ne nécessite-t-il pas déjà l'importation massive de

soja pour équilibrer la ration ? Comme quoi, même les contre-vérités finissent par l'emporter, à force d'être répétées. La prime au maïs-fourrage, fixée au même niveau que la prime pour les céréales, figure donc dans la réforme votée le 21 mai 1992.

Du coup, l'ensilage de maïs se trouve très avantagé : si je nourris mes vaches à l'herbe, je n'ai pas de prime ; si je les nourris au maïs-ensilage, j'en ai une. Et rondelette, qui plus est : 2 150 francs à l'hectare en Côtes-d'Armor ! Quel encouragement au développement du système fourrager maïs-soja, malgré ses conséquences néfastes : dépendance en protéines importées, érosion des sols (le maïs est une des cultures qui laisse le plus longtemps la terre sans protection), pollution par les nitrates et les pesticides, pollution de l'eau et aussi de l'air ! La culture du maïs est si répandue et si intensive que l'eau de pluie contient désormais de l'atrazine, un désherbant du maïs employé à tour de bras depuis trente ans. La teneur en pesticides de l'eau en Bretagne atteint parfois soixante fois la teneur réglementaire !

Quelle incohérence ! Au matin du 21 mai, stupéfait d'apprendre à la radio la création de cette prime au maïs-ensilage, je décrochai mon téléphone pour demander au ministère de l'Agriculture si les conséquences de cette décision avaient été bien réfléchies...

Ce mauvais coup fut durement ressenti par mes amis agriculteurs écologistes. Sept éleveurs de Trémargat firent sept jours de grève de la faim pour dénoncer cette imposture : « Ceux qui saccagent l'environnement sont aidés, nous qui avons gardé nos prairies, nos haies, nos paysages, nous n'avons rien ! C'est injuste et inadmissible ! »

Depuis des années, nous dénoncions en effet le développement effréné du maïs-fourrage en Bretagne, qui a mis en difficulté des milliers d'exploitations, saccagé nos paysages et provoqué de nombreuses pollutions. En 1982, nous avions créé une association, le CÉDAPA (Centre d'étude pour un développement agricole plus autonome), afin de nous entraider pour développer des pratiques agricoles plus rentables, mieux équilibrées, mettant notamment à profit les propriétés agronomiques et alimentaires des prairies à base

de trèfle blanc [6]. Chiffres à l'appui, nous avons montré l'avantage économique de l'herbe et du foin pour nourrir bovins et ovins. Aussi, les syndicats intercommunaux de gestion de l'eau nous appuyaient, des élus aussi et des associations de consommateurs... Bref, nous pensions gagner la partie. Cette prime au maïs nous a cassé les reins. Colère et rage contre cette politique à courte vue de nos organisations professionnelles et des politiques.

Eh bien, malgré la prime au maïs-ensilage (2 150 francs par hectare), des éleveurs ont quand même abandonné cette culture au profit de l'herbe, et ont démontré qu'ils gagnent plus en travaillant moins.

Il reste que la réforme à venir ne saurait être cohérente si elle maintenait cette prime au maïs-fourrage qui nuit au développement d'un système fourrager à base d'herbe, seul capable de reconquérir notre environnement. Espérons que les pays nordiques de la Communauté, qui ne peuvent cultiver le maïs – plante inadaptée à leur climat –, se rendront compte de la distorsion de concurrence introduite par cette prime au maïs-fourrage : le lait, la viande bovine et ovine des pays du sud de l'Europe se trouvent ainsi subventionnés à leur détriment. Espérons aussi que les technocrates de Bruxelles – que j'estime par ailleurs – se rendront compte de cette distorsion contraire à l'esprit de la PAC. À propos de cette affaire, je les avais interpellés : « Avez-vous au moins eu le sentiment de vous être fait ridiculiser [7] ? »

La prime à la vache allaitante entre les mains des lobbies

Deuxième bataille des éleveurs : la prime à la vache allaitante [8], menée par le lobby des producteurs du Massif central. Il obtient la suppression du plafond d'attribution de cette prime (pas de droit à prime pour les élevages au-delà

---

6. Qui ne nécessite aucun apport d'engrais azoté, grâce au trèfle qui capte l'azote de l'air.
7. Message reçu, puisque le projet de réforme pour 1999 prévoit de supprimer cette prime au maïs-ensilage.
8. On nomme ainsi les vaches qui élèvent leur veau, à la différence des vaches laitières dont on trait le lait pour le vendre. Les troupeaux de vaches allaitantes sont destinés à la production de viande.

de 90 vaches allaitantes) et le fait remplacer par un quota de primes : le montant de la prime est calculé sur la base du nombre de vaches présentes sur l'exploitation au 31 décembre 1992 ; le nombre de vaches déclaré à ce moment-là constitue alors un quota attaché à l'exploitation pour le calcul des primes des années suivantes. Et comme cette mesure est décidée en mai 1992 et qu'il n'y a plus de plafonnement de la prime, il reste huit mois, jusqu'au 31 décembre, à celui qui a de l'argent pour s'activer à remplir son étable de vaches allaitantes, afin de bénéficier du maximum de « droits à prime ». Les gros éleveurs de porcs bretons achètent des troupeaux entiers de vaches allaitantes : l'année a été bonne, et ce droit à prime leur paraît un bon placement.

Pour les jeunes bovins mâles (appelés taurillons), le plafond de primes à 90 bêtes maximum par exploitation demeure, mais un quota national par pays est établi par rapport au nombre d'animaux en place en 1990, 1991 ou 1992. Comme pour les vaches, la France établit son quota de primes sur le nombre de jeunes bovins présents au 31 décembre 1992. Et, là aussi, frénésie d'achats pour bénéficier d'une part la plus grosse possible dans le quota national.

Les conséquences de cette ahurissante politique sont évidemment l'augmentation du potentiel de production de viande bovine en France, donc la surproduction en Europe, bien avant l'apparition de la crise de la « vache folle ». Les éleveurs français en sont les premières victimes, la baisse des cours allant au-delà des 15 % prévus par Bruxelles. Ainsi, la bataille pour la « référence 1992 » (année de référence pour le calcul des droits à prime) s'est finalement retournée contre eux et contre tous les éleveurs européens. La surproduction endémique que nous subissons depuis quatre ans vient de cette bêtise, présentée à l'époque comme une victoire du syndicalisme français. Le décor a bien changé depuis, et les responsables d'alors parlent aujourd'hui de maîtrise de la production...

Mais l'adoption de ces quotas de primes par exploitation a d'autres conséquences que la surproduction. Elle empêche les nouvelles installations en viande bovine sur des fermes ne disposant pas de quota. Elle fait monter les prix

des terres avec quota. Bref, on retrouve l'inconvénient du quota laitier et les problèmes de gestion administrative des quotas disponibles, d'attribution... Un casse-tête pour les commissions départementales et nationales.

Enfin, avec le déplafonnement de la prime à la vache allaitante, l'avantage au petit producteur disparaît complètement : le gros reste gros, le petit reste petit. Là encore, on reste ahuri devant un tel détournement des propositions initiales. Voilà une production qui fonctionnait depuis dix ans avec un plafonnement des primes par exploitation qui contribuait à maîtriser la production, décourageait les agrandissements excessifs, et donc confortait le tissu rural. Facile à gérer, il fonctionnait bien et avait fait ses preuves. Sous quelle influence diabolique l'a-t-on changé ? Comment expliquer une telle décision de la part du gouvernement socialiste d'alors ? Incompétence ou esprit mercantile pour « grappiller » au FEOGA le maximum de primes pour la France ? Et les éleveurs ? Les responsables professionnels se sont plus souciés de se constituer une rente grâce à un quota de primes élevé, espérant les monnayer à leur départ en retraite, que d'installer des jeunes : indigne ! Cependant, leur calcul a en partie échoué car la crise de la viande est telle que peu d'exploitants courent encore après des quotas de primes à la vache allaitante : adieu veaux, vaches... et rente !

Les mesures prévues pour décourager l'élevage intensif passent à la trappe

Troisième bataille pour les éleveurs la suppression du « couperet des 2 UGB », comme on l'a appelé. Ce dispositif proposé par la Commission en 1991 consistait à supprimer toutes les aides directes aux élevages dont le chargement dépasserait 2 UGB/hectare. Branle-bas de combat chez les éleveurs intensifs (hors-sol, taurillons semi-industriels...).

En mars 1992 – deux mois avant l'adoption de la réforme –, j'ai rendez-vous au ministère de l'Agriculture pour parler de la viande bovine. La jeune dame qui m'accueille me déclare d'emblée : « Nous étions

hier à Bruxelles avec une délégation syndicale d'éleveurs pour obtenir la suppression du couperet des deux UGB *par hectare, mais nous n'avons pas obtenu satisfaction.*

– Eh bien, c'est heureux !

– Pourquoi ? Si nous n'obtenons pas cela, le taurillon laitier est sans avenir...

– Cet élevage, madame, est de toute façon sans avenir, il n'a survécu que de subventions[9] *et ceux qui le pratiquent n'ont jamais prospéré. Croyez-moi, le meilleur service à rendre aux éleveurs qui s'obstinent dans cette production est de le leur faire comprendre pour qu'ils se reconvertissent au plus vite.* »

Après un siège assidu de la Commission à Bruxelles, le lobby obtient finalement satisfaction : *exit* le couperet des 2 UGB à l'hectare. Ainsi disparaît le dispositif majeur pour la production animale, destiné à préserver l'environnement et à maîtriser la production. Pourtant, ce dispositif fort aurait réellement cassé l'intensification de type industriel pratiquée en production bovine et ovine. La production intensive à base d'aliments achetés ou de fourrages poussés à l'azote et aux pesticides aurait été complètement découragée. La suppression de cette mesure essentielle laisse le champ libre aux excédents et à la pollution.

Cependant, Bruxelles n'a pas cédé tout à fait. Le couperet est remplacé par un quantum : jusqu'à un certain niveau de chargement, j'ai droit à une prime ; au-delà, je n'en ai plus, mais je ne perds pas toutes les primes comme c'était le cas avec le « couperet ». Ce quantum était fixé à 3,5 UGB/ha en 1993, 2,5 en 1995 et 2 à partir de 1996 : c'est-à-dire que si aujourd'hui j'ai un chargement de 3 UGB à l'hectare de surface fourragère [10], je touche la prime pour 2 UGB et rien pour la troisième.

9. Comme on l'a vu au chapitre précédent.

10. La surface fourragère (SFP) inclut toutes les terres destinées à l'alimentation animale : prairies (naturelles ou temporaires) et cultures fourragères (pois, betteraves fourragères, maïs – quand toute la plante est ensilée...).

Ce nouveau dispositif est évidemment beaucoup moins dissuasif que le « couperet » des 2 UGB/ha initialement proposé. Mais sa mise en œuvre à partir de 1995 pèse lourd sur la rentabilité des élevages de taurillons intensifs : l'élevage hors-sol est de fait exclu des primes (cas des élevages industriels d'Italie ou d'Espagne, mais aussi des élevages de taurillons au maïs-ensilage). L'éleveur doit alors choisir entre la prime au maïs-fourrage (auquel cas il n'a plus de surface fourragère et subit le quantum) ou la prime à l'animal (auquel cas il doit déclarer son maïs-ensilage en surface fourragère mais renoncer à la prime pour cette culture). Il ne peut cumuler les deux primes.

Sollicité par Bruxelles, je montre, dès le lendemain de l'adoption de la réforme dans une étude économique [11], que la production de taurillons intensifs est condamnée par cette réforme de 1992, du moins à partir de 1995. La crise actuelle, indépendamment de la « vache folle », était bien prévisible.

Lait : le blocage de la réforme prépare des lendemains difficiles

La situation est évidemment assez différente pour les producteurs laitiers, puisque l'instauration des quotas de production, en 1984, a normalisé le marché. Les organisations professionnelles laitières s'activent donc pour que rien ne change. Mission réussie : toutes les propositions de réforme avancées par la Commission en 1991 (baisse du quota global européen de 3 %, baisse du prix du lait de 10 % entièrement compensée par une prime directe) disparaissent. C'est le *statu quo* : même niveau de quota, même soutien des prix (excepté une petite baisse de 2,5 % de l'intervention sur le beurre) et donc pas d'aides directes. Les producteurs laitiers crient victoire et s'endorment paisiblement : le chambardement n'est pas pour eux. Il y en aura un, pourtant, et de taille, imposé par les négociations du GATT qu'ils n'ont pas su anticiper.

---

11. « Qui perd, qui gagne », *Le Peuple breton* n° 345 de septembre 1992,

Les éleveurs laitiers bénéficient, comme les autres éleveurs, de la prime aux céréales autoconsommées et de la prime au maïs-fourrage, soit un supplément de 30 000 à 40 000 francs de revenu pour une exploitation moyenne bretonne. Cela ne les empêche pourtant pas de manifester à la moindre baisse du prix du lait (moins 2 centimes au printemps 1995). Le « toujours plus » est viscéral chez nos concitoyens.

Mais, en refusant la réforme proposée pour la production laitière, ce secteur s'est préparé des lendemains difficiles. Car les excédents s'accumulent à nouveau et l'échéance de la future négociation avec l'OMC approche. De fait, aujourd'hui, c'est un retour à la case départ. Le *statu quo* est désormais impossible et il faudra bien choisir entre une baisse de prix assortie d'une prime compensatoire (comme prévu dans la réforme), une baisse draconienne des quotas, ou un double prix pour un double quota. Si le projet de réforme proposé par la Commission en 1991 avait été adopté, les producteurs de lait dormiraient aujourd'hui tranquilles.

De même, l'adoption des propositions de la Commission aurait permis de conforter les petites exploitations laitières et de décourager les agrandissements, puisque seules les quarante premières vaches de chaque exploitation auraient été primées. De plus, la baisse du quota (moins 4 %) aurait été supportée en totalité par les exploitations de plus de 200 000 litres de lait, les petites exploitations devant au contraire bénéficier d'un supplément de quota. Un véritable gâchis que cette « victoire » syndicale de 1992...

Bilan de la réforme : ceux qui rient et ceux qui pleurent

La réforme de la PAC a eu pour résultat une hausse importante du revenu des agriculteurs : plus 25 % en trois ans. Nulle autre catégorie socioprofessionnelle n'a eu cette chance. À tel point que ceux-là qui criaient si fort hier contre la réforme, qui prédisaient toutes les catastrophes, aujourd'hui ne veulent surtout plus rien changer : « Pourvu que cela dure ! » espèrent-ils. Toutes leurs manifestations, toutes leurs vociférations d'alors paraissent aujourd'hui bien ridicules. Et l'on s'interroge : des dirigeants qui se sont si lourdement trompés sont-ils encore crédibles ?

L'opulence égoïste des céréaliers

Les revenus ont progressé dans toutes les productions et dans toutes les régions. Mais ce sont les grosses exploitations céréalières qui ont le plus bénéficié de la réforme : la baisse des cours n'a pas été aussi forte qu'attendu mais les primes compensatoires prévues ont été maintenues. Ces exploitations ont donc accumulé des revenus d'un niveau jamais vu. Et, plutôt que de payer des impôts importants sur leurs bénéfices, elles ont réinvesti dans l'achat de terres et, surtout, de matériel. Il faut aujourd'hui attendre six mois la livraison d'un tracteur, d'une moissonneuse-batteuse. L'industrie du machinisme agricole, hier sinistrée, est redevenue florissante.

Tant mieux pour l'emploi dans ce secteur, tant mieux pour nos exploitations rééquipées à neuf. Mais que, de grâce, on sache le reconnaître et qu'on arrête de verser des larmes sur le pauvre paysan au bord de la faillite. Qu'on cesse de généraliser le cas de la production de viande bovine, qui seul a subi la crise, d'une gravité exceptionnelle, en 1996. Les cours du porc, de la volaille ou de la viande d'agneau en ont même profité, tandis que les céréaliers n'ont pas été affectés. Et, bien sûr, il faut approuver les aides massives qui ont été apportées aux éleveurs bovins, leur permettant de maintenir leur revenu en 1996 : on ne peut laisser disparaître un secteur aussi important de l'économie.

Mais, pour venir en aide aux éleveurs, fallait-il une fois de plus prendre dans la poche du contribuable, français et européen, alors qu'il suffisait d'en donner moins aux céréaliers dans l'opulence ? Si leurs responsables avaient été dignes de ce nom, ils auraient d'eux-mêmes proposé le transfert vers les éleveurs d'une partie des aides prévues pour les céréales. Bien au contraire, quand la Commission l'a proposé en juillet 1996, ils s'y sont opposés, soutenus par plusieurs députés européens. Révoltant : où sont la solidarité, le sens civique, l'éthique ?

J'ai alerté Frantz Fischler, commissaire européen à l'Agriculture, et tous les journaux nationaux : rien n'y a fait. J'ai envoyé un courrier des lecteurs à *Ouest-France*, d'habitude si ouvert aux débats : à la trappe ! J'ai juste obtenu une

petite interview en page départementale. Lors de l'émission « La marche du siècle » consacrée à la crise de la vache folle [12], à laquelle je participais, je fus « coupé » sur ce point précis. Y aurait-il donc dans ce pays des sujets tabous dont le citoyen ne doit pas être informé ? Et faut-il s'étonner ensuite que les agriculteurs apparaissent tous comme d'éternels assistés, jamais contents de leur sort et quémandant des aides publiques ?

Heurs et malheurs des producteurs de volaille et de porc

Les productions de porc et de volaille, on l'a vu, ne bénéficiaient pas de garantie de prix par le stockage, sinon de façon très ponctuelle pour le porc. Mais les subventions aux exportations fonctionnaient à plein : les restitutions étaient calculées en proportion de la quantité de céréales théoriquement consommée par les animaux pour produire un kilo de porc, de poulet, d'œufs. Mais, comme, l'aliment utilisé contenait de plus en plus de produits de substitution aux céréales (manioc, *corn gluten feed,* farines animales, etc.) achetés au prix mondial, le système était vicié mais très avantageux pour les exportateurs. Ceux-ci n'ont donc pas manqué de dénoncer la réforme, puisqu'elle signifie l'arrêt progressif des restitutions.

De fait, la filière des « poulets-export » (ces poulets abattus à l'âge de six semaines, exportés principalement dans les pays arabes), pour lesquels la baisse du prix de l'aliment ne compense pas la disparition des restitutions prévue par la réforme, n'a plus grand avenir.

En revanche, la production de porcs hors-sol est gagnante puisqu'elle a été peu affectée par la baisse des restitutions (elle est peu exportée en dehors de la Communauté) mais a bien profité de la baisse du prix des céréales, donc de l'aliment pour porcs. De plus, les éleveurs qui autoconsomment leurs céréales ont reçu un complément de revenu conséquent : pour une exploitation de 50 hectares, par exemple, plus de 100 000 francs (50 ha × 2 000 francs/ha). « La réforme

12. France 3, du 25 octobre 1996.

est une chance pour la production porcine, disais-je, sous les huées, au lobby breton rassemblé à Rennes en septembre 1992, si vous savez être raisonnables, et ne pas en profiter pour produire encore plus.» Ce qui ne les a pas empêchés d'augmenter encore leur production de porc, au risque de provoquer une surproduction. Mais, heureusement pour eux, les producteurs néerlandais, belges et danois ont été limités par leurs contraintes environnementales: de ce fait, les cours du porc se sont maintenus. Et comme le prix de l'aliment pour porcs diminuait, les années fastes se sont succédé... Sauf que les Bretons sont aujourd'hui coincés par le niveau de pollution due au lisier...

La réforme de 1992 a permis de conclure les accords du GATT

Une fois la réforme de la PAC réalisée, les négociations du GATT ont à nouveau mobilisé la profession agricole. Objectif: contrer l'hégémonie des États-Unis. Les accords prévus sont devenus un bouc émissaire, accusé de mettre en danger l'agriculture européenne. À nouveau, haro sur le baudet et mobilisation générale contre le GATT, surenchère des partis politiques et du gouvernement français: que n'a-t-on entendu !

Ce nouveau cycle de négociations sur l'organisation du commerce mondial – appelé *Uruguay Round* – a commencé en 1986 et, à la différence des cycles précédents, l'agriculture est au centre des débats. Pas d'accord possible, donc, sans trouver un accord sur les échanges internationaux de produits agricoles. Les restitutions européennes, un des piliers de la PAC depuis 1962, accusées de subventionner les exportations et de fausser la concurrence, sont sur la sellette [13]...

La réforme de la PAC, qui programme une baisse progressive de ses restitutions, est donc aussi conçue – pourquoi le nier? – pour ouvrir la voie à un accord au GATT. De fait, cet accord est finalement signé fin 1993, après ce qui est présenté comme un bras de fer entre l'Europe et les États-Unis. Accord cette fois reconnu bon par le gouvernement

---

13. De même que le prctectionnisme japonais, très strict en matière d'importations de produits agricoles.

français, qui le qualifie de victoire pour la France. Mais quelle victoire ? N'est-ce pas un joli coup de bluff pour faire accepter à l'opinion et aux agriculteurs ce que l'on présentait hier comme diabolique ?

Car, en fait, il n'y a rien de changé par rapport au projet initial du GATT – que je trouvais d'ailleurs somme toute acceptable. Il s'agit essentiellement d'en terminer, progressivement, avec les subventions aux exportations. Précision : ce ne sont pas les exportations qui sont interdites, comme on a voulu nous le faire croire, mais seulement les exportations subventionnées (est établi un contingentement des exportations subventionnées, qui sera progressivement réduit chaque année pendant trois ans).

Pour le reste, chaque pays, et l'Europe, peut continuer de protéger son marché intérieur par des taxes ou prélèvements. La préférence communautaire est donc maintenue. Avec une petite brèche cependant : chaque pays devra ouvrir progressivement, sur cinq ans, ses frontières pour un volume limité (5 % du marché intérieur) sans droits de douane.

De mon point de vue, ces accords sont bénéfiques pour tout le monde. Les politiques de subvention des exportations, de surenchère en surenchère entre les États-Unis et l'Europe, mettaient les prix mondiaux à un niveau extrêmement bas, complètement déconnecté des coûts de production. Cercle infernal : plus on subventionne, plus les cours baissent, et plus il faut alors subventionner. Cette politique coûtait cher aux pays exportateurs – Europe, États-Unis en tête – et maintenait les pays pauvres du tiers monde dans un état de dépendance (leurs productions étaient concurrencées par nos excédents bradés), bloquant leurs efforts de développement agricole et condamnant leurs paysans à la misère.

Il fallait donc en sortir, et les accords du GATT étaient indispensables pour mieux organiser le commerce international : ne vaut-il pas mieux se mettre d'accord sur des règles communes plutôt que de laisser faire la loi de la jungle ? Cela dit, il est aussi normal que chaque pays défende ses intérêts et que les discussions soient âpres. Entre les États-Unis et l'Europe, les aides aux oléagineux ont cristallisé le

La guerre du colza n'a pas eu lieu

Les oléoprotéagineux (soja, colza, tournesol...) ont focalisé l'affrontement commercial entre les États-unis et l'Europe, les Américains accusant les Européens de fausser le marché.

Un panel (c'est-à-dire un comité d'experts du commerce international chargés de départager les deux parties) avait condamné l'Europe pour ses aides aux industriels du secteur, considérées comme une cause de distorsion de concurrence. Forts de cette condamnation, les États-Unis exigent que les aides publiques européennes soient limitées à un tonnage maximal. La bataille s'engage alors sur le niveau de ce plafond, fixé d'abord en tonnes puis en hectares. Finalement, l'Europe est autorisée à primer cinq millions d'hectares d'oléagineux.

La belle victoire, en vérité : cinq millions d'hectares, c'est le maximum que l'on puisse cultiver en oléoprotéagineux en Europe. Le saviez-vous ? En effet, les oléagineux et les protéagineux sont des plantes très sensibles à des maladies comme la fusariose : aucun traitement efficace n'existe et la maladie s'installe dans le sol pour des dizaines d'années au moins, interdisant alors toute culture d'oléoprotéagineux. Les producteurs de pois et de haricots du Sud-Finistère l'ont appris à leurs dépens. Un seul remède existe : espacer les cultures d'oléoprotéagineux (ils ne devraient pas revenir sur la même parcelle avant six ans), et donc pratiquer un bon assolement.

Les Américains, en se montrant intraitables sur ce point, nous ont sans doute rendu service... N'ont-ils pas préservé notre potentiel de production à long terme ? Peut-être aussi ont-ils permis une retraite honorable : pressentant le danger, la Beauce et la Brie avaient déjà commencé à perdre de leur chamarrure d'or...

Bref, beaucoup de bruit pour rien, alors que cette question des primes au colza ou au tournesol a failli faire échouer les négociations du GATT.

contentieux (voir encadré). C'est d'ailleurs à propos de l'accord sur ces produits qu'Édouard Balladur a crié victoire.

Reste que les négociations sur le commerce international, sous l'égide de l'OMC (Organisation mondiale du commerce) qui a pris la succession du GATT, doivent reprendre en 1999. Comme c'était prévu à l'époque, la réforme de la PAC adoptée en 1992 doit être rediscutée. Nul doute que ce sera la fin

de toute subvention aux exportations et que les aides directes accordées aux agriculteurs seront réexaminées, certaines risquant d'apparaître comme des distorsions de concurrence (« boîte bleue ») [14]. Par contre, les aides pour encourager l'emploi, préserver l'environnement semblent inattaquables (« boîte verte ») et c'est donc bien ce type d'aide qu'il faut développer. Pourtant, bien des résistances doivent encore être vaincues.

La réforme de 1992 ? Un goût d'inachevé

Au total, après un an de négociations acharnées, de l'été 1991 à mai 1992, avec les lobbies de l'agriculture et de l'agro-industrie ainsi qu'avec les gouvernements, les propositions radicales et cohérentes de la Commission européenne pour promouvoir une agriculture respectueuse de l'environnement, mieux répartie sur le territoire, plus humaine et plus sociale, sont pour l'essentiel sabordées.

• *Équité :* mis à part le cas des taurillons et des ovins, tout le système de plafonnement des aides a disparu. Leurs répartitions se révèlent même plus injustes qu'auparavant : 85 % des aides iront à 20 % des agriculteurs.

• *Environnement :* si la réforme de la production céréalière permet une réduction des pollutions, ce n'est pas le cas pour l'élevage bovin et ovin, où le dispositif central en la matière (la suppression de toute aide publique à une exploitation dont le chargement aurait dépassé 2 UGB/ha) a disparu. Pis encore, la prime au maïs-fourrage encourage une production polluante entre toutes.

• *Excédents :* si la réforme de la production céréalière s'attaque réellement aux excédents, ce n'est pas le cas pour la production de viande bovine. Pis, le système adopté en France contribue même à accroître le potentiel de production.

---

14. Dans le jargon du GATT, la « boîte noire » contenait les subventions aux exportations (elle est en voie de disparition puisque ces aides sont démantelées). La « boîte bleue » contient les primes qui compensent les baisses de prix, et qui peuvent donc être analysées comme une forme de distorsion de concurrence. La « boîte verte » est censée regrouper les mesures qui n'ont pas d'effet sur le marché et la concurrence.

Bref, la réforme de l'organisation des marchés céréaliers est excellente sur le plan économique et pèche uniquement par son volet social : l'inégale répartition des aides demeure. Par contre, la réforme de la politique en matière de production animale est un recul par rapport au projet qui, lui, était cohérent à la fois au plan social, économique et environnemental. Le sabotage du projet de réforme est ici complet.

Est-ce à dire que la réforme de 1992 est nulle ? Non, pour deux raisons. La première est que les points positifs de cette réforme, on l'a vu, sont loin d'être négligeables.

La seconde raison, la plus importante, est que cette réforme de 1992 ouvre la porte de l'avenir : même si elle est loin d'être satisfaisante, elle fait un pas dans le bon sens. Un pas radical : la mécanique mise en place (suppression progressive du soutien aux prix agricoles et instauration d'une prime directe qui n'est plus proportionnelle au volume de production) permet de mieux répartir les aides en fonction des objectifs poursuivis. C'est une mécanique intelligente, alors que le soutien à l'agriculture par les prix des produits était aveugle. Reste à apprendre à piloter cette mécanique.

Bref, l'ossature de la réforme, ses fondations sont saines et me satisfont, mais les finitions l'ont défigurée et doivent être reprises. Il ne faut donc pas toucher au cadre général, mais modifier les modalités d'application. On peut y parvenir en se servant du levier exceptionnel que constituent les aides directes aux agriculteurs.

Les aides directes : un outil formidable pour engager une réforme de la réforme

La mécanique mise en place par la réforme de la PAC en 1992 fournit un excellent moyen pour l'améliorer : la transparence des aides publiques. Auparavant, le soutien des prix agricoles n'apparaissait guère comme une aide aux yeux de l'opinion publique. Tout au plus comme un filet de sécurité pour les périodes de crise. Aujourd'hui, c'est différent : avec l'aide directe, chaque agriculteur reçoit son chèque. Tout à coup, il devient possible de comparer l'indemnité d'un chômeur, le virement des allocations familiales, l'aide à la création

d'entreprise, à la réduction du temps de travail et... l'aide à l'exploitant agricole. Comparaison explosive quand l'opinion publique prendra vraiment conscience des sommes versées aux agriculteurs et des invraisemblables inégalités dans leur répartition.

Comme je prends très souvent le train pour mes déplacements, j'en profite pour entamer la conversation avec mes voisins. Je teste : « Avez-vous une idée de l'aide directe, c'est-à-dire du chèque perçu en octobre dernier par une exploitation de taille moyenne – disons 350 hectares – dans la région que nous traversons ? » (Il s'agit de l'Eure-et-Loir.) « Je ne sais pas... 80 000 francs, 100 000 francs... ? » Toutes les réponses tournent autour de ce chiffre. Seule exception, un chauffeur de taxi parisien : « 300 000 francs. » « Bravo monsieur, mais vous êtes encore loin du compte, car cela dépasse le million ! »

Certes, les sondages montrent que les Français acceptent d'aider fortement leur agriculture. Mais jusqu'où ? À quand les sondages sur la répartition de ces aides ? Il y a fort à parier que cette opinion se scandalisera de la répartition actuelle. Savez-vous qu'en 1995 une exploitation moyenne en Seine-et-Marne percevait 238 650 francs d'aide directe (pour un revenu net de 222 200 francs annuel) quand une exploitation de Savoie devait se contenter de douze fois moins (19 800 francs d'aide directe) pour un revenu net de seulement 82 900 francs. Et encore ces chiffres ne sont-ils que des moyennes qui gomment les extrêmes !

Voilà où nous en sommes aujourd'hui et, pourtant, il n'y a pas trois Français sur cent qui connaissent cette réalité. Qui savent que les aides directes à l'agriculture ont atteint 49,7 milliards de francs en 1992 – et près de 52 milliards de francs en 1996 [15], c'est-à-dire presque la moitié de l'indemnisation du chômage en France... Et il y a de quoi être sur-

15. Pour 1996, le total des aides publiques à la production agricole s'élève à 75,5 milliards de francs (et probablement 72,5 milliards pour 1997).

pris quand on découvre que ces aides n'ont pas pour but de créer des emplois ou d'encourager des techniques de production moins polluantes, quand on découvre aussi que plus un paysan cultive de la bonne terre – obtenant donc de bons rendements –, plus il reçoit d'aides. Le monde à l'envers !

Des subventions très inégalement réparties

	Revenu par actif agricole		Aide directe par actif agricole	
	1995	1996	1995	1996
Moyenne France	111 000 F	115 000 F	54 000 F	59 000 F
Grandes cultures	171 000 F	185 000 F	139 000F	146 000F
Élevages mixtes	124 000 F	128 000 F	67 000 F	73 000 F
Bovins viande	64 000 F	69 000 F	57 000 F	70 000 F
Polyculture	108 000 F	104 000 F	51 000 F	53 000 F
Ovins	45 000 F	66 000 F	49 000 F	48 000 F
Hors-sol	180 000 F	255 000 F	35 000 F	39 000 F
Bovins lait	95 000 F	83 000 F	29 000 F	31 000 F
Fruits	30 000 F	15 000 F	30 000 F	31 000 F
Viticulteurs de qualité	274 000 F	256 000 F	6 000 F	6 000 F

Source : SCEES, *Les Comptes de l'agriculture française 1996*. Il s'agit du revenu net agricole par actif, c'est-à-dire déduction faite des charges d'amortissement des investissements. Les aides directes ne comprennent que les subventions d'exploitation.

Le scandale actuel n'est donc pas tant dans l'importance des aides publiques à l'agriculture (qui représentent 2 500 francs par contribuable européen et par an, soit 0,6 % du PIB européen) mais dans le fait que ces aides sont distribuées sans limite, sans contrainte, sans contrepartie.

Alors comment se fait-il qu'aujourd'hui encore l'opinion soit si mal informée de cet état de fait ? D'où vient la carence des médias en la matière ? Est-ce si énorme que l'on ne puisse y croire ? Je n'arrive pas à comprendre. Il y a bien eu le dossier du *Canard enchaîné* intitulé « Les péquenocrates – Enquête sur les pouvoirs exorbitants du petit monde paysan », en octobre 1995 – dossier éclairant certes, mais caricatural aussi car il mettait tous les paysans dans le même sac, et ne citait aucun chiffre précis sur les aides directes versées aux agriculteurs. Le quotidien *Ouest-France* les a cités, ces

chiffres, mais seulement en page agricole [16] et sans titre percutant qui attire l'attention du lecteur. Ce n'était pas faute, pourtant, d'avoir pris les moyens d'informer : un journaliste nous avait accompagnés chez un exploitant du Vexin qui avait accepté de nous recevoir et de montrer ses chiffres : un chèque de 990 000 francs. De quoi frapper les esprits, non ?

Mais il faut croire que l'enjeu politique est trop fort. À Bruxelles même, de l'aveu d'un haut fonctionnaire, des pressions énormes s'exercent pour que le montant des aides que touchent les uns et les autres ne soit pas dévoilé ! Cette transparence est pourtant indispensable pour améliorer la politique agricole, pour contrebalancer le poids des lobbies et dénoncer les privilèges. N'est-ce pas aussi une condition essentielle à la vie d'une démocratie [17] ?

Au lendemain de la réforme de la PAC, en 1992, je me souviens avoir dit aux technocrates bruxellois mon découragement devant le sabotage de leur œuvre. Ils m'ont répondu, optimistes : « La transparence des aides fera que bon gré mal gré on reviendra à l'esprit du projet initial. La réforme sera réformée car l'opinion l'exigera. » Puisse ce livre y contribuer !

---

16. *Ouest-France,* 10 juin 1996.

17. Le soir même où je rédige ce chapitre, la chaîne de télévision Arte, à une heure de grande écoute, dévoile les sommes perçues par les agriculteurs anglais (jusqu'à 8 500 000 francs). Bientôt une émission en France sur les agriculteurs français ?

Pour réussir la prochaine réforme de l'Europe verte

Malgré son intérêt incontestable, la réforme de la PAC adoptée en mai 1992 doit donc être réformée : trop d'inégalités dans la répartition des aides ; trop d'encouragements à une agriculture polluante ou coûteuse ; trop de primes à la concentration des exploitations, qui nuit à l'emploi. La Commission peut-elle sortir la PAC de cette nouvelle impasse ? Oui, si elle se convainc qu'une agriculture durable est économiquement et socialement préférable – c'est ce que nous verrons au chapitre suivant –, si elle résiste aux lobbies qui confisquent la PAC aux dépens des petites exploitations, des contribuables et des consommateurs, et si elle met en place un cadre cohérent avec les objectifs qui doivent la guider :

– concilier l'agriculture, l'environnement et la qualité des produits ;

– mieux répartir l'activité agricole et les hommes sur l'ensemble du territoire ;

– créer des emplois.

La Commission en a les moyens. Comment ? En utilisant les moyens financiers importants que constituent les primes aujourd'hui distribuées nominalement aux agriculteurs pour qu'ils fassent évoluer leurs pratiques, leur mentalité, leur culture, afin d'atteindre les trois objectifs fixés.

Trois propositions pour une réforme

Très déçu – en colère, même – par le sabotage du projet de réforme de la Commission en 1992, je n'ai eu de cesse

de trouver des solutions aux conséquences néfastes de la politique agricole menée depuis. Convaincu que pour être entendu à Bruxelles il faut rester dans le cadre général de la réforme de 1992 – que je juge globalement bon, d'ailleurs –, convaincu aussi que pour être compris de l'opinion publique il faut faire simple et répondre à son souhait profond, j'en suis arrivé à trois propositions de réforme :

– imposer la conditionnalité des aides publiques ;
– établir leur dégressivité et leur plafonnement ;
– asseoir le calcul de toutes les aides sur la surface agricole exploitée.

Trois propositions seulement, mais elles suffisent à réformer en profondeur la politique menée depuis 1992, à faire d'une réforme gâchée une politique exemplaire, non seulement pour la France et l'Europe, mais aussi pour le monde.

Sachant que la réforme de la réforme s'imposait, dès 1995 j'ai communiqué à la Commission européenne ces trois propositions (à Jacques Delors, puis à Jacques Santer, son successeur à la présidence de la Commission). Et j'en ai évidemment discuté avec mes amis du Réseau agriculture durable, une association qui regroupe plusieurs centaines d'agriculteurs dans l'Ouest de la France ayant adopté comme moi des pratiques agricoles rentables et préservant les ressources naturelles. Pratiques que j'avais développées peu à peu sur mon exploitation puis, à partir de 1982, avec le CÉDAPA (voir encadré ci-contre).

Ensemble, nous avons affiné ces trois propositions, et fondé l'association Paysans et citoyens pour les faire connaître et les faire partager par l'ensemble de la population : l'agriculture concerne tout le monde. La Fondation Charles-Léopold-Meyer a publié notre projet en mai 1996, sous le titre *Pour une agriculture citoyenne*, et la Fondation de France, grâce à son Réseau européen pour une agriculture durable, m'a permis d'en discuter avec nos partenaires des autres États de l'Union européenne [1] en France, en Espagne, en Belgique, en Autriche, partout l'accueil est favorable.

1. Fondation Charles-Léopold-Meyer : 38, rue Saint-Sabin, 75011 Paris ; Fondation de France, 40, avenue Hoche, 75008 Paris.

Le Centre d'étude pour un développement agricole plus autonome

Bien avant que le mot « durable » soit à la mode, le CÉDAPA en a fait son cheval de bataille contre l'agriculture industrielle. J'ai créé cette association en 1982 avec six autres éleveurs des Côtes-d'Armor afin de promouvoir une agriculture à taille plus humaine (dégageant un revenu correct sur de petites surfaces), en équilibre avec son environnement (diversité des cultures, importance des prairies dans l'assolement, apport limité d'engrais chimiques et de pesticides, alimentation du troupeau principalement à base d'herbe, etc.). Outre des activités de conseil technico-économique et de suivi des producteurs adhérents, le CÉDAPA organise chaque année une quarantaine de journées de formation sur le terrain, « les pieds dans l'herbe », comme nous disons, ouvertes aux non-adhérents souhaitant faire évoluer leurs systèmes de production. Les adhérents du CÉDAPA ont élaboré un cahier des charges consignant les pratiques agricoles qu'ils s'engagent à respecter (voir annexe 4).

Soucieux de créer une concertation entre agriculteurs et non-agriculteurs sur les objectifs de la politique agricole et sur les contraintes qui en résultent pour la conduite d'une exploitation agricole, le CÉDAPA participe au collectif « Eau pure » et au groupe Cohérence, qui réunit des agriculteurs biologiques, des associations environnementalistes comme Eaux et Rivières de Bretagne, et des associations de consommateurs.

Le CÉDAPA collabore avec l'Institut national de la recherche agronomique (INRA) à un programme de recherche-action (programme « Terre et eau ») qui analyse depuis 1993, sur le plan économique, environnemental et social, vingt-neuf exploitations d'adhérents du CÉDAPA.

Il s'agit donc maintenant de traduire dans les faits ces propositions.

Il faut d'abord cesser de distribuer les aides aux agriculteurs sans tenir compte de ces priorités, comme c'est le cas actuellement, et sans leur demander des contreparties.

Imposer des conditions pour le versement des aides publiques

Première proposition: la conditionnalité des aides publiques. C'est-à-dire que l'agriculteur ne percevrait des aides publiques qu'à la condition d'adopter des pratiques agricoles préservant l'environnement ou créant des emplois.

En matière d'environnement, cela passe par le respect d'un cahier des charges de bonne pratique agricole. Un tel cahier des charges sera nécessairement adapté aux situations particulières des différentes régions de l'Union européenne, mais devra partout respecter les principes de base d'une bonne agronomie pour aboutir au respect des équilibres fondamentaux (sol, plantes, animaux). Autrement dit, à la différence des actuelles mesures agri-environnementales, il ne s'agit pas de limiter l'action publique en faveur de l'environnement à quelques zones restreintes (en montagne, par exemple) ou à des pratiques bien particulières (l'agriculture biologique), mais de l'étendre à toutes les exploitations et à tous les systèmes techniques agricoles.

Ainsi, l'agriculteur devra limiter l'emploi de l'azote et des pesticides, éviter de laisser ses terres à nu en hiver. Un équilibre entre élevages et cultures devra être respecté sur chaque exploitation, c'est-à-dire que les animaux devront, pour l'essentiel, être nourris avec les productions de la ferme. Les prairies naturelles devront être préservées, les terres les plus vulnérables (pentes, bas-fonds) enherbées ou boisées, le drainage et l'irrigation contrôlés. Une obligation de conserver, voire d'améliorer, les paysages devra être prévue.

Idéaliste ? Sûrement pas. Un tel cahier des charges est déjà en application dans de nombreuses exploitations performantes, comme le montre le Réseau agriculture durable de l'Ouest (voir annexe 4). Et ce cahier des charges a fait la preuve de son efficacité écologique et économique – nous y reviendrons au chapitre suivant. L'Union européenne a donc tout intérêt à s'en inspirer.

En tout cas, la situation actuelle, où les agriculteurs touchent les primes tout en polluant l'eau et l'air par excès d'azote et de pesticides n'est plus tolérable. De même, peut-

on continuer de subventionner la dégradation des ressources en eau par le drainage et l'irrigation, et l'arasement sans vergogne des talus et des haies ? Doit-on continuer de verser des primes aux élevages intensifs qui arrosent les terres de déjections animales sans commune mesure avec les besoins des plantes ? Doit-on subventionner ces pratiques agricoles en contradiction avec les données agronomiques les plus élémentaires, telles que la monoculture du maïs qui laisse le sol à nu tout l'hiver, entraînant le lessivage de ses éléments nutritifs et son érosion ?

Bien sûr que non ! Pour une question de bon sens : on ne prime pas la délinquance ! Ces pratiques, en effet, mettent en danger nos paysages, notre cadre de vie, notre environnement qui appartiennent à tous ; mais aussi notre santé par la dégradation de l'eau, de l'air, des aliments. Et l'on oublie trop souvent que les agriculteurs en sont les premières victimes : à cause de l'emploi des pesticides – contre lesquels les enquêtes montrent que trop d'agriculteurs ne se protègent pas assez –, on observe un taux anormalement élevé de tumeurs au cerveau ou à la vessie, de maladies d'Alzheimer ou de Parkinson parmi la population agricole. Le « progrès » se paie chèrement...

C'est aussi une question éthique : ces pratiques hypothèquent les générations futures, l'avenir de la planète.

De plus, encourager les agriculteurs dans ces pratiques, n'est-ce pas leur rendre un bien mauvais service ? À long terme, ces pratiques antiagronomiques ne peuvent qu'aboutir à l'impasse du système de production lui-même. Un vrai paysan préserve l'avenir... Ce n'est pas celui qui, pour s'enrichir, « ruine le fils ».

Cette conditionnalité des aides par rapport à l'environnement (*cross compliance*, disent les pays nordiques) devrait faire l'unanimité de tous les États de l'Union européenne. Tous, à long terme, y ont intérêt, pour peu qu'ils y réfléchissent – même les pays du Sud, moins sensibilisés jusque-là aux problèmes d'environnement. Malheureusement, la France, premier pays exportateur de l'Union, a toujours traîné les pieds dans ce domaine. Il faut pourtant être aveugle pour ne pas voir qu'il y va de l'avenir de son agriculture. Où

la France trouvera-t-elle ses débouchés si l'image de son agriculture, de ses régions, et la qualité de ses produits sont ternies par un environnement dégradé ?

Deux approches différentes, deux logiques

Les primes actuelles versées aux agriculteurs ont été justifiées en 1992 par la baisse des prix agricoles. Elles sont ainsi conçues uniquement comme une compensation à la baisse du revenu [2]. Si l'Union européenne reste dans cette logique de compensation – au risque, cependant, d'être attaquée à l'OMC en 1999 –, elle peut très bien y introduire une conditionnalité environnementale, comme décrite précédemment.

Mais l'Europe verte peut opter pour une autre approche, qui consiste à se placer non plus sur le terrain de la compensation au revenu, mais sur celui de la politique environnementale : il s'agirait alors d'une prime réservée aux seuls agriculteurs volontaires dont les pratiques préservent l'environnement : c'est-à-dire ceux qui s'engageraient sur des cahiers des charges environnementaux. En quelque sorte, toutes les aides publiques à l'agriculture seraient agri-environnementales [3].

Cette logique serait intéressante parce qu'elle anticipe l'avenir, dessine un projet pour une agriculture volontariste, qui va de l'avant pour répondre à une demande sociale jusqu'à présent négligée, contrairement à l'approche « compensation » où le respect de l'environnement apparaît uniquement comme une contrainte, avec pour seul but de toucher les primes.

Ainsi, l'agriculteur se porterait candidat au respect d'un cahier des charges environnemental, modulé selon les objectifs recherchés : par exemple, un niveau 1 avec des exigences

2. Le montant de la prime est fixé à l'avance par la Commission, en fonction de la baisse des prix qu'elle souhaite ou qu'elle anticipe. En principe, si les cours baissent plus que prévu, les primes doivent augmenter, comme cela a été fait pour la viande bovine en 1995 ; et si les cours remontent, les primes doivent être diminuées. Sinon, comme pour les céréales dont les cours sont remontés en 1995-1996, l'agriculteur a « le beurre et l'argent du beurre ».

3. Et dans une telle approche – contrairement à l'approche « compensation » –, les primes ne sont plus liées au revenu, elles n'ont donc plus à fluctuer suivant l'évolution des cours.

Quand la Suisse montre l'exemple

Après la Seconde Guerre mondiale, les paysans suisses, ayant assuré le ravitaillement de la population durant cette période difficile, ont reçu un soutien appuyé du gouvernement. Celui-ci souhaitait à la fois assurer la sécurité alimentaire du pays – donc augmenter la production – et assurer une bonne occupation de l'ensemble du territoire.

Les instruments principaux de cette politique furent les mêmes que ceux de la PAC en 1960 : prix garantis, intervention de l'État en cas de surproduction et protection aux frontières, le tout accompagné d'aides techniques et de conseil, d'aide financière (prêts à taux réduits, caution de l'État pour des emprunts, etc.), et d'un développement de l'enseignement et de la recherche agricoles. Et, comme pour la PAC – les mêmes causes produisant les mêmes effets –, la production agricole suisse s'est effectivement accrue. Et elle s'est tellement accrue que les excédents sont apparus, que le coût budgétaire s'est envolé et que le protectionnisme suisse fut mis en accusation au GATT en 1986. Des quotas furent instaurés, mais il était évident que cela ne suffisait pas : une baisse des prix agricoles était inéluctable pour rester concurrentiel sur le marché intérieur.

Pour éviter les dégâts prévisibles d'une forte baisse des prix agricoles, le gouvernement a alors instauré un système de primes compensatoires, appelées aussi paiements directs. Ceux-ci sont de deux types : les uns ouverts à tous les agriculteurs ; les autres liés à des prestations écologiques. Le budget public pour ces aides se répartit à parts égales entre ces deux types de paiements directs.

Des aides plafonnées et différenciées

Les paiements directs ouverts à tous les agriculteurs sont constitués de soutiens directs à l'exploitation (9 600 francs* par exploitation, à condition que celle-ci dispose d'au moins 9 hectares), aux éleveurs (10 000 francs par exploitation ayant au moins 5 UGB), à la surface (1 500 F/ha, plafonné à 50 ha) et à la surface herbagère (930 F/ha). De plus, ces paiements directs sont dégressifs : au-delà d'un revenu agricole de 400 000 francs, ils sont réduits de 10 % par tranche de 15 000 francs de revenu supplémentaire.

---

* Les sommes ont été converties en francs français.

Et pour les paysans de montagne, le soutien public est adapté (réduit pour la surface, accru pour l'exploitation et l'élevage).

Des aides sous condition

Les paiements soumis à prestations écologiques sont classés en quatre catégories d'actions :

– soutien à la production intégrée : l'agriculteur reçoit 4 700 F/ha pour les cultures spéciales (vigne, fruitiers, maraîchage), 3 000 F/ha pour les grandes cultures, 170 F/ha pour les autres surfaces agricoles utiles (herbes, haies...) à condition de respecter un cahier des charges rigoureux et très contrôlé, réduisant l'utilisation de produits chimiques, de maintenir 7 % de la SAU en surfaces de compensation écologique (haies, bosquets, étangs, prairies fleuries, etc.) et 5 % des surfaces herbagères en prairie extensive ou extensive ;

– soutien à l'agriculture biologique : les conditions d'octroi des aides sont identiques au programme précédent, mais avec un cahier des charges particulier, et le niveau des aides est supérieur (+ 300 à + 2 500 F/ha selon le type de surfaces) ;

– mesures pour le bien-être des animaux : une aide allant de 60 à 120 F/UGB est versée pour encourager les systèmes de stabulation particulièrement respectueux des animaux (réglementés). Une aide est aussi prévue (de 200 à 450 F/UGB) pour les systèmes d'élevage en plein air prévoyant une sortie quotidienne systématique durant la période de végétation ;

– mesures favorisant la biodiversité*, la protection de l'eau et l'extensification (définie comme la réduction de la productivité) : les bosquets et les haies sont inclus dans la SAU (ils bénéficient donc d'un paiement direct, auquel s'ajoute une aide de 4 600 F/ha de haies et de bosquets si l'agriculteur entretient un ourlet de 3 mètres d'herbe non fauché et non pâturé avant le 15 juin de chaque côté des haies) ; aide de 64 francs par arbre fruitier (aide plafonnée à 300 arbres) de plus de cinq ans ; paiement de 5 000 F/ha pour les prairies extensives (pas de fumure, pas d'herbicides, pas de fauche avant le 15 juin) et de 2 500 F pour les prairies peu intensives (l'apport de fumier est autorisé) ; aide à la conversion de terres labourées en prairies extensives (11 500 F/ha pendant six ans).

Comme pour les paiements directs ouverts à tous, les sommes versées sont différentes en zone de montagne.

---

* Terme scientifique désignant la diversité des gènes, des variétés, des espèces animales ou végétales et des écosystèmes.

Ces programme sont un succès : 70 % des agriculteurs ont adopté un système de production intégrée et 6 % pratiquent l'agriculture biologique. Et les Suisses ne s'en portent pas mal du tout. Deux récentes votations populaires, favorables aux modes de production écologiques en agriculture, incitent le Parlement à envisager de soumettre progressivement, d'ici 2002, l'intégralité des paiements directs à des prestations écologiques.

environnementales minimales, accompagné de primes minimales ; un niveau 2 avec des exigences plus fortes, mais des primes plus élevées ; etc. On peut aller jusqu'à trois ou quatre niveaux, l'exploitant ayant la possibilité d'année en année de passer d'un niveau à l'autre.

Cette démarche volontariste est appliquée en Suisse depuis 1995 avec des résultats remarquables (voir encadré ci-dessus).

Ces primes agri-environnementales rendraient caduque la prétention des régions riches et des inconditionnels de l'irrigation à percevoir des primes à l'hectare plus importantes, arguant du fait que leur baisse de revenu, suite à la baisse des cours, est plus forte que dans les régions pauvres (ils oublient seulement de dire qu'ils partent de plus haut – toujours le syndrome de l'avantage acquis).

Dans cette démarche, la société reconnaît aux agriculteurs un rôle et une compétence professionnelle dans la préservation de l'environnement et de l'espace, et les rétribue en conséquence. L'agriculteur ne doit plus seulement produire mais aussi préserver. Et comme cette fonction de préservation ne peut être rétribuée par le marché, il est tout à fait justifié que l'aide publique y pourvoie. Cette thèse est développée par de nombreux chercheurs, tels Bertrand Hervieu, chercheur au CNRS [4], ou Claude Béranger, à l'INRA. Plus globalement, un contrat pourrait être signé entre le paysan et la collectivité. Cette idée, avancée par plusieurs associations comme le réseau national Alliance ou le réseau breton Cohérence, qui rassemblent sept mille agriculteurs, consommateurs et écologistes, a été reprise récemment par

4. Auteur du livre *Les Champs du futur*, Paris, Julliard, 1994.

le ministre de l'Agriculture, Louis Le Pensec, dans son projet de contrat de territoire : pour percevoir des aides publiques accrues, l'agriculteur s'engagerait, de façon contractuelle, à améliorer la qualité de ses produits, à préserver l'environnement et à participer au développement du tissu économique et social rural par la création d'emplois et la diversification de ses productions.

Enfin, cette politique de primes conditionnelles réservées aux agriculteurs volontaires est inattaquable dans les négociations sur le commerce international (ce type de primes est classé dans la « boîte verte »). Voilà donc la direction à suivre. Comme l'ont fait les Suisses, on peut partir d'un premier niveau de contraintes environnementales relativement faibles, pour laisser le temps aux agriculteurs productivistes de s'adapter – et Dieu sait s'ils sont capables de s'adapter vite ! – avant de passer à une étape ultérieure.

Évidemment, dans cette démarche, plus il y aura d'agriculteurs à pratiquer les niveaux élevés des cahiers des charges environnementaux, plus cela coûtera cher au budget communautaire. Mais, au moins, l'argent sera-t-il bien utilisé. Et que d'économies sur le traitement de l'eau, de l'air, sur la santé, le chômage ! Globalement la société sera, ô combien, gagnante ! Quel succès et quel avenir assurés si – une fois n'est pas coutume – les plafonds budgétaires étaient crevés !

Le plafonnement des aides publiques pour défendre l'emploi

Le versement d'aides publiques peut en outre, comme dans les autres secteurs de l'économie, être subordonné à la défense (création ou maintien) de l'emploi. Cela passerait par un plafonnement du montant de l'aide par actif (un actif agricole à plein temps ne pourrait recevoir plus de 80 000 francs par an, par exemple). Ainsi, les primes ne seraient acquises de fait à une exploitation que si elle emploie un certain nombre d'actifs.

La situation actuelle n'est en effet pas tolérable. Une exploitation de 350 hectares dans la Beauce, on l'a vu, perçoit actuellement entre 1 et 1,4 million de francs d'aides publiques par an. C'est-à-dire que chacune des trois personnes, y compris l'exploitant, qui est employée sur cette exploitation

reçoit chaque année, en plus de son revenu agricole, une prime de plus de 350 000 francs ! La collectivité peut-elle, aux frais du contribuable, distribuer de telles sommes aux exploitants sans qu'en contrepartie ceux-ci créent des emplois sur l'exploitation ?

Le plafonnement des aides par actif éviterait cette anomalie en encourageant la création d'emplois, ce qui contribuerait à la lutte contre le chômage : avec un plafond de 80 000 francs par actif, par exemple, soit l'exploitation de 350 hectares en Beauce dont on vient de parler embauche sept ou huit personnes et reçoit le même montant d'aides publiques ; soit elle n'embauche pas et reçoit une prime plus faible (240 000 francs), ce qui libère de l'argent pour aider des emplois sur d'autres exploitations. En plus, l'effet indirect sur l'exploitation agricole serait certainement bénéfique. Par exemple, le matériel, les bâtiments pourraient être mieux entretenus. Des travaux délaissés actuellement, comme l'entretien des haies, des abords de l'exploitation, les plantations, pourraient être assurés. Certaines formes d'élevage, évincées par la spécialisation, pourraient réapparaître dans les grandes fermes céréalières, et seraient bénéfiques pour l'équilibre et la fertilité des sols (fumier, prairie, humus).

Cela permettrait de faire face aux contraintes environnementales qui condamneront tôt ou tard l'agriculture intensive. Qu'on le veuille ou non, l'emploi des pesticides sera de plus en plus réglementé, coûteux, beaucoup de molécules seront interdites. Et, pour remplacer les herbicides, il faudra bien revenir au binage mécanique, ou même manuel. Le plafonnement des aides par actif ne ferait qu'anticiper une évolution inéluctable.

Enfin, puisque les agriculteurs se plaignent de travailler trop, le plafonnement est une excellente incitation à alléger leur peine (journées moins longues, vacances...) en recrutant un associé ou un salarié qui ne coûterait pas plus cher, compte tenu de l'aide liée à l'emploi. D'ailleurs, il serait normal, à l'heure où l'on parle tant de partager le travail, que l'agriculture soit concernée. Des aides oui, et l'on a vu qu'elles sont colossales, mais à condition que, comme dans les autres secteurs de l'économie, elles incitent à la création d'emplois.

Les modalités pratiques
d'une aide conditionnelle et plafonnée par actif

Il faut d'abord déterminer le niveau du plafond par actif : trop bas (6 000 francs par personne, par exemple, en France), il gênerait bon nombre d'exploitations de grandes cultures, incapables d'employer efficacement beaucoup d'actifs ; trop haut (de l'ordre de 150 000 francs), il ne concernerait que quelques grosses exploitations. La bonne fourchette, pour la France, nous semble se situer entre 80 000 francs et 100 000 francs par actif. Il serait sans doute souhaitable que ce chiffre soit adapté aux particularités régionales et laissé aux appréciations des États (principe de subsidiarité), comme doivent l'être aussi les cahiers des charges agri-environnementaux.

Comment déterminer le nombre d'actifs ? Une personne, exploitant ou salarié, qui travaille à plein temps est évidemment comptée pour un actif. Nous proposons aussi qu'un couple d'exploitants dont ni l'un ni l'autre ne travaille à l'extérieur compte pour deux actifs pour le calcul des aides : peu importe, par exemple, que l'épouse ne soit pas occupée à plein temps aux travaux de la ferme.

Pour les exploitants qui travaillent à l'extérieur à temps partiel – c'est le cas dans beaucoup de régions –, ce temps partiel non agricole est facile à quantifier grâce aux déclarations d'embauche obligatoires, et il peut venir en déduction du nombre d'actifs sur l'exploitation : par exemple, l'exploitant ou son épouse qui travaille à quart temps à l'extérieur ne compte que pour trois quarts d'actif sur l'exploitation.

Les techniciens de Bruxelles avec qui nous avons discuté de ces propositions nous ont objecté : « C'est un peu compliqué à mettre en place dans les régions de petites exploitations où la pluriactivité est fréquente. » Qu'ils se rassurent. Ce plafonnement des aides par rapport aux actifs vise surtout les moyennes et les grandes exploitations : les petites seront surtout concernées par le plafonnement des aides à la superficie, comme nous allons le voir maintenant (voir l'encadré, p. 140, qui présente des simulations de calcul).

Deuxième proposition : la dégressivité et le plafonnement de l'aide

Nous proposons que les aides publiques soient dégressives, de telle sorte que plus l'exploitation est petite, plus l'aide à l'hectare est importante. Et nous proposons, en même temps, que le montant de l'aide soit plafonné : au-delà d'une certaine surface, l'exploitation ne doit plus en recevoir. Il y aurait donc deux plafonds : un par actif (on vient de le voir) et un par hectare [5].

Ces deux propositions n'ont rien de révolutionnaire : la dégressivité et le plafonnement faisaient partie des propositions de réforme de la Commission en 1991. Elles en étaient même la pièce maîtresse, que ce soit pour les céréales (par le mécanisme du gel des terres, compensé ou non), ou pour les productions animales (plafonnement des aides à un certain nombre d'animaux). Mais, dans la réforme de 1992, on l'a vu, le plafonnement des aides n'a survécu aux manœuvres des lobbies que pour les productions ovine et jeunes bovins.

Il est donc primordial que la réforme à venir en 1999 réintroduise la dégressivité et le plafonnement pour toutes les productions. Cela doit être la priorité des priorités. C'est là-dessus, dans les mesures concrètes mises en œuvre, que sera jugée cette prochaine réforme. C'est aussi dans la position de la France vis-à-vis de ce problème que l'on verra si les idées affichées dans le projet de loi d'orientation pour l'agriculture, actuellement en chantier au ministère de l'Agriculture, ne sont pas seulement des discours mais une réelle volonté de changer de cap.

La dégressivité et le plafonnement des aides, des leviers efficaces

La distribution d'aides publiques dans une économie oriente son développement. On l'a vu, pour l'agriculture, avec la politique agricole commune de 1962, puis avec la réforme de 1992. C'était le moyen utilisé dans la planification

5. Et l'on peut estimer que le montant de l'aide publique sera d'abord limité par le plafond à l'hectare pour les petites exploitations, par le plafond par actif pour les plus grandes.

à la française : atteindre les objectifs par des mesures financières incitatives. C'était l'objet de la politique des structures [6], dans le cadre de la loi d'orientation agricole de 1962 qui avait pour objectif d'agrandir les exploitations – pour les rendre plus efficaces – et de libérer de la main-d'œuvre pour le développement de l'industrie. Cette politique n'a d'ailleurs que trop bien réussi.

Mais, aujourd'hui, doit-on continuer dans ce sens ? Non, bien évidemment : vider les campagnes pour aller où, pour faire quoi ? Ne doit-on pas tout faire au contraire pour maintenir le maximum d'exploitations et donc de familles paysannes en place comme le souhaitait le rapport MacSharry ? La dégressivité et le plafonnement des aides sont des moyens indispensables pour atteindre cet objectif.

En effet, sans plafonnement – comme c'est le cas actuellement pour les grandes cultures –, les aides encouragent l'agrandissement des exploitations : continuer ainsi nous amènera rapidement à moins de 300 000 exploitations en France, contre 750 000 environ aujourd'hui. C'est le souhait affiché de certains économistes, mais je soutiens qu'ils n'ont pas forcément raison, même sur le plan de l'efficacité économique, de la rentabilité [7].

> *Un exemple parmi bien d'autres, en Vendée. Invité par une école d'agriculture du département, je visite ensuite la ferme des parents de l'enseignant qui m'a fait venir, où son frère envisage de s'installer. En fin de journée, sous la conduite du père, de la mère et des deux fils, je fais donc le tour de la ferme : 60 hectares d'herbage, 60 vaches charolaises.*
>
> *« Sur une telle exploitation, votre fils n'a aucun problème pour vous succéder. Vos deux fils pourraient même s'y installer », dis-je.*
>
> *Mais le père me répond, approuvé par sa femme :*
>
> *« J'en suis persuadé aussi. Nous y avons bien vécu, et malgré cette terrible crise de la viande suite à la*

6. Voir encadré p. 43.
7. Le lecteur trouvera au chapitre suivant des résultats démontrant la viabilité et la performance de petites exploitations.

vache folle, l'an dernier, nous nous en sortons encore. Mais regardez en face, de l'autre côté de la route, il y avait là (voyez les bâtiments) une exploitation identique à la nôtre et appartenant au même propriétaire. L'éleveur a pris sa retraite. Eh bien ! le propriétaire a loué à un "chasseur de primes", un type qui ne loue des terres que pour toucher les primes européennes. C'est la troisième exploitation qu'il accapare. Ce chasseur de primes exploite maintenant 400 hectares, tous en blé et tournesol. Cela lui fait en moyenne 3 000 francs de primes à l'hectare alors qu'il paie un fermage de 700 francs de l'hectare. L'Europe lui a versé une somme de 1 200 000 francs au mois d'octobre de l'année dernière... Alors, je suis inquiet pour la succession de mon fils sur mon exploitation. Ce chasseur de primes peut faire de la surenchère et le propriétaire sera tenté à nouveau : il louera plus cher sans les bâtiments...

– Révoltant ! Mais que fait le syndicalisme – on est au pays de Luc Guyau, le président de la FNSEA – et la commission des structures[8] ?»

– Rien, tout ce monde prétend que la viande bovine n'a pas d'avenir, que l'agrandissement en production céréalière et tournesol est inéluctable.»

J'observe avec tristesse le spectacle de l'autre côté de la route. Tout est bouleversé : haie arasée, tranchée de drainage. Morne plaine. Je reprends donc :

«En plus, ce chasseur de primes a tout arasé, drainé, labouré ! Même les herbages centenaires qui faisaient la richesse de la Vendée ! Joli travail : un paysage saccagé, la pollution de l'eau en perspective, des familles paysannes en moins !

– Monsieur Pochon, non seulement il a drainé mais il va aussi irriguer. Il touchera ainsi 1 000 francs de plus de primes à l'hectare, sans limitation de surface, sans conditionnalité agri-environnementale...»

---

8. Assemblée paritaire où dominent les agriculteurs, chargée notamment de définir avec les SAFER une politique foncière dans le canton ou le département où elle siège.

Voilà le résultat du sabotage de la réforme de 1992. On subventionne – nous subventionnons, puisque c'est nous tous qui payons – le carnage et le vide des campagnes. Peut-on continuer ainsi ?

La dégressivité favorise au contraire la petite unité agricole. Et, en confortant de nombreuses petites exploitations, c'est tout le tissu rural qui en profite : commerces, artisans, écoles, vie culturelle... Car, avec la politique agricole, il s'agit bien aussi d'aménagement du territoire : les hommes occupant tout le territoire, tout l'espace au lieu de se concentrer dans les villes ; c'est un problème de société, de civilisation pour demain.

L'opinion peut-elle se désintéresser de ce débat ? À partir du moment où les consommateurs et les contribuables participent de façon si importante au financement de l'agriculture, des agriculteurs, ils sont concernés. Ils doivent être informés, participer au débat et donner leur avis. Je suis persuadé qu'informée et consultée, l'opinion dirait oui au maintien d'exploitations nombreuses, à la revitalisation du tissu rural ; les citoyens sont prêts à payer pour cela mais pas pour les grosses exploitations capitalistes, pas pour le vide des campagnes.

Les modalités pratiques de la dégressivité et du plafonnement des aides

En pratique, puisque les aides sont dégressives en fonction de la surface, il est nécessaire de classer les exploitations par tranches de superficie. La classification prévue dans le projet de réforme de la Commission en 1991 peut être reprise (moins de 20 hectares ; de 20 à 50 hectares ; plus de 50 hectares) et prolongée (par exemple, de 50 à 200 hectares, de 200 à 400) jusqu'à un plafond de 400 hectares : au-delà, les surfaces ne bénéficieraient d'aucune aide. Et, comme la conditionnalité, la dégressivité pourrait être adaptée en fonction des particularités régionales mais en veillant à ne pas ouvrir la porte aux abus.

Précision : les tranches de surfaces ne sont pas des « couperets ». Quelle que soit la surface totale de l'exploitation, les 20 premiers hectares sont fortement primés, ceux

de 20 à 50 un peu moins primés, et ainsi de suite. Sinon le système engendrerait des effets de seuil pervers, injustes et difficilement contrôlables parce qu'incitant à la fraude (il ne faut pas qu'un exploitant de 20 hectares perçoive plus d'aides que celui qui en a 21, simplement parce que l'hectare supplémentaire de celui-ci le ferait basculer dans la tranche « 20-50 hectares »).

On peut voir dans l'encadré ci-après ce que donneraient concrètement nos propositions de primes dégressives et plafonnées selon la surface et le nombre d'actifs sur l'exploitation.

Troisième proposition : définir toutes les aides publiques par rapport à la surface de l'exploitation

Enfin, ces aides dégressives, plafonnées, conditionnées à l'emploi et au respect de l'environnement, il faut les définir par rapport à la surface de l'exploitation, pour toutes les productions. Cela veut dire que les primes à la brebis, à la vache allaitante, aux jeunes bovins mâles, aux fourrages séchés doivent être supprimées et remplacées par une prime unique à la surface fourragère [9], de même niveau que celle accordée aux céréales. Seuls les oléoprotéagineux continueraient comme actuellement de bénéficier d'une prime plus forte afin d'encourager leurs cultures et de diminuer ainsi la dépendance de l'Europe vis-à-vis des protéines importées.

Un document de travail du ministère des Finances intitulé « Des aides à la surface pour un élevage plus extensif, une meilleure régulation du marché et une plus grande intégration du territoire », signé par David Litvan [10], plaide aussi pour cette proposition. Le commissaire à l'Agriculture Franz Fischler y semblait également favorable et cette éventualité était étudiée de près par Bruxelles [11]. De nombreux arguments plaident en effet en sa faveur :

---

9. Il s'agit des parcelles exploitées en prairies ou cultures pour l'alimentation animale : ensilages, herbe ou foin, betteraves fourragères...
10. Document de travail n° 96-9. Ses analyses sont aussi présentées dans « De la crise de la "vache folle" à la réforme de l'élevage », *Regards sur l'actualité,* n° 225, novembre 1996.
11. Malheureusement, elle n'a pas été retenue dans le projet de réforme présenté par la Commission pour 1999.

Un système de primes plus équitable et plus efficace

Avec l'association Paysans et Citoyens, nous avons essayé d'estimer les effets d'un système de primes plafonné et dégressif. Cette simulation financière porte sur trois niveaux de primes correspondant à des niveaux différents de conditionnalité agri-environnementale.

Au premier niveau, la prime est plafonnée à 400 hectares et à 80 000 francs par actif. Elle est soumise à des conditions agri-environnementales faiblement exigeantes (respect de bonnes pratiques agricoles et respect de la directive «Nitrates» de la Commission européenne). Le barème dégressif de l'aide est ainsi fixé : 2 000 F/ha pour les vingt premiers hectares ; 1 000 F/ha pour les trente hectares suivants ; 500 F/ha pour les hectares entre 50 et 400 hectares.

On obtient alors le résultat suivant :

Pour une exploitation de...	20 ha	50 ha	100 ha	200 ha	300 ha	400 ha
la prime est de...	40 000 F	70 000 F	95 000 F	145 000 F	195 000 F	245 000 F
Ce qui impose sur l'exploitation au moins...	*0,5 actif*	*0,9 actif*	*1,2 actif*	*1,8 actif*	*2,4 actifs*	*3 actifs*

Au niveau 2, la prime est toujours plafonnée à 400 hectares et à 80 000 francs par actif. Mais la conditionnalité agri-environnementale est plus exigeante (adhésion au cahier des charges de l'agriculture durable ; voir annexe 4). De ce fait, le barème dégressif de l'aide est plus élevé : 5 000 F/ha pour les vingt premiers hectares ; 2 000 F/ha pour les trente hectares suivants ; 1 000 F/ha pour les hectares entre 50 et 400 hectares.

Le résultat est alors :

Pour une exploitation de...	20 ha	50 ha	100 ha	200 ha	300 ha	400 ha
la prime est de...	100 000 F	160 000 F	210 000 F	310 000 F	410 000 F	510 000 F
Ce qui impose sur l'exploitation au moins...	*1,2 actif*	*2 actifs*	*2,6 actifs*	*4 actifs*	*5,1 actifs*	*6,4 actifs*

Enfin, au niveau 3, (les plafonds de surface et de montant étant toujours les mêmes que pour les autres niveaux), la conditionnalité agri-environnementale est encore renforcée (adhésion à la fois au cahier des charges de l'agriculture durable et à un cahier des charges d'agriculture biologique). Le barème de l'aide est

donc encore rehaussé : 6 000 F/ha pour les vingt premiers hectares ; 2 500 F/ha pour les trente hectares suivants ; 1 500 F/ha pour les hectares entre 50 et 400 hectares.

On obtient :

Pour une exploitation de...	20 ha	50 ha	100 ha	200 ha	300 ha	400 ha
la prime est de...	120 000 F	195 000 F	270 000 F	420 000 F	570 000 F	720 000 F
Ce qui impose sur l'exploitation au moins...	*1,5 actif*	*2,4 actifs*	*3,4 actifs*	*5,25 actifs*	*7,1 actifs*	*9 actifs*

Ces chiffres ne sont bien sûr que des propositions : ils sont là pour inviter au débat. Si on le souhaite, il est possible de faire varier la dégressivité et le niveau du barème, le niveau du plafond par hectare et par actif, pour les adapter aux particularités régionales. Les propositions de réforme de la PAC annoncées en juillet 1997 dans l'*Agenda 2000*, qui présente les projets de la Commission, ouvrent la perspective de cette éventualité.

Soulignons cependant quatre points :

– il faut un fort décalage au profit des premiers hectares de chaque exploitation si l'on veut conforter les petites exploitations et décourager les « chasseurs de primes » qui accaparent les hectares ;

– le plafonnement des aides par actif est efficace pour encourager les embauches. Plus ce plafond est bas, plus il exerce un effet positif. À noter que cet effet est proportionnellement très marqué pour les exploitations de plus de 200 hectares (notamment au niveau 2) ;

– il faut un fort décalage entre le barème d'aides pour le cahier des charges de niveau 1 (qui revient à respecter la réglementation actuelle) et le barème d'aides pour le cahier des charges de l'agriculture durable pour inciter massivement les agriculteurs à faire évoluer leurs pratiques pour le plus grand bien de tous. L'exemple de la Suisse nous confirme que cela marche ;

– par contre, dans cette simulation, le passage au cahier des charges de l'agriculture biologique n'apporte pas un supplément de prime d'un même montant que pour le passage du niveau 1 au niveau 2, parce que les produits de l'agriculture biologique se vendent plus cher et qu'il existe déjà une prime à la conversion à l'agriculture biologique.

Au total, on voit clairement apparaître l'effet positif sur l'emploi et sur l'environnement d'un tel système. Cela ne mérite-t-il pas qu'on s'y intéresse ?

• *L'attribution des aides et leur contrôle sont simplifiés.* Il est plus facile de contrôler des hectares que des animaux. Par exemple, pour une exploitation de polyculture-élevage dans laquelle tous les hectares seraient primés, la prime correspondrait à la surface totale de l'exploitation, surface qui est par ailleurs déjà enregistrée par des administrations, notamment par la Mutualité sociale agricole. Le cas échéant, il resterait seulement à identifier les surfaces en oléoprotéagineux et les surfaces en jachère. Cet aspect de simplification et de contrôle importe beaucoup à l'opinion publique, même si, sauf exception, les fraudes sont finalement minimes.

• *La prime à l'hectare, en cassant l'intensification, permet de mieux protéger l'environnement.* Ce qui est vrai pour les grandes cultures l'est encore plus pour l'élevage. Le document de travail du ministère des Finances dont je viens de parler est catégorique : toutes les simulations réalisées à partir d'exploitations réelles [12] montrent que remplacer la prime à l'animal par une prime à la surface incite l'éleveur à désintensifier sa production. Ce que l'on comprend aisément : quand la prime est liée à l'animal, plus vous avez d'animaux, plus vous percevez d'aides ; vous cherchez donc à élever le plus d'animaux possible sur la superficie dont vous disposez. Alors qu'avec une prime à la surface, vous touchez la même aide quel que soit le nombre d'animaux : vous n'avez plus intérêt à augmenter votre chargement à l'hectare par des dépenses supplémentaires. Pour augmenter votre revenu avec la surface dont vous disposez, il faut alors surtout produire à moindre coût, c'est-à-dire diminuer les charges de cultures et d'alimentation (par exemple, réduire la quantité d'aliments concentrés achetés à l'extérieur) : cela revient à faire pâturer les animaux le plus longtemps possible à l'herbe, sur des prairies bien exploitées au moindre coût, en particulier sans engrais azotés – et c'est possible !

D'où l'intérêt de disposer de suffisamment de prairies dans sa surface fourragère, prairies qui ont en plus un effet bénéfique sur la qualité de l'environnement : eau et air préservés des nitrates et des pesticides, augmentation de l'hu-

---

12. Source RICA (Réseau d'information comptable agricole).

mus dans les sols, cadre de vie plus agréable (le bocage est maintenu ou reconstitué). Alors que les cultures poussent à l'agrandissement des parcelles, les pâturages s'accommodent des talus et des haies car les bêtes recherchent l'abri du soleil, du vent et de la pluie...

• *Le principe de la prime à l'hectare permet aussi une meilleure maîtrise de la production bovine.* La production de viande bovine, on le sait, est excédentaire et cet excédent de production a été aggravé par la crise de la « vache folle » qui a fait fuir les consommateurs. Éleveurs et pouvoirs publics s'accordent aujourd'hui sur la nécessité de mieux adapter la production de viande bovine à la demande des consommateurs : comme la consommation baisse, il faut aussi baisser la production. C'est le seul moyen de sortir d'une crise structurelle, c'est-à-dire de faire remonter les cours, donc le revenu des éleveurs, tout en ramenant les aides à un niveau raisonnable : on sait bien que l'effort budgétaire exceptionnel consenti aux éleveurs bovins en 1996 ne pourra se poursuivre indéfiniment.

Or, moins d'intensification signifie moins de production. La prime à la surface, surtout si elle est dégressive et plafonnée, est bien le meilleur moyen – et le plus simple – pour maîtriser la production de viande bovine et l'adapter au niveau de la consommation.

• *C'est le meilleur moyen aussi de redonner confiance aux consommateurs.* Suite à la crise de la « vache folle », ceux-ci redoutent avant tout les viandes provenant de bovins nourris aux aliments concentrés en énergie ou en protéines (telles les farines animales). Leur confiance va désormais aux bovins nourris d'herbe, de foin et de céréales produits sur la ferme. C'est donc bien ce type de production qu'il faut encourager, primer, et non l'élevage intensif qui, on le voit bien, échoue dans les réfrigérateurs de l'Europe (460 000 tonnes en juin 1997). Et il faut encourager la traçabilité [13] qui non seulement prouve l'origine de l'animal, mais

13. Procédure d'enregistrement de toutes les opérations de transformation d'un produit (de la matière première jusqu'à la livraison, du pré à l'étalage) permettant de repérer le maillon défaillant en cas de problème ultérieur et de remédier aux causes de ce problème (sanitaire, défaut d'aspect, etc.).

révèle également comment il a été nourri, car elle seule est en mesure de rassurer le consommateur.

Rapporter toutes les primes à la surface des exploitations ferait d'une pierre deux coups : cela rassurerait les consommateurs et relancerait la consommation, tout en contenant la production dans des limites raisonnables. C'est donc bien un moyen efficace de sortir de la crise endémique de la viande bovine. C'est aussi la conclusion du rapport de David Litvan au ministère des Finances.

• *C'est le seul moyen de supprimer toute distorsion de concurrence dans le système fourrager des bovins, ovins et caprins.* On a vu au chapitre « 1991, l'occasion ratée d'une réforme intelligente et juste » l'incidence désastreuse sur l'environnement de la prime au maïs-fourrage et aux céréales consommés par ces animaux – incroyable anomalie introduite par la réforme de 1992 (voir encadré ci-contre). Il faut donc en sortir. En obtenant une prime à l'hectare identique, qu'il s'agisse d'herbe, de culture fourragère ou de céréales, l'éleveur herbager se battrait à armes égales avec un éleveur intensif. La distorsion de concurrence actuelle disparaîtrait, et l'herbe retrouverait toute sa place dans l'alimentation des ruminants.

Bien sûr, on pourrait supprimer la prime au maïs-fourrage, mais cela ne serait pas facile [14] – toujours l'avantage acquis ! – et ne supprimerait pas l'avantage aux céréales autoconsommées qui incite fâcheusement à nourrir les vaches (des ruminants !) comme des porcs.

• *L'élevage de génisses serait enfin à égalité de chances avec les autres types de viandes (bœufs, taurillons...).* L'élevage de génisses, autrement dit de veaux femelles, élevées pour leur viande ou pour le renouvellement du troupeau, échappe actuellement à toute aide communautaire. Et pourtant contrairement aux « taurillons » intensifs, la génisse s'élève à l'herbe : c'est l'animal par excellence pour produire une viande de qualité, occuper l'espace et préserver l'environnement. Il serait donc logique que la production de

14. La Commission européenne l'a cependant inscrit dans ses propositions de réforme de la PAC (voir *Agenda 2000*, p. 32).

Une aberration de la politique agricole : l'herbe plus coûteuse à produire que les céréales

Traditionnellement, rien de plus économique que de faire pâturer les vaches au pré pour les nourrir. Depuis la réforme de 1992, ce n'est plus vrai : les primes incitent l'éleveur à les nourrir à l'auge avec des céréales et des aliments concentrés, comme on peut le voir sur ce graphique :

Coûts de production

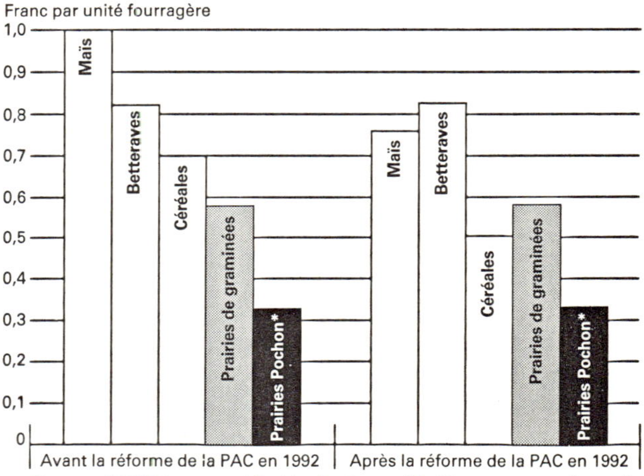

Source : CEDAPA * Prairies Pochon : trèfle blanc sans engrais azoté.

viande de génisse bénéficie des mêmes aides que celles accordées aux bovins mâles. La prime à la surface mettrait toutes ces productions à égalité. Ce qui est indispensable, même si ce type d'élevage intéresse peu les agro-fournisseurs.

• *La parité entre éleveurs et céréaliers serait établie.* Depuis la mise en œuvre de la politique agricole commune en 1962, les éleveurs ont toujours été les parents pauvres des aides communautaires. Ce sont pourtant eux qui participent le plus au maintien de l'emploi et du tissu rural : nos plaines céréalières sont des déserts humains, comparées aux zones d'élevage. L'élevage bovin et ovin occupe les espaces de collines et de montagne et contribue à maintenir les

paysages ouverts et verdoyants, un cadre de vie agréable. Que seraient le Massif central, les Alpes, les Vosges, les Pyrénées... sans élevage ? Un paysage fermé par les forêts, inaccessible et sinistre. Les éleveurs de ces massifs montagneux créent de la richesse, un cadre de vie dont tout le monde bénéficie. Les familles paysannes accrochées au flanc des montagnes, dans des conditions difficiles, vivent sur cinq fois moins de surface que leurs collègues des plaines ; et elles ont beaucoup moins d'aides – 24 000 francs par an pour une exploitation de Haute-Savoie avec deux actifs contre un million de francs pour une exploitation de la Beauce avec trois actifs ! Ne serait-il pas temps de corriger cette injustice surtout si l'on se targue d'aménager le territoire ? Ne serait-il pas temps de mettre en cohérence les discours et les actes ?

J'ai toujours été frappé d'observer que les agriculteurs des terres riches des plaines ont plus de surface que ceux des flancs de montagnes pauvres et difficiles. À cet avantage naturel, on ajoute l'injustice de primes supérieures. Peut-on continuer ainsi ? La prime dégressive à la surface corrigerait cette injustice.

Les modalités pratiques de l'aide à la surface

• *Une prime identique pour les céréales et pour les surfaces fourragères.* Il s'agit là d'un point essentiel pour redonner toute leur place aux surfaces fourragères, en particulier aux herbages, dans l'alimentation des ruminants. Toute disparité des aides en faveur des céréales, comme c'est le cas actuellement, pousse les éleveurs à nourrir leurs vaches comme des porcs (avec du grain), ce qui est un contresens zootechnique et économique. Cet effet pervers de la réforme de 1992 doit absolument être corrigé si l'on veut rester cohérent avec les objectifs de cette réforme, et crédible aux yeux de l'opinion publique.

J'insiste là-dessus parce que beaucoup s'accommoderaient d'une prime à l'herbe plus forte mais inférieure à celle des céréales. Non et non ! Si la prime reste différente, les objectifs visés ne peuvent être atteints. La prime doit être de même niveau pour toutes les surfaces (hormis les surfaces

en oléoprotéagineux). Et si le budget communautaire n'y suffit pas, il faut réviser à la baisse le niveau des primes, y compris celui des céréales.

• *Une correction nécessaire pour les pâturages de haute montagne.* Pour ne pas tomber dans l'excès de primes, il sera nécessaire de déterminer des équivalences pour les estives [15] et les parcours de très faible valeur herbagère mais de grande étendue. Si nécessaire – car bien souvent elles existent déjà –, des équivalences seront établies dans chaque région : un hectare de parcours de haute montagne équivaut par exemple à un tiers de pré ordinaire. Ce problème soulevé par beaucoup de mes interlocuteurs n'est donc pas insoluble, à condition de prendre les moyens de le traiter. Et il se résoudra d'autant mieux que l'aide à la surface sera dégressive et plafonnée. On retrouve bien ici l'importance de ce point clé de notre proposition de réforme de la PAC, pour éviter les abus et les effets pervers (rente de situation injustifiée et encouragement aux agrandissements).

Le problème du lait

Un problème particulier se pose cependant pour la production de lait, du fait de la gestion particulière de ce marché. Depuis 1984, la mise en place des quotas a évité tout débordement excessif de la production laitière. Avec une intervention modérée sur le marché et des restitutions pour aider les exportations hors de l'Union, le prix du lait payé aux producteurs a pu se maintenir. Mais, on l'a vu précédemment, les accords du gatt prévoient la diminution progressive de toute subvention aux exportations, voire l'ouverture de nos frontières à un certain pourcentage d'importations sans droits de douane (c'est-à-dire sans prélèvement).

Du coup, le prix payé au producteur descend puisque les laiteries exportent leurs produits laitiers sur le marché mondial avec moins de subventions. Et demain ce sera pire quand toute restitution aura été supprimée. D'où le tiraillement présent et à venir entre les producteurs et les laiteries,

15. Pâturages d'été où les bêtes transhument chaque année.

les premiers refusant toute baisse de la production, les secondes se disant dans l'obligation de baisser leurs prix d'achat du lait. Les responsables professionnels et les pouvoirs publics, conscients du problème, affinent leurs propositions.

Première possibilité : pour maintenir le prix actuel du lait, réduire la production au niveau de la consommation européenne, ce qui veut dire baisser les quotas des producteurs (le quota européen actuel couvre aussi les exportations sur les pays tiers). C'étaient, on l'a vu, les propositions de la Commission européenne en 1991, propositions d'autant plus intéressantes qu'elles favorisaient la petite production. Cette proposition est aujourd'hui celle de la Confédération paysanne, en France, et de différents syndicats agricoles en Europe, notamment en Allemagne.

Mais les industriels du lait, et le gouvernement français, veulent rester présents sur le marché mondial et refusent donc toute baisse des quotas. Aussi, conscients de l'impasse de la situation, les laiteries et le ministre de l'époque, Philippe Vasseur, proposent en 1996 le principe du double quota :

– un quota A, correspondant à la seule consommation intérieure européenne (donc inférieur au quota actuel), qui bénéficierait du prix garanti actuel ;

– et un quota B pour l'exportation sur les pays tiers. Ce quota serait exporté sans subvention et payé au producteur au prix mondial, actuellement entre 1,20 francs et 1,40 francs le litre. L'éleveur pourrait produire ou ne pas produire ce quota B.

Cette solution astucieuse risque cependant de déraper. Ce double quota suppose en effet un contrôle administratif renforcé et une gestion rigoureuse des laiteries (le lait du quota B ne devrait pas interférer avec celui du quota A, sinon il pèserait à la baisse sur celui-ci). Or, ce risque est important, et Bruxelles craint à juste titre une gestion difficile et des dérapages incontrôlés qui pourraient mettre en péril la maîtrise actuelle de la production laitière.

Par exemple, on sait la difficulté pour le producteur d'ajuster chaque année sa production à son quota : certains le dépassent bien que cela leur coûte très cher (2,40 francs de pénalité par litre de dépassement alors que ce litrage leur

a été payé 2,00 F/litre). Perte sèche importante donc, mais la marge de manœuvre est faible entre la crainte de ne pas faire tout son quota et le débordement. Aussi, la prudence incite à rester en dessous plutôt que de risquer des pénalités.

Mais si l'on ouvre la porte au quota B, la dissuasion s'estompe : je suis payé 1,20 francs-1,40 francs sur le dépassement qui est devenu le quota B. C'est bien moins pénalisant que le système actuel et nul doute que cela provoquerait un dépassement généralisé du quota A et un gonflement du quota B dépassant bien vite les possibilités d'exportation évaluées à 3 % de la production actuelle. Il faudrait donc limiter aussi le quota B qui devrait être réajusté chaque année en fonction des stocks et de la demande européenne et mondiale. Tout cela est possible, mais les risques de dérapage sont réels. Espérons donc que la Commission européenne, qui s'est déclarée opposée à ce système du double quota, sera suivie.

La meilleure solution : une baisse de prix compensée par une prime liée à la surface fourragère

Mais il existe une troisième réponse, qui ne bouscule pas le système actuel de quotas, grâce à la création d'une prime calculée selon la surface fourragère de l'exploitation. Le lait bénéficie actuellement d'un prix relativement élevé grâce au mécanisme des quotas d'une part et, d'autre part, à un soutien du prix par les aides aux exportations et à la poudre de lait pour l'alimentation des veaux. Ce soutien est évalué entre 0,20 francs et 0,30 francs du litre de lait. Le consommateur l'assume directement, en payant le prix fort, et indirectement, en payant des impôts pour soutenir les prix.

D'où la question : accorder des primes supplémentaires liées à la surface – c'est la troisième proposition que nous avons avancée au début de ce chapitre – à des producteurs qui bénéficient déjà d'un important soutien public, est-ce acceptable ? Pour le ministère des Finances, la prime à la surface fourragère étendue aux producteurs de lait ne se justifierait qu'en compensation d'une baisse effective du prix du lait. Nul doute que le citoyen-consommateur partage cet

avis. C'est en tout cas le mien : on ne peut avoir le beurre et l'argent du beurre.

C'est donc cette troisième voie que je préconise pour sortir de la crise laitière prévisible avec les prochains accords de l'OMC qui seront négociés à partir de 1999. La répercussion de la baisse des produits laitiers exportés (2 % à 3 % de la production européenne) entraînera une baisse du prix du lait payé au producteur d'environ 10 % (cette baisse était d'ailleurs prévue dans les propositions de la Commission de juillet 1991). La prime aux surfaces fourragères viendrait donc compenser cette baisse et serait alors justifiée [16].

Ainsi, la généralisation d'une prime unique aux surfaces céréalières et fourragères résoudrait aussi la crise à venir de la production laitière, à cause de la baisse du prix, inéluctable si l'on ne baisse pas les quotas. Et elle permettrait aux futures négociations de l'OMC d'aboutir et aux industriels du lait d'exporter sur le marché mondial. La France garderait sa place sur le marché mondial, place si chère à nos gouvernements – de droite comme de gauche.

Cette solution ne déplairait pas à Bruxelles ni au ministère français des Finances. Elle intéresse d'autant plus les technocrates européens qu'ils sont conscients de l'interdépendance entre production laitière et production bovine : les deux étant étroitement imbriquées, aider l'une, c'est aider l'autre (la moitié de la production de viande vient des veaux et des vaches de réforme d'élevages laitiers). Ainsi la crise de la vache folle a-t-elle eu des répercussions également sur le revenu des producteurs de lait, nécessitant un soutien public aux prix du veau (prime Hérode).

La prime unique à la surface fourragère simplifierait la régulation publique : qu'il soit spécialisé dans la production de lait, de viande ou de céréales, ou qu'il fasse de la polyculture-élevage, le producteur recevrait une aide identique.

16. Je rappelle que, dans les propositions de la Commission de juillet 1991 la compensation à la baisse du prix de lait se calculait à la vache et qu'elle était limitée aux quarante premières vaches. Ici la prime serait à la surface, dégressive et plafonnée.

Pour en finir avec la « vache folle » et la crise de la viande bovine

Le secteur de la viande bovine mérite une attention particulière. En avril 1996, le scandale de la « vache folle » éclate. Le Royaume-Uni qui traînait cette maladie (l'encéphalopathie spongiforme bovine) depuis dix ans dévoile brutalement qu'il soupçonne cette épidémie de se transmettre à l'homme sous la forme de la maladie de Creutzfeldt-Jakob. Une maladie incurable. À l'origine de l'épidémie bovine, les farines de viande contenues dans leur alimentation.

Ce coup de tonnerre dans le ciel européen fait prendre conscience aux consommateurs du réel danger d'un mode d'élevage de plus en plus industrialisé, où l'alimentation des ruminants n'a plus qu'un lointain rapport avec l'herbe qui est leur aliment naturel. Du coup, la panique s'empare des consommateurs européens qui boudent la viande bovine, les cours s'effondrent et toute la filière – de l'éleveur à la boucherie en passant par l'abattoir – plonge dans la crise. Les professionnels et les élus ont beau se démener, contre-attaquer en créant un label « Viande française », rien n'y fait : personne ne peut restaurer la confiance perdue du consommateur. Et beaucoup découvrent alors que la sécurité alimentaire, ce n'est pas seulement la quantité des aliments, c'est aussi leur qualité.

Pourtant, il ne faut pas perdre de vue que l'affaire de la « vache folle » ne fait qu'aggraver une crise endémique de surproduction de viande bovine, que la réforme de la PAC en 1992 n'avait pas su résoudre. Aussi, le 19 août 1996, en pleine crise de la vache folle, j'écris à Franz Fischler, commissaire européen à l'Agriculture, pour lui suggérer des réponses de court et de long terme, pour sortir de cette crise. Dans la perspective de la réforme de la PAC en 1999, la réflexion sur les actions de long terme est restée d'actualité.

Compte tenu de la situation de l'offre, écrivais-je alors, il faut agir simultanément dans deux directions : cesser la production industrielle de taurillons ; et cesser la production industrielle de viande de veau en encourageant la production de veau fermier léger et de qualité (voir encadré p. 152). Cette analyse n'a fait que se vérifier depuis.

Il y a viande bovine et viande bovine

PRODUIRE

La viande de veau. La viande de veau provient surtout des troupeaux laitiers. On distingue :

– la filière industrielle : les veaux, achetés à l'âge de huit jours par des éleveurs spécialisés, sont nourris avec un aliment composé (lait écrémé en poudre + matières grasses végétales + farine), puis abattus à l'âge de trois mois. Cette filière est avantagée par le fait que la poudre de lait est subventionnée, donc peu coûteuse ;

– le veau fermier : soit le veau tète sa mère soit il boit au seau, et il est abattu plus jeune, vers 6 à 8 semaines. Cette production, très minoritaire, est de plus en plus demandée par les consommateurs qui apprécient sa meilleure qualité, quitte à payer plus cher.

La viande bovine. Il faut distinguer la viande qui provient de troupeaux laitiers (22 millions de vaches laitières en Europe) et celle qui provient de troupeaux à viande (11,4 millions de vaches allaitantes en Europe) car les rendements et les qualités sont très différents.

Les élevages laitiers alimentent trois types de filières de production :

– les vaches de réforme (5 millions de têtes chaque année, soit un quart du troupeau laitier) fournissent une viande de qualité médiocre. Il s'agit d'animaux mal conformés, car sélectionnés pour produire du lait, non de la viande (l'importation de vaches de race Holstein, d'origine américaine, a aggravé ce phénomène). Ces vaches consomment beaucoup d'aliments concentrés (maïs, soja, farines animales), et c'est sur ce type de troupeau qu'est apparue la maladie de la « vache folle » ;

– les génisses et les bœufs (environ 3 millions). Abattus à l'âge de trois ans, ces animaux sont élevés à l'herbe et au foin. Leur viande est appréciée ;

– les taurillons intensifs (environ 5 millions). Il s'agit de veaux mâles élevés jusqu'à 18-20 mois. Leur croissance est « poussée » avec des aliments concentrés, et cela donne une viande pâle, peu appréciée. C'est cette viande qui encombre les frigos de l'Union européenne.

De leur côté, les troupeaux allaitants – qui ne produisent que de la viande, donc – sont constitués de races (Charolais, Limousin, Salers, Blonde d'Aquitaine, Parthenaise...) sélectionnées pour la

qualité de leur viande et leur conformation. Comme pour les troupeaux laitiers, on distingue trois filières :

– les vaches de réforme (environ 2,4 millions), qui sont de bonne qualité bouchère ;

– les génisses et les bœufs (environ 3,5 millions) sont élevés à l'herbe et au foin. Leur viande est de qualité exceptionnelle ;

– les jeunes bovins (environ 4,25 millions) sont subdivisés en deux catégories distinctes :

(a) les jeunes bovins intensifs sont des jeunes mâles sevrés vers 7 à 9 mois (leurs mères sont nourries à l'herbe et au foin) puis vendus à des ateliers d'engraissement intensifs qui les nourrissent avec du maïs-ensilage et du soja ou un aliment concentré ; ils sont abattus à l'âge de 18-20 mois. Cette viande est beaucoup consommée dans les pays du Sud mais pas en france : comme les taurillons intensifs du troupeau laitier, elle atterrit donc aussi dans les frigos européens,

(b) les jeunes bovins extensifs. Après sevrage, ils sont nourris jusque vers 24 ou 26 mois au foin et à l'herbe, avec un peu de céréales à la fin de leur croissance. Plus lourds que les jeunes bovins intensifs (420-450 kilos de carcasse), ils constituent une viande de qualité, appréciée mais encore méconnue du consommateur. Une prime avait été créée par la réforme de la PAC en 1992 pour encourager cette production, mais elle a été supprimée en août 1996, lors de la crise de la « vache folle ». Erreur de stratégie qui bénéficie… aux jeunes bovins intensifs qui, eux, bénéficient toujours d'une prime.

ACHETER

Il est toujours impressionnant de comparer les prix de vente de la viande bovine chez son boucher et les prix de vente à l'abattoir. Mais faut-il pour autant incriminer les intermédiaires ? Pas si sûr. En effet, les prix de détail sont toujours plus élevés à cause d'une part des rendements en viande de l'animal (rapport entre la quantité de viande effectivement obtenue pour la vente et le poids de l'animal au départ) et d'autre part des habitudes alimentaires des consommateurs.

Le rendement. Par la force des choses, un animal de 100 kilos (poids vif) ne fournit pas 100 kg de viande : de l'animal vivant, on ne garde que la carcasse (entre 50 % du poids vif pour une race laitière à plus de 60 % pour une race à viande) ; de la carcasse, le boucher ne peut retirer qu'une partie pour la viande (moins de 65 % pour une race laitière à plus de 75 % pour une

race à viande). Plus un animal est bien conformé, plus son rendement en viande – le seul qui devrait intéresser le boucher, finalement – est élevé. Et plus le pourcentage de morceaux nobles (le dos et l'arrière de la bête) est important par rapport aux morceaux de faible valeur (les avants). Cela explique l'intérêt des bouchers expérimentés pour les races à viande (mieux conformées), et la satisfaction de leurs clients.

Les habitudes alimentaires. Le désintérêt marqué des consommateurs pour les quartiers avant explique aussi le prix élevé des autres parties comme le rosbeef : le boucher est obligé de brader les avants (plats de côte, par exemple), exportés en Allemagne ou à l'extérieur de l'Union européenne, et doit se rattraper sur le reste. Alors qu'il paye la carcasse 25 francs le kilo au producteur, le boucher brade l'avant à 12 francs le kilo. Sauf s'il réussit à valoriser la carcasse entière (par exemple avec du steak haché), ce qui est réalisable avec des bêtes de qualité. L'éducation du consommateur peut donc encourager une réorientation des élevages bovins vers les productions de qualité.

Encourager les systèmes de production à base d'herbe

Que l'on puisse alimenter des ruminants avec des farines animales, cette idée a traumatisé les consommateurs, qui ne veulent même plus entendre parler d'aliments concentrés dans la ration des ruminants. Le seul moyen de regagner leur confiance, c'est d'encourager la production de viande à l'herbe, complétée si nécessaire par des céréales produites sur l'exploitation. Avantage : la production à l'herbe est moins coûteuse pour l'exploitant, elle préserve l'environnement et elle tire parti au mieux des ressources naturelles du territoire.

Cela suppose de rompre avec la politique actuelle, où la production bovine industrielle, de plus en plus comparable à des systèmes hors-sol (on nourrit les veaux et les taurillons [17] comme des porcs), est maintenue artificiellement en vie à coups de subventions (en 1970, déjà, la France donnait

17. Alors qu'il est possible de les élever de façon non industrielle, sous le pis pour les veaux ou à l'herbe pour les taurillons.

une prime de 200 francs par taurillon) et d'opérations de stockage public (près d'un million de tonnes en 1992). Le temps est donc venu d'arrêter ce gâchis.

Pour les taurillons, il faut cesser toute aide publique à la production, après une période de transition pour la reconversion de ces élevages. Dans le même temps, il faut créer une aide, transitoire elle aussi [18], pour encourager les systèmes d'alimentation à l'herbe des bovins à viande. Alors le marché reviendrait à l'équilibre tout naturellement puisque l'exploitant serait amené à limiter son élevage à un niveau où la surface herbagère dont il dispose suffit à alimenter le troupeau.

Malheureusement, ce n'est pas la voie qu'a choisie l'Union européenne. Influencée par le lobby de la filière industrielle de taurillons, elle a décidé de supprimer la prime aux taurillons âgés de plus de 21 mois [19], mais de la maintenir et même de l'augmenter pour les taurillons abattus à moins de 21 mois, croyant inciter les éleveurs à abattre leurs taurillons plus jeunes, donc moins lourds, et réduire ainsi la production de viande. Ce qui est un mauvais calcul : en diminuant la durée de vie de l'animal, elle va au contraire augmenter la production car, plus les animaux sont abattus jeunes, plus vite ils libèrent une place à l'étable – que l'éleveur s'empresse de rentabiliser en installant de nouveaux animaux à engraisser. Au total, les animaux abattus sont certes plus légers, mais ils sont plus nombreux sur une année, et la production de viande augmente : en rajeunissant l'âge des taurillons abattus de 26 à 18 mois, par exemple, on peut estimer que la hausse sera d'au moins + 20 %.

Cette prime au jeune taurillon va donc à l'encontre d'une maîtrise de la production, et revient, de plus, à encourager le hors-sol en production bovine : pour qu'un jeune bovin soit prêt pour la boucherie dès 18 ou 19 mois, il faut accélérer sa croissance avec des aliments concentrés.

---

18. Et cette aide, comme toutes les aides PAC d'ailleurs, devrait être révisée chaque année, à la baisse ou à la hausse, selon l'évolution des cours. C'est une des lacunes de la réforme de 1992, qui est source de bien des injustices aujourd'hui.
19. Elle a cependant maintenu une prime pour la production de viande de bœuf (animaux castrés âgés de 3 ans).

Aussi la meilleure solution pour maîtriser la production est bien, comme on l'a expliqué au début de ce chapitre, de remplacer toutes les primes à l'animal (prime à la vache allaitante, au taurillon, etc.) par une prime assise sur la surface fourragère de l'exploitation, d'un montant identique à celui de la prime à l'hectare de céréales.

Développer la production de veaux de boucherie, légers et fermiers

Reste que la maîtrise durable de la production de viande bovine passe par un encouragement à produire des veaux fermiers légers. Pourquoi ? Il faut savoir que le veau élevé de façon industrielle (avec un aliment concentré à base de poudre de lait écrémé) est abattu plus tard qu'un veau fermier car il a besoin de quelques semaines de croissance supplémentaire pour que sa viande satisfasse aux exigences de la boucherie. Mais, du coup, ces veaux de batterie sont plus lourds : 139 kilos de carcasse, soit deux fois plus que du temps où les veaux étaient engraissés à la ferme (voir chapitre « L'Eruope verte, une bonne idée qui s'est enlisée ») et vendus à 73 kilos de carcasse. Une différence de poids qui s'explique aussi par le fait que les élevages industriels sont tributaires du prix des veaux qu'ils achètent aux producteurs de lait : plus ce prix monte, plus il faut faire grossir le veau pour rentabiliser son achat.

La conséquence de ce doublement du poids des veaux de boucherie est que le nombre de veaux abattus a diminué : il suffit aujourd'hui de 5,8 millions de veaux pour produire les 806 000 tonnes de viande de veau consommées en Europe. Problème : les veaux restants – car les vaches font toujours autant de veaux pour faire du lait – vont grandir et finalement accroître le potentiel de viande bovine adulte.

Pour diminuer ce potentiel et maîtriser la production de viande bovine à venir, la Commission a mis en place deux mesures :

– une prime pour abaisser le poids des veaux de boucherie abattus. Ainsi, pour répondre à la consommation actuelle, il faudra plus de veaux : autant de viande bovine en moins sur le marché dans deux ans.

– une prime pour supprimer des veaux nouveaux-nés [20] (un million de veaux ont été ainsi supprimés, ce qui fait un million de bovins adultes en moins sur le marché dans deux ans).

À la place de ce système, j'avais suggéré en 1996 à la Commission une seule mesure : donner une prime unique à la production de veaux légers produits à la ferme, en fixant à 75 kg le poids maximal pour abattre l'animal. Il aurait alors fallu non pas 5,8 millions de veaux, comme actuellement, mais 10,8 millions pour répondre à la consommation de viande de veau. Or, le supplément de cinq millions de veaux nécessaires correspond exactement au nombre de taurillons issus du troupeau laitier actuellement produits : disparaitrait ainsi une viande peu appréciée du consommateur et qui, par conséquent, encombre les frigos de l'Union européenne en attendant d'être bradée sur le marché mondial.

Je suggérais en conséquence de supprimer toutes les primes à la production de viande de taurillon industriel. Et je suggérais aussi de profiter de cette crise pour tirer un trait sur l'élevage industriel de veau de boucherie, en supprimant la prime à la poudre de lait. Quitte à donner une prime de reconversion aux éleveurs industriels concernés.

Ainsi, prendraient fin deux des anomalies les plus criantes engendrées par la PAC de 1962. Et l'on ferait d'une pierre deux coups : retour à une viande de veau de qualité ; maîtrise de la production de viande bovine adulte. Avantage supplémentaire : le retour à une production de veaux fermiers ferait certainement repartir la consommation de cette viande.

La crise de la « vache folle » offrait l'occasion à la Commission de mettre en place une telle politique. Elle a malheureusement reculé : les mesures qu'elle a prises sont de courte vue.

Certes, elle a créé une prime pour réduire le poids des veaux abattus, comme je l'avais proposé. Mais, au lieu de fixer comme condition un poids maximal à l'abattage, elle a préféré une réduction calculée en pourcentage du poids de

20. Prime baptisée « Hérode », du nom du roi des Juifs, responsable, selon la Bible, du « massacre des Innocents ».

carcasse (la prime est versée si ce poids à l'abattage diminue de 15 %) : cela freine la production, certes, mais quel avantage pour les producteurs, hollandais en tête, qui commercialisaient auparavant les veaux les plus lourds ! Pour toucher cette prime, un éleveur français doit limiter ses carcasses à 108 kilos quand un Hollandais peut aller jusqu'à 138 kilos : toujours l'avantage aux situations acquises...

Mais, dans le même temps, l'augmentation de la prime au jeune taurillon, on l'a vu, joue contre la maîtrise de la production de viande bovine et pousse à l'industrialisation de cet élevage maintenu en survie artificielle par les aides publiques. De même, on n'en a pas fini avec cette aberration que représente la production industrielle de veau de boucherie. Filière artificielle qui repose, comme on l'a vu, sur la subvention de la poudre de lait. Ainsi, on produit une viande de veau de mauvaise qualité et d'un prix de revient réel très élevé, comparé au veau fermier qui tète : dans la filière industrielle, le lait est trait, refroidi et stocké à la ferme puis transporté à la laiterie – factures et formalités diverses – où il est réchauffé, écrémé, stérilisé et mis en poudre ; puis on lui ajoute des matières grasses et autres, on le rapporte à la ferme – refactures et formalités –, où il est reconstitué, réchauffé avant d'être distribué aux veaux... lesquels sont logés dans des bâtiments chauffés et ventilés !

Si nous ne profitons pas de cette crise et de la réforme attendue pour en finir avec ces aberrations, pour amorcer le développement d'une agriculture durable en Europe, alors nous sommes vraiment des irresponsables.

Remettre la politique agricole dans le bon sens

En résumé, nos propositions pour la nouvelle réforme s'articulent autour de trois idées fortes :

– fondre toutes les aides publiques en une prime unique assise sur la surface agricole de l'exploitation (les oléoprotéagineux bénéficiant seuls d'une prime plus importante) ;

– plafonner cette aide en fonction de la surface de l'exploitation, et lui appliquer une dégressivité favorable aux plus petites exploitations ;

– soumettre l'attribution de l'aide publique à deux conditions : respect de l'environnement (les pratiques à suivre étant consignées dans un cahier des charges) et défense de l'emploi (le montant par actif de l'aide serait aussi plafonné).

À partir de ces trois lignes directrices, on peut prévoir une adaptation par région. De nombreux agriculteurs de l'Union européenne vivant sur des exploitations de moins de 10 hectares [21], un niveau minimal d'aide publique par exploitation pourrait être envisagé.

Ainsi serait instauré un cadre cohérent engageant les agriculteurs européens sur la voie d'une agriculture durable, la seule à même de réconcilier les consommateurs et les citoyens avec leur agriculture. Car, pour l'heure, avouons qu'il n'est guère plaisant, quand on est paysan, de se voir accusé de tous les maux (pollution des eaux, dégradation des paysages, risques sanitaires...) alors que la politique agricole pousse sans cesse à une intensification dévastatrice ; de même qu'il est insupportable, quand on est consommateur et contribuable, de s'inquiéter pour la qualité de son alimentation, de payer des impôts qui confortent les pollueurs et des impôts supplémentaires pour lutter contre ces pollutions. C'est bien pourquoi le débat sur la politique agricole concerne l'ensemble de la société. Et c'est aussi dans l'intérêt bien compris des agriculteurs eux-mêmes, s'ils veulent obtenir une meilleure reconnaissance sociale et valoriser leurs compétences que personne ne peut contester.

21. Hormis les exploitations spécialisées en cultures de rente, telle la viticulture de qualité.

L’agriculture durable, c’est rentable

La politique ne fait pas tout. Elle freine ou encourage, elle constitue un cadre plus ou moins contraignant ou incitatif. Mais, au bout du compte, c'est sur le terrain que cela se passe : le fond du débat, c'est la pratique même de l'agriculture. Pour l'agriculteur, qui en vit, comme pour la société, qui s'en nourrit. La question de fond est donc de savoir quel système de production est capable de satisfaire au mieux les aspirations des uns *et* des autres. L'agriculture durable, comme tout autre système de production, doit se soumettre à ce débat de fond, que l'on peut résumer en cinq questions :

1. Les grandes exploitations sont-elles synonymes d'efficacité économique, et donc la concentration des exploitations et des élevages est-elle inéluctable ?

2. Les méthodes de production agricole dites « durables » sont-elles celles qui dégagent le plus de valeur ajoutée ?

3. Y a-t-il contradiction entre performances économiques et équilibres écologiques ?

4. Le développement durable permet-il vraiment de créer plus d'emplois ?

5. L'Europe a-t-elle vocation à exporter des produits agricoles ?

C'est à ces questions que je vais répondre maintenant.

La concentration des exploitations n'est pas un gage d'efficacité économique

Au cours d'un rendez-vous au service des études et de la prospective du ministère des Finances, j'exposais mes trois propositions de réforme de la PAC (voir le chapitre précédent). Tout à coup, un des deux fonctionnaires qui m'écoutaient attentivement me dit : « Je vais être franc avec vous, monsieur Pochon : en faisant cette proposition de dégressivité et de plafonnement des aides, votre objectif est bien de stopper l'agrandissement des exploitations, voire même d'en créer de nouvelles ?

– C'est exactement cela.

– Eh bien ! Autant nous sommes d'accord avec vous pour que toutes les aides à l'agriculture soient rapportées à la superficie, autant nous sommes réticents pour limiter la surface des exploitations parce que, pour avoir une agriculture compétitive, il faut que celles-ci soient les plus grandes possibles. »

Ainsi, dans l'esprit de nos chercheurs-technocrates, fussent-ils socialistes, est restée ancrée l'idée que la concentration des exploitations agricoles est nécessaire à leur efficacité économique. Comme dans les années soixante. Le terme a changé – on parle aujourd'hui de restructuration –, mais le concept reste le même : pour accroître l'efficacité des hommes et des capitaux, des terres, des bâtiments et du matériel, il serait indispensable de restructurer, c'est-à-dire d'agrandir les exploitations et les élevages – les économies d'échelle, nous dit-on. C'est à ce prix que nous serions compétitifs sur le marché. Freiner ce mouvement, dans l'agriculture comme dans l'industrie ou le commerce, ce serait freiner le mouvement vers le progrès, le retarder, au risque de le payer cher un jour : ce serait un combat d'arrière-garde. Et de citer les États-Unis et le Royaume-Uni où le nombre d'exploitants représente moins de 5 % de la population active depuis longtemps.

Dans les années soixante, cette apologie de l'agrandissement était générale. Elle justifiait non seulement la concentration des exploitations, mais aussi celle des coopératives ; nos dirigeants professionnels se gargarisaient d'« inéluctables grosses concentrations ». La loi d'orientation de 1962, concoctée par le CNJA de Michel Debatisse et par Edgard Pisani, ministre de l'Agriculture du général de Gaulle, loi d'orientation soutenue par la politique des structures de la PAC [1], l'a parfaitement illustré : elle visait explicitement à éliminer les petits producteurs au profit des exploitations moyennes à deux emplois à plein temps. Pour cela, chaque département fixait une surface minimale dite d'« installation » (la SMI) au-dessous de laquelle l'agriculteur ne pouvait prétendre à des aides publiques. Toutefois, chaque département fixait aussi la surface maximale au-delà de laquelle les cumuls de terre n'étaient pas autorisés : il s'agissait d'agrandir les exploitations pour les rendre viables, mais en restant à une taille familiale.

L'indemnité viagère de départ (IVD), sorte de supplément de retraite accordé aux exploitants âgés dont les terres allaient agrandir d'autres exploitations, a été l'instrument essentiel de cette restructuration. L'exploitant qui se retirait n'avait de cesse d'avoir trouvé un voisin pour reprendre ses terres. Il n'est pas exagéré de dire qu'il ne dormait bien que quand il l'avait trouvé !

Ce fut très efficace. Mais de nombreuses exploitations viables ont disparu aussi, car ce n'était pas seulement des exploitations au-dessous du seuil de rentabilité fixé qui étaient démantelées : tout exploitant, quelle que soit la taille de son exploitation, pouvait bénéficier de l'IVD, la seule condition requise étant qu'elle disparaisse pour en agrandir d'autres.

---

1. Le plan Mansholt, en 1968, résume bien la volonté de concentrer les exploitations pour les moderniser, selon une logique très comparable à celle de l'industrie. « Accroître la productivité de l'agriculture en développant le progrès technique, en assurant le développement national de la production agricole ainsi qu'un emploi optimum des facteurs de production », écrivait la Commission.

Pourtant, la petite exploitation était rentable

Cette logique de l'agrandissement n'était pourtant pas imparable. Bien avant, en 1959, sentant venir la loi d'orientation Pisani, j'avais publié dans *L'Action travailliste des Côtes-du-Nord* une série d'articles où je démontrais, preuves à l'appui, les chances nouvelles de la petite exploitation :

– La motorisation permettait de s'équiper en commun, contrairement à la traction animale. Avec la motorisation en copropriété, la petite exploitation n'a pas plus de charges à l'hectare qu'une grande. Par exemple, sur ma petite exploitation de 9 hectares, je possédais seulement le cinquième d'un tracteur de 22 CV, qui me suffisait amplement. Alors que mon prédécesseur avait deux chevaux, indispensables pour tirer une charrue, ce qui lui consommait la nourriture de trois vaches, lui coûtait en achat l'équivalent de quatre. Ces deux chevaux – minimum indispensable à une exploitation – grevaient fortement l'économie de sa petite exploitation car ils auraient suffi pour le double de surface. En revanche, la motorisation en copropriété mettait ma petite exploitation à égalité avec une grande pour le travail de la terre, les emblavements, les charrois et les récoltes.

– La révolution fourragère[2] à base d'herbe améliore la situation de la petite exploitation : augmentation de la production à l'hectare, peu d'investissement nécessaire.

Ce que je démontrais par cette série d'articles, la réussite économique sur mon exploitation de 9 hectares le confirmait. Cette réussite nous avait rapidement permis, à mon épouse et moi-même, d'aménager la maison en eau courante, sanitaires et douche. Puis vinrent le chauffage, l'eau chaude, la machine à laver, le réfrigérateur, l'aspirateur, la télévision, une 2 CV neuve payée à l'avance... bien avant les grandes fermes de ma commune. Tout en ne travaillant que cinq

2. Une prairie temporaire bien exploitée et ensemencée avec de bonnes variétés de graminées atteint un tel niveau de production que l'on obtient une plus grande quantité d'énergie et de protéines, pour l'alimentation du bétail, qu'avec des cultures comme les céréales : la découverte de ce résultat, dans les années cinquante, a provoqué une véritable révolution des mentalités. L'Institut national de la recherche agronomique (INRA), André Voisin ou René Dumont ont été les pères de cette révolution fourragère.

heures par jour ! De quoi faire rêver... sans parler des cinq millions de centimes d'économies en bons à cinq ans au Crédit agricole dès 1963.

J'écrivis cette série d'articles parce que j'avais l'intuition qu'un jour le problème du travail se poserait en ville et que la meilleure façon de garantir du travail aux futures générations – celle de mes enfants – était de conserver de nombreux paysans, donc de nombreuses exploitations.

Je voulais alerter l'opinion, faire réfléchir mes camarades de la Jeunesse agricole catholique [3], mais je savais être à contre-courant. Malgré les quelque deux mille paysans qui visitaient ma ferme chaque année, malgré ma réussite spectaculaire, les petites exploitations furent condamnées par la loi d'orientation de 1960-1962.

Je fus moi-même contraint, lorsque mon exploitation se réduisit à 7 hectares – un agriculteur qui me louait 2 hectares en sous-location amiable les ayant récupérés –, de chercher une nouvelle exploitation : je me portai donc candidat pour la moitié d'une ferme disponible à la SAFER (11 hectares exactement). Mais la réponse fut catégorique : « Vous n'y pensez pas, notre rôle est d'agrandir les exploitations, non pas d'en faire des petites, et la surface minimale départementale est de 16 hectares ! Vous avez droit aux prêts à long terme bonifiés pour l'accès à la propriété et aux subventions pour les aménagements, profitez-en... »

C'est ainsi que nous avons atterri à Saint-Bihy en 1965 sur une exploitation de 25 hectares surface agricole utile, abandonnant avec amertume le combat pour la petite exploitation – la loi d'orientation nous y contraignait. Déception aussi, bien entendu, chez nos supporters.

Mais, avec les charges nouvelles dues à l'achat du foncier et aux investissements, il nous fallait d'emblée 30 vaches – au lieu de 15 à Saint-Mayeux – sur cette nouvelle exploitation. Deux fois plus de vaches pour obtenir le même revenu ! Mais à quelque chose malheur est bon : aujourd'hui

---

3. La JAC fut la pépinière des dirigeants agricoles de l'après-guerre (de la FNSEA aux Paysans-travailleurs en passant par le CNJA), et le creuset où s'élaborait l'avenir du monde rural.

deux couples – mes enfants – se sont installés sur l'exploitation, l'un vit d'un centre équestre, l'autre d'un élevage de vaches de race limousine. Après remise en culture de friches, l'exploitation compte 40 hectares.

Entre-temps, mon intuition des années soixante est donc devenue, malheureusement, réalité. Après les « trente glorieuses », comme on surnomme les années de forte croissance d'après guerre, le problème numéro un dans nos pays développés n'est pas celui de la production des richesses, mais celui de la répartition du travail. Le chômage gangrène notre société.

En travaillant cinq heures par jour en 1960, avec un revenu plus que décent, ne montrions-nous pas la voie ? Le chômage n'aurait pas cette acuité si nous avions préservé une paysannerie nombreuse et prospère, et je reste persuadé que c'était possible.

Les économies d'échelle ne sont pas infinies

Pour beaucoup de gens, il semble évident qu'une grosse unité de production permet d'abaisser le prix de revient des productions agricoles. Mais est-ce si sûr ? Depuis longtemps, dans les plaines céréalières, la surface des exploitations avoisinait les 100 hectares. N'était-ce pas suffisant pour amortir le matériel moderne et dégager un revenu correct ? À partir d'une certaine taille, les économies d'échelle se réduisent et, finalement, on n'apporte rien de plus à l'économie du pays ni au revenu des agriculteurs (exploitants et salariés) en doublant ou en triplant la taille des exploitations. Sinon, comme c'est le cas actuellement, que l'ouvrier agricole travaille pour un salaire modéré pendant que son patron se paie les sports d'hiver et la Côte d'Azur. L'ouvrier agricole ne reçoit pas grand-chose de la manne bruxelloise (nous avons vu que celle-ci était pourtant substantielle et représentait souvent la totalité du revenu agricole de telles exploitations). Il vaut donc la peine de voir ce qui se passe pour une petite exploitation...

Avantage à la petite exploitation herbagère

Prenons l'exemple d'une exploitation de polyculture-élevage centrée sur la production laitière (ce type d'exploitation occupe la majorité des paysans de l'Union européenne). Comme je le répète inlassablement, produire du lait au moindre coût, c'est nourrir les vaches à l'herbe, pâturée le plus longtemps possible dans l'année. Nourrir une vache au pré coûte cinq fois moins cher que la nourrir à l'auge : elle fait le travail toute seule... avec contentement !

Mais si c'est facile de conduire 20 ou 30 vaches au pâturage, voire de les y traire, au-delà, le problème se complique, ne serait-ce que par le mouvement des animaux ; les prés, dans une grosse exploitation, seront forcément de plus en plus éloignés. De fait, force est de constater que les troupeaux importants (80-100 vaches) sont toujours nourris à l'auge : soit avec de l'herbe fauchée et rapportée à l'étable, soit, plus couramment, avec du maïs-ensilage et des concentrés. Le coût alimentaire est ainsi multiplié par trois. Le stockage des déjections, leur transport au champ, les installations nécessaires et le travail multiplient par cinq le coût total d'un tel système, comparé à la vache qui pâture. L'économie d'échelle est bien loin de compenser ce surcoût. D'ailleurs, aucune grosse unité laitière ne donne satisfaction, pas plus aujourd'hui que dans les années soixante. L'étable de 500 vaches installée dans l'Isère il y a une trentaine d'années a disparu depuis longtemps. Et les grandes étables kolkhoziennes, vous connaissez ? Pour ma part, celles que j'ai visitées n'avaient rien de mirobolant.

Plus récemment, encouragés par des chambres d'agriculture et les syndicats professionnels, des éleveurs ont trouvé bon de rassembler leurs troupeaux en un seul, espérant par l'économie d'échelle réalisée sur les bâtiments, qu'il fallait mettre aux normes, améliorer leurs revenus tout en diminuant leur temps de travail. Le résultat est décevant sur les deux objectifs : désormais les vaches ne quittent plus l'étable et sont nourries au maïs-fourrage et soja toute l'année. Le surcoût du système fourrager par rapport à l'herbe engendre une baisse de revenu qu'il a fallu compenser par

la création, sur l'exploitation, d'un élevage hors-sol (volailles, lapins...) qui entraîne une surcharge de travail.

Ces éleveurs espéraient aussi polluer moins grâce à un bâtiment mis aux normes environnementales et ils ont été subventionnés en conséquence. Là aussi, résultat décevant : certes, il n'y a plus d'écoulement direct des déjections animales, mais les terres à nu en hiver (à cause de la culture du maïs) ont remplacé les herbages, et du coup la pollution par les lessivages de nitrates, l'érosion des sols et les pesticides est bien plus forte qu'avant !

En réalité, l'exploitation laitière la plus concurrentielle (celle qui dégage la plus forte marge permettant de rémunérer les capitaux et le travail) est bien la petite exploitation herbagère telle qu'on la trouve encore en pays wallon, en Normandie... Ces exploitations possèdent une vingtaine d'hectares d'herbe autour de l'étable, les vaches sont nourries de foin et de céréales en hiver. Des millions d'exploitations existent encore avec ce système en Europe. Elles ne sont pas un poids, mais une chance pour l'économie. Elles font vivre de nombreuses familles tout en produisant au moindre coût.

Il n'y a pas d'anachronisme là-dedans, mais du bon sens : la vache fait toute seule (manger, épandre) ce que la grosse exploitation dite moderne s'évertue à faire à sa place (mais moins bien) à grand renfort de matériel, de fioul et de labeur.

Si l'élevage bovin allaitant s'accommode mieux de surfaces plus grandes, de grands troupeaux butent aussi sur des contraintes de mouvement et de surveillance des animaux, qui en réduisent l'intérêt – et c'est vrai aussi en production ovine.

Des résultats convaincants qui dérangent

Créé en 1982, le CÉDAPA (Centre d'étude pour un développement agricole plus autonome) allait à contre-courant du modèle dominant en publiant *S'installer avec 20 vaches laitières sur 16 hectares* (1983), *Avec 24 truies sur 24 hectares* (1984), *S'installer en vaches allaitantes, c'est possible : 25 vaches sur 27 hectares* (1984), *Vivre du mouton : 250 brebis*

sur 30 hectares (1985), *Vivre avec un quota de 100 000 litres de lait* (1984). Toutes ces études technico-économiques montraient qu'un couple d'agriculteurs pouvait s'installer et bien vivre sur de petites exploitations : revenu et qualité de vie allaient de pair. Une démonstration que les adhérents du CÉDAPA éprouvaient chaque jour, et que l'on retrouvait un peu partout ailleurs : du Sud-Ouest à la Belgique en passant par l'Autriche, ce ne sont pas les références techniques et économiques qui manquent aujourd'hui. Car de telles exploitations n'ont rien d'exceptionnel (elles sont même encore les plus nombreuses en Europe). L'exemple de cette exploitation normande analysé par la Chambre d'agriculture de la Manche, qui dégage 162 000 francs de revenu avec seulement 94 000 litres de lait vendus (voir encadré p. 172) est représentatif.

Pourtant, le mythe de l'agrandissement a la peau dure. Bien que les études du CÉDAPA aient été menées avec des techniciens de la chambre d'agriculture des Côtes-d'Armor, la majorité des installations en production laitière s'est faite depuis dix ans, dans ce département, avec au minimum un quota de 200 000 litres de lait.

Et, comme la moyenne laitière des exploitations était en 1984 de 60 000 litres, il fallait bien que certaines disparaissent pour faire de la place. D'où ce programme de restructuration laitière qui a abouti à la disparition de la moitié des producteurs en Bretagne (en fait, des exploitations, des familles d'agriculteurs) en cinq ans. Tout cela sous prétexte qu'un éleveur ne peut s'en tirer à moins de 200 000 litres et encore ! Les banquiers, l'administration, les responsables professionnels agricoles – tous réunis au sein de la toute-puissante commission départementale qui décide si une installation est viable et accorde ou refuse dotations, prêts, quotas de production... – étaient de bonne foi, persuadés que donner le feu vert à l'installation d'un jeune avec un quota de seulement 100 000 litres de lait, c'était le laisser aller au casse-pipe ! Heureusement, aujourd'hui, sous l'influence de la Confédération paysanne, les choses évoluent, des projets sont agréés avec des quotas de seulement 100 000 à 130 000 litres. Mais elles évoluent lentement.

Réussir sur de petites exploitations, sans polluer, c'est possible

Gérard Bescher fait partie du réseau « Éleveurs bovins demain » en Loire-Atlantique. Technicien agricole originaire de la Mayenne, il s'est installé avec son épouse, en 1978, sur 40 hectares en production laitière. Démarrage classique : 40 % de sa surface sont consacrés à la culture du maïs pour l'ensilage, il apporte de fortes doses d'engrais azotés à ses prairies semées de graminées, et il complète la ration de ses vaches avec des aliments concentrés (0,42 francs par litre de lait produit). Avec un certain succès : en 1987, un hectare nourrit 1,8 vache, chacune produit 7 000 litres par an, et il gagne 0,99 francs* par litre de lait produit. Il dispose alors d'un quota de 175 000 litres de lait.

Cependant, comme tout bon technicien, Gérard Bescher est en recherche. Il fait des simulations avec sa calculette et constate qu'il ferait mieux d'abandonner le maïs-ensilage. En 1988, il fait le pas et change radicalement son système d'exploitation : toute la surface est consacrée aux prairies pour produire de l'herbe et du foin ; l'apport d'aliments concentrés est réduit des deux tiers et ne coûte plus que 0,11 francs par litre de lait produit).

Comme prévu, les rendements baissent (1,25 vache par hectare, 5 000 litres de lait par vache), mais les charges baissent encore plus : les frais vétérinaires passent de 8 000 francs à 800 francs par an ; le taux de réussite en première insémination monte de 60 % à 80 % ; en moyenne, une vache assure six lactations au lieu de trois précédemment ; sans parler des charges pour l'alimentation. Résultat : le revenu augmente d'un tiers tandis que le temps de travail diminue de moitié.

Les résultats de Gérard Bescher, discutés au sein du réseau « Éleveurs bovins demain », ont fait boule de neige : les autres membres, convaincus, suivent la même démarche, et obtiennent les mêmes résultats : un revenu en hausse, un temps de travail en baisse. Intrigués, trois mille visiteurs défilent chaque année sur leurs exploitations : une ferme est visitée le matin, une autre l'après-midi et tout le monde mange au restaurant du bourg le midi avec les douze exploitants et leurs épouses, souriants et détendus : « On a le temps maintenant ! »

Du coup, le conseil général des Côtes-d'Armor, sous la houlette du directeur départemental de l'Agriculture, fait le pèleri-

---

* Il s'agit d'un revenu net d'exploitation, après déduction des amortissements.

Résultats de Gérard Bescher	1987	Moyenne annuelle 1988-1991	Moyenne annuelle 1992-1994
Produit brut	467 500 F	484 800 F	471 650 F
Charges	295 250 F	237 500 F	183 950 F
dont :			
charges de structure, amortissements, frais financiers	*27 %*	*25,5 %*	*24,5 %*
alimentation	*30 %*	*19 %*	*10 %*
frais élevage	*6 %*	*4,5 %*	*4,5 %*
Résultat	172 250 F	247 300 F	287 700 F
soit	*0,99 F/l*	*1,44 F/l*	*1,72 F/l*

nage. Au retour, le président de la commission agriculture martèle aux responsables de la chambre d'agriculture : « J'ai vu, de mes yeux vu... » Les contrôleurs laitiers font aussi le voyage et reviennent, abasourdis et inquiets : « Si cela se sait, les laiteries vont baisser le prix du lait. »

Mais la preuve est faite que le productivisme n'est pas la panacée. L'INRA suit depuis 1993 les vingt-neuf exploitations du CÉDAPA qui sont engagées dans le même système de production : tous les résultats convergent. Après adoption du cahier des charges du CÉDAPA (voir annexe 4), les revenus augmentent, le temps de travail diminue et la pollution aussi : le bilan de l'azote baisse de moitié, les apports de pesticides disparaissent puisque l'herbe n'a pas besoin de traitement. Des résultats obtenus alors même que les aides publiques sont moindres (- 20 000 francs par exploitation, en moyenne).

De même, la ferme expérimentale de Trévarez, qui dépend des services techniques de la chambre d'agriculture du Finistère, a comparé deux groupes de vaches ayant le même potentiel de production laitière, l'un étant nourri avec 1 600 kilos de concentrés et l'autre avec seulement 600 kilos. La ration alimentaire du second groupe a permis de dégager une marge supplémentaire de 0,12 francs par litre de lait produit – alors que l'on pouvait craindre que des vaches pouvant produire beaucoup de lait, comme la fameuse Holstein noire et blanche, ne supportent pas ce traitement.

Faut-il s'étonner, dès lors, si des centaines d'éleveurs se reconvertissent. De plus en plus de groupes « tout à l'herbe » m'invitent pour les aider à mieux gérer leurs prairies. Pas un seul ne regrette. Tel cet éleveur de la Manche qui exploite 37 hectares

avec un quota de seulement 100 000 litres de lait*. Pas de charrue (il ne produit que de l'herbe), pas d'engrais minéral (seulement du fumier tous les trois ou quatre ans), une bonne maîtrise de la prairie (variétés, dates de fauche, gestion du pâturage), et ses 42 vaches laitières fournissent 2 600 litres de lait chacune par an. Avec seulement 122 francs de frais par hectare pour produire le fourrage et 655 francs de frais d'élevage – les connaisseurs apprécieront –, il obtient un revenu agricole de 162 000 francs, déduction faite des amortissements et des frais financiers, soit 45 % du produit brut. Qui dit mieux ?

* Et 94 100 litres de lait vendus.

Peu après que le C*ÉDAPA a publié* S'installer avec 20 vaches laitières, *lors d'un débat houleux sous chapiteau à la foire de Guingamp, la présidente du* C*DJA (cette jeune femme dynamique dont j'ai déjà parlé) m'apostrophe, furibonde – j'étais à sa droite à la tribune :*

– Comment peux-tu dire qu'un jeune peut s'installer avec 20 vaches alors qu'à la commission mixte nous ne les agréons qu'avec un minimum de 40 vaches – et encore, ils ont du mal à s'en tirer !

– Bien sûr, mais avec quoi sont-elles nourries les 40 vaches ? Qu'ils les mettent donc à l'herbe ! »

Ainsi, la technique n'est jamais neutre, et effectivement, si l'on adopte des techniques de production coûteuses, la valeur ajoutée qui en résulte est tellement faible à l'unité que pour s'en sortir il faut accroître les dimensions. Ce qui alourdit encore les coûts et incite à s'agrandir encore pour compenser. Un engrenage infernal !

Alors, non, la concentration et l'agrandissement des exploitations ne sont pas synonymes d'efficacité économique. Et s'il fallait encore s'en convaincre, je vous conseille un voyage d'étude en Autriche (voir encadré p. 175).

Ainsi, à la première question posée : « Seules les grandes exploitations sont-elles économiquement efficaces ? », la réponse est non. Les petites exploitations sont souvent plus

Un voyage instructif en Autriche

Le Réseau européen d'expériences de développement durable* s'est réuni en octobre 1997, dans la vallée du Lesachtal, en Autriche. L'occasion d'observer une politique agricole favorable au développement durable en action depuis de nombreuses années. Accrochés à flanc de montagne, à 1 000 mètres d'altitude, des gorges encaissées enserrent le torrent. Aucune plaine : la route principale en lacets soutenue par des piliers surplombe le flot, un mur en pierre de taille la protège des éboulis. La forêt de résineux parsemée de hêtres et d'aulnes grimpe jusqu'à 1 500 mètres d'altitude. Pacages ensuite jusqu'à 2 000 mètres, cailloux blancs au-dessus. Les sommets alentours culminent à 2 700 mètres.

Mais, sur les coteaux, là où la pente est moins rude, les fermes sont nombreuses. Il s'agit de petites exploitations herbagères (20 000 litres de quota laitier, 6 ou 7 hectares de prairies, plus l'alpage collectif pendant trois mois pour les vaches taries et les génisses). Entourées de prés verdoyants, elles font l'attrait de cette région. Que ces exploitations disparaissent, que la forêt remplace les prairies, et le paysage bouché n'intéressera plus personne. Tout repose sur ces exploitations...

Mais aucune n'a disparu. Pour une commune de 1 800 habitants, elles peuvent être 180, réparties en une trentaine de hameaux. Propres et fleuries, elles en imposent. Personne ne pense à les « restructurer » sous prétexte de rentabilité. Elles sont le socle d'une économie qui repose sur trois piliers : un tiers du revenu vient de la vente de lait, un tiers du tourisme fermier, et un tiers de la forêt. Chaque exploitant en possède 8 à 10 hectares. Le revenu total se situe entre 150 000 francs et 200 000 francs par exploitation, à temps plein pour un ménage.

Ici, les vaches sont nourries d'herbe et de foin. Copeaux et sciure remplacent la paille. Comme souvent en montagne, le foin est stocké au-dessus de l'étable On n'utilise en moyenne que 200 kilos d'aliments concentrés par vache et par an. L'exploitant doit transporter son lait à un point de ramassage tous les deux jours.

---

* Le Réseau européen d'expériences de développement durable (REEDD) réunit trente-trois groupes ou organismes. En france, le CÉDAPA, le CIVAM de Mayenne, le Parc naturel du Lubéron, l'Écomusée de Savoie y participent, aux côtés de groupes tchèques, slovènes, irlandais, anglais, autrichiens, finlandais, estoniens, allemands, espagnols, italiens, grecs...

Dans ce système, les primes PAC sont insignifiantes puisqu'il n'y a ni culture ni viande bovine autre que les veaux, les génisses et quelques brebis. En revanche, il y a des primes agri-environnementales qui, cumulées, atteignent 5 000 à 6 000 francs par hectare, soit une moyenne de 30 000 francs par exploitation. En France, une exploitation en reçoit plus du triple, pour un revenu final qui n'est pas meilleur.

performantes et, par surcroît, ces paysans nombreux et prospères sont autant de demandeurs d'emploi en moins sur le marché du travail. On ne peut s'empêcher de faire la relation entre les emplois perdus en agriculture et le chômage d'aujourd'hui.

Or, qu'on le veuille ou non, le développement d'une région repose aussi sur des exploitations agricoles nombreuses et prospères : quand les exploitations disparaissent, les bourgs se meurent. Les artisans, les commerçants, les écoles s'en vont les uns après les autres. Et à quoi bon vider les campagnes quand les villes n'embauchent plus ? Il s'agit bien là d'un problème de société qui intéresse toute la population, et pas seulement les agriculteurs : d'ailleurs, ceux-ci sont aujourd'hui minoritaires dans le monde rural.

D'où la nécessité, déjà évoquée précédemment, d'une dégressivité et d'un plafonnement des aides européennes : cela ne nuirait pas à l'efficacité économique, au contraire, et, en limitant la course aux hectares, permettrait de nombreuses installations.

Les six clés de la réussite d'une agriculture durable

L'efficacité économique en agriculture, on vient de le voir, n'est pas une question de taille de l'exploitation ou de l'élevage, mais de choix des techniques et des méthodes de production, de leur cohérence avec la gestion générale de l'unité de production. Mais quelle est la réponse à la deuxième question que nous avons posée (« Les méthodes de production de l'agriculture durable sont-elles celles qui

dégagent le plus de valeur ajoutée, donc les plus efficaces sur le plan économique ? ») ? C'est oui, et de loin !, comme on va le voir en détaillant les méthodes de l'agriculture durable. Au CÉDAPA, nous les avons résumées en six points clés.

1. Équilibrer élevage et productions végétales

Le sol produit des végétaux que les animaux consomment ; les déjections de ceux-ci retournent au sol et entretiennent ainsi la fertilité de base et l'humus, permettant une bonne récolte et... un élevage florissant ! Tout se tient, c'est un cercle vertueux.

Chaque fois que l'on ne respecte pas cet équilibre si cher aux agronomes, on s'éloigne d'une agriculture efficace, productive dans le long terme : nos grandes plaines céréalières spécialisées, qui se sont affranchies des contraintes de l'élevage, connaissent aujourd'hui de graves problèmes de baisse de fertilité des sols. Après vingt ans de cultures continues sans élevage, les sols privés de fumier et de prairie dans la rotation sont en manque d'humus : ils ne sont plus qu'un support mécanique, neutre et de piètre tenue. Pour produire, il faut alors apporter tous les éléments dont la plante a besoin pour croître (azote, potasse, phosphore, etc.), mais aussi des pesticides pour lutter contre les insectes, les mauvaises herbes et les maladies, car de tels assolements sont propices au développement des ennemis des cultures ; là aussi, c'est le cercle vicieux car les traitements détruisent les prédateurs naturels, et il faut donc accroître les doses de pesticides. De plus, les arasements des talus et des haies n'arrangent pas la situation. On pousse parfois la bêtise jusqu'à traiter à l'herbicide les talus qui subsistent – la phobie de la mauvaise herbe.

Et il faut même apporter l'eau ! Chaque année, des kilomètres de rampes d'arrosage se mettent en route dans la Beauce, la Brie ou la plaine de la Saône dès le mois d'avril. Eh oui, sans humus, plus de réserve d'eau dans le sol. De plus, par manque de matières organiques, la terre devient « battante », et les vers de terre, ces aérateurs du sol, disparaissent. La fameuse semelle de labour se constitue : quinze centimètres de terre lissée par le soc de la charrue, durcie au

fond du sillon comme du béton, ce qui empêche l'humidité du sol de remonter et les racines de descendre en profondeur chercher cette eau bénéfique. Il faut alors des engins énormes pour pénétrer la terre en profondeur et « casser » cette semelle de labour. Bref, des ennuis en cascade.

Combien en ai-je rencontré de ces exploitants compétents, dynamiques, qui se sont engagés dans cette impasse ? J'étais en Meurthe-et-Moselle où, une fois de plus, j'assumais une journée de formation. De tels déplacements m'obligent à ne repartir que le lendemain. J'en profite bien entendu pour visiter une exploitation. C'est ainsi qu'en fin de journée j'étais sur une ferme de 400 hectares. « Mon frère et moi, nous avons succédé au père il y a quinze ans, m'explique l'un des agriculteurs de cette ferme. À l'époque, c'était une exploitation herbagère avec de nombreuses haies et un troupeau de charolais. Nous avons vendu le troupeau (le père était furieux), arasé les haies, drainé et labouré le tout : blé et colza. Les premières années, c'était le rêve : nous profitions des réserves d'humus des prairies et nos rendements étaient bons, les prix aussi !

Depuis six ou sept ans, nous avons déchanté. Nous avons consommé notre stock d'humus, la terre est devenue battante, les maladies et les mauvaises herbes se sont installées ; cela nous coûte de plus en plus cher pour des rendements et des prix en baisse. Nous ne pouvions plus continuer ainsi ; c'est la raison du troupeau de race limousine que vous venez de voir. Nous allons refaire de l'élevage et donc des prairies, inclure celles-ci comme tête d'assolement dans la rotation et replanter les haies.

– Bravo !, répondis-je. Il n'y a pas pire que de s'obstiner dans la bêtise.

Malheureusement, nos grands céréaliers, eux, s'obstinent... Jusqu'à quand ces agriculteurs partisans de l'assolement bien connu « blé, sports d'hiver, betteraves, Côte d'Azur » ruineront-ils leur sol, notre sol ? Il faut voir la réalité

en face : aucune aide publique n'empêchera la dégradation des sols si l'agriculteur abandonne les règles de base d'une bonne agronomie et la notion fondamentale d'équilibre entre culture et élevage.

Les grandes cultures (céréales, oléagineux, betteraves...) ne sont pas seules en cause. Les éleveurs hors-sol, tels les producteurs de porcs en Bretagne, ont aussi leur part de responsabilité. Ici, le déséquilibre est dans l'autre sens : beaucoup trop de déjections par rapport aux besoins des plantes, ce qui aboutit à la pollution de l'eau et de l'air, et menace désormais nos sols de stérilité, par accumulation de métaux lourds et de phosphates.

On le voit, la notion d'équilibre entre élevage et productions végétales est la base d'une agriculture efficace, productive, à forte valeur ajoutée. Cela se vérifie sur toute la planète, de telle sorte que la solution au problème de la faim dans le monde tient dans cet équilibre. C'est ce qu'avait compris « la Chine de la révolution culturale », pour reprendre le titre d'un livre de René Dumont, la Chine où l'on pouvait lire partout ce mot d'ordre : « Un cochon au moult » (1/16e d'hectare), le cochon étant considéré comme l'usine d'engrais à domicile ! De fait, les récoltes étaient florissantes.

2. L'équilibre entre élevage et cultures permet des assolements variés et une bonne rotation des cultures

Trois à quatre années en prairies, trois à quatre années en cultures différentes (telles que betteraves, maïs, céréales), voilà un exemple d'une bonne succession de productions sur une parcelle. Les années de prairies reconstituent le stock d'humus, les vers de terre prolifèrent, la structure du sol deviendra souple et facile à travailler. Les cultures qui vont suivre vont en bénéficier et profiteront aussi de la minéralisation de l'azote. La pression des mauvaises herbes, des insectes et des maladies sera faible. Chacune de ces cultures sera dans les meilleures conditions pour atteindre un maximum de rendement au moindre coût. N'est-ce pas là, précisément, l'agriculture productive ? Oui, le retour à cette notion d'assolement, enseignée autrefois dans nos écoles

primaires, est bien l'une des conditions de la productivité de nos exploitations agricoles.

Au nom d'un progrès qui n'en était pas un, les agriculteurs ont fait fi de cette notion de bon sens, en cultivant les mêmes plantes sur les mêmes terres plusieurs années de suite : maïs sur maïs, des années durant, et il faut alors arroser d'herbicides, de fongicides, d'insecticides pour pallier l'abandon des règles agronomiques élémentaires.

3. Cultiver des plantes adaptées au sol et au climat

L'efficacité de l'agriculture, c'est aussi cultiver les plantes adaptées au sol et au climat. Simple affaire de bon sens, direz-vous... Pourtant, depuis vingt-cinq ans, que voyons-nous ? Le contraire : s'il ne pleut pas assez, on irrigue ; s'il fait trop froid, on couvre le sol de bâches en plastique ; si le sol est trop humide, on draine. Tout cela a un coût évidemment, et pour le portefeuille de l'agriculteur, et pour la société : épuisement des réserves en eau, pollution...

Le comble de l'aberration, c'est la culture, partout en France, du fameux maïs – plante originaire du Mexique, spécifique des régions chaudes et humides – pour l'ensilage. À grand renfort de publicité et de vulgarisation, le maïs a été introduit partout, même en Bretagne centrale, région froide et humide, manifestement inadaptée à cette plante.

En mai 1972, je discute avec Louis Nicolas, professeur d'histoire et de géographie à l'École navale, dont j'ai eu la chance extraordinaire d'être l'ami. Il a ouvert l'esprit de toute une génération d'amiraux. Comme tous les grands esprits, il est curieux de tout. Il est passionné par mon expérience de jeune agriculteur. Je lui parle avec enthousiasme de cette plante miraculeuse, le maïs ! Nous voici au milieu d'une parcelle, où le maïs lève frileusement. Nous sommes là, plantés l'un en face de l'autre. Il écoute songeur mes boniments sur le maïs, puis tout à coup, un brin ironique : « Je crois que vous vous trompez avec cette plante... elle n'est pas faite pour vous ! » Ah, ces géographes !

Cette année-là (1972), le maïs en Centre-Bretagne ne fit même pas d'épis... On le récolta quand même et nous fûmes subventionnés... En 1974, la récolte fut à nouveau nulle, dans la boue à Noël (l'armée fut réquisitionnée !), et nous fûmes à nouveau subventionnés. Puis encore en 1976, pour cause de sécheresse cette fois. Consultez les archives de la direction départementale de l'Agriculture des Côtes-d'Armor: le maïs y est subventionné à peu près une année sur deux pour cause de calamité naturelle !

Il n'est donc pas surprenant que les ennuis se multiplient. Depuis la réforme de la PAC, en 1992, comme le maïs est subventionné en permanence, la profession agricole n'insiste plus trop sur les calamités. Un peu de décence quand même !

Certes, on a fait des progrès peu à peu, mais à quel prix ? Le maïs est semé sous bâche plastique, afin de pallier le manque de chaleur: ainsi il pousse mieux, moyennant 2 500 francs de dépenses supplémentaires à l'hectare, payées par la subvention européenne... Quand on observe qu'un hectare d'herbe produit autant d'énergie et le double de protéines pour un coût cinq fois moins élevé, on reste pantois devant tant de gaspillage, devant tant de bêtise. Où donc est passé le bon sens paysan ? Comment s'est-on fait abuser ainsi ? Non, l'efficacité n'est certainement pas de cultiver coûte que coûte des plantes inadaptées au sol et au climat. Le géographe avait raison.

4 . Élever ses animaux dans des bâtiments paillés et non sur du béton en permanence

Le choix des bâtiments d'élevage est décisif pour la réussite de l'élevage, mais aussi pour l'environnement – pour trois raisons. La première: en logeant correctement ses bêtes, l'éleveur améliore leurs performances et leur longévité, améliore la qualité des produits et économise sur les frais vétérinaires. L'un de mes amis, vétérinaire et conseiller général, disait en pleine réunion du conseil général: «Je ne

comprends pas les éleveurs qui, ayant des animaux aussi sélectionnés, les logent aussi mal, sur du béton en permanence. » Boiteries, arthrites, et donc mises à la réforme précoces (parce que les vaches, mal logées, tiennent à peine trois lactations, au lieu de six, normalement), voilà ce qu'il constatait. Et que dire des taurillons sur béton, des poules en cage ou des porcs sur caillebotis intégral, dans des bâtiments ventilés ! Je ne puis supporter plus de cinq minutes l'ambiance de ces bâtiments qui crachent en permanence l'excès d'ammoniac dans l'atmosphère. Mettez-vous à la place des porchers et des porcs : pour les cochons, il y a les antibiotiques... ou l'équarrissage, car les risques sanitaires sont élevés avec ce type d'élevage.

Il y a un an ou deux, lors de notre traditionnel rallye du CETA[4] de Corlay, nous visitions la porcherie toute nouvelle d'un jeune éleveur. Tous les conseils lui avaient été prodigués, et pourtant il n'arrivait pas à maîtriser l'ambiance de ses bâtiments : « Je ne sais plus quoi faire et j'ai toujours la seringue à la main. » Le progrès, c'est donc moins simple qu'on le dit.

Quatre jours plus tard, à peine réveillé, je reçois un coup de téléphone de Marcel, le président du CETA, qui me dit : « Les 150 porcs de 100 kilos prêts pour la vente que nous avons vus chez ce jeune, l'autre jour, sont morts étouffés, suite à l'orage et à la panne d'électricité (la ventilation ne fonctionnait plus). C'est une tuile dont il ne se relèvera pas, si la coopérative ne l'aide pas. Tu es bien avec Sébastien (le président), interviens tout de suite. » J'intervins, en effet, et la coopérative fit quelque chose. Mais ce sont des dizaines de cas identiques chaque année. D'ailleurs, les mutuelles assurent désormais ce genre d'accident. En revanche, ce risque est totalement exclu dans nos porcheries paillées, d'une tout autre conception.

4. Centre d'études techniques agricoles. Il s'agit d'associations où les agriculteurs, qui sont volontaires, se réunissent pour évaluer leurs pratiques et mettre en place des expérimentations techniques ou économiques, parfois en salariant un technicien.

Deuxième raison en faveur des bâtiments d'élevage paillés : un effet bénéfique aussi sur les récoltes. En effet, sans paille, pas de fumier, rien que du lisier, qui est bien loin de remplacer le fumier. Il y a vingt-cinq ans, certains pensaient : « Tout cela, c'est de l'azote, du phosphate et de la potasse, donc fumier ou lisier, c'est la même chose. » Plus un seul agronome ne tient ces propos aujourd'hui. Parce que le sol, c'est aussi de l'humus et une vie microbienne, à laquelle contribue le fumier – mais pas le lisier, qui, de plus, détruit les vers de terre et acidifie le sol. D'ailleurs, les agriculteurs s'en sont eux-mêmes vite aperçu : ceux qui cultivent du maïs-ensilage plusieurs années de suite arrivent à maintenir leurs rendements s'ils y mettent du fumier ; par contre, sur les parcelles sans fumier, même avec du lisier, les rendements chutent rapidement.

Ainsi, pour les céréaliers en panne d'humus, le modèle breton d'élevage des porcs sur lisier serait une grossière erreur. Pas toujours évitée.

Invité dans une région céréalière, la veille d'une journée de formation, je logeais chez un couple d'agriculteurs :

« Bien qu'ayant 400 hectares de céréales, nous avons un élevage de porcs, nous sommes les seuls dans la région.

– Ah, mais c'est très bien, au moins vous avez du fumier pour entretenir l'humus de vos terres !

– Mais non, c'est du lisier, nous avons copié le modèle breton.

– Quoi ? Mais avec les tonnes de paille dont vous disposez, votre porcherie vous aurait coûté un tiers de moins, vos porcs auraient été de meilleure qualité, et donc recherchés ; une porcherie sur paille vous aurait mis à l'abri de ces odeurs nauséabondes du lisier, si insupportables pour le voisinage et vous-mêmes !... Vous aviez tout en main pour être le modèle de ce qu'il faut faire dans cette région pour garder le potentiel de productivité des sols, préserver l'environnement et

produire de la qualité au moindre coût. Vous êtes passés à côté en voulant copier un modèle périmé !»

Ils n'ont pas dormi de la nuit !

Troisième raison, enfin : avec les bâtiments paillés et le fumier, l'environnement est mieux préservé. Le fumier ne dégage pas ces odeurs nauséabondes des lisiers de porcs, de volailles, de lapins qui importunent tant les voisins. De plus, l'azote du fumier, principalement sous forme organique, est stocké dans le sol qui le libérera aux périodes de chaleur et d'humidité, donc aux périodes de croissance de la végétation. Il y a synergie. Ce n'est malheureusement pas le cas avec les lisiers dont l'azote, principalement sous forme minérale – c'est là toute la différence –, est lessivé par les pluies de l'automne et de l'hiver. D'où les problèmes de pollution de l'eau que connaît la Bretagne.

Hélas, comme le montre l'anecdote précédente, les projets de porcheries copient tous le modèle breton (élevage hors-sol dans des porcheries de plus en plus grandes et non paillées), même en région céréalière. Du coup, ces projets déclenchent immanquablement des réactions hostiles. Des associations de lutte contre ces porcheries viennent même de se coordonner au plan national. Quand elles me demandent de venir témoigner, au cours de débats publics, j'explique la situation en Bretagne, je montre que c'est le modèle breton qu'il faut rejeter et non pas la production porcine elle-même. Je leur fais comprendre qu'il y a de la place dans leur région pour une production de porcs sur paille, liée au sol, que ce type d'élevage porcin est bénéfique pour l'humus du sol et ne crée pas de nuisances. J'emporte alors l'adhésion de ces associations de défense. Mais pas celle des éleveurs (ou de la firme), soutenus mordicus dans leur modèle par la coopérative, la chambre d'agriculture et la FDSEA. C'est triste ! Vouloir copier à tout prix un modèle de production qui a fait faillite, s'obstiner dans un modèle périmé dont les promoteurs eux-mêmes, les Hollandais, se détournent.

5. Les ruminants, bovins et ovins, doivent être nourris le plus longtemps possible à l'herbe

On a vu l'intérêt d'une alimentation à base d'herbe : cette production d'herbe peut être obtenue en abondance, à faible coup, en particulier sans apport d'engrais azoté si la prairie est bien exploitée, avec des légumineuses telles que le trèfle blanc. Nous savons le faire, l'efficacité des systèmes herbagers passe par là [5].

L'exploitation rationnelle des herbages ne coûte pas un centime à l'éleveur et c'est 70 % du rendement de sa prairie. Mais il faut du savoir-faire et de l'observation pour « faire se rencontrer la vache et l'herbe au bon moment ». Nous pourrions doubler le rendement de la majorité de nos prairies en appliquant cette technique mise au point, il y a quarante-cinq ans, par un agronome français, de surcroît vétérinaire et herbager lui-même, André Voisin.

Sa méthode [6] est connue du monde entier (sauf en France) et le professeur Machado, président de l'institut André-Voisin du Brésil et de Cuba, est venu il y a peu enseigner la méthode Voisin aux élèves de l'École nationale supérieure d'agronomie de Montpellier. Un comble ! J'ai cependant été invité au Brésil pour une tournée de conférences sur la méthode Voisin et sur le développement durable.

Mais pourquoi donc l'exploitation rationnelle des herbages est-elle, en France, depuis trente ans, mise sous le boisseau ? Cette méthode vulgarisée dans les années cinquante représente-t-elle un si grand danger pour tout le système commercial qui gravite autour de l'éleveur ? Je ne vois pas d'autre explication au fait que la jeune génération d'éleveurs et d'ingénieurs ignore tout d'André Voisin et de son livre *Productivité de l'herbe*, malheureusement épuisé [7].

Bref, qu'on le veuille ou non, l'efficacité de l'agriculture-élevage en France et en Europe passe par le retour à l'herbe et son exploitation rationnelle.

---

5. Voir mon livre *La Prairie temporaire à base de trèfle blanc*, éd. CÉDAPA, 1981 (4e éd. mise à jour, 1996).
6. Cloisonnement des herbages, avec des temps de repos qui permettent à l'herbe la « flambée de croissance » et « l'accumulation de réserves ».
7. Mais on peut le consulter dans la plupart des centres de documentation des chambres d'agriculture.

6. Un bon investissement est un investissement raisonné

Investir démesurément, comme le font trop de jeunes agriculteurs, dans du matériel agricole et des bâtiments sophistiqués, n'est pas une bonne chose. Ces investissements sont la source principale des difficultés financières : ils sont souvent démesurés par rapport aux possibilités d'amortissements et de remboursement alors qu'il en coûterait moins pour tous les gros travaux d'utiliser les services d'un entrepreneur ou d'une coopérative d'utilisation de matériel agricole (CUMA).

Il est des façons bien plus rentables d'investir son capital. Ainsi, la productivité agricole dépend beaucoup de la fertilité de base des sols : calcium, phosphore, potasse (ces éléments sont stockés dans le sol qui les libère pour la croissance des plantes). Un sol riche en ces éléments produit en abondance, alors qu'un sol appauvri produit peu. C'est pourquoi un bon agriculteur entretient cette fertilité de base en restituant les éléments exportés par les plantes lors de la récolte et, si le sol en est dépourvu, investit dans la reconstitution de ces réserves. Voilà de l'argent bien placé. C'est ce qu'ont fait les agriculteurs après la guerre : scories, potasse d'Alsace, chaux ont été épandues pour reconstituer les réserves épuisées par six années de pénurie d'engrais. Cette fumure de fond a fait tripler nos rendements en quelques années. Beaucoup feraient bien de commencer par penser à cette fumure de fond plutôt que de se précipiter sur les pesticides et les engrais azotés. On a trop tendance à attribuer à ces derniers tout le mérite de la hausse des rendements alors qu'ils ne sont venus (avec les nuisances qu'on sait) qu'après les fumures de fond d'après guerre. Lesquelles ont constitué un « garde-manger » bien garni dans lequel on puise aujourd'hui sans compter.

Mais attention ! L'épuisement des réserves d'un sol est un risque bien réel. Et la fertilité de base d'un sol et son équilibre (humus) pèsent bien plus dans la rentabilité d'une exploitation – et de l'agriculture en général – que la course aux agrandissements.

Ces six points clés que je viens de développer constituent à mes yeux les bases d'une agriculture durable. Une

agriculture qui préserve dans le long terme le sol, l'air, les paysages, qui permet de produire à moindre coût, donc avec le maximum de valeur ajoutée. Et, de ce fait, qui, permet d'employer des paysans nombreux et prospères... ce qui par surcroît entretient un tissu rural vivant, base de l'aménagement du territoire.

C'est aussi cette agriculture durable qui assure aux consommateurs des produits sains, exempts de résidus de pesticides et leur garantit la sécurité alimentaire.

Le productivisme, une hérésie

Le développement durable s'oppose bien entendu au productivisme. Pour celui-ci, il s'agit de produire toujours plus, de faire du chiffre d'affaires, quitte à dépenser beaucoup. Pourtant, la valeur ajoutée de ce modèle est extrêmement faible : hors subventions, elle est souvent nulle, voire négative, malgré un chiffre d'affaires élevé. Mais celui-ci fait illusion, et comme le recours aux consommations intermédiaires engendre autour de l'acte de production toute une activité annexe, et de l'emploi, on peut croire qu'il engendre beaucoup de richesse. Difficile de ne pas être impressionné.

On touche là un troisième aspect de ce qui est le fond du débat, et qui préoccupe beaucoup d'élus : « L'agriculture durable, ou encore l'agriculture autonome, économe, c'est bien, mais elle ne fait pas marcher la machine économique. Que vont devenir les usines d'ammonitrate, de pesticides, de mécanique agricole, d'aliments du bétail, les abattoirs... et tous les emplois qui vont avec ? »

On en vient ainsi à la deuxième question de fond soulevée au début de ce chapitre : quel mode de production, durable ou productiviste, produit le plus de valeur ajoutée ? Autrement dit, ces usines, ces activités annexes sont-elles nécessaires à la création de valeur ? Cela n'a rien d'évident. Si l'on produit beaucoup d'herbe sans azote, pourquoi en mettre ? Si la vache se nourrit très bien d'herbe, pourquoi lui ajouter de l'aliment ? Si le supplément d'azote et de [illegible]ti-cides sur un blé aboutit à une baisse de la marge, [illegible] en ajouter ? Ces consommations intermédiaires n[illegible] des facteurs d'amélioration de la valeur ajou[illegible]

même pas de la production –, mais des facteurs de gaspillage, et elles ne trouvent plus d'autres justifications que dans l'emploi. Pour... gaspiller. On ne peut s'empêcher de penser à cette formule qu'aime citer Yves Cochet, un député des Verts : « Employer des gens pour faire un trou et ensuite le reboucher, cela fait tourner la machine mais cela n'a aucune utilité. » Et cela peut durer longtemps, du moins tant qu'il y aura des surfaces disponibles pour ce jeu de massacre, et tant que le voisinage tolérera les nuisances qui en découlent.

De plus en plus de consommations intermédiaires de plus en plus coûteuses

(milliards de francs)

	1970	1985	1993
Aliments des animaux	6,9	39	46,2
Engrais	3,2	23,7	13,6
Produits phytosanitaires	1,1	10,7	12,7
Dépenses vétérinaires	0,7	4,5	6,3
Produits pétroliers	1,3	11	10,1
Entretiens bâtiments, matériels	1,6	8,8	9,8
Autres	3,1	24,9	30,3
Total	19,6	122,7	129,2
en % des ventes de produits agricoles	*29 %*	*43,1 %*	*46,3 %*

Source : Graphagri.

On en est cependant là, et les technocrates de nos ministères, de droite ou de gauche, tous formés dans les mêmes écoles, n'ont qu'un souci en tête : faire tourner la machine économique, à court terme. C'est la raison – certains en conviennent, d'ailleurs – pour laquelle la mise en œuvre des mesures agri-environnementales, en France, rencontre tant de résistance.

Cela explique aussi le soutien accordé si facilement à la culture du maïs-ensilage. Les subventions pour le maïs sinistré, ça marche toujours : avec la réforme de la PAC en 1992, le maïs-ensilage bénéficie d'une prime de 2 150 francs par hectare en moyenne en France, sans aucune contrainte – mais il n'y a rien eu pour les autres fourrages, tels que l'herbe.

Fabuleux maïs, mais pour qui ?

Un président de coopérative agricole a écrit un jour : « Fabuleux maïs, si tu n'étais pas là ! » Il parlait sans doute pour l'agro-industrie, mais sûrement pas pour les agriculteurs. En effet, la culture de cette plante a été la cause des premiers « cas difficiles » (agriculteurs en difficulté financière – par exemple, en Bretagne, les éleveurs de taurillons maïs-soja), tandis que les firmes commercialisant cette plante (Limagrain, par exemple) prospèrent. Cette plante est vraiment « fabuleuse »... pour le système commercial. Récapitulons : il faut acheter la semence chaque année car le maïs est une plante hybride qui ne se reproduit pas ; il faut un semoir spécial pour le maïs ; il est indispensable de traiter contre les mauvaises herbes et les parasites ; il faut un matériel spécial pour récolter le maïs ; pour tracter cet engin énorme, l'agriculteur doit acquérir un tracteur tout aussi énorme et une grosse remorque (mention spéciale pour la consommation de fioul de ces engins) ; l'exploitant devra construire un silo pour stocker ce maïs, et reconvertir complètement ses bâtiments qui ne sont plus adaptés à la distribution de ce nouveau fourrage (le béton, on connaît) ; ce maïs, on l'a vu, est un aliment complètement déséquilibré, et il est indispensable d'acheter du soja pour le compléter en protéines (sinon pas de lait, pas de viande), sans oublier les minéraux et les vitamines.

Le résultat de tous ces coûts supplémentaires, nous l'avons tous vécu : pour avoir le même revenu, il faut doubler son cheptel. Là où l'on vivait bien avec 20 vaches, il en faut 40 maintenant. Alors c'est la course aux agrandissements et la justification officielle de la nécessaire « restructuration des exploitations ».

Et ce n'est pas tout : les grosses ensileuses ne s'accommodent guère des petits champs, alors on arase les talus et les haies. Pis, comme il faut trouver de nouvelles terres à maïs, les terres humides sont drainées et mises en culture. Tant pis pour l'environnement : on mesure jusqu'à 450 mg de nitrates au litre dans l'eau qui sort des drains [8] !

8. Faut-il rappeler que la norme admise dans l'Union européenne est de 50 mg de nitrates par litre d'eau...

Alors, quand on fait la somme de tout ce qui tourne autour de cette plante (et je n'ai pas parlé des banques !), on peut bien parler de plante fabuleuse... pour le système commercial ! Mais pas pour la poche de l'agriculteur.

Ce système qui alimente si bien la machine économique intéresse au plus haut point nos énarques : pourvu que la machine marche, peu importent le gaspillage et la pollution. Ils ont les yeux rivés sur le PIB (produit intérieur brut) qui comptabilise tout, pourvu que cela soit payé : même un trou que l'on creuse pour le reboucher, dès l'instant que ce n'est pas gratuit, c'est du produit ! Et s'il faut ensuite corriger les ravages, tant mieux, pensent-ils : le traitement de l'eau, la reconstitution des talus, etc., tout cela entretient la machine et fait gonfler le PIB.

Le chantage de la filière porcine industrielle

Plus sérieux sont les arguments en faveur de la production hors-sol. Celle-ci s'est développée à l'extrême dans des pays comme la Hollande... Mais en Bretagne aussi, la production porcine a pris une telle ampleur que, malgré les problèmes qu'elle pose à l'environnement, nos élus et l'administration se gardent bien de la remettre en cause et de freiner son extension. Rares sont les demandes de permis d'exploiter qui sont refusées : « Touche pas à mon... » C'est que toute la filière rassemblée (constructeurs de porcheries, marchands de béton, installateurs, fabricants d'aliments, groupements de producteurs, conseillers, banquiers, abattoirs) représente une masse importante de capitaux et de personnes. C'est ce qu'on appelle le « lobby porcin breton », que soutient même un syndicat comme la FGA-CFDT. Tant pis si les ouvriers des abattoirs et des fabriques sont les parias du monde ouvrier. Seuls comptent les chiffres : en Côtes-d'Armor, 2 000 emplois créés en dix ans dans la filière agroalimentaire. Bien sûr, on oublie de dire qu'on en a perdu 17 700 dans la production agricole. « De toute façon, nous rétorque-t-on, nous les aurions perdus. » Voire. Malheureusement, on continue d'en perdre à la production et la filière ne crée plus d'emplois – et même elle dégraisse –, malgré un chiffre d'affaires en augmentation continue, parce que tout

est robotisé, informatisé. Les élevages de plus en plus grands emploient de moins en moins de main-d'œuvre; ils ont d'ailleurs du mal à trouver des porchers, car vivre toute une journée dans l'univers concentrationnaire d'une porcherie n'est pas une sinécure.

Là aussi, c'est le modèle qu'il faut remettre en cause. Est-ce vraiment ce type de production concentrationnaire qui permet de produire du porc au meilleur coût ? Peut-être, si l'on ne compte pas les aides publiques que reçoit cette forme de production depuis vingt ans (subventions d'investissement, prêts bonifiés, remise d'intérêt, subventions aux exportations, intervention du FEOGA pour les pépins sanitaires). Pour cause de peste porcine, plus de 9 500 000 porcs ont été abattus depuis le printemps 1997, subventionnés pour les trois quarts, aux frais du contribuable européen – et ce n'est pas fini.

Peut-être, si l'on ne compte pas à charge pour cette production les coûts de la pollution qu'elle engendre. Des millions de francs sont dépensés chaque année en Bretagne pour des expérimentations sur le traitement du lisier, pour les traitements des nitrates dans l'eau, pour le ramassage des algues vertes qui envahissent les plages, pour prévenir l'eutrophisation [9] des plans d'eau. Des millions sont engagés maintenant sur les bassins versants pour la reconquête de la qualité de l'eau (programme Bretagne Eau pure 2). Et, à long terme, quelles vont être les conséquences sur la santé, donc sur la Sécurité sociale, de l'ammoniac dans l'atmosphère ?

Tous ces coûts indirects n'ont jusqu'alors jamais été chiffrés : il faudra bien cependant les prendre en compte pour tirer le bilan économique global d'un système sur lequel tous les économistes s'interrogent désormais.

De plus, ce type de production est extrêmement vulnérable. C'est un château de cartes qui, effondré, emporte avec lui toute la filière ! La concentration des animaux dans des conditions artificielles, sur de petites zones, met les bêtes à

9. Enrichissement excessif de l'eau en éléments nutritifs (azote, phosphates). Lesquels, font proliférer les algues, ce qui rend difficile le traitement de l'eau, pour la distribution, et asphyxie peu à peu rivières et étangs.

la merci d'épidémies, comme on le voit actuellement. Plus insidieuses, des maladies nouvelles apparaissent, fragilisant les élevages... Les animaux ont pollué l'eau, ils en sont victimes à leur tour.

L'effondrement des cours est aussi une menace permanente car il n'y a aucune maîtrise de la production. Paradoxalement, les épidémies sont souvent une... aubaine, permettant d'éliminer les porcs en excédent sur le marché. Sans l'épidémie de peste actuelle, les cours du porc seraient en dessous de 7 francs le kilo et à ce prix aucun élevage ne s'en tire.

Développer une production porcine fermière de qualité

Pourtant, la Bretagne pouvait, et peut encore, rester la première région porcine de France en faisant du porc autrement. Produire moins mais mieux, en dégageant plus de valeur ajoutée : une ferme bretonne moyenne de 30 hectares peut nourrir 30 truies et leur suite, soit 600 porcs de 100 kilos vendus par an, entièrement nourris sur la ferme. Quel ménage d'agriculteurs ne pourrait vivre avec une telle production qui lui assure, bon an mal an, près de 250 000 francs de revenu [10]? En paillant le sol des bâtiments, voire en laissant les truies vivre en plein air comme le pratique le groupement de producteurs du «nourrain mayennais», cette production assure une viande de meilleure qualité et peut être labellisée, d'où une plus grande valeur ajoutée. De plus, elle rassure les consommateurs.

La production porcine, dans une région comme la Bretagne, a donc bien un avenir : des éleveurs beaucoup plus nombreux, des industries de transformation de la viande de porc en produits élaborés, à partir d'une production de qualité, labellisée. Il faut donc stopper le développement des gros élevages, des fabriques d'aliments et des abattoirs. La nouvelle filière porcine que je décris produira moins de porcs mais de meilleure qualité, donc se vendant mieux – d'où une valeur ajoutée plus forte, à la production comme

10. Sans compter 60 000 francs de prime PAC.

à la transformation, et plus d'emplois. De plus, les éleveurs travailleront dans de meilleures conditions.

De toute façon, il n'y a plus le choix : la société ne tolère plus les nuisances (bruit, odeur), la pollution de l'eau et de l'air, l'élevage concentrationnaire des animaux, leur alimentation à risque (farines de viande). Si le consommateur, au lieu de se focaliser sur la « vache folle », avait réalisé que les farines empoisonnées étaient utilisées systématiquement dans l'alimentation des porcs (les vaches n'en ont eu qu'exceptionnellement), comment aurait-il réagi ? Toute la filière a frôlé le désastre. Mais elle n'en est pas à l'abri demain car personne ne contrôle la panique des consommateurs, « la déroute géante à la face effarée », selon l'expression de Victor Hugo. On l'a vu en 1996 lors de la crise de la « vache folle ».

De plus, cette production porcine industrielle bretonne dépend à 75 % du soja américain, et plus encore depuis l'interdiction des farines de cadavres d'animaux dans l'alimentation. Est-ce une situation sécurisante ? Quelle arme redoutable entre les mains des Américains (souvenons-nous de l'embargo sur le soja en 1974) ! Ils peuvent ainsi peser sur la politique de l'Europe : les protéines du soja, c'est vraiment l'arme alimentaire des Américains...

Et, fondamentalement, parce qu'il remet en cause l'équilibre sol-plantes-animaux, colonne vertébrale du développement durable, l'élevage hors-sol n'est-il pas contre nature, n'est-il pas une hérésie, pour reprendre le franc-parler de François Terrasson à Saint-Brieuc le 6 juillet 1995 ?

Pérenniser la production porcine, et donc les emplois, ce n'est pas s'obstiner dans un modèle périmé, auquel ses promoteurs eux-mêmes, les Hollandais, ne croient plus, c'est se tourner vers l'avenir. C'est un mode de production équilibré qu'il faut encourager, qu'il faut seul autoriser. Bien entendu, reconvertir un élevage hors-sol ne se fait pas du jour au lendemain, et il est difficile de tirer un trait sur la filière porcine bretonne, il faut donc progressivement la réorienter. Dans l'immédiat, il faut traiter le problème des excédents de lisier, sans aide publique. Et réduire la concentration des animaux dans les grands élevages parce que le traitement coûte cher et trouve vite ses limites.

Réconcilier performances économiques et équilibres écologiques

Or, non seulement l'agriculture durable est économiquement efficace et rentable, mais, en plus – un bonheur ne vient jamais seul –, elle préserve l'environnement, à court terme comme à long terme. Opposer économie et écologie n'a donc aucun sens. Et si l'on y réfléchit bien, comment pourrait-il en être autrement, puisque polluer c'est gaspiller, et gaspiller, que l'on sache, ne contribue pas à la création de richesses ! Il est donc absurde d'opposer les agriculteurs et les écologistes – je parle bien entendu des vrais écologistes, et non de ceux qui, sous couvert d'écologie, sont des « coupeurs de cheveux en quatre » avant tout préoccupés de leur petite tranquillité... On pourrait même dire que les écologistes, par leurs exigences, obligent les agriculteurs à évoluer dans le bon sens, vers des pratiques qui en définitive améliorent leurs revenus.

J'en parle en connaissance de cause : comme je l'ai « avoué » en introduction, si, depuis quarante ans, j'exploite des prairies à base de trèfle blanc, sans engrais azoté, c'est parce que cela m'a permis de gagner plus, tout en travaillant moins. C'est bien après que j'ai découvert que ces prairies n'agressaient pas l'environnement comme le fait la culture du maïs, ou même les prairies de graminées qui nécessitent des engrais azotés. De même, si depuis quarante ans je n'ai jamais toléré un hectare de terre nue sur mon exploitation durant la saison hivernale, c'est pour une raison économique. J'étais « trop près de mes sous » pour laisser de la terre improductive six mois dans l'année : entre deux récoltes, d'octobre à avril, un ray grass me donne trois pâturages. Et ce n'est que dans les années quatre-vingt que j'ai réalisé que les terres nues l'hiver aggravaient fortement la dégradation de l'environnement. En voulant gagner plus (production de fourrage d'hiver), je protégeais mieux l'environnement !

Et c'est encore mon analyse économique qui m'a fait refuser, en 1965, un système de bâtiments (appelé « logette », avec libre-service pour l'ensilage de maïs) nouveau à l'époque. J'avais calculé que ce type de bâtiments me ferait perdre un million de centimes par an en me privant de beaucoup des

éléments fertilisants des déjections animales. Vingt-cinq ans après, la pollution de l'eau engendrée par ce type de bâtiments – où le lisier file directement au ruisseau – est telle que la chambre d'agriculture et le conseil général doivent en subventionner la reconversion.

L'agriculture durable défend-elle l'emploi ?

Quant à la conditionnalité des aides à l'emploi, peut-on l'évacuer alors que nous avons vingt millions de chômeurs en Europe ? Cette mesure est déjà en place dans les autres secteurs, pourquoi pas en agriculture ?

Lors du colloque « Eau et agriculture durable », organisé à Rennes en janvier 1998 par le Réseau agriculture durable, Camille Guillou, auteur des *Saigneurs de la terre*[11], interpella le directeur de la Confédération des coopératives agricoles devant 650 personnes : « J'élève 150 bovins à viande sur 100 hectares d'herbe. Je perçois 30 000 francs de primes pour ces prairies. Si, sur cette même surface, je cultivais du maïs et des céréales pour nourrir mes animaux, c'est 200 000 francs de primes que je recevrais. Suis-je un imbécile ? »

Réponse embarrassée du directeur, mais néanmoins franche devant un tel public : « Si tous les éleveurs faisaient comme vous, le chiffre d'affaires de nos coopératives baisserait et nous devrions licencier du personnel. »

Diable ! L'agriculture durable provoquerait-elle du chômage ? C'est une idée apparemment bien ancrée chez beaucoup de nos responsables politiques et des experts qui les conseillent. C'est d'ailleurs une des raisons expliquant la réticence du gouvernement à accroître les aides agri-environnementales et, plus généralement, à encourager le développement durable. Ce débat est particulièrement vif dans mon département, les Côtes-d'Armor, où l'agro-industrie – des élevages hors-sol aux industries agroalimentaires – est omniprésente. De la préfecture au conseil général, on brandit la « raison économique » face à l'agriculture durable.

11. Paris, Albin Michel, 1997.

Or, si de nombreux emplois se sont créés dans les coopératives et industries en amont de l'agriculture (machinisme, semences, engrais...) ou en aval (abattoirs, transformation agroalimentaire...), dans les banques, les activités de conseil techniques, de gestion, etc., des emplois encore plus nombreux ont été perdus en agriculture : dans les Côtes-d'Armor (entre les deux recensements agricoles de 1979 et 1988), 2 000 emplois créés contre 17 700 perdus. En France, depuis 1960, l'agriculture a perdu à peu près 3 milllions d'emplois alors que l'économie française n'en a créé que 0,6 million et que, dans le même temps, le chômage est passé de 0,3 million à 3,5 millions... L'agriculture française perd 70 000 emplois chaque année (une cinquantaine de Vilvorde !), mais cela ne fait pas la « une » de la presse. La France s'enorgueillit d'attirer des constructeurs japonais de voitures ou de téléviseurs, à coups de subventions publiques, mais si elle faisait autant d'efforts pour défendre les petites exploitations agricoles, au lieu de hâter leur disparition, combien d'emplois seraient ainsi sauvés ?

Mais allons plus loin. Chacun sait qu'une ferme pratiquant l'agriculture biologique emploie plus de main-d'œuvre parce qu'elle utilise moins d'intrants – ou, ce qui revient au même, l'agriculteur exploite moins de surface. Dans ces exploitations, les pesticides sont remplacés par la main-d'œuvre : il faut une semaine pour biner un hectare de betteraves à la main, contre une demi-heure avec un pulvérisateur d'herbicide. Ce qui n'est évidemment supportable que si la rémunération de cette main-d'œuvre est correcte – ce qui n'était pas le cas autrefois, d'où l'attrait des pesticides.

Mais aujourd'hui, les priorités n'ont-elles pas changé ? Ne faut-il pas lutter à la fois contre le chômage et les dangers des pesticides, dont beaucoup de scientifiques redoutent aujourd'hui les effets. Des associations de médecins, comme en Mayenne, tentent d'alerter l'opinion publique : cancers, malformations génétiques, baisse de la fertilité humaine... Voilà ce dont nous menacent les pesticides qui sont disséminés dans la nature et qui, étant très rémanents, s'accumulent partout : dans les sols, dans la végétation, dans

l'air, dans l'eau, dans les chaînes alimentaires, dans nos graisses ! N'est-ce pas suffisamment terrifiant ?

Certes, les industriels recherchent sans cesse de nouvelles molécules plus efficaces et moins rémanentes, mais – et c'est logique – ne font que déplacer le problème. On joue aux apprentis sorciers. On fait du court terme (« après moi, le déluge »), et c'est inacceptable. L'agriculture doit apprendre à se passer des pesticides : c'est le chemin d'une agriculture durable, et c'est aussi le chemin d'une agriculture créatrice d'emplois.

> *Après la publication de mon livre* La Prairie à base de trèfle blanc, *j'étais l'invité d'un groupement vétérinaire dans l'Orne. Salle comble. En quittant le vétérinaire qui me raccompagnait à la gare, je lui posai la question qui me brûlait les lèvres depuis le début : « Vous connaissez mon discours, les méthodes que je préconise, la réduction des frais de vétérinaire que cela permet, alors pourquoi m'inviter à le faire connaître, quel est l'intérêt de votre profession ?*
>
> *– Monsieur Pochon, vous montrez qu'avec vos techniques une famille peut vivre sur une petite exploitation. Mais notre clientèle dépend du nombre d'agriculteurs. Si la moitié de ceux-ci disparaissent, c'est la moitié de nos clients qui part. Et puis, monsieur Pochon, non seulement il nous faut des clients, mais encore faut-il qu'ils puissent nous payer. Avec vos techniques, vous montrez que le revenu s'améliore, et c'est bien la meilleure garantie pour nous d'être payés. C'est pour cela que nous vous avons invité, pas par philanthropie. »*
>
> *Ce fut aussi la réponse de la* CANA *(la gigantesque coopérative agricole d'Ancenis) qui m'avait invité quelque temps plus tard : il n'y a pas de coopérative florissante à long terme si les adhérents ne se portent pas bien.*

Ajoutons enfin la fragilité des emplois créés par l'agriculture productiviste. Imaginez les dégâts en Bretagne si la

peste porcine s'installe, si les consommateurs paniquent et boudent la viande de porc industriel ou si le marché international se ferme à la production bretonne. Réfléchissez au handicap commercial que représente une mauvaise image de marque environnementale ou, tout simplement, aux coûts de traitement du lisier, de l'eau pour l'abreuvement... Un rapport préparatoire pour le plan départemental pour l'environnement demandé par la préfecture des Côtes-d'Armor, rédigé par le cabinet d'étude Asca, était sans ambiguïté : « Continuer le système de développement actuel conduirait à une catastrophe économique. Pour sauver l'économie du département et donc l'emploi, il faut rapidement choisir une autre voie, celle du développement durable que préconise le CÉDAPA. » On ne peut être plus clair. D'autant que ces experts parisiens n'avaient pas d'intérêts locaux à défendre : leur travail d'audit a duré dix-huit mois en toute honnêteté. D'ailleurs, vous pensez bien que, au jeu du lobby, le CÉDAPA ne fait pas le poids face à la filière industrielle du porc. À bon entendeur, salut !

L'agriculture européenne doit-elle exporter ?

Dernière question, celle du « pétrole vert »... La France, on l'a vu, est le premier producteur agricole de l'Union européenne. Elle contribue d'une façon décisive à l'approvisionnement alimentaire de l'Europe, et le marché commun agricole lui assure l'essentiel de ses débouchés – le général de Gaulle avait vu juste : plus des deux tiers des exportations françaises vont vers les autres États membres de l'Union européenne. C'est pourquoi, d'ailleurs, le marché commun agricole reste essentiel pour l'agriculture française.

Mais l'Europe elle-même a-t-elle vocation à exporter sur le marché mondial ? Non, puisque nos exportations de céréales et de produits animaux sont en grande partie liées aux excédents qu'engendre l'importation de produits de substitution des céréales – on a vu par quels mécanisme pervers.

Si l'on supprime cette aberration (la baisse du prix des céréales y contribue) et si le bétail européen est nourri avec les ressources du sol européen, on ne voit pas où est la

vocation exportatrice de l'Europe. D'ailleurs, si l'on calcule la différence entre ce qu'importe l'Europe et ce qu'elle exporte en produits agricoles (voir annexe 5), pour les productions qui peuvent être réalisées dans les conditions climatiques européennes, nous ne sommes que très peu excédentaires : les exportations de céréales européennes ne suffisent pas à compenser le déficit énorme en protéines. Alors que leur incorporation dans l'alimentation animale réduirait ce déficit.

De plus, la réalité de ces performances exportatrices est peut-être encore moindre qu'il y paraît. En effet, si l'on prend en compte les importations de consommations intermédiaires (carburant, engrais phosphatés, par exemple) et de biens d'investissement (machinisme) nécessaires à la production agricole, il faut revoir sérieusement les chiffres à la baisse : ainsi, en prenant tous ces éléments en compte, le solde commercial de l'agriculture française, en 1974, n'était pas de 5,9 milliards de francs mais en fait à 1,6 milliard ; et en 1980, alors qu'il était annoncé à 11,7 milliards de francs, il était en réalité négatif de 3,8 milliards [12]. Autrement dit, pour dégager un fort excédent commercial agroalimentaire, la France a dû importer de plus en plus de produits alimentaires et non alimentaires.

Ce constat ne fait que refléter la dépendance de l'Europe à l'égard des importations : l'excédent commercial en matière agricole permet souvent de cacher le fait que l'autosuffisance alimentaire n'est pas réalisée, comme on le proclamait pourtant dans les années soixante-dix. Plutôt que de chercher à exporter, l'Europe ne devrait-elle pas d'abord viser à pallier ses insuffisances alimentaires – même s'il ne s'agit pas d'atteindre l'autosuffisance alimentaire ?

12. Alain AZOUVI, « Les soldes extérieurs de l'agroalimentaire », *Économie et Statistique* n° 144, mai 1982 ; *INSEE Première*, « Le pétrole vert : dix ans d'exportations agroalimentaires », n° 130, avril 1991.

Les insuffisances alimentaires de l'Europe

À force de dire que l'Europe est le premier exportateur mondial de produits agricoles, on oublie souvent qu'elle en est aussi le premier importateur. Résultat, hors produits agricoles non alimentaires (cuirs, tabac, bois...), un déficit de 8 milliards d'ECU (voir annexe 5).

Pire, même sans prendre en compte les produits agricoles exotiques (café, bananes...), l'Europe ne couvre pas ses besoins énergétiques, c'est-à-dire qu'elle doit importer plus de calories qu'elle n'en exporte. Et le déficit est encore plus grand pour sa consommation de protéines.

Pour connaître la quantité d'énergie produite par l'agriculture européenne – que cette énergie soit consommée directement (sous forme de produits végétaux) ou indirectement (sous forme de produits animaux) –, il faut convertir chaque production agricole alimentaire en unités-fourragères (UF) (l'UF est la valeur énergétique d'un kilo d'orge) : la conversion est directe pour les produits végétaux (blé, colza, etc.) ; pour les produits animaux, on calcule la quantité de céréales nécessaire à l'alimentation de l'animal qui produira un kilo de viande, de lait ou de beurre*... Et il faut ensuite comparer l'écart entre production et consommation, ce qui se fait indirectement à partir des statistiques d'importations, d'exportations et de variations de stocks. Le résultat, c'est que l'Europe devrait produire 16 millions d'UF de plus pour être autonome (voir tableau ci-contre).

* Il est tenu compte des coefficients techniques (différence entre le poids de l'animal vivant et le poids final, de viande par exemple).

L'heure n'est donc pas aux exportations, mais à l'amélioration du solde des échanges agricoles européens. Et cela passe par un mode de production agricole qui dépende moins des consommations intermédiaires importées.

Par exemple, de nombreuses études ont montré que l'on peut augmenter les rendements – passer de 50 à 70 quintaux de blé à l'hectare, par exemple – en pratiquant de meilleurs assolements avec des variétés adaptées et de bonnes pratiques culturales (choix de la date du semis, bon travail du sol, variété des rotations...). Voilà une performance qui améliore à la fois la valeur ajoutée de l'exploitation et le

Milliers d'unités fourragères	Importations et diminutions de stocks	Exportations et augmentations de stocks	Solde
Produits végétaux	**59 982**	**34 270**	**- 25 712**
Total céréales (sauf riz)	*14 785*	*32 695*	*17 911*
Riz	*420*	*10*	*- 410*
Colza	*886*	*404*	*483*
Tournesol	*1 242*	*47*	*- 1195*
Soja (graines)	*14 390*	*29*	*- 14 362*
Soja (tourteau)	*12 351*	*951*	*- 11 400*
Luzerne (bouchons)	*20*	*134*	*114*
PSC (produits de substitution des céréales)	*15 888*	*1*	*- 15 888*
Produits animaux	**9 492**	**19 214**	**9 722**
Viande bovine	*5 730*	*9 447*	*3 717*
Viande porcine	*50*	*1 691*	*1 642*
Viande de volaille	*296*	*1 603*	*1 306*
Viande ovine	*1 762*	*52*	*- 1 710*
Œufs	*32*	*253*	*221*
Beurre	*1 176*	*1 461*	*285*
Fromage	*427*	*2 089*	*1 663*
Poudre de lait entier	*20*	*2 359*	*2 339*
Lait condensé	*1*	*260*	*260*
TOTAL	**69 474**	**53 484**	**- 15 990**

Source : calculs à partir des données de la Commission européenne. Pour éviter les à-coups dus à de mauvaises années, ces chiffres ont été calculés sur la moyenne des années 1993, 1994 et 1995.

solde commercial. Alors que passer de 70 à 90 quintaux à grand renfort d'azote, de pesticides et d'irrigation, occasionne plus de dépenses que de recettes, et dégrade la balance commerciale (cela consomme beaucoup d'énergie importée) : c'est évidemment une sottise économique.

Autre exemple : si un hectare de prairie bien exploitée permet de faire produire, sans autre alimentation, 8 000 litres de lait par vache, quel intérêt y a-t-il à leur en faire produire 10 000 en achetant de l'aliment qui coûtera plus cher que la vente des 2 000 litres de lait supplémentaires ? Si, en outre, ces 2 000 litres supplémentaires doivent être vendus sur le

marché mondial au prix de 1,20 franc le litre, cela devient de la stupidité économique – sauf, évidemment, pour l'industrie de l'alimentation animale et les exportateurs qui encaissent les restitutions.

La vraie question pour l'Europe n'est donc pas d'exporter toujours plus, coûte que coûte, mais d'améliorer son solde commercial : cela commence dès l'exploitation agricole, en réduisant le recours aux produits importés. C'est dans cette voie qu'il faut progresser si nous voulons assurer l'indépendance alimentaire de l'Europe. Ce qui est possible car nous sommes loin d'avoir utilisé tout le potentiel productif des différents pays de l'Union. Qu'on pense aux progrès à faire sur les prairies par une meilleure exploitation de l'herbe...

L'agriculture durable n'a rien à voir avec l'extensification

Si l'agriculture durable s'oppose radicalement à l'agriculture productiviste, elle ne signifie pas pour autant le retour à une agriculture extensive – qui consiste à ne pas se soucier des rendements, quitte à exploiter plus de surface pour produire suffisamment. Car l'extensification déboucherait sur un accroissement de la dépendance alimentaire de l'Europe et une désertification accrue des campagnes.

Au contraire, l'agriculture durable se soucie d'efficacité, donc de rendement, mais en respectant les principes agronomiques d'équilibre sol-plantes-animaux : elle vise à tirer parti au mieux des ressources du sol, de l'eau et de l'énergie naturelle (la photosynthèse). Économe, autonome, l'agriculture durable dégage le maximum de valeur ajoutée par hectare.

Elle est donc « intensive-productive » à la différence de l'agriculture « intensive-productiviste » qui utilise une débauche d'énergie fossile [13], d'engrais azotés, de pesticides, de protéines importées : beaucoup de recettes mais, à l'arrivée, peu de bénéfices – et beaucoup de dégâts. Je caricature souvent

13. Carburant, mais aussi pétrole nécessaire à la fabrication des engrais.

Les dangers d'un système extensif

Tout le monde a en tête l'image de la pampa argentine, ces plaines immenses où règnent les grands élevages extensifs : sur des dizaines de milliers d'hectares paissent des troupeaux de quelques milliers de têtes, fournissant une viande de qualité exceptionnelle (des bœufs de quatre ans), surveillés par quelques *gauchos* – un travailleur pour 3 000 hectares. Ces exploitations extensives produisent évidemment à coûts très faibles : pas de loyer ni d'impôt foncier à payer, très peu d'apports d'engrais ou d'améliorations sur ces prairies. Et elles n'agressent pas l'environnement.

Mais s'agit-il pour autant d'une agriculture durable ? Sur le plan de la préservation de l'environnement, des ressources du sol, de l'air, des paysages, certainement. Mais sur le plan de l'environnement social et humain, sûrement pas. S'il n'y avait en Argentine que des exploitations extensives, le pays devrait importer les trois quarts de sa nourriture. De plus, l'existence de ces élevages extensifs met en difficulté les nombreux petits paysans indispensables à l'approvisionnement alimentaire du pays et qui en forment le tissu humain. La majorité d'entre eux vit sur de petites exploitations d'à peine un hectare. Ils y sont contraints d'intensifier pour survivre, d'autant plus que les cours de la viande subissent la concurrence des grands élevages extensifs de bovins – qui peuvent se permettre de vendre à n'importe quel prix. Une solution consisterait à augmenter l'impôt foncier, pour alourdir les charges de ces élevages, ou à engager une réforme agraire... Ce n'est, hélas, pas pour demain.

Pourtant, malgré ses tares, qu'illustre bien le cas de l'Argentine, le système extensif a bonne presse en Europe. À l'heure où l'Union européenne accorde des aides plus importantes aux élevages extensifs, où les impôts fonciers baissent, je dis : attention, danger ! À trop pousser dans cette voie, nous transformerions les régions que nous voulons sauver, le Massif central par exemple, en déserts humains. Et la production, ainsi obtenue à très faible coût, viendrait concurrencer les régions de petites exploitations qui n'ont pas ces avantages : les éleveurs de moutons français, concurrencés par l'Australie qui produit, comme l'Argentine, de façon extensive avec des exploitations étendues sur des centaines de milliers d'hectares, en savent quelque chose. On aura

bien préservé les ressources naturelles, mais on n'aura pas gardé les hommes.

Or le développement durable n'a de sens que s'il préserve aussi le tissu social. Ce ne peut être une économie de cueillette ou de chasse qui ne ferait vivre que quelques privilégiés – les exploitations extensives appartiennent toujours à de riches propriétaires voire à quelques multinationales. Le meilleur moyen d'éviter une telle dérive consiste à établir une dégressivité et un plafonnement des aides publiques selon la surface ; et à ne pas baisser les impôts fonciers, voire à les augmenter progressivement en fonction de la surface de l'exploitation.

le modèle productiviste d'une formule qui frappe mes auditeurs : « L'agriculteur productiviste voit passer beaucoup d'argent mais il lui en reste peu. » Et j'ajoute : « Encore n'a-t-il pas le plaisir de palper les écus qui passent. »

Nous vivons dans l'illusion d'une abondance alimentaire, résultat, d'une part, d'importations massives de produits de substitution des céréales et de soja, et, d'autre part, de l'emploi inconsidéré d'azote et de pesticides, souvent importés eux aussi. Il y a donc urgence à réorienter l'agriculture européenne vers un développement durable, plus économe et plus autonome. Plutôt que de chercher à exporter à tout prix, l'Europe devrait se soucier de promouvoir une agriculture « intensive-productive », qui améliore le degré d'auto-approvisionnement des consommateurs européens avec des produits de qualité, tout en coûtant moins cher, en préservant l'environnement et en créant des emplois.

Mais ce débat sur la productivité réelle de l'agriculture a été occulté par trente années de politique agricole incitant coûte que coûte, indépendamment du marché, les agriculteurs à produire plus, à se spécialiser plus, à importer plus. La réforme de 1992 et les accords du GATT ont sonné le glas de ce système, même si les modalités de cette réforme ont retardé l'échéance. La réforme de cette réforme permet enfin de rouvrir le dossier. Il faut donc que l'agriculture durable, la seule qui vaille, retrouve maintenant toute sa place, pour le plus grand bien des agriculteurs, des citoyens-consommateurs et de notre environnement.

L'heure des choix : deux réformes en chantier

Si j'ai commencé cet ouvrage en rappelant l'importance des rendez-vous entre des forces politiques progressistes et les paysans – ceux, réussis, de 1936 et de 1944 et celui, hélas, raté, de 1981 –, c'est entre autres parce que les socialistes et leurs alliés sont à nouveau au pouvoir en France et qu'ils le sont aussi dans treize pays sur quinze de l'Union européenne.

Or, la politique agricole se décide désormais à Bruxelles où, en matière agricole, la voix de la France est prépondérante. On peut même dire que rien ne se fait sans son accord. D'où la responsabilité particulière du gouvernement français, qui se trouve aujourd'hui dans une situation exceptionnellement favorable pour impulser les réformes radicales qui s'imposent. Ne pas le faire, alors qu'on voit clairement les enjeux et les moyens d'y parvenir, serait se renier. Et, après la déception de 1981, ce serait tuer l'espérance. Car si l'on pouvait trouver, à la rigueur, des excuses au rendez-vous manqué de 1981, il n'y en aurait aucune cette fois-ci.

Retrouver le bon sens près de chez nous

Le chemin de la réforme semble en effet beaucoup plus clair aujourd'hui qu'en 1981. Si, à l'époque, nous hésitions encore sur la stratégie à suivre (prix différenciés ou primes différenciées ?), tout le monde s'accorde aujourd'hui sur l'orientation prise en 1992 : abandon des soutiens publics aux prix agricoles et politique d'aides directes aux exploitations agricoles. Si les syndicats de producteurs laitiers traînent

encore les pieds, les céréaliers, qui, eux, ont fait l'expérience de ce système, réclament une nouvelle baisse des prix accompagnée d'une augmentation des primes. Et l'on sait que leurs organisations professionnelles (AGPB pour le blé, AGPM pour le maïs...) ont la tête près du bonnet.

Le véritable enjeu, maintenant, est donc de mieux répartir les aides publiques : il ne s'agit donc pas de dépenser plus, mais mieux. Car le total des budgets publics européens et nationaux suffit pour construire une politique cohérente en faveur de l'emploi, de la protection de l'environnement, de la réduction des inégalités (entre les agriculteurs, mais aussi entre les régions), de la qualité des produits agricoles. C'est là qu'on attend le gouvernement socialiste... Qu'il remette dans le bon sens une politique agricole, qui accélère aujourd'hui la disparition d'emplois agricoles quand la priorité est la lutte contre le chômage, et qui distribue généreusement l'argent public sans contreparties quand l'heure est aux économies budgétaires...

Dès lors, comment le gouvernement ne se mobiliserait-il pas sur les propositions que j'ai avancées dans ce livre : plafonner le montant des aides publiques accordées à chaque exploitation et à chaque actif agricole ; réduire progressivement, selon la taille de l'exploitation, le montant de cette aide ; et imposer des conditions (défendre l'emploi, préserver l'environnement) à leur versement, comme cela se fait, par exemple, pour les aides à l'emploi dans les autres secteurs de l'économie.

Avec le débat sur la loi d'orientation agricole annoncée par le ministre de l'Agriculture, Louis Le Pensec, et avec le projet de réforme de la PAC lancé par la Commission européenne l'an dernier, deux occasions sont données au gouvernement français de montrer sa détermination.

L'*Agenda 2000*, un projet de réforme pour l'instant décevant

L'*Agenda 2000*, publié en juillet 1997 et appelé « paquet Santer » du nom du président de la Commission européenne, présente les propositions de cette Commission pour faire

Produit par produit, les propositions de la Commission

Céréales. Le prix d'intervention serait ramené en l'an 2000 à 95,35 ECU/tonne (contre 119,9 actuellement – soit une baisse de 20 %). La prime compensatoire passerait à 2 615 francs par hectare – moyenne pour la France – (contre 2 150 francs actuellement). Cette prime reste calculée selon les rendements de référence de la réforme de 1992.

En revanche, la prime aux céréales ensilées, donc au maïs-fourrage, serait supprimée.

Oléagineux. Le régime spécifique des oléagineux serait supprimé. La prime compensatoire à l'hectare serait au même niveau que celle des céréales (contre le double actuellement).

Protéagineux. La prime compensatoire augmenterait, mais le supplément de primes par rapport à celle des céréales tomberait de 23 ECU/tonne actuellement à 6,5 ECU/tonne.

Jachère. Les surfaces gelées (taux de référence 0 % pour le gel obligatoire) bénéficieraient d'une prime équivalente à celle des céréales (alors qu'elle est supérieure de 560F/hectare en France actuellement). L'obligation du gel tournant n'existerait plus. L'ensemble de ces primes serait réduit si le prix de marché était supérieur aux prévisions.

Viande bovine. Le prix d'intervention serait ramené, sur la période 2000-2002, à 1 950 ECU/tonne (contre 2 780 ECU actuellement – soit une baisse de 30 %). Toutes les primes augmenteraient : taurillon intensif (368 Ecus contre 135 actuellement) ; bœuf (464 ECU contre 218 actuellement) ; vaches allaitantes (215 ECU contre 145 actuellement) ; vaches laitières (70 ECU contre 0 actuellement). Le principe des incitations à l'extensification demeure.

Lait. Les prix d'intervention pour le beurre et la poudre de lait baisseraient de 10 %, baisse compensée par une prime de 145 ECU par vache venant s'ajouter à la prime existante, soit un total de 215 ECU par vache laitière. Les quotas sont maintenus. Refus du double quota.

évoluer l'Union européenne ces vingts prochaines années. Il s'articule autour de deux thèmes :

– restaurer la compétitivité de l'agriculture européenne sur le marché mondial sans recourir à un soutien public aux exportations ;

– préparer l'entrée dans le marché commun de l'Estonie, de la Hongrie, de la Pologne, de la Slovénie et de la République tchèque.

Dans la ligne de la réforme de 1992, il propose pour la PAC une forte baisse du prix d'intervention sur le marché européen, partiellement compensée par une augmentation des aides directes distribuées aux agriculteurs. Par ailleurs, la Commission introduit le principe du plafonnement des aides publiques – sans que l'on connaisse encore le montant du plafond. Et elle souhaite aussi renforcer la prise en compte des objectifs environnementaux, dont elle laisserait cependant l'application aux États membres.

Disons le franchement, ce « paquet Santer » est décevant. J'étais à Bruxelles au moment où il a été rendu public, et le moins qu'on puisse dire est que le climat n'était guère serein. Bon nombre de technocrates étaient déçus, mal à l'aise, et l'un d'eux m'a dit : « En 1992, le projet cohérent présenté par la Commission a été dénaturé par les politiques ; espérons que, cette fois, ce projet incohérent de la Commission sera amendé par les politiques. »

Premier point faible : la méthode. La Commission européenne veut réaffirmer la « vocation » agro-exportatrice de l'Europe tout en respectant les contraintes de l'OMC (les négociations débutent en 1999) qui imposent d'« éviter le recours systématique aux subventions à l'exportation ». Aussi propose-t-elle de faire baisser les prix agricoles européens en diminuant fortement les prix d'intervention, et de compenser cette baisse en augmentant les aides directes aux agriculteurs. Problème : une aide directe destinée à compenser une baisse de prix risque d'être considérée par l'OMC comme une subvention déguisée aux exportations car elle permet d'exporter à bas prix. Des négociations difficiles sont donc à prévoir si la Commission maintient cette proposition.

Le deuxième défaut du «paquet Santer», c'est que les aides publiques restent dans une logique de compensations à la baisse des prix: certes, une conditionnalité environnementale est envisagée, mais elle est laissée à la discrétion des États. Il y a là une lacune importante. Il fallait au contraire résolument proposer des aides directes aux agriculteurs permettant de financer ce que le marché ne paie pas · la préservation de l'environnement et du milieu rural, notamment. En refusant cette voie, la Commission va à l'encontre du désir profond des citoyens. De plus, cela aurait été accepté par l'OMC [1].

Troisième erreur de la Commission: croire que les excédents sont inéluctables et qu'il faut nécessairement affirmer la «vocation» exportatrice de l'Europe. Mais à quoi sert-il de vendre à perte sur le marché mondial, au-dessous du prix de revient des produits agricoles (le fait de compenser la baisse des prix par une aide directe en est l'aveu)? Ne vaut-il pas mieux consacrer nos efforts à l'équilibre du marché intérieur, débouché important pour l'agriculture européenne, comme on l'a vu, si on le protège des importations de soja et de produits de substitution des céréales?

Pour un droit des peuples à se nourrir eux-mêmes

Autre critique, plus fondamentale encore, au projet de la Commission: la menace d'un abandon de la préférence commmunautaire. Cela nous amène au cœur du débat: le droit des peuples à se nourrir eux-mêmes. Autant, en économie de marché, on peut admettre que subventionner, directement ou indirectement, des exportations soit une pratique condamnable parce que faussant les règles du jeu de la concurrence, autant le fait pour un pays de protéger son agriculture contre des importations abusives doit être considéré, lui, comme justifié.

Comment, en effet, développer l'agriculture d'un pays – c'est particulièrement vrai pour les pays pauvres – si les

1. Ce type d'aide est classé dans la «boîte verte», c'est-à-dire parmi les aides publiques admises par l'OMC. Au contraire de la «boîte noire», qui regroupe les pratiques interdites pour cause de distorsion de concurrence ou d'entrave au libre-échange.

paysans sont concurrencés par des produits agricoles importés à des prix si bas qu'ils ne correspondent à aucun coût de production ? On connaît alors la suite : l'exode agricole et rural, qui se termine, dans les pays pauvres d'aujourd'hui, dans les bidonvilles. Il n'y a pas de garantie durable contre le problème de la faim dans le monde en dehors d'un développement autonome des agricultures nationales. Il n'y a pas de solution au déséquilibre de nos sociétés européennes sans protection de l'agriculture contre les importations abusives. À l'exception de quelques rares pays d'agriculture extensive, comme l'Australie, la majorité des pays participants à l'OMC ont intérêt à protéger par des prélèvements leurs prix agricoles.

Or, l'*Agenda 2000* ne parle pas de cette préférence communautaire qui fait partie pourtant du socle de la PAC. Silence inquiétant car l'entrée en Europe sans droits de douane des produits agricoles importés rendrait vains tous nos efforts de maîtrise des productions. Et cela ouvrirait la voie à une baisse dramatique des prix, qu'il faudrait compenser par un effort budgétaire accru, insupportable pour bien des contribuables.

Pis, en proposant une forte baisse des prix d'intervention (- 20 % pour les céréales, -30 % pour la viande) la Commission européenne a pris le risque de démanteler de fait la préférence communautaire : le niveau des prélèvements étant fixé à 155 % des prix d'intervention, plus ces prix sont bas, plus la barrière à l'entrée est faible. La protection aux frontières perd alors toute substance.

Et l'on peut craindre, pour la viande notamment, que cela élimine les producteurs traditionnels, coincés entre des importations à très bas prix venant de systèmes extensifs et les productions en systèmes très intensifs fondés sur l'importation d'aliments du bétail au prix mondial. Cela relancerait la mécanique infernale du productivisme dénoncée dans ce livre, avec son cortège de pollutions et d'excédents – d'autant que la Commission maintient le principe de l'intervention. Là est le vrai danger de l'*Agenda 2000*.

Défendre la préférence communautaire plutôt que l'intervention et les restitutions

Il faut donc infléchir la réforme prévue. Il faut qu'elle aille jusqu'au bout de la logique amorcée en 1992 et, pour cela, qu'elle tire un trait sur l'intervention et les restitutions – les deux sont liées et aboutissent en fait à perturber le marché mondial tout en coûtant très cher aux contribuables.

Pour bien comprendre l'effet pervers de l'intervention, prenons l'exemple de ce que propose l'*Agenda 2000* pour la viande bovine. L'intervention serait maintenue à 12,50 F le kilo de carcasse, ce qui garantit ce prix minimal aux producteurs de taurillons déjà fortement aidés (2 450 F de prime par taurillon) et qui, de surcroît, alimentent leurs bêtes avec des céréales à seulement 0,70 F le kilo. Du coup, cette production en perte de vitesse redeviendrait rentable, et l'on verrait les étables fermées se remplir, la production redémarrer. Mais pour aller où ? À l'intervention ! Car le consommateur boude cette viande, on le sait. Avec un effet en chaîne prévisible, car la surproduction pour un type de viande pèse sur l'ensemble des cours de la viande bovine, mettant aussi en difficulté celle qui est produite à l'herbe.

Et il n'est même pas sûr que cette viande de taurillon stockée à 12,50 F le kilo trouverait des acheteurs sur le marché mondial. D'ailleurs, le maintien de l'intervention signifie bien que l'on doute des débouchés internationaux. Mais, du coup, quelle tentation pour les éleveurs de produire sans retenue, puisque l'intervention à prix garanti annule tout risque commercial ! Et, une fois la marchandise stockée, il faudra la brader à des prix de vente moins élevés que les coûts de stockage aux frais du contribuable... Les leçons des années soixante-dix/quatre-vingt n'ont-elles servi à rien ?

Il faut donc aller résolument aux négociations de l'OMC en annonçant la fin de l'intervention [2] et des restitutions. En contrepartie, l'Europe doit affirmer haut et fort sa volonté de conserver la préférence communautaire. Elle doit fixer un

2. Ce qui n'empêche pas de maintenir des interventions ponctuelles pour éviter les baisses saisonnières de prix (comme à la sortie des herbages) et étaler la mise en marché sur l'année. Mais cela n'a rien à voir avec une politique d'intervention permanente.

prix de seuil à l'entrée sur son territoire des grands produits agricoles de base (produits laitiers, viandes, céréales et oléo-protéagineux, y compris les produits de substitution aux céréales et le soja).

C'est sur le maintien et l'extension de la préférence communautaire que devraient se battre les organisations professionnelles agricoles, et non pas sur le soutien des prix. C'est grâce à la préférence communautaire que l'offre et la demande européennes pourront s'ajuster à des prix en rapport avec les conditions de vie et de travail en Europe. La demande européenne, de plus en plus portée sur des produits de qualité, tirera l'offre vers des productions de qualité, et les prix suivront en conséquence. Il faut en finir avec l'aide à la production agricole de masse dont on a vu par le passé combien elle perturbe le marché, sans pour autant garantir ni le revenu ni l'emploi des agriculteurs, et avec les dérives que l'on sait.

De plus, en abandonnant la préférence communautaire, nous laisserions la voie libre à l'américanisation de l'agriculture européenne que dénonce Christiane Lambert, la dirigeante du CNJA. Mais réalise-t-elle que cette américanisation est déjà bien avancée, grâce au « couple maïs-soja » qu'une brèche dans la préférence communautaire – sur le soja – a permis de se développer depuis vingt-cinq ans ?

La politique agri-environnementale est aussi une préoccupation forte de l'*Agenda 2000*. Cela se traduit par deux propositions :

– renforcer les mesures agri-environnementales ciblées grâce à des moyens budgétaires accrus ;

– autoriser les États membres à subordonner les aides directes au respect d'objectifs environnementaux.

Cette seconde proposition est particulièrement intéressante, car il ne s'agit pas seulement d'accroître les actions spécifiques en faveur de l'environnement, mais aussi d'introduire des objectifs environnementaux dans l'architecture globale de la PAC : « Utiliser de plus en plus les aides pour atteindre des objectifs environnementaux », écrit la Commission européenne. Mais peut-elle se contenter d'en confier la mise en œuvre aux États ?

Le projet de la Commission : le pour et le contre

Les points négatifs

• *Oléagineux :* l'ajustement de la prime au niveau de celle des céréales provoquera une forte baisse, et donc une régression très forte, voire un abandon de ces cultures en Europe.

• *Protéagineux :* la baisse significative des prix, par rapport au soutien public actuel, aura aussi comme conséquence une diminution de ces cultures. Le recul de la production d'oléoprotéagineux signifie une dépendance accrue de l'Europe en protéines vis-à-vis des États-Unis. Les primes aux oléagineux et aux protéagineux doivent donc être fortement relevées.

Par ailleurs, la régression des surfaces en oléoprotéagineux signifierait une augmentation des surfaces céréalières, donc des excédents céréaliers, d'autant plus que le soja importé pour compenser notre déficit en protéines apporte aussi de l'énergie qui se substitue aux céréales dans l'alimentation animale. D'où une nouvelle aggravation des excédents (d'ailleurs, la Commission européenne prévoit 58 millions de tonnes – du jamais vu – de stocks publics en 2005).

• *Lait :* la Commission propose de réduire son soutien aux prix. Elle rejoint ainsi nos propres propositions. Malheureusement, au lieu de compenser cette baisse par une prime à la surface fourragère, elle introduit une prime à la vache. Elle s'éloigne ainsi d'un principe qui semblait acquis. Pourquoi ce retournement que rien ne justifie, pourquoi faire compliqué quand on peut faire simple ? Qui est derrière ce revirement qui provoque déjà de belles bagarres : les éleveurs productivistes bretons se mobilisent pour le maintien de la prime au maïs-fourrage – que la Commission propose de supprimer – et se font fort d'obtenir satisfaction. Les Hollandais, eux, veulent une prime à la vache « reconstituée » (une vache produisant 10 000 litres de lait compterait pour 2, une vache à 2 500 litres pour 0,5 – toujours la règle de l'avantage acquis). Belles empoignades et belles tractations en coulisse alors que la prime unique à la surface aurait pu régler le problème des excédents structurels et l'inégalité entre producteurs, de même que l'interférence entre le lait et la viande.

• *Viande bovine :* la proposition la plus aberrante – une fois de plus ? – concerne la viande bovine, puisque la Commission propose d'accorder une prime supplémentaire à la production

de taurillons intensifs à base d'aliments concentrés. Cette proposition est en totale contradiction avec le souhait des consommateurs qui veulent une production bovine nourrie à l'herbe. Mais celle-ci est laissée pour compte puisque, proportionnellement, elle reçoit quatre fois moins de subventions : un hectare de céréales nourrit quatre taurillons ; cet hectare bénéficierait d'une prime totale de 12 420 francs (4 taurillons × 368 ECU = 1 472 ECU, auxquels s'ajoutent 396 ECU de prime à la surface céréalière ; total : 1 868 ECU, soit 12 420 francs). En comparaison, l'élevage de bœufs à l'herbe (il n'y a rien pour les génisses), avec une bête par hectare, n'encaisserait qu'une prime de 464 ECU par hectare (2 100 francs) soit quatre fois moins !

Les vrais éleveurs, les consommateurs, les écologistes, les citoyens doivent se mobiliser contre cette proposition ahurissante de la Commission et exiger une prime à l'hectare de fourrage de même niveau que celle à l'hectare de céréales. Ils doivent dénoncer les lobbies de l'agrobusiness qui ont manipulé la Commission à leur seul profit.

Les avancées

- La Commission propose de diminuer la prime si le cours d'un produit évolue de façon plus satisfaisante que prévu au départ. Ce ne serait que justice. Reste à savoir si cela sera appliqué, quand on sait la résistance opposée par les céréaliers dès qu'il s'agit de leurs avantages acquis.
- La prime au maïs-fourrage devrait être supprimée, ce qui satisferait une revendication forte exprimée dans ce livre. Toutefois, il resterait encore un avantage aux céréales par rapport à l'herbe, dans le système fourrager, et donc une incitation à nourrir les bovins comme des porcs. Seule la généralisation d'une prime unique calculée à l'hectare permettrait de résoudre ce problème.
- Le plafonnement des aides est une proposition essentielle – j'ai expliqué pourquoi dans les chapitres précédents. À condition que le plafond ne soit pas trop élevé, cela permettra de mettre fin aux abus scandaleux des « chasseurs de primes » qui défrayient la chronique. L'idée est cependant affaiblie par deux lacunes : pas de référence à un plafonnement par actif ; pas de dégressivité des aides directes, qui permettrait pourtant de mieux gérer les disparités entre exploitants. Cela aurait donné plus de crédibilité au souhait de la Commission de voir les États aller plus loin dans le sens d'une répartition plus équitable des aides.

• Ajoutons enfin un pas en avant vers une conditionnalité des aides publiques : « Comme c'est déjà le cas dans les secteurs de la viande bovine et de la viande ovine, la Commission présentera une proposition permettant aux États membres de subordonner l'octroi d'aides directes pour les cultures arables et le gel des terres au respect des dispositions environnementales », lit-on dans l'*Agenda 2000*.

Des intentions à la réalité, il y a un pas

Les propositions contenues dans l'*Agenda 2000* ne sont donc pas inintéressantes mais, outre les lacunes que j'ai signalées, il est à craindre de ne pas voir se réaliser deux de ses mesures majeures (conditionnalité et plafonnement des aides aux producteurs) qui rejoignent les propositions du Réseau agriculture durable présentées au chapitre précédent. La conditionnalité, on l'a dit, est « proposée » aux États membres (faut-il comprendre que chacun d'eux recevra l'ensemble des primes PAC auxquelles ont droit ses exploitations et leurs cheptels, et fixera lui-même ses propres modalités d'attribution ?). Quant à la dégressivité, elle n'est même pas proposée : le « paquet Santer » permet aux États d'« adapter » la répartition des primes, ce qui signifie qu'ils peuvent prévoir d'instaurer une dégressivité, des différences par zones (zones avec handicaps ou non, par exemple) ou... rien du tout.

En ce qui concerne la conditionnalité, l'expérience décevante de l'article 19 de 1985 puis des mesures agro-environnementales de 1992 prouve que l'on ne peut se fier aux États pour la mettre en œuvre efficacement. Il faut donc réclamer que l'Europe prenne l'initiative de fixer elle-même les règles de cette conditionnalité environnementale qui s'imposera ensuite à tous les États membres. Je suis persuadé qu'à ce niveau un accord est possible pour instaurer une conditionnalité agro-environnementale.

La question du plafonnement et de la dégressivité des aides se pose différemment. Des États comme le Royaume-Uni ou l'Allemagne sont hostiles à l'idée de moduler les aides selon la taille des exploitations, et l'on ne peut donc imaginer un accord européen. Il faut donc prôner en la

matière, à la différence de la conditionnalité, le principe de subsidiarité afin que les Éats soucieux d'utilier les aides publiques pour encourager l'agriculture durable puissent avancer. En tout cas, on ne peut se satisfaire de la récente proposition de la Commission, dans le cadre des négociations sur le « paquet Santer », qui consiste à n'introduire une dégressivité des aides publiques qu'au-delà d'un certain montant d'aides (100 000 ECU) : c'est un recul par rapport au principe du plafonnement des aides, et l'effet d'une telle dégressivité est bien faible.

Il y a donc là un enjeu majeur à négocier, non seulement pour la réforme de la PAC, mais aussi pour le projet de loi d'orientation agricole que le ministère de l'Agriculture est en train d'élaborer. Car il ne faut pas se leurrer : cette loi d'orientation ne peut contrecarrer la PAC, elle ne peut que l'accompagner. Pour que cette politique nationale réussisse – on va voir qu'elle le mérite –, il faut que le gouvernement français infléchisse de façon cohérente les propositions de la Commission européenne pour la réforme de la PAC. Alors, peut-être parlera-t-on de la loi d'orientation Le Pensec comme on parlait de la loi Pisani de 1960.

Le contrat territorial d'exploitation, pierre angulaire de la future loi d'orientation agricole

L'arrivée de Louis Le Pensec au ministère de l'Agriculture fut bien accueillie et je m'en suis réjoui : voilà un ministre qui a fait ses preuves dans des situations difficiles, comme en Nouvelle-Calédonie, et je sais qu'il partage les principales idées de ce livre, dont je lui ai communiqué la substance au lendemain de sa nomination.

Pourtant, après un silence prudent dans les premiers mois suivant son entrée en fonction, il s'est opposé à la baisse des prix des céréales proposée par la Commission. Consternation chez ses amis... avant de le voir changer de cap quand, quelques jours plus tard – en août 1997 –, il annonce à la FNSEA que toutes les primes seraient désormais identiques partout en France, y compris pour les zones irriguées. Mais c'est pour faire aussitôt machine arrière sous la pression de socialistes du Sud-Ouest qui défendent leurs

« maïsiculteurs ». Partie remise ? À voir, puisque, d'un côté, il demande ensuite à Bruxelles une prime supplémentaire en faveur du maïs et refuse la suppression de la prime au maïs-fourrage ; mais que, de l'autre côté, il s'insurge contre les propositions de l'*Agenda 2000* pour la viande bovine et défend le principe d'une prime calculée selon la surface d'exploitation et non selon le nombre d'animaux. Des prises de position déconcertantes, parfois contradictoires. N'a-t-il pas aussi autorisé la culture de maïs transgénique ?

On y voit plus clair après son intervention, le 16 janvier 1998, au colloque « Eau et agriculture durable » à Rennes. Où l'on comprend que sa stratégie s'organise autour du projet de contrat territorial d'exploitation qui est au centre de la future loi d'orientation agricole. Selon ce projet, l'agriculteur ne percevrait une partie des primes PAC qu'en échange d'un engagement à respecter un cahier des charges sur des pratiques agricoles préservant l'environnement et améliorant la qualité de ses produits. L'agriculteur bénéficierait alors de primes supplémentaires, financées en diminuant les primes des plus grandes exploitations : autrement dit, en instaurant une dégressivité des aides publiques. Ce qui ne sera pas facile à faire admettre aux céréaliers, on s'en doute. Est-ce pour cette raison, que le ministre s'efforce d'obtenir le maximum de primes pour la France, y compris en défendant la prime pour le maïs-ensilage (plus la « cagnotte » PAC de la France sera grosse, plus il pourra atténuer la dégressivité des aides et calmer les céréaliers) ?

Tactique habile, peut-être, mais ne serait-il pas plus sûr, plus efficace, de se battre à Bruxelles pour la conditionnalité environnementale, selon les modalités que j'ai exposées dans les chapitres précédents ? Sans compter – rappelons-le – que la renégociation prochaine des accords de l'OMC risque d'interdire toute aide publique autre que des primes agro-environnementales.

Redonner du sens à la politique agricole

Voilà donc le débat engagé. Et le conflit amorcé. Car, aussitôt connu le projet de réforme de la PAC, ceux qui s'étaient si lourdement trompés en 1981, ont repris sur le

même registre : « Cette réforme de la réforme va provoquer l'effondrement du revenu des agriculteurs. » Mis à part les céréaliers, visiblement satisfaits, les organisations professionnelles ont entonné l'air « Nous voulons des prix et non des aides », certains ajoutant même « des prix correspondant aux prix de revient ». Rien de moins ! Comme en 1991-1992, les réflexes corporatistes ont ressurgi et, avec l'appui actif des lobbies agro-industriels, les syndicats agricoles vont faire pression sur la Commission et sur les gouvernements pour gommer du projet tout ce qui les gêne (baisse des prix, suppression de la prime au maïs-fourrage, plafonnement des aides). En face de ces lobbies puissants, qui disposent de moyens financiers importants, il est donc indispensable que l'opinion se mobilise, des consommateurs aux écologistes, des paysans aux élus, non seulement pour résister à la surenchère de ces lobbies mais aussi pour amender le projet de réforme dans le sens des propositions que j'ai exposées dans ce livre.

Heureusement, le rapport de forces s'est amélioré depuis 1991-1992. La toute-puissante FNSEA qui, pendant trop longtemps, a refusé toute idée de dégressivité et de plafonnement, a pris position pour une meilleure répartition des aides – le rapport d'orientation de son dernier congrès national le montre, rapport d'ailleurs voté sans opposition puisque les céréaliers se sont asbtenus après un très vif débat à huis clos. Le CNJA également, sous la houlette de Christiane Lambert, réclame une plus juste répartition des aides. Et les syndicats minoritaires – dont la Confédération paysanne qui, dès sa création, a fait de l'aide prioritaire aux petits exploitants son cheval de bataille – pèsent maintenant d'un vrai poids dans le milieu agricole. Situation bien plus ouverte, donc qu'en 1981 ou 1991. Ainsi, le gouvernement socialiste français devrait trouver des alliés pour faire admettre la dégressivité et le plafonnement des aides. Surtout s'il sait mobiliser au-delà du monde agricole. C'est en tout cas l'objectif de ce livre.

Quoi qu'il en soit, il ne faudrait pas que la réforme de la réforme s'enlise dans des calculs d'apothicaire ou dans une bataille de lobbies. Les enjeux économiques, sociaux,

environnementaux, sanitaires sont trop lourds, les espoirs trop grands, pour admettre l'échec. Le budget de l'Europe verte représente 45 milliards d'ECU, soit près de 300 milliards de francs : c'est dire qu'il est suffisant, à condition de le répartir plus judicieusement, pour amener les agriculteurs à renoncer rapidement au modèle productiviste et à s'engager dans la recherche d'une agriculture durable. Ils en seront les premiers gagnants, et toute la collectivité avec eux.

L'exemple du CÉDAPA et du Réseau agriculture durable, celui de la Suisse, où en deux ans les pratiques agricoles ont été bouleversées par des aides judicieuses ciblées sur les actions environnementales, nous montrent la voie. À nous tous de nous y engager.

L'objectif est clair : promouvoir une agriculture durable dont de nombreux agriculteurs, notamment au CÉDAPA, ont prouvé la viabilité ; produire les aliments sains, bon marché et de qualité que les consommateurs désirent ; préserver l'environnement ; revitaliser le tissu rural en créant des emplois, tel doit être le sens de la loi d'orientation française et de la réforme de la PAC.

Pour y parvenir, la politique agricole doit subordonner, de façon cohérente, toutes ses aides à trois principes : le plafonnement, la dégressivité et la conditionnalité. Ce qui peut être mis en œuvre de façon fiable et efficace si toutes les aides publiques, y compris aux élevages, sont calculées en fonction de la superficie de l'exploitation et du nombre d'actifs.

Des décisions importantes seront prises en 1998 et 1999, en France et en Europe, qui engageront l'agriculture européenne pour les années à venir. Qui ne souhaiterait que les politiques réussissent ce nouveau rendez-vous avec la paysannerie ? Les champs du possible – Claude Gruson, ancien commissaire général du Plan, aimait à dire que la politique est l'exploration des champs du possible –, c'est notre espace d'action : celui que nous dessinons et celui que nous prendrons. L'agriculture durable a fait ses preuves, c'est un projet d'avenir qui doit tous nous mobiliser : consommateurs, contribuables, agriculteurs ou non, il y va de l'équilibre de *notre* société.

Postface

Une réforme encore bâclée ?

En avril 1998, à la sortie de ce livre, la Commission européenne préparait une nouvelle réforme de la politique agricole commune (PAC) tandis que le gouvernement français mettait la dernière main à son projet de loi d'orientation agricole (LOA). Un double choc prévisible, donc, pour les agriculteurs français, ce qui est peu dire quand on se souvient de l'impact du double événement, il y a presque quarante ans, de la loi d'orientation agricole d'Edgar Pisani et de l'adoption de la PAC. Où en est-on aujourd'hui ?

Au plan français, la LOA revient devant l'Assemblée nationale, après examen par le Sénat. La principale innovation de cette loi, le contrat territorial d'exploitation (CTE)[1], est maintenant quasiment acquise et l'on ne peut que s'en réjouir. Ce contrat permet en effet d'encourager financièrement les agriculteurs à se tourner vers des modes de production moins agressifs pour l'environnement et néanmoins à

1. Il est présenté dans ce livre, p. 218.

forte valeur ajoutée, permettant aussi des productions de qualité et une meilleure défense de l'emploi. Autre point fort, les aides publiques qui lui sont associées ne peuvent être attaquées devant l'OMC (l'ex-GATT).

Une menace plane cependant sur les CTE : le 26 mars 1999, à Berlin, lors de l'adoption de la réforme de la PAC, les États-membres n'ont pas rendu obligatoire la conditionnalité des aides[2], et les mesures agri-environnementales, dans lesquelles entreront les CTE, devront être financées par un prélèvement sur l'enveloppe budgétaire des aides directes dévolues à chaque État, dans la limite de 20 % (*cf.* annexe 7, p. 250). Le tout étant laissé à la discrétion des États, on imagine déjà le bras de fer entre le gouvernement et ceux qui bénéficient le plus de ces aides directes – comme les gros céréaliers qui reçoivent plus d'un million de francs d'aides publiques chaque année.

Du côté de la réforme de la PAC, en revanche, tout va de mal en pis. La Commission n'a pas cessé de reculer depuis ses premières propositions. Le premier « paquet Santer »[3] n'allait pas assez loin dans le sens d'une agriculture durable, mais c'était déjà trop pour les lobbies de toutes sortes : résultat, un feu croisé de critiques de tous bords. D'où un « paquet Santer 2 », en février 1998, qui s'est engagé plus nettement... dans une logique de conquête des marchés agricoles internationaux ! Une logique coûteuse et, en plus, contradictoire avec les objectifs affichés sur l'emploi et l'environnement. Dans un discours prononcé à Bruxelles le 31 mars 1998, Louis Le Pensec, à l'époque ministre de l'Agriculture, avait alors pris ses responsabilités en dénonçant ce projet et l'illusion de la « vocation exportatrice », et en proposant de se tourner vers une agriculture paysanne respectueuse de l'environnement, des territoires et de la qualité des produits.

Voilà qui donnait du sens au fameux « modèle européen » invoqué à tout bout de champ par la profession agricole. Et c'était aussi une réponse à la crise budgétaire européenne ouverte par les pays, Allemagne en tête, qui en

2. Voir le chapitre « Pour réussir la réforme de l'Europe verte », p. 121.
3. Propositions qui étaient déjà critiquables (voir le chapitre « L'heure des choix », p. 207).

avaient assez de payer pour les Français. Mais le débat a tourné court : les négociations avec les Allemands ont été bloquées jusqu'à leurs élections, en octobre 1998 ; puis Louis Le Pensec a démissionné ; enfin, la France et l'Allemagne voulurent conclure un accord au plus vite, avant les élections européennes et la fin de la présidence allemande au Conseil européen ; la démission de la Commission, en mars, et la guerre au Kosovo ont fini de précipiter les choses. Bien que 10 000 manifestants (paysans et consommateurs confondus) se soient mobilisés à Pontivy, sous la pluie, pour réclamer une PAC tournée vers l'agriculture durable, les ministres ont préféré céder aux lobbies agricoles pour conclure la réforme au plus vite.

Cette nouvelle PAC, c'est donc la victoire – une fois de plus ! – du lobby agricole et la défaite des citoyens-consommateurs-contribuables : ceux-ci vont payer encore plus pour produire toujours plus de façon polluante. C'est aussi la défaite des politiques qui sont incapables de mesurer les conséquences de leurs décisions à moyen terme et ont préféré jouer la démagogie vis-à-vis des agriculteurs. Or cette nouvelle PAC est une machine à produire des excédents et à dévorer le budget européen. Gare aux retours de bâton !

Un retour aux impasses des années 1970-1980...

Qu'est-ce qui ne va pas avec cette réforme ? Certes, la renationalisation, même partielle, du budget de la PAC n'a pas eu lieu. Maigre consolation. Car, pour l'essentiel, tout est en place pour provoquer un gonflement des excédents et des crises dans toutes les productions, comme dans les années 1970-1980. Alors que la crise laitière est latente, la réforme du secteur laitier a été repoussée et l'augmentation – justifiée – du quota pour cinq pays (*cf.* annexe 7) va aggraver les excédents de beurre et de poudre de lait. Malgré le retour des excédents de céréales depuis 1997, le gel des terres est à peine renforcé et rien n'est fait contre l'importation de produits de substitution des céréales (PSC) pour l'alimentation animale. La baisse des prix d'intervention est moins forte que prévue (- 20 % contre - 30 % pour la viande bovine, - 15 % au lieu de - 20 % pour les céréales), ce qui

allègera moins que prévu le budget européen. Et pourquoi tous ces risques ? Parce que la Commission croit à l'augmentation de la demande mondiale et à la remontée des cours internationaux, donc à l'intérêt d'exporter. Le problème, c'est que beaucoup d'études prédisent au contraire la stagnation des débouchés et des prix. Et alors comment écouler les stocks autrement qu'en subventionnant leur destruction ou leur exportation ? Bref, on retrouve les travers de la PAC des années 1970-1980.

Les aberrations de la réforme du secteur bovin[4] sont particulièrement redoutables. C'est un gouffre financier ! La prime très forte au jeune bovin intensif va relancer cette production, et il faudra la brader sur le marché international De plus, les principaux verrous péniblement installés ces dernières années pour maîtriser la production ont sauté : suppression du plafond (90 taurillons) pour l'octroi des primes spéciales « bovins mâles » ; suppression du plafond (120 000 kg de lait) pour l'octroi aux producteurs de lait de la prime à la vache allaitante ; suppression de la prime « Hérode » pour l'abattage de veaux nouveau-nés... Il y a bien là une volonté manifeste d'augmenter la production bovine européenne. Mais de façon complètement insensée : on nous dit que c'est pour conquérir le marché mondial – ce qui suppose des prix bas –, et dans le même temps on freine la baisse des prix ! Je ne vois pas comment on évitera le gonflement des stocks européens, et de nouvelles crises de surproduction dans les années à venir.

Sans parler de la guerre commerciale, inévitable lors des prochaines négociations avec l'Organisation mondiale du commerce (OMC). En effet, dans la nouvelle PAC, les aides n'entrent pas dans la « boîte verte » (catégorie d'aides découplées du niveau de production) qui sera la seule forme d'aide publique autorisée par l'OMC. Or tout le monde sait – cela fut conclu lors de la dernière négociation du GATT, en 1986-1993, qui avait déjà contraint la réforme de la PAC, à l'époque – que de telles aides compensatrices d'une baisse de prix seront considérées comme des subventions dégui-

4. Pour un état des lieux du secteur, voir p. 151.

sées aux exportations et seront donc refusées par les autres États exportateurs de produits agricoles, États-Unis en tête. Les syndicats agricoles qui ont tout fait pour obtenir cette nouvelle PAC auront alors bien du mal à défendre les subventions à l'exportation, et ils s'apercevront peut-être qu'ils auraient mieux fait de se battre pour la préférence communautaire et la maîtrise des productions. Mais, non, ils n'arrivent pas à oublier la généreuse PAC de 1960, avec ses prix garantis par l'intervention publique et les subventions aux exportations. Une fois de plus, l'intérêt des céréaliers a primé (le plafonnement des aides, prévu au départ, a disparu ; les primes au stockage à la ferme (les « majorations mensuelles ») ont été rétablies ; etc.). On n'a plus qu'à se consoler en constatant que l'indemnisation des surfaces gelées est ramenée au niveau de celle des cultures et que le niveau (10 % des surfaces COP) du gel obligatoire pour bénéficier de ces aides est maintenu, ce qui est positif si ce gel est rotatif comme dans la réforme de 1992.

Autre gros point noir, le maintien de la prime au maïs-fourrage. Je l'ai dit et redit, cette prime bloque l'évolution des agriculteurs vers une agriculture durable, et elle serait mieux utilisée à aider ce type d'agriculture. Les États nordiques ont obtenu une prime pour l'ensilage d'herbe équivalente à celle du maïs : pourquoi les agriculteurs qui, en France, refusent le maïs n'y auraient-ils pas droit ? Il faut se mobiliser là-dessus.

La bataille de l'emploi et de l'environnement

Les objectifs affichés au départ en faveur de l'emploi et de l'environnement ont aussi été amputés. Qu'en reste-t-il ? *S'il le souhaite, un État peut prélever jusqu'à 20 % des aides des exploitations qui dépasseraient une certaine taille économique* (ce seuil sera à définir par chaque État). Quant à l'éco-conditionnalité, les États ne sont plus obligés, comme le proposait au départ la Commission, de conditionner l'octroi des aides directes au respect par l'agriculteur de normes environnementales.

Ils ont simplement la possibilité de les réduire, voire les supprimer, aux agriculteurs qui ne respectent pas la législation

en vigueur. Les sommes récupérées en application de ces principes d'écoconditionnalité et de modulation des aides sont conservées par chaque état et aborderont un fonds destiné aux mesures agrienvironnementales, au boisement...

Voilà donc le gouvernement français au pied du mur. Car, s'il n'utilise pas ces deux possibilités, il ne pourra pas financer le CTE et le socle de la loi d'orientation s'écroule, il est ridiculisé : deux années de discussions, de projets, d'espoirs pour rien !

La bataille est donc engagée. D'abord pour définir la taille économique d'exploitation au-delà de laquelle le gouvernement réduira les aides directes – sera-ce 80 000 francs ou 150 000 francs par actif ? Ensuite pour fixer le niveau de cette réduction : 20 % comme le voulait Louis Le Pensec, ou... 5 % comme le concédait en mars 1998 Luc Guyau, le patron de la FNSEA [5] ? Le moment est donc venu pour le gouvernement et pour les syndicats agricoles de mettre leurs actes en conformité avec leurs discours sur « une meilleure répartition des aides ». Avec le soutien de l'opinion publique, nous devons gagner cette bataille-là.

Une réforme pour rien ?

On peut aussi se demander si cette réforme n'est pas déjà caduque. L'objectif budgétaire ne sera même pas atteint. Contrairement à ce qui a été dit, la réforme n'engendre pas d'économies : le report de la réforme laitière en 2005 économise certes 6 milliards de francs d'aides directes, mais les dépenses d'intervention et de subvention aux exportations pour le beurre et la poudre vont augmenter au moins d'autant. On économise bien sur les aides compensatoires à l'hectare de céréales mais on se refuse à voir que les subventions aux exportations seront plus fortes. Croit-on que les Allemands continueront sans rien dire à payer au budget européen le double de ce qu'ils en reçoivent ? Et,

5. Par exemple, sachant que 80 % des aides (soit 40 milliards de francs) vont aux grosses exploitations, un prélèvement de 20 % dégagerait 8 milliards de francs pour financer le CTE !

pour préparer l'entrée des pays d'Europe centrale et orientale, c'est raté : à ce niveau de dépenses publiques, ou bien on accroît le budget agricole, ou bien on les fait attendre. Ou bien on modifie à nouveau la PAC...

Je le dis donc crûment : la réforme adoptée est un échec, malgré les quelques points positifs auxquels on peut se raccrocher. Et je ne suis pas le seul à le penser : une réforme pour 2005-2006 est d'ores et déjà engagée, pour laquelle je suis déjà sollicité car les technocrates de Bruxelles ne croient pas à la viabilité de celle d'aujourd'hui. Le texte adopté mentionne d'ailleurs des évaluations et des rectifications dès 2002. Il y a fort à parier que la réforme laitière sera tout autre que celle prévue en 2005...

Tout pourrait d'ailleurs s'accélérer dès l'an prochain. En effet, cette nouvelle politique agricole européenne, qui doit entrer en application en 2000, se heurtera alors aux négociations de l'Organisation mondiale du commerce (OMC). Il faudra inévitablement refaire la copie pour, comme je l'ai montré tout au long de ce livre, s'engager dans la voie du développement durable, et défendre la préférence communautaire au nom du « droit des peuples à se nourrir eux-mêmes ».

Et demain ?

Il faut donc préparer dès maintenant la réorientation inévitable de la PAC. La question clé est de savoir s'il est possible de diminuer le budget colossal de la politique agricole sans nuire au revenu des agriculteurs. La réponse est oui.

Je crois l'avoir bien montré dans ce livre, ce sont les interventions publiques sur le marché (stockage, destruction, subventions aux exportations puis, à partir de 1992, aides directes versées aux agriculteurs) qui font exploser le budget agricole. Or ces interventions publiques sont induites par les excédents qu'elles ont elles-mêmes fini par provoquer. Comment en est-on arrivé là ? Parce que certaines aides continuent de favoriser les productions intensives. Et surtout parce qu'il y a des brèches dans la préférence communautaire. L'Europe laisse entrer au prix mondial des aliments

pour animaux (soja, PSC) avec lesquels les éleveurs produisent de façon industrielle, avec les pollutions que l'on sait, du lait, de la viande bovine, porcine, de la volaille, qu'ils vendent au prix garanti européen ! D'où des excédents de produits animaux. Et, en plus, des excédents de céréales puisque les animaux en consomment moins, à cause des PSC moins coûteux.

Situation invraisemblable : il faut stocker – parfois pendant deux ans – des stocks d'excédents de produits animaux et de céréales, puis les exporter sur le marché mondial avec force subventions, aux frais du contribuable européen : 3 000 francs par ménage. Invraisemblable, mais pourtant la nouvelle PAC ne fait que l'accentuer. D'autant que la baisse prévue des subventions aux oléagineux va faire régresser fortement ces cultures au profit des céréales. Et nous serons alors encore plus dépendants du soja américain avec une production supplémentaire de céréales.

Un autre scénario aurait consisté à demander à l'Europe de se battre lors des négociations internationales pour le maintien de la préférence communautaire, en y incluant le soja et les PSC. À terme, le budget agricole se serait réduit aux seuls fonds structurels d'aide aux régions en développement.

Malheureusement, la nouvelle PAC n'a pas fait le choix de ce scénario : elle continuera à engendrer des excédents à cause de ses primes à l'intensification, telles que les primes au taurillon intensif, au maïs-ensilage, à l'irrigation, à cause du relèvement des quotas laitiers, du frein au gel des terres ; elle continue à être coûteuse puisque, pour baisser les prix afin d'exporter sur les marchés internationaux, on est obligé de compenser cette baisse de prix par une aide directe à l'agriculteur. Résultat, un budget agricole qui augmente, d'où le ras-le-bol de certains pays. Et, demain, du contribuable ?

D'autant que ce scénario n'apporte aucune plus-value, au contraire : comme on vend à perte, plus on exporte et plus l'on perd de l'argent[6], comme le montrent nos expor-

6. Il en va tout autrement de nos exportations de produits haut de gamme, qui s'exportent sans aides : ce sont ces productions qu'il faut développer.

tations actuelles de porc vers les pays de l'Est[7]. En fait, depuis le départ, la réforme de la PAC repose sur un mirage : l'exportation n'existe qu'au prix de dépenses publiques colossales (300 milliards de francs), et rien ne permet d'espérer une remontée des prix mondiaux qui réduirait ces dépenses.

Quel est alors l'intérêt de ces exportations à bas prix, si ce n'est de satisfaire les lobbies qui se sont bâtis autour de l'élevage industriel ? Si c'est cela le « modèle agricole européen », qu'on le dise ! Veut-on des élevages hors sol sur caillebotis, comme en Hollande, en Espagne et en Bretagne, ou des porcs fermiers sous label de qualité, alimentés par des céréales européennes ? Veut-on des grandes plaines céréalières, désertifiées, en monoculture, en panne d'humus, qui ont pollué leurs nappes phréatiques avant de les assécher, ou bien des campagnes de polyculture-élevage où la prairie est dominante ? Veut-on un élevage extensif comme dans certaines régions du Massif central où il ne reste qu'un habitant par kilomètre carré, ou bien un mode d'élevage qui, comme en Carinthie, permet à un agriculteur de (bien) vivre sur 6 hectares ? Veut-on un système où l'agriculteur doit produire 300 000 litres de lait pour s'en sortir, ou un système où il peut vivre aussi bien avec 100 000 litres, comme l'a démontré le réseau « Agriculture durable » ?

Il faut donc revoir la copie, et tendre vers un marché équilibré en Europe, ce qui s'obtiendra par une agriculture à forte valeur ajoutée : moins de quantité mais plus de qualité. Une agriculture qui conforte d'ailleurs le tissu rural et l'environnement. L'objectif affiché dans ce livre demeure donc d'actualité : les aides publiques doivent être dégressives, c'est-à-dire plus fortes pour les petits producteurs et plafonnées pour les gros ; elles doivent être réservées aux seuls agriculteurs qui s'engagent à produire « propre », de la qualité, tout en créant des emplois. L'agriculture ainsi reconvertie n'aura plus besoin d'aides publiques : elle vivra de la vente

7. Et, comme un malheur ne vient jamais seul, ces exportations à bas prix poussent à la baisse le marché mondial, ce qui perturbe les économies agricoles des pays en voie de développement : nos exportations de porcs subventionnées sur les pays de l'Est mettent en crise la production porcine de ces pays.

de ses produits comme le font déjà certains pionniers de l'« Agriculture durable ».

D'autant que, quelle que soit l'orientation de la politique agricole, rien n'arrêtera le mouvement des consommateurs enclenché depuis la crise de la « vache folle ». Le consommateur veut désormais savoir d'où vient ce qu'il mange, comment cela a été produit et si les normes ont été respectées et contrôlées. Comme l'agriculture biologique, qui répond à ces trois exigences et dont le volume des ventes s'envole, l'agriculture durable a aussi son cahier des charges : une filière « viande bovine » démarre d'ailleurs sous le contrôle de la société Ecocert[8]. Demain, le consommateur pourra choisir ces produits de qualité plutôt que ceux de l'agriculture industrielle. C'est un choix bien concret entre une agriculture industrielle, qui aujourd'hui pollue, crée du chômage et aggrave les inégalités sociales, et une agriculture durable qui permet aux agriculteurs de mieux vivre tout en répondant aux aspirations de toute la nation.

C'est un mouvement de fond contre lequel les lobbies de l'agrochimie ne peuvent pas grand-chose. Il ne dépend donc que de nous, consommateurs-citoyens, de l'amplifier. Choisir son alimentation est désormais un acte politique. De ce choix dépendra aussi l'orientation que prendra l'agriculture européenne.

André Pochon,
5 avril 1999

8. Ecocert, organisme de contrôle indépendant.

Annexes

Annexe 1
Europe verte : la longue marche

1950. Cinq ans seulement après la fin de la Seconde Guerre mondiale, Robert Schuman propose de « placer l'ensemble de la production franco-allemande de charbon et d'acier sous une haute autorité commune, dans une organisation ouverte à la participation des autres pays d'Europe ». Un an plus tard, les Six (Belgique, France, Italie, Luxembourg, Pays-Bas et RFA) instaurent la CECA.
25 mars 1957. Signature du traité de Rome qui institue le Marché commun entre les Six : libre circulation des marchandises entre États membres et tarif douanier commun vis-à-vis des pays tiers.
1958. La conférence de Stresa précise les orientations de l'Europe verte : préférence communautaire (protectionnisme), prix unique et intervention (garantie de prix plancher et de débouché) seront les mamelles de l'Europe verte pendant plus de trente ans.
1962. Adoption des premiers règlements organisant la politique agricole commune (PAC), création du FEOGA (Fonds européen d'orientation et de garantie agricole) qui est l'instrument financier de l'Europe verte.
1964. Le Marché commun agricole devient une réalité. Le financement communautaire des dépenses agricoles (soutien des marchés, aides à l'exportation) commence à fonctionner.
1968. Publication d'un mémorandum sur l'agriculture communautaire (le plan Mansholt) qui propose la « modernisation » des exploitations. C'est le début de la politique des structures, perçue comme un plan de liquidation de la petite paysannerie. Première manifestation d'agriculteurs à Bruxelles.
1971. Généralisation des montants compensatoires monétaires (MCM) tentant de défendre le prix unique des produits agricoles en Europe malgré les modifications désordonnées des taux de change (dévaluations du franc, réévaluation du mark, etc.) entre les Six. Les distorsions de concurrence entre les producteurs européens s'aggravent
1972. Entrées du Danemark, du Royaume-Uni et de l'Irlande (la Norvège a dit « non ») Les trois premières directives visant à moderniser les structures des exploitations agricoles européennes apparaissent : naissance des plans de développement.
1975. Signature de la convention de Lomé entre la CEE et quarante-six pays d'Afrique, des Caraïbes et du Pacifique (ACP). En annexe de cet accord de coopération, le protocole « sucre » prévoit l'achat annuel

par la CEE de 1,3 million de tonnes de sucre – ex-Commonwealth oblige ! – au grand dam des betteraviers français.

1977. Premières mesures visant à contenir les excédents agricoles et les problèmes budgétaires de la PAC : instauration de la taxe de coresponsabilité, prélevée auprès des éleveurs laitiers, pour créer de nouveaux débouchés aux produits laitiers (beurre de « Noël », distribution de lait dans les écoles...).

1981-1985. Entrée de la Grèce (1981), puis de l'Espagne et du Portugal (1985).

1984-1988. Toujours la lutte contre les excédents et les coûts budgétaires : mesures de gel ou de baisse des prix d'orientation, instauration des quotas laitiers (1984), taxe de coresponsabilité (1986) pour les céréales, contingentement des dépenses pour les oléoprotéagineux (1986), QMG pour les céréales (1988), etc. Première mesure agro-environnementale (l'« article 19 »), en 1985, qui est un échec en France.

Février 1991. Le rapport MacSharry commandé par la Commission dresse un état des lieux sévère de l'agriculture et de la politique agricole en Europe, et conclut à la nécessité de réformer radicalement la PAC. En toile de fond, les négociations du GATT ouvertes depuis 1986 ainsi que les pressions directes des États-Unis poussent aussi à réformer la PAC.

Été 1991. La Commission publie son projet de réforme de l'Europe verte : forte baisse des prix et aide directe aux revenus, encouragement à une agriculture moins productiviste. Violentes oppositions des syndicats agricoles, des associations de consommateurs et des écologistes.

Mai 1992. Réforme de la PAC, après un profond remaniement du projet initial : comme prévu, le soutien public aux prix agricoles est abandonné (progressivement) et des aides directes compensatoires sont instaurées, mais les modalités d'attribution de ces aides directes ne permettent plus d'atteindre les objectifs sociaux (moins d'inégalités entre agriculteurs et entre régions) et environnementaux (incitation à une moindre intensification) affichés.

1993. Conclusion des accords du GATT : auquel succède l'OMC (Organisation mondiale du commerce) ; l'Europe et les États-Unis s'engagent à démanteler leurs systèmes d'aide aux exportations.

1994. Entrée de l'Autriche, de la Suède et de la Finlande.

1996. La crise de la « vache folle », partie de l'Angleterre, éclate : la consommation de viande bovine s'effondre et tout le secteur est sinistré. Les excédents réapparaissent.

Bientôt :

• La réforme de la PAC est annoncée pour 1999 ou, au plus tard, 2000. Les grandes lignes sont résumées dans l'*Agenda 2000 – Pour une Union plus large et plus forte* (surnommé « paquet Santer ») : les principes de la réforme de 1992 sont approfondis (baisse du soutien des prix et aides directes compensatoires), tandis que le rôle des fonds structurels de l'Europe (FEDER, FEOGA, FSE, programmes Leader...) dans les politiques sociales et régionales est redéfini.

• De nouvelles négociations sur les échanges internationaux seront ouvertes sous l'égide de l'OMC.

• L'élargissement de l'Union européenne vers l'Europe de l'Est est programmé (la Hongrie, la Pologne, la Roumanie, la Slovaquie, la Lettonie, l'Estonie, la Lituanie, la Bulgarie, la Tchéquie et la Slovénie sont sur les rangs, mais seules Chypre, l'Estonie, la Hongrie, la Pologne, la Slovénie et la Tchéquie seraient acceptées dans un premier temps – l'Estonie et la Slovénie devraient suivre). Des mesures de transition sont envisagées.

• Les États-Unis, qui autorisent l'usage des hormones pour la production de lait et de viande, veulent l'imposer à l'Union européenne (qui, elle, l'interdit, et interdit de ce fait toute importation de viande produite à l'aide d'hormones). Le dossier est sur le bureau de l'OMC, qui a déjà rendu un arbitrage défavorable à l'Union européenne. Autre problème, les organismes génétiquement modifiés (OGM), acceptés par la plupart des pays européens (sauf l'Autriche) : la première, la France a autorisé la culture de 40 000 hectares de maïs dont l'ADN a été modifié pour résister à certains de ses parasites – malgré l'avis défavorable du Comité de prévention et de précaution du ministère de l'Environnement.

Annexe 2
L'organisation commune des marchés de produits agricoles

Les organisations communes de marché (OCM), c'est-à-dire la réglementation sur les prix, les moyens d'intervention publique et le régime des importations et des exportations, constituent l'épine dorsale de la politique agricole commune mise en place dans les années soixante. Elles régissent 95 % de la production agricole européenne, seuls quelques secteurs comme la pomme de terre ou les alcools ne faisant pas l'objet de réglementation.

En avril de chaque année, les ministres de l'Agriculture établissent les prix uniques pour chaque organisation commune de marché (prix appelés, selon l'OCM, prix indicatifs, d'orientation ou d'objectif). Mais ces prix n'ont rien de contraignant par eux-mêmes : agriculteurs et industriels restent libres de négocier. Il s'agit en fait d'encadrer le prix du marché intérieur par un prix plafond (blocage à la hausse) et par un prix plancher (garantie contre la baisse), garantis par la Communauté.

Le prix plancher, c'est le prix à partir duquel la Communauté s'engage à intervenir pour acheter toutes les quantités présentées, quitte à les stocker ou à les détruire (mécanisme d'intervention).

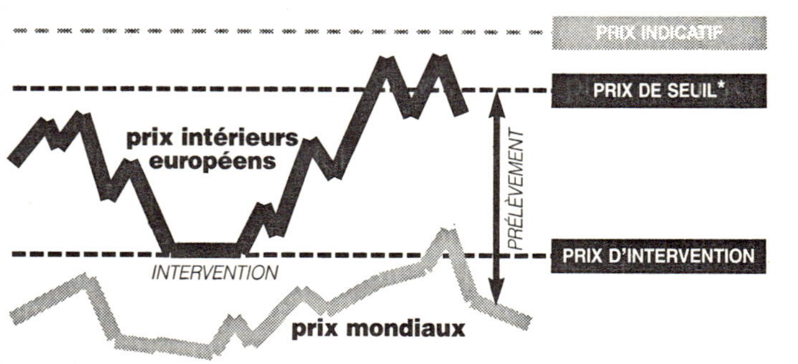

* Auquel il faut ajouter les coûts de transport depuis le lieu d'importation (Rotterdam, par exemple) jusqu'à l'utilisateur, ce qui explique que le prix de seuil soit inférieur au prix indicatif.

Le prix plafond, c'est le prix au-dessus duquel la Communauté laisse entrer les produits agricoles importés : au-dessous, le produit importé est pénalisé par une taxe (le prélèvement) qui remonte son prix au niveau du plafond, ce qui rend un produit agricole européen toujours plus avantageux pour l'industrie agroalimentaire (préférence communautaire) ; sauf si les prix européens dépassent le plafond, auquel cas les produits importés deviennent plus avantageux :

Mais, à dire vrai, la préférence communautaire et le mécanisme d'intervention jouent plus ou moins automatiquement et fermement selon les OCM. Il faut distinguer :

Les marchés administrés. Ils offrent aux agriculteurs un prix minimal garanti et une protection totale aux frontières contre les importations provenant des pays tiers. L'intervention est permanente pour les céréales, le sucre, la poudre de lait, le beurre, occasionnelle pour les viandes bovine et porcine, les fruits et légumes. Pour ceux-ci, la protection aux frontières ne fonctionne pas hors saison (la saison est précisément définie par des calendriers de production et de commercialisation).

Quelques produits (blé dur, huile d'olive, graines de coton, houblon, vers à soie, semences et fourrages séchés) bénéficient d'un soutien sous forme d'aide à l'hectare ou par quantités produites.

Les marchés protégés. Les œufs, les volailles, les vins de qualité, certains fruits et légumes, les fleurs, soit au total 20 % de la production européenne, bénéficient seulement d'une protection aux frontières contre les importations. Le prix européen, certes le plus souvent supérieur au prix mondial, est soumis à la seule loi de l'offre et de la demande.

Les marchés ouverts mais encouragés. Les oléoprotéagineux, le tabac ne sont pas protégés mais leur culture est encouragée grâce à un système de double prix : un prix commercial résultant de l'offre et de la demande aligné sur les prix mondiaux et un prix garanti, plus élevé, à la production. La différence est assurée par des aides versées aux organismes collecteurs et aux triturateurs qui achètent aux producteurs au prix garanti mais qui doivent revendre au prix mondial. Ce système budgétairement coûteux, qui concerne 2,5 % de la production européenne, garantit un revenu substantiel aux producteurs.

Les marchés ouverts et libres. Les fleurs, la pomme de terre, les champignons, les petits fruits, le bison, le sanglier, la banane n'ont pas d'organisation commune.

Annexe 3
Le FEOGA

Le FEOGA est alimenté par le budget de l'Union européenne. En 1997, ce budget général se compose ainsi :

Recettes (millions d'ECU)		**Dépenses** (millions d'ECU)		
• Cotisations des États membres[1]	32 947	• FEOGA section « garantie »	41 305	(50,1 %)
• TVA sur opérations intracommunautaires[2]	34 588	• Actions structurelles, mécanisme financier, autres actions agricoles et régionales, transports et pêche... (dont FEOGA « orientation », FEDER, FSE...)	26 635	(32,3 %)
• Droits de douane	12 203	• Formation, jeunesse, culture, audiovisuel et autres actions sociales	780	(0,9 %)
• Cotisation « sucre »	1 229	• Énergie, Euratom	200	(0,2 %)
• Prélèvements agricoles	786	• Protection des consommateurs, marché intérieur, industrie et réseaux	731	(0,9 %)
• Divers[3]	612	• Recherche et dév. technologique	3 160	(3,8 %)
Total	82 365	• Actions extérieures	4 796	(5,8 %)
		• Politique étrangère, sécurité commune	30	–
		• Garanties, réserves et compensations	445	(0,5 %)
		• Fonctionnement de la Commission et des autres institutions	4 283	(5,2 %)
		Total	82 365	(100 %)

1. Fixées en pourcentage de leur PIB. 2. Prélèvement de 1,4 % sur la TVA collectée par chaque État membre. 3. Dont pénalités versées par les producteurs agricoles européens pour la gestion de leurs excédents (sucre, lait...).

Le Fonds européen d'orientation et de garantie agricole (FEOGA), qui finance la politique agricole commune, intervient dans deux directions :

– « garantie » (action sur les marchés agricoles) : il finance les mécanismes d'intervention (prix minimums garantis aux producteurs), les aides à l'exportation (restitutions), la recherche de débouchés nouveaux, etc., et, désormais, les aides directes ;

– « orientation » (action sur les structures d'exploitations agricoles) : ces mesures sociales et économiques (indemnités spéciales pour investir, agrandir les exploitations, favoriser les départs à la retraite, soutenir l'agriculture en zone de montagne, etc.) absorbent seulement 6 % du budget du FEOGA, en forte augmentation du fait de l'accroissement du nombre d'exploitants en Europe après les entrées de l'Espagne et du Portugal, et à cause du financement d'une partie de la politique de mise en jachère de terres agricoles pour réduire la

production céréalière. Il faut noter, de plus, que ces actions du FEOGA-orientation peuvent être soutenues ou relayées par les interventions d'autres fonds européens (qu'on appelle des fonds structurels, tels le FEDER ou le FSE).

Alors que le FEOGA absorbait près de 80 % du budget général de l'Europe dans les années soixante-dix, sa part est descendue aujourd'hui à moins de 60 % (et même 50 % pour 1997).

Budget CEE

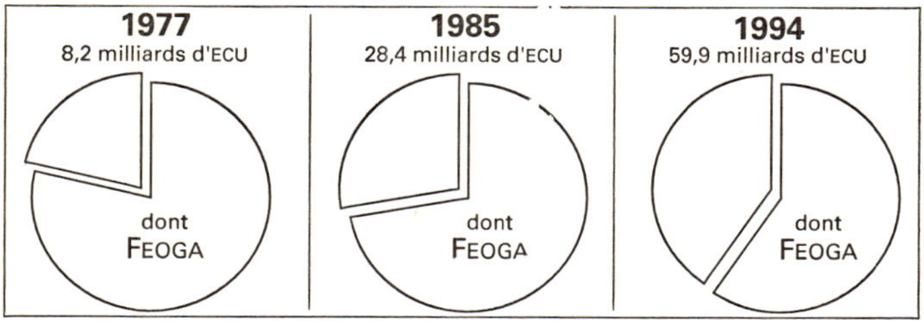

Pour 1997, les dépenses du FEOGA « garantie », pour les productions agricoles, se répartissent ainsi :

(millions d'ECU)	Total	*dont*	*Restitutions*	*Interventions*	*Primes directes*
• Cultures arables (céréales...)	16 160	39,1 %	*528*	*412*	*15 047*
• Viande bovine	7 451	18,0 %	*1 601*	*1 308*	*4 149*
• Lait, produits laitiers	3 625	8,8 %	*1 721*	*808*	–
• Huile d'olive	2 168	5,2 %	*42*	*30*	*1 951*
• Viandes ovine et caprine	1 979	4,8 %	–	*4*	*1 975*
• Sucre	1 833	4,4 %	*1 360*	*473*	–
• Fruits et légumes	1 679	4,1 %	*82*	*319*	–
• Tabac	1 021	2,5 %	–	–	*1 003*
• Vin, alcools, spiritueux	863	2,1 %	*52*	*278*	*240*
• Plantes textiles et vers à soie	833	2,0 %	–	–	*833*
• Fourrages séchés et légumineuses à grains	394	0,9 %	–	–	*394*
• Autres productions végétales	265	0,6 %	–	–	–
• Viande porcine	168	0,4 %	*135*	*33*	–
• Œufs, viande de volaille	138	0,3 %	*138*	–	–
• Autres productions animales	113	0,3 %	–	–	–
• Fonds européen de garantie pour la pêche	43	0,1 %	–	–	–
• Divers	520	1,3 %	–	–	–
• Mesures d'accompagnement	1 835	4,4 %	–	–	–
• Restitutions pour aide alimentaire et dons aux défavorisés de l'Union européenne	289	0,7 %	–	–	–
Total	41 376	100 %	*5 659*	*3 665*	*25 592*

Annexe 4

Exemple de cahier des charges pour une agriculture durable et pouvant servir de base aux CTE

Ce cahier des charges, adopté par les agriculteurs du CÉDAPA (Centre d'étude pour un développement agricole plus autonome) et des groupes de développement « Agriculture durable » de l'Ouest, a pour objectif de conforter l'exploitation dans sa globalité, vers des pratiques culturales, un système fourrager, la gestion de l'azote et des pesticides qui préservent à long terme le sol, l'eau, l'air, les paysages et la qualité des produits.

Il s'appuie sur les données de base de l'agriculture intégrée :

– un équilibre dans l'exploitation entre les surfaces, les plantes, les animaux et la structure bocagère ;

– un bon assolement ;

– des plantes adaptées au sol et au climat ;

– des bâtiments d'élevage de préférence sur paille (donc production de fumier) ;

– la prairie naturelle ou temporaire sans engrais minéral azoté comme base de l'alimentation des ruminants.

L'importance de ce type de prairies dans le système fourrager est le point clé de ce cahier des charges :

– pour préserver la beauté des paysages, pour lutter contre l'érosion des sols, le lessivage des nitrates, des pesticides et des matières organiques ;

– pour en garantir l'efficacité économique : fourrage abondant et équilibré pour un coût minimal ; tête d'assolement qui permet de réduire les coûts tout en maintenant de bons rendements sur les cultures suivantes.

La maîtrise de l'exploitation de ces prairies est nécessaire aux exploitants qui signent ce cahier des charges. Sa mise en route est la suite logique de leur participation à des sessions de formation adaptées.

Ces principes de base permettent de réconcilier efficacité économique et écologie. Grâce à leur réussite économique, humaine et sociale, les exploitants qui appliquent ce cahier des charges seront le moteur du développement durable dans leur région. Travaillant en groupe, ils feront tache d'huile.

L'engagement du contractant [1]

Un système fourrager à base d'herbe.

Au niveau de l'ensemble de l'exploitation, au moins 55 % de la surface agricole utilisée (SAU) sera en herbe. L'éleveur s'engage à avoir au minimum les trois quarts de sa surface fourragère en herbe.

Les prairies naturelles ou temporaires ne recevront aucun apport d'engrais azoté minéral du commerce. Les associations de graminées et de légumineuses constitueront la base de ces prairies. Elles seront exploitées rationnellement (méthodes Voisin-Pochon), afin d'améliorer la flore et d'éviter la dégradation de l'enherbement du sol même en hiver, tout en évitant les trop fortes proportions de légumineuses.

Pour les animaux, l'alimentation hivernale est à base de foin ou d'ensilage préfané, complétés éventuellement par des betteraves, des choux, des céréales.

Dans le cas spécial où le maïs-fourrage est utilisé, il ne devra pas dépasser 15 % de la surface fourragère principale (SFP). Dans le cas d'achats de maïs à l'extérieur de l'exploitation, ils seront réintégrés dans la SFP en prenant comme base de calcul le rendement moyen du maïs cultivé sur l'exploitation.

Fertilisation organique (principalement du fumier)

La quantité d'azote organique correspondant à la totalité des déjections animales produites sur l'exploitation ne devra pas excéder 140 unités d'azote par hectare de SAU (estimation selon les normes CORPEN [2].

L'excédent du bilan de l'azote de l'exploitation (bilan « entrées moins sorties » selon la méthode INRA-Quimper) doit rester inférieur à 60 unités d'azote par hectare.

Les apports de fertilisants d'origine animale ne peuvent excéder les besoins des plantes, en tenant compte du potentiel de rendement de la parcelle et de la culture, des reliquats, de la minéralisation. Cependant, les apports de fertilisants d'origine animale non compostés sont limités à 70 unités d'azote/hectare fertilisé. Le fumier pailleux (litière accumulée en stabulation) est assimilé à un compost.

L'épandage des déjections liquides (lisier, purin) est interdit du 15 août au 15 février, sauf sur prairies chaque fois que le temps est

---

1. Ce cahier des charges prévoit trois niveaux d'objectifs agrienvironnementaux. Le niveau présenté ici est le niveau 2.
2. Comité pour la réduction de la pollution des eaux par les nitrates.

favorable (période sèche, absence de gel et de neige) à la dose maximale de 35 unités d'azote ammoniacal par hectare fertilisé sur cette période.

Il ne doit pas y avoir d'écoulement au ruisseau.

Fertilisation par l'azote minéral

La fertilisation azotée minérale du commerce ne peut excéder les besoins des plantes en tenant compte du potentiel de rendement de la parcelle et de la culture, des reliquats, de la minéralisation. Cette fertilisation azotée minérale du commerce ne dépassera pas :

– 100 unités /hectare sur céréales d'hiver et colza. Le premier apport étant limité à 40 unités/hectare, il n'aura jamais lieu avant le 15 février ;

– 60 unités/hectare sur céréales de printemps ;

– 0 unité/hectare sur toutes les prairies (temporaires ou permanentes), sur maïs, betteraves, choux, pommes de terre, pois, haricots.

Cette fertilisation azotée minérale du commerce est diminuée de la part minérale apportée par les déjections épandues en couverture au printemps.

Les pratiques culturales

La culture du maïs ne devra pas dépasser 15 % de la SAU.

Aucune terre ne devra rester à nu en hiver (sauf conditions climatiques exceptionnelles : impossibilité d'ensemencer le blé en novembre).

Aucune culture ne peut revenir plus de deux années consécutives sur la même terre.

La plasticulture est interdite.

Les parcelles en pente forte (8 % et plus) seront obligatoirement mises en herbe.

De même, les parcelles bordant les cours d'eau et les étangs seront obligatoirement mises en herbe sur toute la partie inondable et sur une largeur minimale de 50 mètres.

Protection des cultures

Sur céréales à paille, les seuls traitements autorisés sont :

– un traitement fongicide contre les maladies aériennes lorsque la résistance variétale ne suffit pas, et exclusivement sur avertissements agricoles du Service régional de la protection des végétaux (SRPV) ;

– un traitement herbicide de rattrapage lorsque les techniques culturales préventives ou curatives (hersages, etc.) ne suffisent pas ;

– un traitement insecticide sur orge contre les pucerons uniquement en cas de risque avéré de jaunisse nanisante, et exclusivement sur avertissements agricoles du SRPV ;

– les régulateurs de croissance sont interdits.

Sur les autres cultures, un fongicide est toléré de même qu'un insecticide à condition d'avoir évalué le risque par la méthode des piégeages, quand la méthode existe (référence SRPV).

Les traitements herbicides sur toutes cultures peuvent intervenir en plusieurs fois mais la dose totale employée sera réduite au moins d'un tiers par rapport aux doses homologuées. Les méthodes culturales curatives sont vivement encouragées (hersage, binage, brûlage, etc.).

Dans tous les cas, on s'efforcera de choisir des substances actives présentant le meilleur équilibre entre les caractéristiques d'efficacité recherchées et les caractéristiques d'innocuité environnementale. Pour les fongicides et les insecticides, on veillera toutefois à varier les substances actives dans le temps afin d'éviter la sélection de souches ou de races résistantes.

L'atrazine, le dinoterbe, le lindane, l'alachlore sont interdits.

Paysages

Il est interdit de drainer pour mettre en culture les prés humides de bas fond. Si ces terrains humides étaient drainés, ils devront être remis en herbage.

Il est interdit d'araser les talus : entre les prés humides de bas fond et les champs ; et en travers des pentes.

Tout arasement nouveau sera effectué avec une grande prudence après expertise et reconstitution compensatoire d'une haie bocagère s'il y a risque d'érosion.

Il y a obligation de reconstituer des talus boisés s'il y a une nécessité pour prévenir l'érosion.

Le débroussaillage chimique des bordures de haies, talus, chemins, ruisseaux est interdit.

Suivi, animation et contrôles

Le signataire du présent cahier des charges s'engage à faire partie d'un groupe de développement s'inscrivant dans la perspective de l'agriculture durable (CÉDAPA, CIVAM, PDD, GAB, CETA, DVA...). Il s'engage à participer aux réunions, aux voyages d'étude, et à faire part au groupe de ses résultats.

Il autorisera tous les prélèvements et analyses d'eau, du sol, des déjections, de fourrages, jugés utiles. Il tiendra à jour le cahier d'épandage des déjections animales (date, désignation des parcelles,

quantités épandues, nature et origine des déjections, déjections exportées ou importées). Il tiendra un carnet d'exploitation [...]. Il mettra à disposition du contrôleur ses données comptables, ses résultats techniques, ses carnets d'enregistrement, l'inventaire d'étable, sa déclaration PAC et ses relevés parcellaires MSA. Le signataire engage la totalité de son exploitation sur le cahier des charges. (...) L'ADASEA et la direction départementale de l'Agriculture sont chargées du contrôle de ce cahier des charges.

En contrepartie des contraintes du cahier des charges, l'agriculteur percevra une aide agroenvironnementale de 1 200 F/ha de SAU chaque année pendant une durée de cinq ans. Il peut, au cours de ces cinq années, rejoindre le niveau 3 et prétendre aux aides correspondantes. [...]

Afin de décourager les agrandissements excessifs et de conforter les petites et moyennes exploitations, les aides sont plafonnées à 4 hectares de SAU par actif, 60 hectares pour deux actifs, 80 hectares pour trois actifs, 100 hectares pour quatre actifs (plafond à 100 hectares), étant entendu qu'un couple d'exploitants compte pour deux actifs. [...] Des équivalences seront à déterminer par l'administration pour corriger cette surface en fonction des catégories de sols.

Annexe 5

L'Europe verte exporte beaucoup mais importe beaucoup aussi

Solde 1995 des échanges commerciaux de l'Europe des Quinze
(millions d'ECU)

	Exportations	Importations	Solde
Tous produits agricoles et alimentaires	**46 460**	**64 167**	**-17 707**
dont			
Produits agricoles et alimentaires concurrents des produits européens	36 016	32 719	3 297
Boissons	*8 196*	*1 124*	*7 072*
Lait, œufs	*4617*	*692*	*3 925*
Céréales	*4 838*	*1 759*	*3 079*
Préparations alimentaires diverses	*3 161*	*601*	*2 560*
Viandes	*3 982*	*2 748*	*1 234*
Sucre, miel	*2 492*	*1 576*	*916*
Animaux vivants	*780*	*506*	*274*
Amidons, fécules, glutens	*192*	*6*	*186*
Huiles, graisses	*2 192*	*2 640*	*- 448*
Aliments pour animaux	*1 463*	*4 432*	*- 2 969*
Graines oléagineuses	*136*	*4 500*	*- 4 364*
Fruits, légumes	*3 967*	*1 2135*	*- 8 168*
Produits agricoles et alimentaires non concurrents			- 11 506
Café, cacao, thé, épices	*2 756*	*7981*	*- 5 225*
Poissons	*1 388*	*7669*	*- 6 281*
Produits agricoles non alimentaires			- 9 505
Cuirs	*832*	*1 052*	*- 220*
Matières brutes agricoles	*1 950*	*2 381*	*- 431*
Tabacs	*1 181*	*1 963*	*- 782*
Caoutchouc naturel	*29*	*1 178*	*- 1 149*
Fibres textiles naturelles	*705*	*3 491*	*- 2 786*
Bois, liège	*1 598*	*5 735*	*- 4 137*

Source : Commission européenne.

Annexe 6
Glossaire

Chambres d'agriculture. Établissements publics gérés par un conseil d'administration dont les membres sont élus par collèges (exploitants agricoles, propriétaires fonciers, salariés...) : les représentants des exploitants agricoles disposent de la majorité. Les chambres d'agriculture défendent les intérêts de la profession auprès des pouvoirs publics, et offrent de nombreux services à leurs membres : études économiques, conseils techniques, formations, coordinations entre divers organismes (groupes de réflexion, actions de promotion...). Elles sont financées par des dotations de l'État et une partie de l'impôt foncier.

COP. Céréales-oléagineux-protéagineux.

CNJA. Centre national des jeunes agriculteurs. Ce syndicat regroupe des agriculteurs de moins de 35 ans, et entretient des liens très étroits avec la FNSEA. Il n'est pas rare qu'un président du CNJA devienne président de la FNSEA. Le CNJA est organisé par département (CDJA) et par canton (CCJA).

Confédération paysanne. Syndicat d'exploitants agricoles, fédérant plusieurs syndicats, souvent proches de la gauche, qui s'étaient constitués dans les années 1960-1970 en opposition au bloc FNSEA-CNJA. C'est aujourd'hui la deuxième force syndicale de la profession.

FFA. Fédération française de l'agriculture. Syndicat minoritaire regroupant des exploitants agricoles, proche de la droite.

FNSEA. Fédération nationale des syndicats d'exploitants agricoles. Syndicat unique de 1944 à 1959, il reste majoritaire. Il participe à la définition et à la mise en œuvre de la politique agricole depuis l'après-guerre, notamment après 1960. Les représentants de la FNSEA sont majoritaires dans les conseils d'administration de la plupart des chambres d'agriculture, de la Mutualité sociale agricole, des SAFER, des commissions départementales (qui instruisent les dossiers d'attribution d'aides publiques pour l'installation de jeunes agriculteurs, de terres acquises par les SAFER...).

GATT. General Agreement on Tariffs and Trade (Accord général sur les droits de douane et le commerce). Accord international signé en 1947 pour libéraliser le commerce international. Il s'est doté en 1993 d'une organisation, l'OMC (Organisation mondiale du

commerce). En cas de conflit, l'OMC peut désigner un collège d'experts (un *panel*) dont les conclusions doivent être acceptées par les protagonistes. Un *panel* avait dû se prononcer sur les aides européennes aux producteurs d'oléoprotéagineux en 1992 ; plus récemment, l'autorisation des hormones pour la production de lait et de viande bovine est l'objet d'un conflit entre les États-Unis et l'Europe.

Hors sol. Mode d'élevage où les animaux sont nourris avec des aliments achetés à l'extérieur de l'exploitation. Ces aliments, préparés par l'industrie de l'alimentation animale – les coopératives réalisent une part importante de cette activité –, sont des aliments concentrés dont la composition est adaptée aux élevages : pour les veaux, des aliments à base de poudre de lait écrémé additionnée de suif et autres matières grasses ; pour les volailles, les porcs, les canards, les lapins, et même parfois les vaches laitières, des mélanges de céréales, de son, de tourteaux et de graines d'oléoprotéagineux (soja, colza, arachide, luzerne déshydratée...), de farines animales (poisson, viande, os, sang), etc., souvent aussi complétés d'acides aminés et de minéraux (pour les porcelets, les truies...).

MODEF. Mouvement de défense des exploitants familiaux. Syndicat d'exploitants agricoles, minoritaire, proche du Parti communiste, bien représenté dans le Sud et le Centre-Ouest de la France.

MSA. Mutualité sociale agricole. Organisme gérant la Sécurité sociale pour les agriculteurs (couverture de base + mutuelle complémentaire), de la même façon que les mutuelles étudiantes ou de fonctionnaires.

OPA. Organisations professionnelles agricoles. Désigne le syndicalisme majoritaire – y compris les syndicats spécialisés comme l'AGPB (Association générale des producteurs de blé) ou l'AGPM (Association générale des producteurs de maïs), la CGB (betteraviers), la FNP (éleveurs de porcs)... –, la mutualité et la coopération agricoles, et les chambres d'agriculture.

PAC. Politique agricole commune.

PSC. Produits de substitution des céréales. Produits qui peuvent remplacer les céréales dans les rations alimentaires : son, manioc, sous-produits de l'industrie de transformation du maïs [1] *(corn gluten feed)*, patate douce, pulpes de fruits, résidus de betteraves sucrières, etc. Ces PSC sont, sauf le son, pour la plupart importés.

1. L'amidon et les sucres du maïs intéressent de nombreuses industries (papeterie, chimie, pharmacie, agroalimentaire...).

SAFER. Société d'aménagement foncier et d'établissement rural. Sociétés privées, mais sans but lucratif, dont la mission est de réguler les échanges fonciers agricoles.

SAU. Surface agricole utile. Elle comprend l'ensemble des terres cultivées, y compris les jachères (céréales, oléagineux, protéagineux, pommes de terre, betteraves à sucre, tabac, houblon, prairies temporaires – prairies qui ont été labourées et ensemencées et peuvent changer d'utilisation –, vignes, vergers...) et les surfaces toujours en herbe (prairies permanentes, alpages et parcours) mais pas les friches ni les landes.

SFP. Surface fourragère principale. Elle comprend l'ensemble des terres destinées à l'alimentation des animaux de l'exploitation : prairies temporaires et permanentes (herbe pâturée ou fauchée verte, et foins) ; céréales, mais seulement quand elles sont ensilées (de fait, le maïs-ensilage) ; les cultures fourragères (betteraves, choux, navets)... Les céréales récoltées en grain (blé, orge, maïs grain...) ne sont pas comptées dans la SFP.

UGB. Unité gros bétail. Indicateur permettant de calculer le chargement, c'est-à-dire la densité des animaux d'élevage d'une exploitation (UGB/hectare). Une vache, un bœuf, un cheval, comptent pour 1 UGB, une brebis pour 0,2 UGB, etc. L'UGB se réfère à la ration alimentaire nécessaire à un animal pendant un an.

Annexe 7
La réforme de la PAC conclue à Berlin le 26 mars 1999

Viande bovine

Prix. Baisse de 20 % du prix (prix garanti et prix de seuil [1]) étalée en trois étapes jusqu'en 2002. En 2002, le prix de base sera fixé à 2 224 [2] euros la tonne. Pour les taurillons, prix garanti à 1 560 euros/tonne. En cas de perturbation grave, primes exceptionnelles possibles (à l'abattage, par exemple).

Primes. Augmentation en trois fois, jusqu'en 2002.

– Prime à la vache allaitante. Fixée à 200 euros (part payée par le budget européen) + 30 à 50 euros (part variable payée par chaque État). Le quota national de droits à primes est augmenté de 3 %. Les génisses peuvent être primées, dans la limite de 20 % du quota des droits à primes d'un éleveur (les États où plus de 60 % du cheptel de vaches allaitantes et de génisses sont en zone de montagne peuvent calculer le versement de la prime à la génisse sur la base de 20 % du quota national plutôt que 20 % du droit individuel à prime). Pour les troupeaux mixtes, le plafond de 120 000 kg de lait conditionnant l'octroi de la prime est supprimé.

– Prime spéciale bovins mâles. Deux cent dix euros/tête pour les taurillons, 2 fois 150 euros pour les bœufs. Quota national inchangé. Chaque État peut modifier le plafond individuel de droit à prime (90 têtes précédemment), ce qui peut entraîner une réduction de la prime individuelle si le quota national budgétaire est dépassé : il est alors indiqué que les petits producteurs (plafond à définir) doivent être épargnés par cette éventuelle réduction.

– Prime unique à l'abattage. Quatre-vingts euros par gros bovins (plus de 9 mois) et 50 euros pour les veaux (7 mois et 160 kg de carcasse maxi). Versés directement au dernier propriétaire, pendant une durée minimale, de l'animal. Deux quotas nationaux, à définir par chaque État membre, pour chacune des deux catégories de primes.

Enveloppe nationale. En complément de l'aide européenne, chaque État peut attribuer des aides, calculées soit par tête soit par surface (ha de pâturage permanent). Pour la France, cette enveloppe

---

1. Le mode de fonctionnement de la PAC est décrit à l'annexe 2, p. 237 (« L'organisation commune des marchés de produits agricoles »).
2. 1 euro = 6,55957 F.

nationale, qui augmentera en trois fois jusqu'en 2002, atteindra alors 93,4 millions d'euros, soit environ 6 % des aides directes. Si cette enveloppe est utilisée pour augmenter la prime à l'abattage, celle-ci ne concernera pas les veaux et ne sera versée, pour les taurillons, que pour des carcasses pesant au moins 190 kg.

Complément production extensive. En 2000 et 2001, il sera de 33 euros/tête (chargement entre 1,6 et 2,0 UGB/ha), 66 euros/tête (moins de 1,6 UGB/ha). À partir de 2002, 40 euros/tête (1,4 à 1,6 UGB/ha) et 80 euros/tête (moins de 1,4 UGB/ha). Pour le calcul du chargement, sont exclues les surfaces en maïs ensilage. Les pâturages doivent représenter au moins 50 % de la surface fourragère déclarée. Pour les États où plus de 50 % du lait est produit en zone de montagne, ce complément s'applique aussi en vaches laitières en zone de montagne.

Ensilage. Voir « céréales » ci-après.

Lait

Quotas. Le régime des quotas est maintenu jusqu'en 2006 (un rapport, prévu en 2003, préparera l'avenir du régime après 2006). Ils seront augmentés de façon linéaire de 1,5 % en trois fois, par État, à partir de 2005/2006. Cinq États bénéficieront dès 2000/2001 de quotas supplémentaires : Grèce (+ 70 000 t), Espagne (+ 650 000 t), Irlande (+ 150 000 t), Italie (+ 600 000 t), Irlande du Nord (+ 19 700 t).

Prix. Les prix d'intervention baisseront de 15 %, en 3 fois à partir de 2005/2006.

Compensations. Prime proportionnelle au quota de l'éleveur, à partir de 2005/2006 : 5,75 euros/tonne de lait du quota producteur en 2005 , 11,49 euros en 2006 ; 17,24 euros à partir de 2007. Les enveloppes nationales de primes seront constantes à partir de 2006.

Ensilage. Voir « céréales » ci-après.

Troupeaux mixtes (lait-viande). La prime à la vache allaitante pourra être cumulée (déplafonnement de l'octroi de la prime).

Aménagement des quotas (mesures facultatives). Afin de réserver les quotas à des producteurs de lait actifs, les États peuvent : décider, sur la base de critères objectifs, d'affecter, lors d'un transfert de quotas, tout ou partie de ceux-ci à la réserve nationale ; définir, sur la base de critères objectifs, les régions ou zones de collecte dans lesquelles les transferts de quotas sans transfert de foncier sont autorisés.

Pour un éleveur qui utilise en livraison ou en vente directe, sur une période d'au moins 12 mois, moins de 70 % de son quota individuel, les États peuvent décider d'attribuer tout ou partie du quota non utilisé à la réserve nationale, et doivent définir à quelles conditions ils pourraient être restitués au titulaire.

Ces réserves peuvent être constituées au niveau national ou départemental.

Céréales

Prix. Réduction de 15 %, en deux étapes. Les majorations mensuelles pour le stockage chez le producteur sont maintenues.

Aide directe (prime à la surface). Soixante-trois euros/t multipliés par le rendement de référence moyen en céréales (en moyenne, 2 480 F/ha en France, avec de grosses disparités).

Jachère. Jachère obligatoire maintenue à 10 % de la surface COP (exonération pour producteurs de moins de 92 tonnes). Le gel volontaire reste possible (au moins 10 % de la surface COP).

Plan de régionalisation. Défini par chaque État. Il peut prévoir de différencier une base maïs et une base irriguée.

Ensilage. Les cultures d'ensilage de maïs seront toujours primées au même niveau que les cultures de céréales.

Oléagineux-protéagineux

Le système des prix de référence et des avances pour les oléagineux est supprimé à partir de 2002 (mesure réexaminée en 2004) L'aide aux protéagineux sera réduite en 3 fois. Les montants de référence sont multipliés par le rendement retenu pour les céréales, soit, en moyenne pour la France : environ 3 264 F/ha pour la récolte 2000 ; 3 059 F/ha en 2001, 2 460 F/ha en 2002.

Mesures « horizontales »

Plafonnement des aides. Aucun plafonnement (bien qu'il ait été prévu dans les premières propositions de la Commission européenne de plafonner les aides à 660 000 F/exploitation).

Éco-conditionnalité. Un État peut suspendre tout ou partie des aides versées à une exploitation qui ne satisferait pas à la réglementation environnementale en vigueur dans cet État.

Modulation des aides selon la taille. Un État peut réduire d'au maximum 20 % les aides normalement attribuées aux exploitations, pour celles qui dépasseraient une certaine taille économique à définir par chaque État.

Utilisation de ces fonds. Les sommes récupérées par les États en application de ces principes d'éco-conditionnalité et de modulation des aides sont conservées par chaque État et abonderont un fonds destiné aux mesures agri-environnementales, au boisement, aux préretraites et aux indemnités compensatrices de handicaps naturels.

Composition D.V. Arts Graphiques à Chartres. Achevé d'imprimer sur Cameron à Saint-Amand-Montrond (Cher) en février 2002.
Dépôt légal : février 2002.
N° d'impression : 020616/1. *Imprimé en France*

BUSSIERE CAMEDAN IMPRIMERIES
GROUPE CPI